예제로 배우는

기초 정수론

김대식 지음

KM 경문사

머 | 리 | 말

정수론은 주로 자연수의 성질을 연구하는 순수 수학 분야로 정수론의 역사가 수학의 역사 자체라 할 만큼, 정수론은 수학의 모든 분야 중에서 가장 오래되고 중요한 분야로서 수많은 수학자들의 연구대상이 되어왔다. 과거에 정수론은 순수수학의 고전적 학문으로만 간주되어 왔으나 오늘날에는 수많은 수학자들의 연구를 통해 대수적 정수론과 해석적 정수론의 분야로 발전하고 있으며, 최근에는 컴퓨터의 발달로 전산이론, 정보이론, 부호이론, 암호이론 등에 이르기까지 널리 활용되고 있다.

저자는 수학을 전공하는 학생은 물론이고 수학에 관한 특별한 지식이 없는 일반인들까지도, 신이 창조했다는 수의 신비로운 성질과, 간단해 보이지만 수백 년 동안에도 아직까지 해결되지 않은 문제들을 스스로 깨닫고 이해할 수 있는 쉬운 책을 만들고 싶었다. 그러기 위해 이 책에서는 가급적 어려운 내용은 피하고 정수론의 입문서로서 초보적인 고전적 이론만을 다루었다. 이 책에서 정리를 증명하는 데에 이해를 돕기 위해 세심한 설명을 덧붙였으며, 반드시 관련된 여러 보기 문제를 들어 개념이나 정리를 완전히 이해하고 어떻게 활용하는지 알 수 있도록 노력하였다. 더욱이 각 장의 마지막에 풍부한 연습문제를 수록하고, 부록에 모든 문제의 자세한 풀이를 제공함으로써 독자 여러분의 공부에 도움이 되도록 하였다.

독자들이 쉽게 읽을 수 있는 책을 만들고자 하는 마음으로 편집하였기 때문에 정수론의 활용 분야를 포함할 수 없었으며, 그 외의 부족한 점이 많으리라 생각된다. 앞으로 이 책을 계속 개정하는 과정에서 보다 좋은 책이 될 수 있도록, 여러 교수님과 독자들의 충고와 조언을 겸허한 마음으로 받아들이고자 한다.

끝으로 컴퓨터 작업하느라 수고를 아끼지 않았던 김재평 선생님과 경문사 편집부 여러분께 감사의 뜻을 표하며, 이 책을 읽은 모든 분들의 정수론 지식이 크게 향상되기를 기원한다.

2020년 9월

저자

차 례

제1장 기초지식

1.1 시그마 Σ와 파이 Π ······ 2
1.2 수학적 귀납법 ······ 10
1.3 재귀함수 ······ 17
1.4 이항정리 ······ 23
1.5 비둘기 집 원리 ······ 30

제2장 정수

2.1 나눗셈 알고리즘 ······ 36
2.2 소수와 합성수 ······ 44
2.3 피보나치 수와 뤼까 수 ······ 54
2.4 페르마 수 ······ 62

제3장 소인수분해

3.1 최대공약수 ······ 68
3.2 유클리드 알고리즘 ······ 77
3.3 정수론의 기본정리 ······ 83
3.4 최소공배수 ······ 93
3.5 선형 디오판토스 방정식 ······ 98

제4장 합동식

4.1 합동식의 기본성질 ········· 106
4.2 일차합동식 ········· 119
4.3 일변수 연립일차합동식 ········· 126
4.4 다변수 연립일차합동식 ········· 135
4.5 합동식의 응용 ········· 146

제5장 특수한 합동식

5.1 윌슨 정리 ········· 160
5.2 페르마 정리 ········· 164
5.3 오일러 정리 ········· 168

제6장 정수론적 함수

6.1 오일러 φ-함수 ········· 180
6.2 함수 σ와 함수 τ ········· 190
6.3 뫼비우스함수 μ와 루이빌함수 λ ········· 196
6.4 완전수 ········· 205
6.5 메르센 소수 ········· 213

제7장 원시근과 지수

7.1 위수 222
7.2 원시근 231
7.3 소수의 원시근 237
7.4 원시근을 가진 합성수 247
7.5 지수 255
7.6 이항합동식 262

제8장 이차잉여

8.1 이차잉여와 이차비잉여 270
8.2 르장드르 기호 276
8.3 이차잉여의 상호법칙 291
8.4 야코비 기호 301
8.5 이차합동식 309

제9장 부정방정식

9.1 피타고라스 수 322
9.2 페르마 마지막 정리 331
9.3 두 제곱수의 합 337
9.4 네 제곱수의 합 345
9.5 펠의 방정식 355

- 부록 / 361
- 연습문제 풀이 / 369
- 참고 문헌 / 442
- 찾아보기 / 443

제 1 장

기초지식

ELEMENTARY
NUMBER THEORY

1.1 시그마 Σ와 파이 Π
1.2 수학적 귀납법
1.3 재귀함수
1.4 이항정리
1.5 비둘기 집 원리

1.1 시그마 Σ와 파이 Π

정수론은 일반적으로 정수의 성질을 연구하는 분야이지만 특히 자연수(양의 정수)에 관한 이론이 대부분이다. 이 책에서 앞으로 기호 $\mathbb{N}$, W, $\mathbb{Z}$, $\mathbb{Q}$, $\mathbb{R}$은 각각 다음과 같은 집합을 나타낸다.

$\mathbb{N}=\{1,\ 2,\ 3,\ 4,\ \cdots\}$; 자연수(양의 정수) 전체의 집합

$W=\{0,\ 1,\ 2,\ 3,\ \cdots\}$; 0과 자연수(양의 정수) 전체의 집합

$\mathbb{Z}=\{\cdots,\ -2,\ -1,\ 0,\ 1,\ 2,\ \cdots\}$; 정수 전체의 집합

$\mathbb{Q}=\left\{\frac{a}{b} \mid a,\ b\in Z,\ b\neq 0\right\}$; 유리수 전체의 집합

$\mathbb{R}=$ 실수 전체의 집합

우리는 주로 정수의 성질을 공부하지만 때로는 유리수, 실수의 기본적인 성질을 다루는데 이산수학과 컴퓨터 이론에서 사용되는 바닥함수와 천정함수를 정의하자.

정의 1.1.1 실수 x에 대하여 x보다 작거나 같은 정수 중에서 가장 큰 정수를 x의 **정수부분**(integral part)이라 하고 $[x]$으로 나타낸다. 또 $\{x\}=x-[x]$를 x의 **소수부분**(decimal part)이라 한다. 즉,

$$x=[x]+\{x\},\quad [x]\in\mathbb{Z},\quad 0\leq\{x\}<1$$

한편 $[x]$를 $\lfloor x \rfloor$로도 표시하고 이것을 x의 **바닥**(floor)이라고도 한다. 또 x보다 크거나 같은 정수 중에서 가장 작은 정수를 $\lceil x \rceil$으로 표시하고 이것을 x의 **천정**(ceiling)이라고 한다. 그리고 $f(x)=\lfloor x \rfloor$로 정의된 함수 $f:\mathbb{R}\to\mathbb{R}$을 **바닥함수**(floor function) 또는 **가우스함수**(Gauss function)이라 하고 $g(x)=\lceil x \rceil$로 정의된 함수 $g:\mathbb{R}\to\mathbb{R}$을 **천정함수**(ceiling function)라 한다.

보기 1.1.2 $\lfloor 2.5 \rfloor=2$, $\lceil 2.5 \rceil=3$, $\lfloor -2.5 \rfloor=-3$, $\lceil -2.5 \rceil=-2$, $\lfloor \pi \rfloor=3$, $\lceil \pi \rceil=4$, $\lceil 2 \rceil=\lfloor 2 \rfloor=2$

실수 x의 바닥과 천정을 수직선상에 나타내면 다음과 같다.

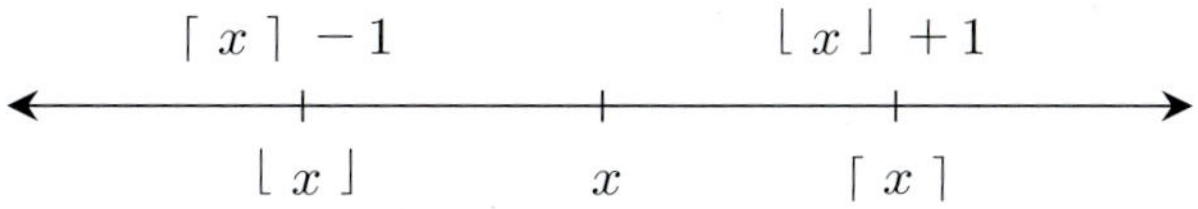

바닥함수는 실수를 소수로 나타낼 때 유용하게 사용된다. 예를 들어 $\pi = 3.14159265\cdots$를 소수 넷째자리부터 없애고(truncate) 소수 셋째자리로 π를 나타내기 위해서는 $\dfrac{\lfloor 1000\pi \rfloor}{1000} = 3.141$이고, 반올림하여 소수 셋째자리로 π를 나타내기 위해서는 $\dfrac{\lfloor 1000\pi + 0.5 \rfloor}{1000} = 3.142$이다.

정리 1.1.3 실수 x와 양의 정수 a, b에 대하여 다음이 성립한다.

(1) $\left\lfloor \dfrac{x}{a} \right\rfloor = \left\lfloor \dfrac{\lfloor x \rfloor}{a} \right\rfloor$

(2) $\left\lfloor \dfrac{x}{ab} \right\rfloor = \left\lfloor \dfrac{\left\lfloor \frac{x}{b} \right\rfloor}{a} \right\rfloor$, $\left\lfloor \dfrac{x}{a^2} \right\rfloor = \left\lfloor \dfrac{\left\lfloor \frac{x}{a} \right\rfloor}{a} \right\rfloor$

● **증명** (1) $\lfloor x \rfloor = aq + r,\quad 0 \le r < a$라고 하면

$$\frac{\lfloor x \rfloor}{a} = q + \frac{r}{a},\quad 0 \le \frac{r}{a} < 1$$

이므로 $\left\lfloor \dfrac{\lfloor x \rfloor}{a} \right\rfloor = q$이다. 한편

$$x = \lfloor x \rfloor + \{x\} = aq + r + \{x\},$$
$$0 \le r + \{x\} \le (a-1) + \{x\} < (a-1) + 1 = a$$
$$\frac{x}{a} = q + \frac{r + \{x\}}{a},\quad 0 \le \frac{r + \{x\}}{a} < 1$$

이므로 $\left\lfloor \dfrac{x}{a} \right\rfloor = q$이다. 따라서 $\left\lfloor \dfrac{x}{a} \right\rfloor = \left\lfloor \dfrac{\lfloor x \rfloor}{a} \right\rfloor$이다.

(2) (1)의 식에 x 대신 $\left\lfloor \dfrac{x}{b} \right\rfloor$, $\left\lfloor \dfrac{x}{a} \right\rfloor$를 대입한 결과이다. ▣

보기 1.1.4 $\left\lfloor \frac{500}{4} \right\rfloor = 125$, $\left\lfloor \frac{500}{4^2} \right\rfloor = \left\lfloor \frac{\left\lfloor \frac{500}{4} \right\rfloor}{4} \right\rfloor = \left\lfloor \frac{125}{4} \right\rfloor = 31$

$$\left\lfloor \frac{500}{4^3} \right\rfloor = \left\lfloor \frac{\left\lfloor \frac{500}{4^2} \right\rfloor}{4} \right\rfloor = \left\lfloor \frac{31}{4} \right\rfloor = 7$$

$$\left\lfloor \frac{500}{4^4} \right\rfloor = \left\lfloor \frac{\left\lfloor \frac{500}{4^3} \right\rfloor}{4} \right\rfloor = \left\lfloor \frac{7}{4} \right\rfloor = 1$$

보기 1.1.5 제곱수도 세제곱수도 아닌 수들의 수열

$$2,\ 3,\ 5,\ 6,\ 7,\ 10,\ 11,\ 12,\ 13,\ \cdots$$

에서 500번째 항을 구해보자. 500까지의 자연수 중에는 제곱수가 $\lfloor \sqrt{500} \rfloor = 22$개, 세제곱수가 $\lfloor \sqrt[3]{500} \rfloor = 7$개 있다. 이 중 제곱수이면서 세제곱수로 되는 것은 1과 64뿐이다. 그러므로 제곱수이거나 세제곱수인 500보다 작거나 같은 자연수는 $(22+7)-2=27$개 있다. 즉 500까지 자연수 중 제곱수이거나 세제곱수인 개수는 27개다. 그러므로 500은 473번째 항이다. 따라서 $512 = 8^3$이므로 500번째 항은 528이 된다.

(출처: Calendar Problems, Mathematics Teacher)

수열 $\{a_n\}$의 항들의 합을 간단하게 나타낼 수 있도록 1772년에 프랑스 수학자 라그랑주(Joseph Louis Lagrange, 1736~1813)에 의해 소개된 $\sum$ 기호를 다음과 같이 나타낸다.

$$\sum_{i=k}^{n} a_i = a_k + a_{k+1} + \cdots + a_n$$

즉 $\sum_{i=k}^{n} a_i$는 i가 k에서 n까지 변할 때 a_i들의 합을 의미한다. 한편 $\sum_{i=m}^{n} a_i = \sum_{j=m}^{n} a_j = \sum_{k=m}^{n} a_k$이고, 이것을 $\sum_{m}^{n} a_i = \sum_{m}^{n} a_j = \sum_{m}^{n} a_k$로 쓰기도 한다. 예를 들어,

$$\sum_{i=-2}^{2} i^2 = (-2)^2 + (-1)^2 + 0^2 + 1^2 + 2^2 = 10$$

$$\begin{aligned}\sum_{j=0}^{4} (2j+3) &= (2\times 0+3)+(2\times 1+3)+(2\times 2+3)+(2\times 3+3)+(2\times 4+3)\\ &= 35\end{aligned}$$

이다.

정리 1.1.6 (1) $\sum_{i=1}^{n} i = \frac{n(n+1)}{2}$ (2) $\sum_{i=1}^{n} i^2 = \frac{n(n+1)(2n+1)}{6}$

• **증명** (1) 등식 $(k+1)^2 - k^2 = 2k+1$의 k에 $1, 2, \cdots, n$을 대입하면

$k=1$일 때 $2^2 - 1^2 = 2 \cdot 1 + 1$

$k=2$일 때 $3^2 - 2^2 = 2 \cdot 2 + 1$

$k=3$일 때 $4^2 - 3^2 = 2 \cdot 3 + 1$

$\vdots$

$k=n$일 때 $(n+1)^2 - n^2 = 2 \cdot n + 1$

위의 n개의 식을 변변 더하면

$$(n+1)^2 - 1^2 = 2(1+2+3+\cdots+n)+n$$

그러므로

$$\sum_{i=1}^{n} i = 1+2+3+\cdots+n = \frac{1}{2}\{(n+1)^2 - 1^2 - n\} = \frac{n(n+1)}{2}$$

(2) 마찬가지 방법으로 등식 $(k+1)^3 - k^3 = 3k^2 + 3k + 1$과 (1)이 결과를 이용하여 증명할 수 있다. ■

m개의 수열 $\{a_{1n}\}, \{a_{2n}\}, \cdots, \{a_{mn}\}$에 대하여, 각 수열의 초항부터 n항까지의 합을 $S_{1n}, S_{2n}, \cdots, S_{mn}$라고 하자. 그러면 $\sum_{i=1}^{m} S_{in} = \sum_{i=1}^{m}\left\{\sum_{j=1}^{n} a_{ij}\right\}$을 간단히 $\sum_{i=1}^{m}\sum_{j=1}^{n} a_{ij}$로 나타낸다. 즉, $\sum_{i=1}^{m}\sum_{j=1}^{n} a_{ij} = \sum_{i=1}^{m}\left\{\sum_{j=1}^{n} a_{ij}\right\}$이다. 또 각 수열의 첫째 항의 합, 둘째 항의 합, $\cdots$, n번째 항의 합을 $T_1, T_2, T_3, \cdots, T_n$이라 하면 $T_j = \sum_{i=1}^{m} a_{ij}$이고 $\sum_{j=1}^{n} T_j = \sum_{j=1}^{n}\left\{\sum_{i=1}^{m} a_{ij}\right\} = \sum_{j=1}^{n}\sum_{i=1}^{m} a_{ij}$이다. 이때 $\sum_{i=1}^{m} S_{in} = \sum_{j=1}^{n} T_j$ 이므로 다음 정리를 얻는다.

정리 1.1.7 $\sum_{i=1}^{m}\sum_{j=1}^{n} a_{ij} = \sum_{j=1}^{n}\sum_{i=1}^{m} a_{ij}$

보기 1.1.8 $\sum_{i=1}^{6}\sum_{j=1}^{10}(i+j)$와 $\sum_{j=1}^{10}\sum_{i=1}^{6}(i+j)$의 값을 구하여 비교하면

$$\begin{aligned}\sum_{i=1}^{6}\sum_{j=1}^{10}(i+j) &= \sum_{i=1}^{6}\left\{10i+\frac{10(10+1)}{2}\right\}=10\times\frac{6(6+1)}{2}+6\times 55\\ &=540\end{aligned}$$

$$\begin{aligned}\sum_{j=1}^{10}\sum_{i=1}^{6}(i+j) &= \sum_{j=1}^{10}\left\{\frac{6(6+1)}{2}+6j\right\}=10\times 21+6\times\frac{10(10+1)}{2}\\ &=540\end{aligned}$$

이므로 서로 같다.

$\sum a_i$에서 첨자 i의 정의역이 주어진 경우, 예를 들어 $I=\{0,\ 2,\ 4,\ 6\}$일 때

$$\sum_{i\in I}a_i = a_0+a_2+a_4+a_6$$

을 의미한다.

보기 1.1.9 $I=\{1,\ 2,\ 3,\ 4\}$일 때

(1) $\sum_{i\in I}(3i+1)=(3+1)+(3\times 2+1)+(3\times 3+1)+(3\times 4+1)=34$

(2) $\sum_{\substack{i,j\in I\\ i<j}}(i+j)=(1+2)+(1+3)+(1+4)+(2+3)+(2+4)+(3+4)=30$

(3) $\sum_{\substack{d\geq 1\\ d\mid 4}}d^2=1^2+2^2+4^2=21$ ($d\mid 4$는 d는 4를 나눈다는 의미이다.)

각 항을 더하는 기호 $\sum$와 마찬가지로 각 항을 곱하는 기호 $\prod$는

$$\prod_{i=k}^{n}a_i = a_k a_{k+1}\ \cdots\ a_n$$

을 의미한다. 마찬가지로

$$\prod_{i=k}^{n}a_i=\prod_{j=k}^{n}a_j=\prod_{l=k}^{n}a_l$$

이다.

보기 1.1.10 팩토리얼 함수 $f(n) = n! = n(n-1)(n-2)\ \cdots\ 2 \cdot 1$ (단, $0! = 1$)은

$$f(n) = n! = \prod_{i=1}^{n} i$$

이다.

보기 1.1.11 $\prod_{i=3}^{5}(2i+1)$을 구하면

$$\begin{aligned}\prod_{i=3}^{5}(2i+1) &= (2\times 3+1)(2\times 4+1)(2\times 5+1)\\ &= 7\cdot 9\cdot 11 = 693\end{aligned}$$

이다.

보기 1.1.12 $I = \{1,\ 2,\ 3,\ 4\}$일 때 $\prod_{\substack{i,j\in I\\ i<j}}(i+j)$을 구하면

$$\begin{aligned}\prod_{\substack{i,j\in I\\ i<j}}(i+j) &= (1+2)(1+3)(1+4)(2+3)(2+4)(3+4)\\ &= 3\cdot 4\cdot 5\cdot 5\cdot 6\cdot 7\\ &= 12600\end{aligned}$$

이다.

1.1 연습문제

01 다음 값을 구하여라.

(1) $\left\lceil \frac{1}{3} \right\rceil$, $\left\lfloor \frac{1}{3} \right\rfloor$ (2) $\left\lceil -\frac{1}{3} \right\rceil$, $\left\lfloor -\frac{1}{3} \right\rfloor$

(3) $\lceil -2 \rceil$, $\lfloor -2 \rfloor$ (4) $\lceil 0 \rceil$, $\lfloor 0 \rfloor$

(5) $\lceil -\pi \rceil$, $\lfloor -\pi \rfloor$

02 x, y가 실수일 때 다음이 성립하지 않는 반례(counter-examples)를 찾아라.

(1) $\lceil x+y \rceil = \lceil x \rceil + \lceil y \rceil$

(2) $\left\lceil \frac{x}{y} \right\rceil = \frac{\lceil x \rceil}{\lceil y \rceil}$

(3) $\lceil xy \rceil = \lceil x \rceil \lceil y \rceil$

03 x는 실수, n은 정수일 때

$$\lfloor x+n \rfloor = \lfloor x \rfloor + n$$

임을 증명하여라.

04 x가 실수일 때 다음 함숫값을 구하여라.

(1) $f(x) = \lceil x \rceil + \lceil -x \rceil$

(2) $g(x) = \lfloor x \rfloor + \lfloor -x \rfloor$

05 다음 식을 $\sum$ 기호를 써서 나타내어라.

(1) $5+7+9+ \cdots +23$

(2) $2(4+1)+3(6+1)+4(8+1)+5(10+1)$

(3) $1 \cdot 3+2 \cdot 4+3 \cdot 5+ \cdots +10 \cdot 12$

06 다음 값을 구하여라.

(1) $\sum_{i=-2}^{3} 2$ (2) $\sum_{k=1}^{10} (2k+1)$

(3) $\sum_{k=1}^{n} k(2k+1)$ (4) $\sum_{j=1}^{n} \frac{1}{j(j+1)}$

(5) $\sum_{k=1}^{n} \frac{1}{(2k-1)(2k+1)}$

(6) $\sum_{i=1}^{3} \sum_{j=1}^{i} (i+3)$

(7) $\sum_{i=1}^{n} \left(\sum_{j=1}^{i} ij \right)$

(8) $\sum_{k=1}^{n} \left\{ \sum_{j=1}^{k} \left(\sum_{i=1}^{j} i \right) \right\}$

(9) $\sum_{k=1}^{n} \left\lfloor \frac{k}{2} \right\rfloor$

07 $I = \{1,\ 3,\ 5,\ 7,\ 9,\ 11\}$, $J = \{1,\ 2,\ 3,\ 4\}$ 일 때 다음 값을 구하여라.

(1) $\sum_{\substack{i \in I \\ i \leq 10}} i$

(2) $\prod_{\substack{i \in I \\ i \leq 10}} i$

(3) $\prod_{j \in J} (2j-1)$

(4) $\prod_{\substack{i,\, j \in J \\ i < j}} (2i+j)$

1.2 수학적 귀납법

수학적 귀납법 증명법은 정수론뿐만 아니라 수학의 여러 분야에서 사용되는 중요한 증명법으로 모든 자연수에 대해 성립하는 정리를 증명하는데 이용된다. 수학적 귀납법 원리를 알기 위해 자연수의 정렬성을 증명 없이 명백히 성립하는 공리로 채택하자.

자연수의 정렬성 (The Well-Ordering Principle)

공집합이 아닌 자연수의 모든 집합은 최소원을 갖는다. 즉, $\varnothing \neq S \subseteq \mathbb{N}$일 때 모든 $s \in S$에 대하여 $l \leq s$인 원소 $l \in S$이 존재한다.

정리 1.2.1 **수학적 귀납법의 원리 (The Principle of Mathematical Induction)**

자연수 집합 $\mathbb{N}$의 부분집합 S에 대하여 다음 두 조건이 성립한다고 하자.

(1) $1 \in S$

(2) $n \in S$이면 $n+1 \in S$

그러면 $S = \mathbb{N}$이다.

• **증명** $S \neq \mathbb{N}$이라 하자. $T = \{n \in \mathbb{N} \mid n \notin S\}$이라면 $T \neq \varnothing$이므로 자연수의 정렬성에 의하여 T의 최소원 l이 존재한다. 조건 (1)에 의해 $l > 1$이고 l이 T의 최소원이므로 $l-1 \notin T$, 즉, $l-1 \in S$이다. 한편 조건 (2)에 의하여 $(l-1)+1 \in S$가 되어 모순이다. 따라서 $S = \mathbb{N}$이다. ■

마찬가지 방법으로 위 정리 1.2.1을 다음과 같은 정리로 확장할 수 있다.

정리 1.2.2 어떤 정수 n_0에 대하여 정수의 부분집합 S가 다음 두 조건이 만족한다고 하자.

(1) $n_0 \in S$

(2) $k \in S$ (단 $k \geq n_0$)이면 $k+1 \in S$

그러면 $S = \{n \in \mathbb{Z} \mid n \geq n_0\}$

위 수학적 귀납법 원리를 다음과 같이 바꿀 수 있다.

정리 1.2.3 **제 1 수학적 귀납법 (Mathematical Induction)**

자연수 n에 관한 명제 $p(n)$에 대하여 다음 두 조건이 성립한다고 하자.

(1) $p(n_0)$은 참이다.

(2) 모든 $k(\geq n_0)$에 대하여 $p(k)$가 참이면 $p(k+1)$도 참이다.

그러면 모든 자연수 $n(\geq n_0)$에 대하여 $p(n)$은 참이다.

● **증명** $S=\{n\in\mathbb{N} \mid n\geq n_0$이고 $p(n)$은 참이다$\}$이라면 조건 (1)에 의하여 $n_0\in S$이고 조건 (2)에 의하여 $k\in S$이면 $k+1\in S$가 된다. 따라서 정리 1.2.2에 의하여 $S=\{n\in\mathbb{N} \mid n\geq n_0\}$이다. 즉, 모든 자연수 $n(\geq n_0)$에 대하여 $p(n)$은 참이다. ■

수학적 귀납법을 어떻게 사용하는지 예를 들어보자.

보기 1.2.4 수학적 귀납법을 사용하면 모든 자연수 n에 대하여 $n!\leq n^n$이 성립함을 알 수 있다. 즉, $1=1!\leq 1^1=1$이므로 $n=1$인 경우 성립한다. 이제 $k!\leq k^k$이 성립한다고 귀납적 가정하고 $(k+1)!\leq k^{k+1}$이 성립함을 증명하면 된다.

$$\begin{aligned}(k+1)! &= (k+1)k! \\ &\leq (k+1)k^k \text{ (수학적 귀납법 가정)} \\ &\leq (k+1)(k+1)^k \\ &= (k+1)^{k+1}\end{aligned}$$

따라서 모든 자연수 n에 대하여 $n!\leq n^n$이 성립한다.

보기 1.2.5 처음 n개의 홀수들의 합

$$1+3+5+7+\cdots+(2n-1)$$

을 먼저 추측하고 수학적 귀납법을 사용하여 그 추측이 참임을 증명해보자. 우선 몇 개의 합을 나열하면

$$\begin{aligned} 1 &= 1^2 \\ 1+3 &= 2^2 \\ 1+3+5 &= 3^2 \\ 1+3+5+7 &= 4^2 \\ 1+3+5+7+9 &= 5^2 \end{aligned}$$

이다. 여기서 $\sum_{i=1}^{n}(2i-1)=n^2$임을 추측할 수 있다. 이제 수학적 귀납법을 사용하여 등식 $\sum_{i=1}^{n}(2i-1)=n^2$이 성립함을 증명하자.

$n=1$일 때 $\sum_{i=1}^{n}(2i-1)=\sum_{i=1}^{1}(2i-1)=1=1^2$이므로 등식이 성립한다.

$\sum_{i=1}^{k}(2i-1)=k^2$이 성립한다고 가정하면

$$\begin{aligned} \sum_{i=1}^{k+1}(2i-1) &= \sum_{i=1}^{k}(2i-1)+[2(k+1)-1] \\ &= k^2+2k+1 \ \text{(수학적 귀납법 가정에 의하여)} \\ &= (k+1)^2 \end{aligned}$$

이다. 즉 $n=k$일 때 등식이 성립하면 $n=k+1$일 때도 등식이 성립함을 알 수 있다. 따라서 수학적 귀납법에 의하여 모든 자연수 n에 대하여

$$\sum_{i=1}^{n}(2i-1)=n^2$$

이 성립한다.

사실 이 등식은 다음 그림에서 성립함을 알 수 있다.

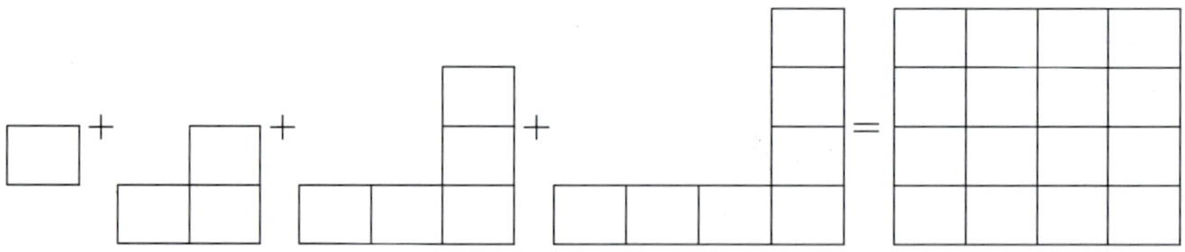

가끔 $p(k)$가 참이라는 사실만으로 $p(k+1)$이 참이라는 사실을 증명하기 어려운 경우가 있다. 이런 경우 $p(n_0)$, $p(n_0+1)$, $p(n_0+2)$, $\cdots$, $p(k)$가 참이라는 가정에서 $p(k+1)$이 참임을 증명하여 모든 $n\ (\geq n_0)$에 대하여 $p(n)$이 참임을 증명한다.

정리 1.2.6 **제 2 수학적 귀납법 (The Second Mathematical Induction)**

자연수 n에 관한 명제 $p(n)$가 다음 두 조건을 만족한다고 하자.

(1) 어떤 자연수 n_0에 대하여 $p(n_0)$는 참이다.

(2) 모든 $k(\geq n_0)$에 대하여 $p(n_0)$, $p(n_0+1)$, $\cdots$, $p(k)$가 참이면 $p(k+1)$ 도 참이다.

그러면 모든 자연수 $n\,(\geq n_0)$에 대하여 $p(n)$은 참이다.

보기 1.2.7 2g짜리 추와 3g짜리의 추만을 사용하여 2g 이상의 모든 물체를 측정할 수 있음을 알아보자.

명제 $p(n)$을 "ng 물체를 2g짜리 추와 3g짜리의 추로 측정할 수 있다."로 하면 분명 $p(2)$는 참이다. 이제 $p(2)$, $p(3)$, $\cdots$, $p(k)$가 참이라 가정하고 $p(k+1)$가 참임을 증명하면 된다.

$$(k+1)g=(k-1)g+2g$$

이고 가정에서 $p(k-1)$이 참이므로 (즉, $(k-1)g$은 2g짜리 추와 3g짜리의 추로 측정할 수 있으므로) $(k+1)g$ 물체도 2g짜리 추와 3g짜리의 추로 측정할 수 있다. 따라서 모든 물체는 2g짜리 추와 3g짜리의 추로 측정할 수 있다.

보기 1.2.8 제 2 수학적 귀납법을 이용하면 모든 $n\geq 1$에 대하여

$$a^n-1=(a-1)(a^{n-1}+a^{n-2}+\ \cdots\ +a+1)$$

임을 알 수 있다. 즉 $n=1$인 경우 $a-1=a-1$로 분명히 성립한다. $n\geq 2$이고 $1\leq k<n$인 정수 k에 대하여 위 식이 성립한다고 가정하자. 그러면 특히

$$a^{n-1}-1=(a-1)(a^{n-2}+a^{n-3}+\ \cdots\ +a+1)$$
$$a^{n-2}-1=(a-1)(a^{n-3}+a^{n-4}+\ \cdots\ +a+1)$$

이 성립한다. 이제

$$a^n-1=(a+1)(a^{n-1}-1)-a(a^{n-2}-1)$$

$$
\begin{aligned}
&= (a+1)[(a-1)(a^{n-2}+a^{n-3}+\cdots+a+1)] \\
&\qquad -a[(a-1)(a^{n-3}+a^{n-4}+\cdots+a+1)] \\
&= (a-1)[(a+1)a^{n-2}+(a+1)(a^{n-3}+a^{n-4}+\cdots+a+1) \\
&\qquad -a(a^{n-3}+a^{n-4}+\cdots+a+1)] \\
&= (a-1)(a^{n-1}+a^{n-2}+a^{n-3}+\cdots+a+1)
\end{aligned}
$$

따라서 모든 자연수 n에 대하여 성립한다.

1.2 연습문제

01 수학적 귀납법을 사용하여 다음 등식이 성립함을 증명하여라.

(1) $\sum_{k=1}^{n} k = \frac{n(n+1)}{2} \quad (n \geq 1)$

(2) $\sum_{k=1}^{n} k^2 = \frac{n(n+1)(2n+1)}{6} \quad (n \geq 1)$

(3) $\sum_{k=1}^{n} k^3 = \left[\frac{n(n+1)}{2}\right]^2 \quad (n \geq 1)$

(4) $n! \geq 2^{n-1} \quad (n \geq 1)$

(5) $1(1!)+2(2!)+3(3!)+ \cdots +n(n!)=(n+1)!-1 \quad (n \geq 1)$

(6) $n^2 > 2n+1 \quad (n \geq 3)$

(7) $n^2 \leq 2^n \leq n! \quad (n \geq 4)$

02 제 2 수학적 귀납법을 사용하여 다음을 증명하여라.

(1) $n > 1$인 모든 자연수 n은 소수들의 곱으로 쓸 수 있다.

(2) $n \geq 14$인 모든 자연수 n은 3과 8의 합으로 쓸 수 있다.

03 다음 부등식을 증명하여라.

$$\frac{1}{n+1}+\frac{1}{n+2}+ \cdots +\frac{1}{2n} > \frac{13}{24}, \quad n=2, 3, 4, \cdots$$

04 $x > -1$, $x \neq 0$일 때 다음을 증명하여라.

$$(1+x)^n > 1+nx \quad (n \geq 2)$$

05 111은 3의 배수, 111,111,111은 9의 배수인 것 같이 모든 양의 정수 n에 대하여 정수 $111 \cdots 1$ (1이 3^n개)은 3^n의 배수임을 증명하여라.

06 "n명으로 된 집단 사람의 성별은 모두 같다."는 다음 증명에서 잘못된 부분을 찾아 설명하여라.

명제 $p(n)$을 "n명으로 된 집단 사람의 성별은 모두 같다."라고 하자. 분명히 $p(1)$은 참이다. 이제 $p(k)$가 참이라 가정하고 $p(k+1)$이 참임을 증명하자.

$k+1$명의 집단 $X=\{x_1,\ x_2,\ \cdots,\ x_{k+1}\}$을 두 집단 $A=\{x_1,\ x_2,\ \cdots,\ x_k\}$, $B=\{x_2,\ x_3,\ \cdots,\ x_{k+1}\}$으로 나누면 두 집단 A, B는 k명으로 구성된다. 그러므로 수학적 귀납법 가정에 의하여 A에 속하는 모든 사람의 성별은 서로 같고 B에 속하는 사람의 모든 사람의 성별도 서로 같다. $A\cap B\neq\varnothing$이므로 집단 $X=A\cup B$에 속하는 사람의 성별은 모두 같다.

07 1부터 n^2까지의 자연수를 $n\times n$ 격자형 사각형에 넣어 각 행과 열, 대각선에 위치한 수들의 합이 모두 일정할 때 이 정사각형을 **n차 마방진**(magic square)이라 하고 일정한 수를 **마방진 상수**(magic constant)라고 한다. n차 마방진 상수를 구하여라.

8	1	6
3	5	7
4	9	2

16	3	2	13
5	10	11	8
9	6	7	12
4	15	14	1

1.3 재귀함수

수학적 귀납법의 원리를 사용하여 정의역이 자연수 집합인 함수를 정의할 수 있다. 즉, 각 자연수에 대한 함숫값을 나타내는 것 대신에 1에서의 함숫값 $f(1)$과 각 $n \in \mathbb{N}$에 대하여 $f(n)$으로부터 $f(n+1)$의 값을 구할 수 있는 식을 줌으로써 함수 f를 정의할 수 있다. 이와 같이 정의된 함수 f를 **재귀적으로 정의된** (recursively defined) **함수** 또는 **재귀함수** (recursive function) 라 한다.

보기 1.3.1 재귀함수 f를

$$f(1)=2,\quad f(n)=2^{f(n-1)}\quad (n \geq 2)$$

으로 정의할 때 $f(4)$를 구하면

$$f(1)=2,\quad f(2)=2^{f(1)}=2^2=4,\quad f(3)=2^{f(2)}=2^4=16$$
$$f(4)=2^{f(3)}=2^{16}$$

이다.

보기 1.3.2 **팩토리얼 함수** (factorial function) $f(n)=n!$을 다음과 같이 정의할 수 있다.

$$f(1)=1$$
$$f(n+1)=(n+1)f(n)\quad (n \geq 1)$$

예를 들어 5!값을 구하려면 우선 두 번째 성질을 반복해서 사용한다.

$$\begin{aligned}5! &= f(5)=5\cdot f(4)=5\cdot 4\cdot f(3)\\ &=5\cdot 4\cdot 3\cdot f(2)=5\cdot 4\cdot 3\cdot 2\cdot f(1)\end{aligned}$$

또한 첫 번째 성질에서 $f(1)=1$이므로 결국 $5!=5\cdot 4\cdot 3\cdot 2\cdot 1=120$ 이 된다.

보기 1.3.3 어떤 송년 모임에 n명이 참석하였다. 참석한 사람 모두가 다른 모든 사람과 반드시 꼭 한 번씩 악수를 했을 때 악수한 **횟수** $h(n)$을 재귀적으로 정의하여 구해보면, 당연히 $h(1)=0$이고 $n \geq 2$라 하자. n명 중 어떤 특정인 A를 제외한 나머지 $(n-1)$명이 악수한 횟수는 $h(n-1)$이고, 이제 A가 다른 $(n-1)$명과 악수하면 n명이 모두 서로 악수하게 되므로

$$h(n) = (n-1) + h(n-1)$$

이다. 따라서 n명이 악수한 횟수 $h(n)$은 다음과 같이 정의된다.

$$h(1) = 0$$
$$h(n) = (n-1) + h(n-1)$$

이제 이 재귀함수 $h(n) = (n-1) + h(n-1)$을 반복해서 사용하면

$$\begin{aligned}
h(n) &= h(n-1) + (n-1) \\
&= h(n-2) + (n-2) + (n-1) \\
&= h(n-3) + (n-3) + (n-2) + (n-1) \\
&\quad\vdots \\
&= h(1) + 1 + 2 + 3 + \cdots + (n-2) + (n-1) \\
&= 0 + 1 + 2 + 3 + \cdots + (n-1) \\
&= \frac{n(n-1)}{2}
\end{aligned}$$

이 된다.

보기 1.3.4 n개의 직선이 평면상에 그려져 있다. 이들 직선 중 어떤 두 직선도 평행하지 않고 어떤 세 직선도 한 점에서 만나지 않을 때, n개의 직선으로 나누어진 부분 영역의 개수 $f(n)$을 재귀적으로 정의해보자. 분명히 $f(1) = 2$, $f(2) = 4$이다.

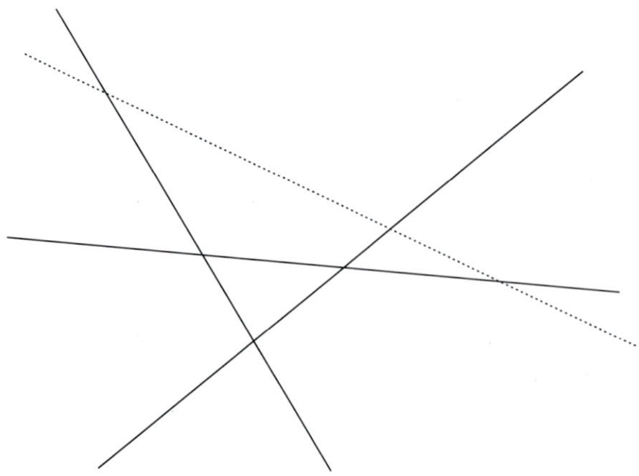

이제 $(n-1)$ 개의 직선이 $f(n-1)$ 개의 부분 영역으로 평면을 나누었다고 하자. 이렇게 나누어진 영역에 또 하나의 직선(n 번째 직선)을 그으면 기존의 $(n-1)$ 개의 직선과 한 점씩 만나 $(n-1)$ 개의 교점이 생긴다. 그러면 새로 그은 n 번째 직선은 $(n-1)$ 개의 교점에 의하여 n 개의 선분으로 분할된다. 이때 n 개의 각 선분은 기존 영역을 두 부분으로 나누어 n 개의 새 영역이 만들어 진다. 따라서 $f(n)=f(n-1)+n \quad (n \geq 3)$ 을 얻는다.

1.3 연습문제

01 1부터 양의 정수 n까지의 합을 $S(n)$이라 할 때 $S(n)$을 재귀적으로 정의하여라.

02 다음 그림과 같이 n개의 정사각형 타일을 깔아 만든 바닥에서 만들 수 있는 사각형의 수 $f(n)$을 재귀적으로 정의하여라.

1	2	3	4	5		……		$n-2$	$n-1$	n

03 함수 f를 재귀적으로 다음과 같이 정의하자.

$$f(1)=1,\quad f(2)=5$$
$$f(n+1)=f(n)+2f(n-1)\quad (n>2)$$

수학적 귀납법을 사용하여 $f(n)=2^n+(-1)^n$ 임을 증명하여라.

04 1월 1일에 한 쌍의 새끼 토끼를 토끼장에 넣었다. 이 한 쌍의 새끼 토끼는 두 달 동안 자라서 3월 1일부터 매달 1일에 새로운 한 쌍의 토끼를 낳았다. 새로 태어난 새끼들도 마찬가지 방법으로 토끼를 낳는다면, n개월이 지난 후 토끼 쌍의 수 $f(n)$을 재귀적으로 정의하여라.

05 어떤 시골에 한 개울이 있다. 이 개울에는 n개의 돌이 일정한 간격으로 놓여 있다. 어떤 사람이 이 개울을 건너는데 다음 돌이나 하나 건너 다음 돌을 딛고 건널 수 있을 때, 이 개울을 건너는 방법의 수를 $g(n)$이라 할 때 $g(n)$을 재귀적으로 정의하여라.

06 바닥에 3개의 기둥 X, Y, Z가 세워져 있고 기둥 X에 크기가 모두 다른 n개의 구멍 뚫린 원판이 쌓여있다. 단, 가장 큰 원판이 맨 아래에 있도록 크기순으로 쌓여 있다.

다음 두 조건 아래서 기둥 X에 있는 n개의 원판을 같은 크기순으로 기둥 Z 위로 옮길 때 원판을 옮기는 횟수 $f(n)$을 재귀적으로 정의하여라. 다른 기둥 Y는 보조로 사용된 기둥이다.

(1) 한 번에 꼭 하나의 원판만 옮길 수 있다.

(2) 어느 기둥에서도 큰 원판은 작은 원판 위에 올 수 없다.

07 다음 그림은 n 개의 줄(row)이 있고 $i\ (1 \le i \le n)$ 번째 줄에는 i 개 점을 찍어 만든 삼각형이다. 이와 같이 n 개의 줄로 구성된 삼각형에 있는 점의 수를 **삼각수**(triangular number) $\boldsymbol{t_n}$ 이라고 한다.

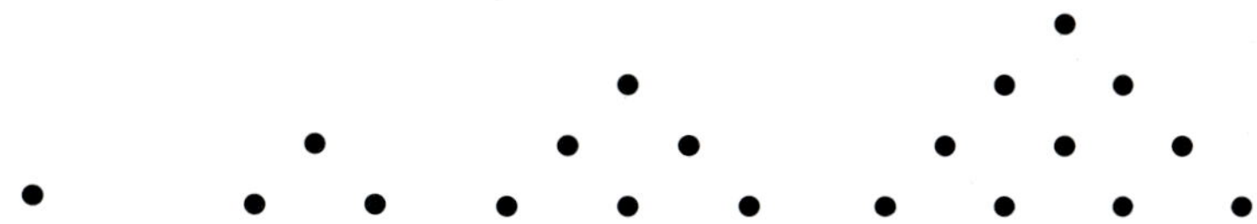

$t_1 = 1$　　$t_2 = 3$　　$t_3 = 6$　　$t_4 = 10$

(1) 삼각수 t_n 을 재귀적으로 정의하여라.

(2) (1)의 정의에 따라 t_n 을 구하여라.

(3) $t_{n-1} + t_n = n^2$ 임을 아래 그림을 이용하여 확인하여라.

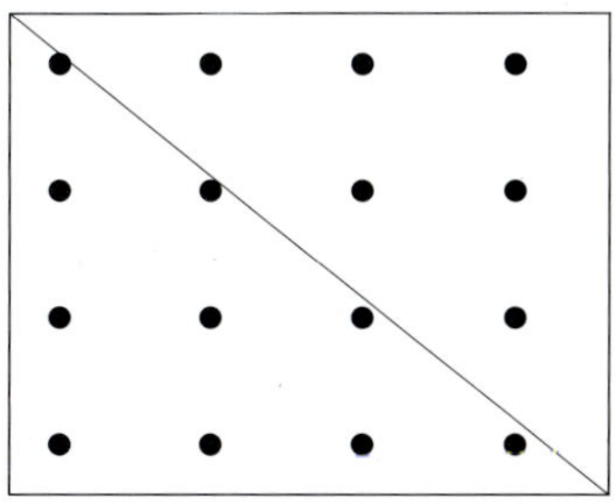

(4) $2t_n = n(n+1)$ 임을 아래 그림을 이용하여 확인하고, (2)의 결과와 일치함을 확인하여라.

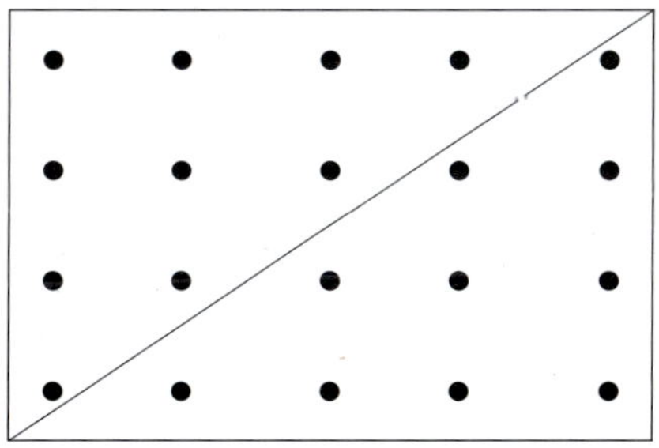

08 독일 수학자 애커만(Wilhelm Ackermann, 1896~1962)의 이름을 붙인 **애커만 함수**(Ackermann's function)는 다음과 같이 재귀적으로 정의된 함수이다.

$$A(m,\ n)=\begin{cases} n+1 & m=0 \text{ 인 경우} \\ A(m-1,\ 1) & n=0 \text{ 인 경우} \\ A(m-1,\ A(m,\ n-1)) & m\neq 0,\ n\neq 0 \text{ 인 경우} \end{cases}$$

(1) 다음 함숫값을 구하여라.

$$A(0,\ 4),\quad A(4,\ 0),\quad A(1,\ 1),\quad A(2,\ 2)$$

(2) $A(1,\ n)=n+2\ \ (n\geq 0)$ 임을 증명하여라.

(3) $A(2,\ n)=2n+3\ \ (n\geq 0)$ 임을 증명하여라.

(4) $A(3,\ n)=2^{n+3}-3\ \ (n\geq 0)$ 임을 증명하여라.

1.4 이항정리

정의 1.4.1 n과 r을 $0 \le r < n$인 정수라 하자.

$$\binom{n}{r} = \frac{n!}{r!(n-r)!}$$

로 정의하고 이를 **이항계수** (binomial coefficient)라 한다.

이항계수 $\binom{n}{r}$을 $C(n, r)$ 또는 ${}_nC_r$와 같이 쓰는 경우도 있다. 위 정의로부터 $\binom{n}{0} = \binom{n}{n} = 1$임을 알 수 있다.

보기 1.4.2 $\binom{7}{2} = \frac{7!}{2!(7-2)!} = \frac{7 \times 6}{2!} = 21$

$\binom{n}{r}$과 $\binom{n}{n-r}$을 계산해야 하는 경우가 많은데 다음 정리는 둘 다 계산할 필요가 없음을 보여준다.

정리 1.4.3 $\binom{n}{r} = \binom{n}{n-r}$

• **증명** $\binom{n}{n-r} = \frac{n!}{(n-r)!\,[n-(n-r)]!} = \frac{n!}{(n-r)!\,r!} = \frac{n!}{r!(n-r)!} = \binom{n}{r}$ ▣

정리 1.4.4 **파스칼 등식 (Pascal's Identity)**

n과 r을 $0 \le r \le n$인 정수라 할 때 다음 식이 성립한다.

$$\binom{n-1}{r-1} + \binom{n-1}{r} = \binom{n}{r}$$

● **증명** $$\binom{n-1}{r-1}+\binom{n-1}{r}=\frac{(n-1)!}{(r-1)!(n-r)!}+\frac{(n-1)!}{r!(n-r-1)!}$$
$$=\frac{r(n-1)!}{r(r-1)!(n-r)!}+\frac{(n-r)(n-1)!}{r!(n-r)(n-r-1)!}$$
$$=\frac{r(n-1)!}{r!(n-r)!}+\frac{(n-r)(n-1)!}{r!(n-r)!}$$
$$=\frac{n(n-1)!}{r!(n-r)!}=\frac{n!}{r!(n-r)!}=\binom{n}{r}$$ ■

이항계수 $\binom{n}{r}$ $(0 \le r \le n)$을 다음과 같이 배열하여 만든 삼각형을 **파스칼 삼각형** (Pascal's triangle)이라 한다.

$$\begin{array}{ccccccccc} & & & & \binom{0}{0} & & & & \\ & & & \binom{1}{0} & & \binom{1}{1} & & & \\ & & \binom{2}{0} & & \binom{2}{1} & & \binom{2}{2} & & \\ & \binom{3}{0} & & \binom{3}{1} & & \binom{3}{2} & & \binom{3}{3} & \\ \binom{4}{0} & & \binom{4}{1} & & \binom{4}{2} & & \binom{4}{3} & & \binom{4}{4} \\ & & & & \cdots & & & & \end{array}$$

$$\begin{array}{cccccccccccl} & & & & & 1 & & & & & & \leftarrow 0\text{행} \\ & & & & 1 & & 1 & & & & & \leftarrow 1\text{행} \\ & & & 1 & & 2 & & 1 & & & & \leftarrow 2\text{행} \\ & & 1 & & 3 & & 3 & & 1 & & & \leftarrow 3\text{행} \\ & 1 & & 4 & & 6 & & 4 & & 1 & & \leftarrow 4\text{행} \\ 1 & & 5 & & 10 & & 10 & & 5 & & 1 & \leftarrow 5\text{행} \\ & & & & & \cdots & & & & & & \end{array}$$

파스칼 삼각형에는 다음과 같은 흥미로운 사실들이 있다.

(1) 각 행은 1로 시작하고 1로 끝난다.

(2) 각 행에 나타난 수들은 대칭을 이룬다(정리 1.4.3).

(3) 삼각형 내부에 있는 수는 그 수의 바로 위 행에 위치한 왼쪽과 오른쪽 두 수의 합이다(정리 1.4.4).

(4) n번째 행에 있는 수들의 합은 2^n이다(따름정리 1.4.7).

(5) 11^n을 계산하는데 n번째 행의 수들로 구할 수 있다. 예를 들어,

$$11^2 = 121, \quad 11^3 = 1331, \quad 11^4 = 14641$$

11^5을 구하기 위해 삼각형의 5행

$$1 \quad 5 \quad 10 \quad 10 \quad 5 \quad 1$$

의 일의 자리수를 왼쪽부터 1 5 0 0 5 1을 쓴 다음 두 자리 수인 십의 자리 수는 왼쪽에 더하여 161051이 된다. 11^6을 구하기 위해 삼각형의 6행

$$1 \quad 6 \quad 15 \quad 20 \quad 15 \quad 6 \quad 1$$

의 일의 자리 수를 왼쪽부터 1650561을 쓴 다음 두 자리 수인 십의 자리 수는 그 왼쪽에 더하여 1771561이 된다(정리 1.4.5).

(6) 아래 그림에서와 같이 파스칼 삼각형 안에 정육각형을 그렸을 때 이웃하지 않은 세 수의 곱은 같다(연습문제 10). 예를 들어 $6 \cdot 5 \cdot 20 = 4 \cdot 15 \cdot 10$

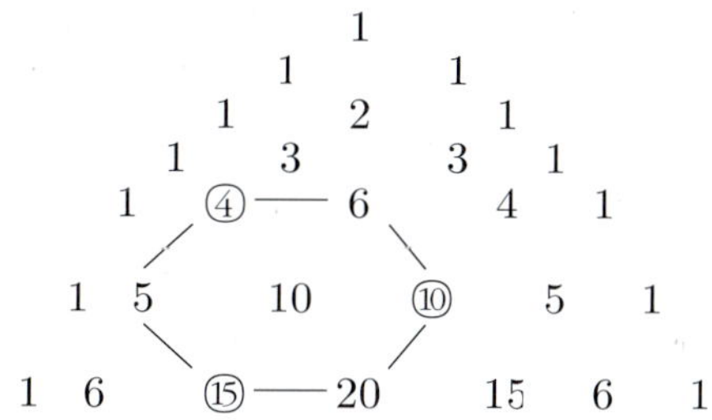

정리 1.4.5 이항정리 (The Binomial Theorem)

n이 양의 정수일 때

$$(x+y)^n = \binom{n}{0}x^n + \binom{n}{1}x^{n-1}y + \binom{n}{2}x^{n-2}y^2 + \cdots$$
$$+ \binom{n}{n-2}x^2y^{n-2} + \binom{n}{n-1}xy^{n-1} + \binom{n}{n}y^n$$
$$= \sum_{j-0}^{n}\binom{n}{j}x^{n-j}y^j$$

● **증명** 수학적 귀납법을 사용하여 증명하자.

$n=1$일 경우 $(x+y)^1 = \binom{1}{0}x^1y^0 + \binom{1}{1}x^0y^1 = x+y$ 이므로 성립한다.

$(x+y)^n = \sum_{j=0}^{n} \binom{n}{j} x^{n-j} y^j$가 성립한다고 가정하자.

$$\begin{aligned}(x+y)^{n+1} &= (x+y)^n (x+y) \\ &= \left[\sum_{j=0}^{n} \binom{n}{j} x^{n-j} y^j\right](x+y) \\ &= \sum_{j=0}^{n} \binom{n}{j} x^{n-j+1} y^j + \sum_{j=0}^{n} \binom{n}{j} x^{n-j} y^{j+1}\end{aligned}$$

이때

$$\sum_{j=0}^{n} \binom{n}{j} x^{n-j+1} y^j = x^{n+1} + \sum_{j=1}^{n} \binom{n}{j} x^{n-j+1} y^j$$

이고

$$\begin{aligned}\sum_{j=0}^{n} \binom{n}{j} x^{n-j} y^{j+1} &= \sum_{j=0}^{n-1} \binom{n}{j} x^{n-j} y^{j+1} + y^{n+1} \\ &= \sum_{j=1}^{n} \binom{n}{j-1} x^{n-j+1} y^j + y^{n+1}\end{aligned}$$

이므로

$$(x+y)^{n+1} = x^{n+1} + \sum_{j=1}^{n} \left[\binom{n}{j} + \binom{n}{j-1}\right] x^{n-j+1} y^j + y^{n+1}$$

정리 1.4.4에 의하여

$$\begin{aligned}(x+y)^{n+1} &= x^{n+1} + \sum_{j=1}^{n} \binom{n+1}{j} x^{n-j+1} y^j + y^{n+1} \\ &= \sum_{j=0}^{n+1} \binom{n+1}{j} x^{n+1-j} y^j\end{aligned}$$

따라서 수학적 귀납법에 의하여 증명되었다. ■

보기 1.4.6 $(x+2y)^4$을 전개하면

$$\begin{aligned}(x+2y)^4 &= \binom{4}{0} x^4 (2y)^0 + \binom{4}{1} x^3 (2y) + \binom{4}{2} x^2 (2y)^2 + \binom{4}{3} x (2y)^3 + \binom{4}{4} x^0 (2y)^4 \\ &= 1 \cdot x^4 + 4 \cdot x^3 \cdot 2y + 6x^2 (2y)^2 + 4 \cdot x \cdot (2y)^3 + 1 \cdot (2y)^4 \\ &= x^4 + 8x^3 y + 24x^2 y^2 + 32xy^3 + 16y^4\end{aligned}$$

따름정리 1.4.7 n이 음이 아닌 정수일 때

$$\sum_{j=0}^{n}\binom{n}{j}=\binom{n}{0}+\binom{n}{1}+\binom{n}{2}+\cdots+\binom{n}{n}=2^n$$

- **증명** 이항정리 정리 1.4.5에서 $x=y=1$로 취하면

$$2^n=(1+1)^n=\sum_{j=0}^{n}\binom{n}{j}1^{n-j}1^j=\sum_{j=0}^{n}\binom{n}{j}$$

■

따름정리 1.4.8 n이 양의 정수일 때

$$\sum_{k=0}^{n}(-1)^k\binom{n}{k}=0$$

- **증명** 이항정리 정리 1.4.5에서 $x=1,\ y=-1$로 택하면

$$0=(1+(-1))^n=\sum_{k=0}^{n}\binom{n}{k}1^{n-k}(-1)^k=\sum_{k=0}^{n}(-1)^k\binom{n}{k}$$

■

1.4 연습문제

01 다음 값을 구하여라.

(1) $\binom{30}{0}$　　(2) $\binom{30}{30}$　　(3) $\binom{30}{1}$

(4) $\binom{30}{29}$　　(5) $\binom{30}{3}$　　(6) $\binom{30}{27}$

02 $(x-2y)^{10}$의 전개식에서 x^7y^3의 계수를 구하여라.

03 $(x^2+x+1)\left(x+\dfrac{1}{x}\right)^{10}$의 전개식에서 상수항을 구하여라.

04 이항정리(정리 1.4.5)를 이용하여 다음을 전개하여라.

(1) $(2a+1)^6$　　(2) $(a-b)^5$　　(3) $(2a-3b)^4$

05 $\left(2x+\dfrac{2}{x}\right)^4$의 한 가운데 항을 구하여라.

06 따름정리 1.4.7과 따름정리 1.4.8을 이용하여

$$\binom{n}{0}+\binom{n}{2}+\binom{n}{4}+\ \cdots \text{ 와 } \binom{n}{1}+\binom{n}{3}+\binom{n}{5}+\ \cdots$$

의 값을 구하여라.

07 다음을 증명하여라.

(1) $1\binom{n}{1}+2\binom{n}{2}+3\binom{n}{3}+\ \cdots\ +n\binom{n}{n}=n\,2^{n-1}$

(2) $1\binom{n}{1}+3\binom{n}{3}+5\binom{n}{5}+\ \cdots\ =2\binom{n}{2}+4\binom{n}{4}+6\binom{n}{6}+\ \cdots$

Hint $(1+x)^n=\displaystyle\sum_{r=0}^{n}\binom{n}{r}x^r$을 미분한다.

08 수학적 귀납법을 사용하여

$$\sum_{i=2}^{n}\binom{i}{2}=\binom{n+1}{3} \qquad (n \ge 2)$$

임을 증명하여라.

09 연습문제 8을 일반화하여

$$\sum_{i=k}^{n}\binom{i}{k} \qquad (n \ge k)$$

를 추측하고 그것이 참임을 증명하여라.

10 다음 등식을 증명하여라.

$$\binom{n-i}{r-i}\binom{n}{r+i}\binom{n+i}{r}=\binom{n-i}{r}\binom{n+i}{r+i}\binom{n}{r-i}$$

1.5 비둘기 집 원리

독일 수학자 디리클레(Gustav Peter Lejeune Dirichlet, 1805~1859) 이름에서 유래된 디리클레 상자 원리(Dirichlet box principle)라고 알려진 비둘기 집 원리(The Pigeonhole principle)가 정수론에서 활용된다.

정리 1.5.1 **비둘기 집 원리 (The Pigeonhole Principle)**

n개의 비둘기 집에 $n+1$마리 이상의 비둘기가 들어가야 할 때, 적어도 비둘기 집 하나에는 두 마리 이상이 들어가야 한다.

보기 1.5.2 어떤 숲에 1000그루의 나무가 있다. 그런데 그 숲속의 어떤 나무도 나뭇잎 수가 1000개보다 작다면 이 숲에는 나뭇잎 수가 같은 나무가 반드시 두 그루 이상 존재한다.

보기 1.5.3 1111과 같이 숫자 1로만 되어 있는 수 중에는 2001로 나누어떨어지는 수가 적어도 하나 존재한다. 왜냐하면, $1,\ 11,\ 111,\ \cdots,\ 111\cdots111$(1이 2002개)을 2002마리 비둘기로, 2001로 나누었을 때 나머지 $0,\ 1,\ 2,\ \cdots,\ 2000$을 비둘기 집으로 생각하자. 비둘기 집 원리에 의해 나머지가 같은 두 수가 존재한다. 나머지가 같은 두 수를 1이 m개, n개 $(m>n)$로 된 수라 하자. 그러면 두 수의 차 $11\cdots11100\cdots0$ (1이 $m-n$개)는 2001의 배수이다. 그런데 2001은 2와 5를 소인수로 갖지 않기 때문에 $11\cdots11100\cdots0$의 끝 0을 지운 $111\cdots111$ (1이 $m-n$개)도 2001의 배수가 된다.

보기 1.5.4 10개의 서로 다른 정수 집합 $S=\{x_1,\ x_2,\ \cdots,\ x_{10}\}$에서

$$\sum_{i=j+1}^{k} x_i \text{가 10의 배수가 되는 } j,\ k\ (0 \le j < k \le 10)$$

가 존재함을 아래와 같은 증명과정을 통하여 알 수 있다.

$$S_k = x_1 + x_2 + \cdots + x_k \quad (k=1,\ 2,\ \cdots,\ 10)$$

라고 하자. 어떤 k에 대하여 S_k가 10의 배수이면 $j=0$이 되어 증명된다. 이제 모든 k $(1 \le k \le 10)$에 대하여 S_k가 10의 배수가 아니라고 가정하면 S_k를 10으로 나눈 나머지는 $\{1, 2, \cdots, 9\}$ 중의 하나가 되고 이를 9개 비둘기 집으로 생각하자. 그러면 비둘기 집 원리에 의하여 10마리 비둘기 S_k $(1 \le k \le 10)$ 중 적어도 두 마리 S_j, S_k는 같은 비둘기 집에 들어간다. 즉 S_j, S_k $(j < k)$는 10으로 나눈 나머지가 같다. 따라서

$$S_k - S_j = \sum_{i=j+1}^{k} x_i$$

는 10의 배수이다.

비둘기 집 원리를 다음과 같이 더 일반적인 경우로 바꿀 수 있다.

정리 1.5.5 일반화된 비둘기 집 원리 (The Generalized Pigeonhole Principle)

$nk+1$마리 이상의 비둘기가 n개의 비둘기 집에 들어갈 때 적어도 $k+1$ 마리의 비둘기가 들어간 비둘기 집이 있다.

보기 1.5.6 한 변의 길이가 1미터인 정사각형 안에 51개의 점이 찍혀있다. 이들 점 중에서 적어도 세 개의 점은 길이가 20cm인 정사각형 안에 놓여 있다.

보기 1.5.7 15보다 크지 않은 서로 다른 자연수 8개가 있다. 8개의 자연수에서 두 수를 택해 그 차를 구한다. 8개의 자연수에서 두 수를 택해 차를 구하면 28개의 차를 구할 수 있다. 이렇게 해서 얻은 28개의 차 중에는 적어도 3개 이상이 같음을 알아보자.

15 이하의 두 자연수 차는 1~14까지 14가지가 있다.(이 문제에서 8개의 자연수 중 서로 다른 두 수를 택해 차를 생각하므로 차가 0이 될 수는 없다.) 그래서 14개의 비둘기 집이 있다. 8개의 자연수로 두 수씩 짝을 지을 수 있는 방법은 28가지이다. 그래서 28마리의 비둘기가 있다. 얼핏 보기에 28마리의 비둘기가 14개의 비둘기 집에 들어가야 하므로 각 집에 두 마리씩 들어가면 세 마리 비둘기가 들어간 비둘기 집이 없다고 생각할 수 있다.

그러나 두 수의 차가 14가 되는 경우는 두 자연수를 1과 15를 택하는 경우 밖에 없다. 즉 차가 14가 되는 비둘기 집에는 한 마리밖에 들어갈 수 없다. 따라서 적어도 세 마리 들어간 비둘기 집이 있다. 즉 두 수의 차가 같은 쌍이 적어도 세 쌍 이상 있다.

1.5 연습문제

01 $n+1$ 개의 서로 다른 정수들의 집합에는 두 정수의 차가 n 의 배수가 되는 두 정수가 존재함을 증명하여라.

02 $2^m - 2^n$ 이 2019의 배수가 되는 두 수 2^m, 2^n 이 존재함을 증명하여라.

03 어떤 점의 좌표가 모두 정수로 되어 있는 삼차원 공간상의 점을 **격자점** (lattice point)이라 한다. 공간상에 서로 다른 9개의 격자점을 임의로 택해서 이들 두 점을 이어서 만든 36개의 선분을 생각할 때, 이 들 선분 중 적어도 한 선분의 중점은 격자점이 됨을 증명하여라.

04 끝 세 자리가 001로 끝나는 3^α (α는 양의 정수)꼴의 수가 존재함을 증명하여라.

05 정수론 학점이 A, B, C, D, F 로 주어질 때, 7명의 학생이 같은 학점을 받는 경우가 반드시 발생하려면 필요한 수강 학생의 수는 적어도 몇 명이어야 하는가?

06 양의 정수 부분집합 $A = \{1,\ 2,\ 3,\ \cdots,\ 100\}$ 에서 51개의 수를 임의로 택할 때, 그 중에는 한 수가 다른 수를 나누는 두 수가 반드시 존재함을 증명하여라.

제 2 장

정수

ELEMENTARY NUMBER THEORY

2.1 나눗셈 알고리즘
2.2 소수와 합성수
2.3 피보나치 수와 뤼까 수
2.4 페르마 수

2.1 나눗셈 알고리즘

정리 2.1.1 **나눗셈 알고리즘 (The Division Algorithm)**

두 정수 a, $b(\neq 0)$에 대하여

$$a = bq + r, \quad 0 \leqq r < |b|$$

인 두 정수 q, r가 유일하게 존재한다.

증명 $T = \{a - |b|k \mid k\text{는 정수}\}$, $S = \{m \in T \mid m \geq 0\}$라 하자. 이때,

$$a - |b|(-|a|) = a + |a||b| \geq a + |a| \geq 0$$

이므로 $a - |b|(-|a|)$는 S의 원소가 되어 $S \neq \varnothing$이다. 먼저 $0 \in S$이면 0은 S의 최소원이고, 또 $0 \notin S$이면 $S \subseteq \mathbb{N}$이므로 정수의 정렬성에 의하여 S는 최소원을 가진다. 따라서 어느 경우에든 집합 S는 최소원 r을 가진다. 즉,

$$a - |b|h = r, \quad r \geq 0$$

인 정수 h가 존재한다. 여기서 $0 \leq r < |b|$이다. 실제로, $|b| \leq r$라 가정하고 $c = r - |b|$로 놓으면

$$0 \leq c < r, \quad c = a - |b|h - |b| = a - |b|(h+1) \in S$$

으로 되어 r의 최소성에 모순된다. 이제

$$q = \begin{cases} h, & b > 0 \text{ 일 때} \\ -h, & b < 0 \text{ 일 때} \end{cases}$$

으로 놓으면 $a = bq + r$, $0 \leq r < |b|$이다. 다음에 q와 r의 유일성을 증명하기 위하여

$$a = bq + r = bq' + r', \quad 0 \leq r < |b|, \ 0 \leq r' < |b|$$

이라고 가정하면 $b(q - q') = r' - r$, $-|b| < r' - r < |b|$이므로

$$-|b| < b(q - q') < |b|, \text{ 즉 } -1 < q - q' < 1$$

이다. 따라서 $q - q'$은 정수이므로 $q - q' = 0$이 되어 $q = q'$, $r = r'$이다. ▣

앞의 정리 2.1.1에서 $a=bq+r$, $0 \le r < |b|$인 두 정수 q와 r을 각각 a를 b로 나누었을 때의 **몫** (quotient), **나머지** (remainder)라고 한다.

이산수학에서는 a를 b로 나누었을 때의 몫 q를 a div b, 나머지 r을 a mod b로 나타낸다. 또한 식 $a=b\times q+r$에서

$$\frac{a}{b}=q+\frac{r}{b},\quad 0 \le \frac{r}{b} < 1$$

이므로 q, $\left\lfloor \frac{a}{b} \right\rfloor$이고 $r=a-bq=a-b\cdot\left\lfloor \frac{a}{b} \right\rfloor$가 된다.

보기 2.1.2 (1) $a=115$, $b=10$일 때, $115=10\times 11+5$이므로
몫은 $q=115\text{div}10=11$, 나머지는 $r=115\text{mod}10=5$이다.
(2) $a=-14$, $b=4$일 때, $-14=4\times(-3)+(-2)$이므로 몫은 -3, 나머지는 -2라고 틀리는 경우가 많다. 나머지는 음수가 될 수 없으므로 $-14=4\times(-4)+2$로 몫은 -4, 나머지는 2라고 해야 한다.

한 정수를 0이 아닌 다른 정수로 나눌 때 그 몫이 정수일 수도 아닐 수도 있다. 그 몫이 정수가 되는 경우 다음과 같이 정의를 한다.

정의 2.1.3 두 정수 a, $b(\neq 0)$에 대하여

$$a=bc$$

인 정수 c가 존재한 경우, **"b는 a를 나눈다 (b divides a)"**고 말하거나 **"a는 b로 나누어진다 (a is divided by b)"**고 말하고

$$b \mid a$$

로 나타낸다. 또 이 경우 a를 b의 **배수** (multiple) 또는 b를 a의 **약수** (divisor or factor)라고 한다. 그리고 b가 a를 나누지 못할 때 $b \nmid a$로 나타낸다.

위의 정의에서와 같이 $b \mid a$ 경우 $b \neq 0$으로 생각한다. $a=bc=(-b)(-c)$이므로 b가 a의 약수이면 $-b$도 a의 약수가 된다. 그러나 앞으로 약수를 논할 때 양의 약수만을 보통 생

각한다.

위의 정의에서 모든 정수 a에 대하여 $a \cdot 0 = 0$이므로 $a \mid 0$이다. 즉 0은 모든 수의 배수이다.

정리 2.1.4 정수 a, b, c에 대하여 $a \mid b$이고 $b \mid c$이면 $a \mid c$이다.

● **증명** $a \mid b$, $b \mid c$이므로 적당한 정수 x, y가 있어 $b = ax$, $c = by$가 된다. 이때, $c = by = a(xy)$이므로 $a \mid c$이다. ▣

정리 2.1.5 정수 a, b, c에 대하여 $c \mid a$, $c \mid b$이면 임의의 정수 x, y에 대하여 $c \mid (ax + by)$이다. 특히 $c \mid (a+b)$, $c \mid (a-b)$이다.

● **증명** $c \mid a$, $c \mid b$이므로 $a = mc$, $b = nc$인 정수 m, n이 존재하고 임의의 정수 x, y에 대하여

$$ax + by = mcx + ncy = c(mx + ny)$$

이다. 그러므로 $c \mid (ax + by)$이다. ▣

일반적으로, 임의의 정수 n을 양의 정수 m으로 나누었을 때의 나머지는 1, 2, ⋯, $m-1$ 중의 하나이므로

$$n = mk + r \quad (k \in \mathbb{Z},\ r = 0,\ 1,\ 2,\ \cdots,\ m-1)$$

의 꼴로 나타낼 수 있다.

예를 들어, 모든 정수 n은

$$4k,\ 4k+1,\ 4k+2,\ \text{또는}\ 4k+3$$

의 꼴로 나타낼 수 있다.

정의 2.1.6 정수 n의 배수 전체의 집합을 $n\mathbb{Z}$로 나타낸다. 즉,

$$n\mathbb{Z} = \{nk \mid k \in \mathbb{Z}\}$$

정의에 의하여, $1\mathbb{Z}=\mathbb{Z}$, $0\mathbb{Z}=0$,

$$(-a)\mathbb{Z}=\{(-a)x \mid x\in \mathbb{Z}\}=\{ay \mid y\in \mathbb{Z}\}=a\mathbb{Z}$$

이다.

보기 2.1.7 정의에 의하여 다음이 성립한다.

$$\mathbb{Z}=\{\cdots,\ -2,\ -1,\ 0,\ 1,\ 2,\ \cdots\}=(-1)\mathbb{Z}$$
$$2\mathbb{Z}=\{\cdots,\ -4,\ -2,\ 0,\ 2,\ 4,\ \cdots\}=(-2)\mathbb{Z}$$
$$3\mathbb{Z}=\{\cdots,\ -6,\ -3,\ 0,\ 3,\ 6,\ \cdots\}=(-3)\mathbb{Z}$$

정리 2.1.8 두 정수 a, b에 대하여 다음이 성립한다.

$$a\mathbb{Z}\supseteq b\mathbb{Z} \iff a \mid b$$

• **증명** $a\mathbb{Z}\supseteq b\mathbb{Z}$이라면 $b\in b\mathbb{Z}\subseteq a\mathbb{Z}$이므로 $a\mid b$이다. 역으로, $a\mid b$이면 $b=ac$인 정수 c가 존재하므로 임의의 $bx\in b\mathbb{Z}$(x는 정수)에 대하여 $bx=(ac)x=a(cx)\in a\mathbb{Z}$이다. 따라서 $a\mathbb{Z}\supseteq b\mathbb{Z}$이다. ■

보기 2.1.9 $\mathbb{Z}\supseteq 2\mathbb{Z}\supseteq 4\mathbb{Z}\supseteq 8\mathbb{Z}\supseteq \cdots$

$\mathbb{Z}\supseteq -3\mathbb{Z}\supseteq 6\mathbb{Z}\supseteq -12\mathbb{Z}\supseteq$

$3\mathbb{Z}\not\supseteq 4\mathbb{Z}$

$4\mathbb{Z}\not\supseteq 6\mathbb{Z}$

정리 2.1.10 각 $a\in\mathbb{Z}$에 대하여 집합 $a\mathbb{Z}$는 덧셈과 뺄셈에 대하여 닫혀 있다. 역으로 정수 집합 $\mathbb{Z}$의 공집합이 아닌 부분집합 S가 덧셈과 뺄셈에 대하여 닫혀 있으면

$$S=m\mathbb{Z},\quad m\geq 0$$

인 정수 m이 존재하고 또 이와 같은 정수 m은 단 하나뿐이다.

• **증명** 임의의 ax, $ay\in a\mathbb{Z}$ (x, y는 정수)에 대하여

$$ax+ay=a(x+y)\in a\mathbb{Z},$$
$$ax-ay=a(x-y)\in a\mathbb{Z}$$

이므로 집합 $a\mathbb{Z}$는 덧셈과 뺄셈에 관하여 닫혀 있다.

역으로, 집합 $\mathbb{Z}$의 부분집합 $S(\neq \varnothing)$가 덧셈과 뺄셈에 관하여 닫혀 있다고 하자. 이때, $S \neq \varnothing$이므로 S에 속하는 정수 a가 존재하고 S는 뺄셈에 관하여 닫혀 있으므로 $0 = a - a \in S$이다. $S = \{0\}$이라면 $S = 0\mathbb{Z}$이다.

$S \supset \{0\}$이라고 가정하자, 이때, 집합 S에는 0이 아닌 정수 a가 존재하여 뺄셈에 의해 닫혀 있으므로 $-a = 0 - a \in S$이다. 그러므로 정수의 정렬성에 의하여 S에는 최소의 양의 정수 m이 존재한다.

이제 $S = m\mathbb{Z}$임을 증명한다. S는 덧셈과 뺄셈에 대하여 닫혀 있으므로 분명히 $m\mathbb{Z} \subseteq S$이다. 한편, 정리 2.1.1(나눗셈 알고리즘)에 의하여, 임의의 $x \in S$에 대하여

$$x = mq + r, \quad 0 \leqq r < m$$

인 정수 q, r가 존재하고 $x \in S$, $mq \in S$이므로 $r = x - mq \in S$이다. 그런데, m의 최소성에 의하여 $r = 0$이어야 하므로 $x = mq \in m\mathbb{Z}$이다. 따라서 $S \subseteq m\mathbb{Z}$이다. 그러므로 $S = m\mathbb{Z}$, $m \geq 0$이다.

또, 정리 2.1.8에 의하여 이와 같은 정수 m은 단 하나뿐이다. ■

보기 2.1.11 $2\mathbb{Z}$, $3\mathbb{Z}$, $2\mathbb{Z} \cap 3\mathbb{Z}$는 모두 덧셈과 뺄셈에 대하여 닫혀 있다. 그러나 $S = 2\mathbb{Z} \cup 3\mathbb{Z}$는 덧셈과 뺄셈의 대하여 닫혀 있지 않다. 실제로

$$\begin{aligned} S &= 2\mathbb{Z} \cup 3\mathbb{Z} \\ &= \{0, \ \pm 2, \ \pm 4, \ \pm 6, \ \cdots\} \cup \{0, \ \pm 3, \ \pm 6, \ \pm 9, \ \cdots\} \\ &= \{0, \ \pm 2, \ \pm 3, \ \pm 4, \ \pm 6, \ \cdots\} \end{aligned}$$

이므로 $2, 3 \in S$이지만 $2 + 3 = 5 \notin S$, $3 - 2 = 1 \notin S$이다.

정리 2.1.12 $a\mathbb{Z} \cap b\mathbb{Z} = l\mathbb{Z}$ (단, l은 a와 b의 최소공배수이다.)

• 증명 $S = a\mathbb{Z} \cap b\mathbb{Z}$라고 하자. $ab \in S$이므로 $S \neq \varnothing$이다. c, $d \in S$라고 하면, $c = ax = bm$, $d = ay = bn$이 되는 정수 x, y, m, n이 존재한다.

$$c \pm d = a(x \pm y) = b(m \pm n) \in S$$

이므로 S는 덧셈과 뺄셈에 대하여 닫혀 있다. 따라서 정리 2.1.10에 의하여

$$a\mathbb{Z} \cap b\mathbb{Z} = l\mathbb{Z}$$

인 정수 l이 단 하나 존재한다.

$$l \in l\mathbb{Z} = a\mathbb{Z} \cap b\mathbb{Z} \text{ 이므로 } a \mid l,\ \ b \mid l$$

이다. 어떤 정수 t에 대하여 $a \mid t$, $b \mid t$이라면 $t \in a\mathbb{Z} \cap b\mathbb{Z} = l\mathbb{Z}$이므로 $l \mid t$이다. 따라서 l은 a, b의 최소공배수이다. ▣

2.1 연습문제

01 정리 2.1.1(나눗셈 알고리즘)을 사용하여 다음 수를 11로 나누었을 때의 몫과 나머지를 구하여라.

(1) 7　　(2) 60　　(3) -40　　(4) 0

02 다음 사실이 참인지 거짓인지 판정하여라.

참이면 이를 증명하고 거짓이면 그 이유를 설명하여라(단, a, b, c는 정수이다).

(1) $a \mid b$, $b \mid a$ 이면 $a = b$ 이다.

(2) $a \mid bc$ 이면 $a \mid b$ 또는 $a \mid c$ 이다.

(3) $a \mid b$, $c \mid d$ 이면 $ac \mid bd$ 이다.

(4) $a \nmid b$, $a \nmid c$ 이면 $a \nmid bc$ 이다.

(5) $a \mid (b+c)$ 이면 $a \mid b$, $a \mid c$ 이다.

03 정수 중에서 4, 9, 16, 25, $\cdots$와 같이 1보다 큰 정수 a의 제곱 a^2의 꼴로 나타내어지는 수를 **(완전)제곱수** (perfect square)라 한다. 완전제곱수는 모두 $4k$ 또는 $4k+1$의 꼴인 수임을 증명하라.

04 수학적 귀납법을 사용하여 임의의 양의 정수 n에 대하여 $n^5 - n$은 5의 배수임을 증명하여라.

05 홀수의 제곱은 항상 $8k+1$ 형태의 정수임을 증명하여라.

06 다음 수열의 각 항들은 완전제곱수가 될 수 없음을 증명하여라.

$$11,\ 111,\ 1111,\ 11111,\ \cdots\cdots$$

Hint $1111\cdots\cdots 111111 \cdots\cdots 108+3 = 4k+3$

07 다음 집합은 어떤 집합인지를 구하라.

(1) $4\mathbb{Z} \cup 2\mathbb{Z}$　　(2) $4\mathbb{Z} \cap 2\mathbb{Z}$

(3) $3\mathbb{Z} \cap 5\mathbb{Z}$　　(4) $3\mathbb{Z} \cup 5\mathbb{Z}$

08 $x > y > 0$인 두 정수 x, y에 대하여 $x^2 - y^2$은 1이 될 수 없음을 증명하여라.

09 연속된 4개의 양의 정수의 곱은 제곱수가 될 수 없음을 증명하여라.

Hint 연습문제 8

2.2 소수와 합성수

1을 제외한 모든 양의 정수는 1과 자기 자신을 약수로 가지므로 적어도 두 개의 양의 약수를 가진다. 특히 양의 약수가 두 개뿐인 자연수는 정수론에서 아주 중요한 역할을 하는데 이러한 수들을 다음과 같이 정의한다.

정의 2.2.1 1과 자기 자신 이외의 다른 양의 정수로 나누어지지 않는 정수 $p\ (p > 1)$를 **소수**(prime number)라고 한다. 한편 1보다 큰 정수 a가 소수가 아닐 때, 즉

$$a = de, \quad 1 < d, e < a$$

인 정수 d, e가 존재할 때 a를 **합성수**(composite number)라고 한다.

보기 2.2.2 2, 3, 5, 7, 11, 13, ⋯은 소수이고
4, 6, 8, 9, 10, 12, 14, ⋯은 합성수이다.
2를 제외한 소수는 모두 홀수이고 $111 = 3 \cdot 37$과 $1001 = 7 \cdot 11 \cdot 13$은 합성수이다.

정의 2.2.1로부터 양의 정수 집합은 세 집합, 즉 소수의 집합, 합성수의 집합, $\{1\}$로 분할된다. 어떤 수가 소수인지 합성수인지 판별할 수 있는 방법이 있는가? 또 소수는 몇 개나 존재하겠는가? 소수는 어떤 형태로 쓸 수 있는가? 이와 같은 문제들을 앞으로 생각해보자.

우선 소수는 무수히 많이 존재하는 사실을 증명하기 위해 다음 보조정리가 필요하다.

보조정리 2.2.3 정수 a가 $a > 1$이면 a의 **소인수**(prime factor), 즉 소수인 인수가 적어도 하나 존재한다.

● **증명** 집합 S를 1보다 큰 a의 약수의 집합이라 하자. 이때 가정에 의하여 $a > 1$이고 $a \mid a$이므로 $a \in S$이다. 따라서 $S \neq \varnothing$이므로 정수의 정렬성에 의하여 S에는 최소원 p가 존재한다.

이제 최소원 p가 소수임을 증명하면 된다. $d \neq 1$, $d \mid p$라면 $p \mid a$이므로 $d \mid a$이다. 그래서 $d \in S$이고 $d \leq p$이므로 p의 최소성에 의하여 $d = p$이다. 즉, p는 소수이다. 따라서 p는 a의 소인수이다. ▣

이제 소수는 무수히 많이 존재한다는 사실을 유클리드(Euclid)가 그의 저서 원론(Element)에서 증명했던 방법으로 증명하자.

정리 2.2.4 소수는 무수히 많다.

● **증명** 소수가 유한개 p_1, p_2, $\cdots$, p_n뿐이라 가정하면 $N = p_1 p_2 \cdots p_n + 1$은 보조정리 2.2.3에 의하여 어떤 소수 p_i $(1 \leq i \leq n)$에 의해 나누어진다. $p_i \mid N$이고 $p_i \mid p_1 p_2 \cdots p_n$이므로 정리 2.1.5에 의하여

$$p_i \mid (N - p_1 p_2 \cdots p_n) = 1$$

이어서 모순이다. 따라서 소수는 무수히 많이 존재한다. ▣

어떤 수가 소수인지 아니면 합성수인지를 판별할 때 다음 정리를 사용한다.

정리 2.2.5 만약 양의 정수 n이 합성수이면, n은 $\sqrt{n}$보다 작거나 같은 소인수를 갖는다.

● **증명** n이 합성수이므로

$$n = ab, \quad 1 < a \leq b < n$$

인 정수 a, b가 존재한다. 이때, $0 < a^2 \leq ab = n$이므로 $a \leq \sqrt{n}$이다. 그런데 보조정리 2.2.3에 의하여 a의 소인수 p가 존재하고 정리 2.1.4에 의하여 $p \mid n$이다. 따라서 n은 $p \leq \sqrt{n}$인 소인수 p를 갖는다. ▣

보기 2.2.6 509가 소수인지 합성수인지 알아보자.

509가 합성수라면 정리 2.2.5에 의하여 $\sqrt{509}$보다 작거나 같은 소인수를 가져야 한다. $22 < \sqrt{509} < 23$이므로 $\sqrt{509}$보다 작은 소수는 2, 3, 5,

7, 11, 13, 17, 19뿐이다. 그러나 이들 소수 어느 것도 509의 약수가 아니므로 509는 합성수가 아니다. 즉, 509는 소수이다.

주어진 양의 정수 n보다 작거나 같은 모든 소수를 구할 때 사용하는 **에라토스테네스의 체**(Seive of Eratosthenes)는 고대 그리스 수학자 에라토스테네스(Eratosthenes, B.C. 276~194)가 고안한 방법인데 위의 정리 2.2.5를 사용한 원리이다.

예를 들어 50 이하의 소수를 구해보자. 정리 2.2.5에 의하여 50보다 작은 합성수는 $\sqrt{50}$보다 작은 소인수를 가져야 한다. $\sqrt{50}$보다 작은 소인수는 2, 3, 5, 7뿐이므로 이러한 소인수로 나누어지는지만 확인하면 된다. 따라서 2의 배수, 3의 배수, 5의 배수, 7의 배수를 제거하고 난 나머지 수가 소수가 되어 50 이하의 소수는

$$2,\ 3,\ 5,\ 7,\ 11,\ 13,\ 17,\ 19,\ 23,\ 29,\ 31,\ 37,\ 41,\ 43,\ 47$$

이다(그림 2.2.1).

	2	3	~~4~~	5	~~6~~	7	~~8~~	~~9~~	~~10~~
11	~~12~~	13	~~14~~	~~15~~	~~16~~	17	~~18~~	19	~~20~~
~~21~~	~~22~~	23	~~24~~	~~25~~	~~26~~	~~27~~	~~28~~	29	~~30~~
31	~~32~~	~~33~~	~~34~~	~~35~~	~~36~~	37	~~38~~	~~39~~	~~40~~
41	~~42~~	43	~~44~~	~~45~~	~~46~~	47	~~48~~	~~49~~	~~50~~

그림 2.2.1 에라토스테네스의 체

위에서 보는 바와 같이 에라토스테네스의 체는 정수 n보다 작거나 같은 모든 소수를 찾을 수 있지만 정수 n이 소수인지 아닌지를 이 방법으로 판정하기에는 $\sqrt{n}$보다 작거나 같은 모든 소인수로 나눠 보아야 하기 때문에 아주 비효율적이다. 따라서 소수를 판정하는 보다 더 효율적인 방법을 찾는 것이 매우 중요한 일이다.

우리는 소수가 무수히 많이 존재한다는 것을 알았다. 그러면 양의 정수 n(또는 양의 실수 x)보다 작거나 같은 소수들의 개수를 구할 수 있겠는가? 다음 정리 2.2.7이 이를 설명한다. 정리 2.2.7을 기술하기 위해 새로운 함수 **$\pi(n)$을 n보다 작거나 같은 소수들의 개수로 정의한다.** 즉

$$\pi(n)=\sum_{p \leq n} 1 \quad (\text{단 } p\text{는 소수})$$

이다. 예를 들어 10보다 작은 소수는 2, 3, 5, 7이므로 $\pi(10)=4$이고 앞의 에라토스테네스의 체의 설명에서 $\pi(50)=15$이다.

정리 2.2.7 양의 정수 n에 대하여 $p_1,\ p_2,\ \cdots,\ p_t$를 $\sqrt{n}$보다 작거나 같은 소수라고 하면

$$\pi(n)=n-1+\pi(\sqrt{n})-\sum_{i}\left\lfloor \frac{n}{p_i} \right\rfloor+\sum_{i<j}\left\lfloor \frac{n}{p_ip_j} \right\rfloor$$
$$-\sum_{i<j<k}\left\lfloor \frac{n}{p_ip_jp_k} \right\rfloor+\cdots+(-1)^t\left\lfloor \frac{n}{p_1p_2\cdots p_t} \right\rfloor$$

보기 2.2.8 50보다 작은 소수들의 개수를 구해보자.

$n=50,\ \pi(\sqrt{n})=\pi(\sqrt{50})=4$이므로 $\sqrt{50}$보다 작은 4개의 소수 2, 3, 5, 7을 각각 $p_1,\ p_2,\ p_3,\ p_4$라 하면 정리 2.2.7에 의하여

$$\pi(50)=50-1+4-\left(\left\lfloor \frac{50}{2} \right\rfloor+\left\lfloor \frac{50}{3} \right\rfloor+\left\lfloor \frac{50}{5} \right\rfloor+\left\lfloor \frac{50}{7} \right\rfloor\right)$$
$$+\left(\left\lfloor \frac{50}{2\cdot 3} \right\rfloor+\left\lfloor \frac{50}{2\cdot 5} \right\rfloor+\left\lfloor \frac{50}{2\cdot 7} \right\rfloor+\left\lfloor \frac{50}{3\cdot 5} \right\rfloor+\left\lfloor \frac{50}{3\cdot 7} \right\rfloor+\left\lfloor \frac{50}{5\cdot 7} \right\rfloor\right)$$
$$-\left(\left\lfloor \frac{50}{2\cdot 3\cdot 5} \right\rfloor+\left\lfloor \frac{50}{2\cdot 3\cdot 7} \right\rfloor+\left\lfloor \frac{50}{2\cdot 5\cdot 7} \right\rfloor+\left\lfloor \frac{50}{3\cdot 5\cdot 7} \right\rfloor\right)+\left\lfloor \frac{50}{2\cdot 3\cdot 5\cdot 7} \right\rfloor$$
$$=53-(25+16+10+7)+(8+5+3+3+2+1)-(1+1+0+0)+0$$
$$=15$$

앞 정리 2.2.7은 $\pi(n)$의 값을 계산할 수 있어 유용할 것 같지만 큰 정수 n에 대한 $\pi(n)$의 값을 구하기는 쉽지 않다. 하지만 아주 큰 양의 정수 n에 대하여 $\pi(n)$의 근삿값을 구할 수 있는 다음 소수정리(The Prime Number Theorem)는 정수론뿐만 아니라 수학의 전 분야에서 지금까지 알려진 가장 유명한 정리 중의 하나이다.

정리 2.2.9 **소수정리 (The Prime Number Theorem)**

양의 실수 x가 한없이 커감에 따라 $\frac{x}{\ln x}$에 대한 $\pi(x)$의 비는 1에 가까워진다. 즉,

$$\lim_{x\to\infty}\frac{\pi(x)}{\frac{x}{\ln x}}=1$$

소수정리는 1793년 독일 수학자 가우스(Karl Friedrich Gauss, 1777~1855)에 의해 추측된 이래 100년 이상 증명하지 못하다가 1896년 프랑스 수학자 아다마드(J. Hadamard)와 벨기에 수학자 C.J. Vallée-Poussin가 각각 독자적으로 이 정리를 증명하였다. 그 후 여러 가지 증명이 알려져 있으나 모두가 복잡하거나 난해한 수학 이론을 사용하기 때문에 증명을 생략하기로 한다. 다음 표에서 소수정리를 확인할 수 있다.

x	$\pi(x)$	$x/\ln x$	$\pi(x)/\frac{x}{\ln x}$
10^3	168	144.8	1.160
10^4	1229	1085.7	1.132
10^5	9592	8685.9	1.104
10^6	78498	72382.4	1.085
10^7	664579	620420.7	1.071
10^8	5761455	5428681.0	1.061
10^9	50847534	48254942.4	1.054
10^{10}	455052512	434294481.9	1.048
10^{11}	4118054813	3948131663.7	1.043
10^{12}	37607912018	36191206825.3	1.039
10^{13}	346065536839	334072678387.1	1.036
10^{14}	3204941750802	3102103442166	1.033

$\pi(x)$ 의 근삿값

정리 2.2.4에서 소수는 무수히 많이 존재한다는 것을 알았다. 그렇다면 이들 소수는 어떻게 분포되어 있을까? 예를 들어 소수인 연속된 두 정수가 몇 쌍 존재하는가? 또 소수인 연속된 세 홀수가 몇 쌍 존재하는가? 사실 연속된 두 정수가 소수인 경우는 2, 3뿐이고(연습문제 3), 연속된 세 홀수가 소수가 되는 경우는 3, 5, 7뿐임을 쉽게 증명할 수 있다(연습문제 4). 하지만 다음 정리 2.2.10에서 n (n은 임의의 양의 정수)개의 연이은 합성수가 존재함을 알 수 있다.

정리 2.2.10 각 양의 정수 n에 대하여 n개의 연이은 합성수가 존재한다.

- **증명** n개의 연이은 정수

$$(n+1)!+k \quad (2 \le k \le n+1)$$

을 생각하자. $2 \le k \le n+1$ 인 각 k에 대해 $k \mid (n+1)!$이다. 그러므로 정리 2.1.5에 의하여 $k \mid (n+1)!+k$이다. 따라서 n개의 연이은 정수 $(n+1)!+k$ $(2 \leqq k \leqq n+1)$은 합성수이다. ▣

보기 2.2.11 $8!+2=40322$로 시작하는 다음 일곱 개의 정수는 합성수이다.

$$8!+2,\ 8!+3,\ 8!+4,\ 8!+5,\ 8!+6,\ 8!+7,\ 8!+8$$

즉, 40322, 40323, 40324, 40325, 40326, 40327, 40328 은 합성수이다.

한편 일곱 개의 연이은 합성수로서 가장 작은 것은 90, 91, 92, 93, 94, 95, 96이다. 또, 다음과 같은 10000개의 연이은 정수는 모두 합성수이다.

$$(10000+1)!+k, \quad (2 \le k \le 10001)$$

소수에 대해 아직까지 해결되지 않은 문제들이 많다. 그중 흥미로운 몇 가지 사실만 알아보자.

$$242, \quad 1235321, \quad 589202985, \cdots$$

와 같이 앞에서부터 읽은 자리수와 뒤에서부터 읽은 자리수가 같은 수를 **회문수**(palindrome integer)라 하고 특히 이 수가 소수일 때 **회문소수**(Palindromic prime)라 한다. 1950년에 North Carolina 대학 교수 L. Morser가 100000 이하인 107개의 회문소수를 찾았다. 그 중 1000 이하인 회문소수는

2, 3, 5, 7, 11, 101, 131, 151, 181, 313, 353, 373, 383, 727, 757, 787, 797, 919, 929

의 19개이다.

정리 2.2.10에 의하여 어떤 두 소수의 차는 아주 클 수도 있지만 2, 3과 같이 연속된 소수 쌍도 있고, 3, 5와 같이 차가 2가 되는 소수 쌍도 있다.

3, 5 ; 5, 7 ; 11, 13 ; 17, 19 ; ⋯ ; 101, 103 ; 4967, 4969

와 같이 차가 2가 되는 두 소수의 쌍을 **쌍둥이 소수**(twin prime)라 하는데 쌍둥이 소수가 무수히 많이 존재하느냐의 문제는 여전히 미해결 문제이다. 슈퍼컴퓨터를 이용하여 152892 쌍의 쌍둥이 소수와 10^{12}과 $10^{12}+10000$ 사이에 20개의 쌍둥이 소수가 발견되었는데 큰 수에 대해서는 쌍둥이 소수가 많이 존재하지 않는다는 것을 암시하고 있다.

$p_n = 2p_{n-1}+1$ $(n \ge 2)$을 만족하는 소수들의 수열

$$p_1,\ p_2,\ p_3,\ \cdots,\ p_n$$

을 길이가 n인 Cunningham Chain이라 한다. 이때 최소의 소수로 구성된 길이가 5인 Cunningham Chain은 2—5—11—23—47, 최소의 소수로 구성된 길이가 6인 Cunningham Chain은

$$89-179-359-719-1439-2879$$

최소의 소수로 구성된 길이가 7인 Cunningham Chain은

$$1122659-2245319-4490639-8981279-17962559-35925119-71850239$$

이다.

러시아 수학자 골드바흐(Christian Goldbach, 1690~1764)는 1742년에 스위스 수학자 오일러(Leonhard Euler, 1707~1783)에게 보낸 편지에서 골드바흐 추측으로 알려진 다음 문제를 제시하였는데 영국 수학자 하디(Godfrey H. Hardy, 1877~1947)은 이 문제를 수학에서 가장 난해한 문제 중 하나로 규정했다. 2000년 5월에 이 문제 해결에 100만 달러 상금을 걸었으나 아직까지 미해결 문제로 남아 있다.

골드바흐 추측(Goldbach's Conjecture)

2보다 큰 짝수는 모두 두 소수의 합으로 쓸 수 있다.

보기 2.2.12

$4=2+2$　　　　$6=3+3$

$8=3+5$　　　　$10=5+5=3+7$

$24=5+19=7+17=11+13$

……

짝수가 두 소수의 합으로 나타내어지는 경우 여러 가지 방법으로 나타낼 수 있다

베르트랑 추측 (Bertrand's Conjecture)

2와 4 사이에 소수 3,
3과 6 사이에 소수 5,
4와 8 사이에 소수 7,
5와 10 사이에 소수 7,
……

와 같이 모든 정수 $n(\geq 2)$에 대하여 n과 $2n$ 사이에 소수가 존재한다. 이 추측은 1845년에

프랑스 수학자 베르트랑(Joseph Louis Francos Bertrand, 1822~1900)이 추측한지 7년 후에 러시아 수학자 체비셰프(Pafnuty Lvovich Chebychev, 1821~1894)가 증명했다. 아직까지 해결되지 않은 또 다른 추측은

1과 4 사이에 소수 3,
4와 9 사이에 소수 5,
9와 16 사이에 소수 11,
16과 25 사이에 소수 17,
25와 36 사이에 소수 29

가 존재하는 것 같이 모든 양의 정수 n에 대하여 n^2과 $(n+1)^2$ 사이에 소수가 존재한다는 것이다.

2.2 연습문제

01 다음 정수 중에서 소수인 것을 찾아라.

(1) 171　　(2) 179　　(3) 1001　　(4) 359

02 2를 제외한 n^3+1 꼴의 수는 소수가 아님을 증명하여라.

03 연이은 두 소수는 2, 3뿐임을 증명하여라.

04 연이은 세 홀수가 모두 소수인 경우는 3, 5, 7뿐임을 증명하여라. 즉 세 정수 p, $p+2$, $p+4$가 모두 소수인 경우는 $p=3$뿐임을 증명하여라.

Hint p를 $p=3k$, $p=3k+1$, $p=3k+2$의 꼴로 나누어 생각하라.

05 다음 정수 n에 대하여 n보다 작은 소수들의 개수 $\pi(n)$을 구하여라.

(1) $n=30$　　(2) $n=96$　　(3) $n=100$

06 5개의 연이은 합성수 중에서

(1) 가장 작은 수로 된 5개의 합성수를 찾아라.

(2) 또 다른 5개의 합성수를 찾아라.

07 다음 수들에 대해 골드바흐 추측이 성립함을 보여라.

(1) 36　　(2) 50

08 $p-q=3$이 되는 두 소수 p, q를 모두 구하여라.

09 p가 소수이고 $1 \le r < p$ 이면 $p \mid \binom{p}{r}$ 임을 증명하여라.

10 11보다 큰 정수는 모두 두 합성수의 합으로 나타낼 수 있음을 밝혀라.

11 "모든 정수 n $(n \geq 2)$은 소인수를 가진다." (보조정리 2.2.3)를 수학적 귀납법으로 증명하여라.

12 n번째 소수를 p_n이라 할 때 $p_n \leq 2^n$ $(n \geq 2)$임을 증명하여라.

Hint 베르트랑 추측(Bertrand's Conjecture)

13 p_i가 i번째 소수를 나타내고 $E_n = p_1 p_2 \cdots p_n + 1$이라 할 때 다음을 증명하여라.

(1) $p_{n+1} \leq E_n$ $(n \geq 1)$

(2) $E_n < (p_{n+1})^{n-2}$ $(n \geq 6)$

2.3 피보나치 수와 뤼까 수

중세 이탈리아 수학자 피보나치(Leonardo Fibonacci, 1170?~1250?)의 이름을 따서 불려진 피보나치 수열은 가장 흥미로운 이론으로 그 흥미로움 때문에 수학자들뿐만 아니라 수많은 일반인들조차 관심을 가지고 연구되어 1963년에 피보나치학회(The Fibonacci Association)가 만들어져서 피보나치 수열 학술지(The Fibonacci Quarterly)가 출간 되었다.

피보나치는 1202년에 그의 저서 "산반서(Liber Abaci)" 에서 다음 문제를 제안하였다.

피보나치 문제

암수 한 쌍의 토끼가 한 달에 한 쌍의 토끼를 낳고 이 한 쌍의 새끼 토끼는 한 달 동안 성장하여 어미 토끼가 되고 그 다음 달부터 한 달에 한 쌍의 토끼를 계속 낳는다면 한 쌍의 새끼 토끼에서 일 년 후에 몇 쌍의 토끼로 되는가? 단, 한 마리의 토끼도 그동안 죽지 않는다고 가정한다.

편의상 한 쌍의 새끼 토끼가 1월 1일에 태어났다면 다음 표와 같은 결과를 얻는다.

	1월	2월	3월	4월	5월	6월	7월	8월	9월	10월	11월	12월
어미 수	0	1	1	2	3	5	8	13	21	34	55	89
새끼 수	1	0	1	1	2	3	5	8	13	21	34	55
전체 수	1	1	2	3	5	8	13	21	34	55	89	144

정의 2.3.1 다음과 같이 반복적으로 정의된 정수 f_n을 **피보나치 수**(Fibonacci number)라고 한다.

$$f_1 = f_2 = 1$$
$$f_n = f_{n-1} + f_{n-2} \quad (n \geq 3)$$

그리고 피보나치 수들로 이루어진 수열

$$1,\ 1,\ 2,\ 3,\ 5,\ 8,\ 13,\ 21,\ 34,\ 55,\ 89,\ \cdots$$

을 **피보나치 수열**(Fibonacci sequence)이라고 한다.

보기 2.3.2 n개의 피보나치 수들의 합 $\sum_{i=1}^{n} f_i$ 을 구하기 위해 우선 아래와 같이 몇 개의 식을 나열해 보자.

$$f_1 = 1$$
$$f_1 + f_2 = 1 + 1 = 2$$
$$f_1 + f_2 + f_3 = 1 + 1 + 2 = 4$$
$$f_1 + f_2 + f_3 + f_4 = 1 + 1 + 2 + 3 = 7$$
$$f_1 + f_2 + f_3 + f_4 + f_5 = 1 + 1 + 2 + 3 + 5 = 12$$

이 식으로부터 $\sum_{i=1}^{n} f_i = f_{n+2} - 1$ 이 됨을 추측할 수 있는데 수학적 귀납법을 사용하여 사실임을 증명할 수 있다(연습문제 2).

정리 2.3.3 피보나치 수열 $\{f_n\}$에 대하여 다음이 성립한다.

(1) $\sum_{i=1}^{n} f_{2i} = f_2 + f_4 + \cdots + f_{2n} = f_{2n+1} - 1$

(2) $\sum_{i=2}^{n} f_{2i-1} = f_3 + f_5 + \cdots + f_{2n-1} = f_{2n} - 1$

● 증명 (1) $f_2 = 1 = 2 - 1 = f_3 - 1$이므로 $n = 1$일 때 성립한다. 이제 $n = k \geq 1$일 때 성립한다고 가정하면

$$\begin{aligned}\sum_{i=1}^{k+1} f_{2i} &= \sum_{i=1}^{k} f_{2i} + f_{2(k+1)} = f_{2k+1} - 1 + f_{2k+2} \\ &= f_{2k+3} - 1 = f_{2(k+1)+1} - 1\end{aligned}$$

이므로 수학적 귀납법에 의하여 성립한다.

(2) $f_3 = 2 = 3 - 1 = f_4 - 1$이므로 $n = 2$일 때 성립한다. 이제 $n = k \geq 2$일 때 성립한다고 가정하면

$$\begin{aligned}\sum_{i=2}^{k+1} f_{2i-1} &= \sum_{i=2}^{k} f_{2i-1} + f_{2(k+1)-1} = f_{2k} - 1 + f_{2k+1} \\ &= f_{2k+2} - 1\end{aligned}$$

이므로 수학적 귀납법에 의하여 성립한다. ■

다음 피보나치 수의 패턴을 보자.

$$
\begin{aligned}
&f_1 f_3 - f_2^2 = 1 \cdot 2 - 1^2 = (-1)^2 \\
&f_2 f_4 - f_3^2 = 1 \cdot 3 - 2^2 = (-1)^3 \\
&f_3 f_5 - f_4^2 = 2 \cdot 5 - 3^2 = (-1)^4 \\
&f_4 f_6 - f_5^2 = 3 \cdot 8 - 5^2 = (-1)^5 \\
&\cdots
\end{aligned}
$$

위 패턴에서 관계식 $f_{n-1} f_{n+1} - f_n^2 = (-1)^n \ (n \geq 2)$을 추측할 수 있는데 실제로 참임을 증명할 수 있다(연습문제 3).

정리 2.3.4 **카시니 공식(Cassini's Formula)**

$$f_{n-1} f_{n+1} - f_n^2 = (-1)^n, \quad n \geq 2$$

정리 2.3.5 피보나치 수에 대해 다음 사실이 성립한다.

(1) $f_{m+n} = f_{m-1} f_n + f_m f_{n+1}$

(2) $f_m \mid f_{mn}$

- **증명** n에 대한 수학적 귀납법으로 증명하자

(1) $n = 1$일 때

$$f_{m+1} = f_{m-1} f_1 + f_m f_2 = f_{m-1} + f_m$$

이 성립한다. 모든 $n \ (\leq k)$에 대하여 성립한다고 가정하자. 그러면

$$
\begin{aligned}
f_{m+k} &= f_{m-1} f_k + f_m f_{k+1} \\
f_{m+(k-1)} &= f_{m-1} f_{k-1} + f_m f_k
\end{aligned}
$$

이므로

$$
\begin{aligned}
f_{m+(k+1)} &= f_{m+k} + f_{m+(k-1)} \\
&= f_{m-1}(f_k + f_{k-1}) + f_m (f_{k+1} + f_k) \\
&= f_{m-1} f_{k+1} + f_m f_{k+2}
\end{aligned}
$$

이다.

(2) $n=1$ 인 경우 명백히 성립한다. 모든 $n\ (\le k)$에 대하여 $f_m \mid f_{mn}$이 성립한다고 가정하면 (1)에 의하여

$$f_{m(k+1)} = f_{mk+m} = f_{mk-1}f_m + f_{mk}f_{m+1}$$

이고 수학적 귀납법 가정에 의하여 $f_m \mid f_{mk}$ 이므로

$$f_m \mid f_{m(k+1)}$$

이다. ▣

모든 양의 정수 $n\ (n \ge 2)$는 소수들의 곱으로 쓸 수 있다. 이와 비슷하게

$$1 = f_1$$
$$2 = f_3$$
$$3 = 1+2 = f_1 + f_3$$
$$4 = 1+3 = f_1 + f_4$$
$$5 = 2+3 = f_3 + f_4$$
$$6 = 1+2+3 = f_1 + f_3 + f_4$$
$$7 = 2+5 = f_3 + f_5$$
$$8 = 3+5 = f_4 + f_5$$
$$\cdots$$

와 같이 모든 양의 정수 $n\ (n \ge 3)$이 피보나치 수들의 합으로 쓸 수 있음을 알아보자.

정리 2.3.6 임의의 양의 정수는 서로 다른 피보나치 수들의 합으로 쓸 수 있다.

• **증명** 수학적 귀납법을 사용하여 각 정수 $1, 2, 3, \cdots, f_n - 1$이 피보나치 수들의 집합 $\{f_1, f_2, f_3, \cdots, f_{n-2}\}$의 서로 다른 원소들의 합으로 쓸 수 있음을 증명하자. $n=k$인 경우 사실이라고 가정하고

$$f_{k-1} < N < f_{k+1}$$

인 수 N을 선택하자.

$N - f_{k-1} < f_{k+1} - f_{k-1} = f_k$ 이므로 귀납법 가정에 의하여 $N - f_{k-1}$은

$\{f_1, f_2, f_3, \cdots, f_{k-2}\}$의 서로 다른 원소들의 합으로 쓸 수 있다. 즉 N은 $\{f_1, f_2, f_3, \cdots, f_{k-2}\}$의 서로 다른 원소들과 f_{k-1}의 합으로 쓸 수 있다. 따라서 정수 1, 2, 3, $\cdots$, $f_{k+1}-1$ 들은 $\{f_1, f_2, f_3, \cdots, f_{k-1}\}$의 서로 다른 원소들의 합으로 쓸 수 있다. ■

다음으로 피보나치 수열과 깊은 관련이 있는 선분의 분할에 대하여 알아보자. 주어진 선분을 다음과 같이 두 부분으로 분할하는 것을 **황금분할**(golden section)이라 하고 그 비를 **황금비**(golden ratio)라고 한다.

$$\frac{\text{선분의 길이}}{\text{긴 선분의 길이}} = \frac{\text{긴 선분의 길이}}{\text{짧은 선분의 길이}} = \text{황금비}$$

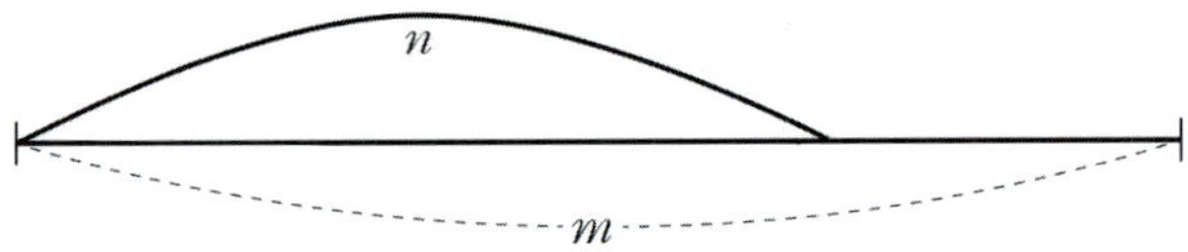

여기서 선분의 길이를 m, 긴 선분의 길이를 n이라고 하면

$$\alpha = \frac{m}{n} = \frac{n}{m-n}$$

즉

$$\alpha = \frac{1}{\frac{m}{n}-1} = \frac{1}{\alpha - 1}$$

이므로 $\alpha^2 - \alpha - 1 = 0$ 이고 따라서 황금비 α는

$$\alpha = \frac{1+\sqrt{5}}{2} \fallingdotseq 1.618034$$

이다. TV 또는 책과 같은 사물의 가로의 길이와 세로의 길이의 비가 황금비일 때 가장 아름답고 건축 또는 조각과 같은 예술품에서도 황금비가 가장 아름다운 비라고 여겨진다.

프랑스 수학자 에두아르 뤼까(Edouard Lucas, 1842~1891)의 이름을 붙인 피보나치 수와 아주 비슷한 뤼까 수를 정의하자.

정의 2.3.7 다음과 같이 정의된 수 L_n을 **뤼까 수**(Lucas number)라 한다.

$$L_1 = 1, \quad L_2 = 3$$
$$L_n = L_{n-1} + L_{n-2} \quad (n \geq 3)$$

프랑스 수학자 비네(Jacques Philippe Marie Binet, 1786~1856)는 피보나치 수 f_n을 찾는 공식을 발견하였다. 다음 정리가 피보나치 수와 뤼까 수를 찾는 공식인데 이 공식을 이용하면 유용하게 사용할 수 있는 많은 등식들을 증명할 수 있다(연습문제 6).

정리 2.3.8 **비네 공식(Binet's Formulas)**

(1) $f_n = \dfrac{\alpha^n - \beta^n}{\alpha - \beta} = \dfrac{1}{\sqrt{5}}\left[\left(\dfrac{1+\sqrt{5}}{2}\right)^n - \left(\dfrac{1-\sqrt{5}}{2}\right)^n\right]$

(2) $L_n = \alpha^n + \beta^n = \left(\dfrac{1+\sqrt{5}}{2}\right)^n + \left(\dfrac{1-\sqrt{5}}{2}\right)^n$

단, α, β $(\alpha > \beta)$는 $x^2 - x - 1 = 0$의 두 근이다.

● **증명** (1) $\alpha^2 = \alpha + 1$, $\beta^2 = \beta + 1$이므로 $\alpha^{n+2} = \alpha^{n+1} + \alpha^n$, $\beta^{n+2} = \beta^{n+1} + \beta^n$ 이다. 그러므로

$$\frac{\alpha^{n+2} - \beta^{n+2}}{\alpha - \beta} = \frac{\alpha^{n+1} - \beta^{n+1}}{\alpha - \beta} + \frac{\alpha^n - \beta^n}{\alpha - \beta}$$

이고 $A_n = \dfrac{\alpha^n - \beta^n}{\alpha - \beta}$이라 놓으면, 앞의 식은

$$A_{n+2} = A_{n+1} + A_n \quad (n \geq 1)$$

이 된다.

$$A_1 = \frac{\alpha - \beta}{\alpha \quad \beta} = 1, \quad A_2 = \frac{\alpha^2 - \beta^2}{\alpha - \beta} = \alpha + \beta - 1$$

이므로 A_1, A_2, A_3, $\cdots$는 피보나치 수열이다.

(2) $B_n = \alpha^n + \beta^n \quad (n \geq 1)$이라면

$$\begin{aligned} B_n + B_{n+1} &= \alpha^n + \beta^n + \alpha^{n+1} + \beta^{n+1} \\ &= \alpha^n(\alpha + 1) + \beta^n(\beta + 1) \\ &= \alpha^n \cdot \alpha^2 + \beta^n \cdot \beta^2 = \alpha^{n+2} + \beta^{n+2} = B_{n+2} \end{aligned}$$

이고 $B_1 = \alpha + \beta = 1$, $B_2 = \alpha^2 + \beta^2 = 3$이므로 B_1, B_2, B_3, $\cdots$는 뤼까 수이다. ■

2.3 연습문제

01 두 정수 50, 100을 연이어 있지 않은 피보나치 수들의 합으로 나타내어라.

02 $\sum_{i=1}^{n} f_i = f_{n+2} - 1$ 임을

(1) $f_{n+2} = f_{n+1} + f_n$을 이용하여 증명하여라.

(2) 수학적 귀납법으로 증명하여라.

03 피보나치 수열 $\{f_n\}$에 대하여 다음이 성립함을 증명하여라.

(1) $A = \begin{pmatrix} 1 & 1 \\ 1 & 0 \end{pmatrix}$이라면 $A^n = \begin{pmatrix} f_{n+1} & f_n \\ f_n & f_{n-1} \end{pmatrix}$ $(n \geq 1)$ 임을 증명하여라(단, $f_0 = 0$).

(2) (1)의 결과를 사용하여 $f_{n+1}f_{n-1} - {f_n}^2 = (-1)^n$ 임을 증명하여라.

[1998 학년도 중등 임용시험]

Hint $|A^n| = |A|^n$ (단 $|A|$는 A의 행렬식이다.)

(3) (2)의 결과를 사용하여 $f_{n+2}f_{n-1} - f_n f_{n+1} = (-1)^n$ 임을 증명하여라.

04 다음 사실을 증명하여라.

(1) 피보나치 수 f_n은 $\frac{1}{\sqrt{5}}\left(\frac{1+\sqrt{5}}{2}\right)^n$에 가장 가까운 정수이다.

(2) $n \geq 2$에 대하여 $f_n \leq \left(\frac{1+\sqrt{5}}{2}\right)^{n-1}$이다.

05 수학적 귀납법으로 뤼까 수에 대한 다음 사실을 증명하여라.

(1) $\sum_{i=1}^{n} L_i = L_{n+2} - 3$

(2) $\sum_{i=1}^{n} L_{2i-1} = L_{2n} - 2$

(3) $\sum_{i=1}^{n} L_{2i} = L_{2n+1} - 1$

06 정리 2.3.7 (비네 공식)을 사용하여 다음 등식을 증명하여라.

(1) $f_{2n} = f_n L_n$

(2) $f_{n-1} + f_{n+1} = L_n$

(3) $L_{n-1} + L_{n+1} = 5f_n$

(4) $f_{n+2} - f_{n-2} = L_n$

07 피보나치 수 f_n이 짝수일 필요충분조건은 n이 3의 배수임을 증명하여라.

08 피보나치 수 f_n이 3의 배수일 필요충분조건은 n이 4의 배수임을 증명하여라.

즉, 다음 사실을 증명하여라.

$$3 \mid f_n \iff n \mid 4$$

2.4 페르마 수

프랑스 유명한 수학자 페르마(Pierre De Fermat, 1601~1665) 이름을 따서 일컫는 페르마 수는 다음과 같이 정의된다.

정의 2.4.1 다음과 같은 꼴의 정수를 **페르마 수**(Fermat number)라 한다.

$$F_n = 2^{2^n} + 1 \quad (n \geq 0)$$

특히, F_n이 소수일 때, 이 소수를 **페르마 소수**(Fermat prime)라고 한다.

예를 들어 처음 다섯 개의 페르마 수는

$$F_0 = 3, \quad F_1 = 5, \quad F_2 = 17, \quad F_3 = 257, \quad F_4 = 65537$$

이다. 다음 정리 2.4.2에서와 같이 페르마 수 F_n은 재귀적으로 정의할 수 있다.

정리 2.4.2

$$F_0 = 3$$

$$F_n = F_{n-1}^2 - 2F_{n-1} + 2 \quad (n \geq 1)$$

• **증명**

$$\begin{aligned} F_{n-1}^2 - 2F_{n-1} + 2 &= \left(2^{2^{n-1}} + 1\right)^2 - 2\left(2^{2^{n-1}} + 1\right) + 2 \\ &= \left(2^{2^n} + 2 \cdot 2^{2^{n-1}} + 1\right) - 2 \cdot 2^{2^{n-1}} - 2 + 2 \\ &= 2^{2^n} + 1 = F_n \end{aligned}$$

■

페르마 수에 대해서도 흥미로운 사실을 찾을 수 있다.

$$F_2 = 17, \quad F_3 = 257, \quad F_4 = 65537, \quad F_5 = 4294967297, \quad \cdots$$

에서와 같이 모든 페르마 수 F_n $(n \geq 2)$은 일의 자리수가 7임을 증명할 수 있다(연습문제 1).

또 처음 다섯 개의 페르마 수

$$F_0 = 3, \quad F_1 = 5, \quad F_2 = 17, \quad F_3 = 257, \quad F_4 = 65537$$

는 모두 소수이다. 그래서 페르마는 모든 페르마 수는 소수일 것이라고 추측했다. 하지만 1732년에 오일러는 페르마 수 F_5가 합성수임을 증명하였다. 실제로 지금까지 발견된 페르마 소수는 위의 다섯 개뿐이고, 합성수인 페르마 수 중에서 F_5, F_6, F_7, F_8, F_9, F_{11}의 소인수분해만이 알려져 있다.

보기 2.4.3 641은 F_5의 약수임을 아래와 같이 증명할 수 있다.

$641 = 5 \cdot 2^7 + 1 = 2^4 + 5^4$이므로

$$
\begin{aligned}
F_5 &= 2^{2^5} + 1 = 2^{32} + 1 = 2^4 \cdot 2^{28} + 1 = (641 - 5^4) \cdot 2^{28} + 1 \\
&= 641 \cdot 2^{28} - (5 \cdot 2^7)^4 + 1 = 641 \cdot 2^{28} - (641 - 1)^4 + 1 \\
&= 641(2^{28} - 641^3 + 4 \cdot 641^2 - 6 \cdot 641 + 4) \\
&= 641 \cdot 6700417
\end{aligned}
$$

다음 정리는 $2^m + 1$ 꼴의 수가 소수이면 페르마 수이어야 된다는 사실을 의미한다.

정리 2.4.4 양의 정수 m에 대하여 정수 $2^m + 1$이 소수이면 $m = 2^n$ $(n \geq 0)$과 같은 꼴의 정수이다.

• **증명** 모든 양의 정수 m은 $m = 2^n \cdot k$ $(n \geq 0,\ k$는 홀수$)$의 형태로 쓸 수 있다. 이때 k는 홀수이므로

$$
2^m + 1 = \left(2^{2^n} + 1\right)\left(2^{2^n(k-1)} - 2^{2^n(k-2)} - \cdots - 2^{2^n} + 1\right)
$$

$$
3 = 2^{2^0} + 1 \leq 2^{2^n} + 1 \leq 2^m + 1
$$

$2^m + 1$이 소수이므로 $2^m + 1 = 2^{2^n} + 1$이어야 한다. 따라서 $m = 2^n$이다. ■

오일러와 뤼까에 의해 정립된 다음 정리는 페르마 수 F_n이 소수인지 아닌지 판정하는데 유용하게 사용할 수 있다.

정리 2.4.5 페르마 수 F_n의 소인수는 $k \cdot 2^{n+2} + 1$ $(n \geq 2)$ 꼴이다.

보기 2.4.6 $F_4 = 65537$이 소수임을 증명하자. 정리 2.4.5에 의하여 F_4의 모든 소인수는 $2^6 \cdot k + 1 = 64k + 1$의 꼴이어야 하고 정리 2.2.5에 의하여 F_4가 합성수이면 그 소인수는 $\lfloor \sqrt{65537} \rfloor = 256$보다 작아야 한다. 256보다 작은 $64k+1$ 형태의 수는 193뿐이다. 하지만 $193 \nmid 65537$이므로 F_4는 소수이다.

정리 2.4.7 페르마 수 F_n에 대하여 다음이 성립한다.

(1) $F_n - 1 = (F_{n-1} - 1)^2 \quad (n \geq 1)$

(2) $F_n - 2 = F_{n-1}F_{n-2} \cdots F_1F_0 \quad (n \geq 1)$

● **증명** (1) $F_n = 2^{2^n} + 1$이므로 $F_n - 1 = 2^{2^n} = (2^{2^{n-1}})^2 = (F_{n-1} - 1)^2$

(2) $F_n - 2 = 2^{2^n} - 1 = (2^{2^{n-1}})^2 - 1$

$$= (2^{2^{n-1}} + 1)(2^{2^{n-1}} - 1) = F_{n-1}(F_{n-1} - 2)$$

따라서 다음이 성립한다.

$$\begin{aligned} F_n - 2 &= F_{n-1}(F_{n-1} - 2) \\ &= F_{n-1}F_{n-2}(F_{n-2} - 2) \\ &= \cdot\ \cdot\ \cdot \\ &= F_{n-1}F_{n-2} \cdots F_1(F_1 - 2) \\ &= F_{n-1}F_{n-2} \cdots F_1F_0 \end{aligned}$$

■

눈금 없는 자와 컴퍼스만을 사용하여 어떤 도형을 그릴 수 있을 때 그 도형은 작도 가능하다고 한다. 고대 그리스 수학자들은 정n각형 ($n = 3,\ 4,\ 5,\ 6,\ 8,\ 10,\ 12,\ 15,\ 16$)은 작도 가능하다는 것을 알았으나 정십칠각형이 작도 가능한지는 알지 못했다. 결국 독일의 유명한 수학자 가우스가 그의 나이 19살 때 정십칠각형이 작도 가능하다는 것을 증명하였다. 이를 기념하기 위해 그의 유언대로 고향에 세워진 그의 기념비에 정십칠각형이 새겨져 있다.

1796년에 가우스는 정다각형의 작도 가능성은 페르마 소수와 놀라운 관계가 있다는 다음 정리를 증명하였다.

정리 2.4.8 정n각형이 자와 컴퍼스를 사용하여 작도 가능하기 위한 필요충분조건은 정수 n가 다음과 같은 수뿐이다.

$$n = 2^k F_1 F_2 \cdots F_r$$

(단, $k \geq 0$이고 $F_1, F_2, \cdots F_r$은 서로 다른 페르마 소수이다.)

보기 2.4.9 정이십각형까지의 작도 가능성은 다음과 같다.

n	3	4	5	6	7	8	9	10	11
작도 가능	○	○	○	○	×	○	×	○	×
n	12	13	14	15	16	17	18	19	20
작도 가능	○	×	×	○	○	○	×	×	○

2.4 연습문제

01 모든 페르마 수 F_n $(n \geq 2)$의 일의 자릿수는 7이 됨을 증명하여라.

Hint 정리 2.4.2, 수학적 귀납법

02 연습문제 1을 이용하여 페르마 수 F_n은 완전제곱수가 될 수 없음을 증명하여라.

03 정수 $2^m - 1$이 소수이면 m은 소수임을 증명하여라.

04 연습문제 3의 역

"m이 소수이면 $2^m - 1$이 소수이다"

은 참인 명제인가?

05 페르마 수 F_5는 $k \cdot 2^{n+2} + 1$ 꼴의 소인수를 갖는가? 갖는다면 그 소인수를 찾아라.

06 페르마 수 중에서 삼각수인 것은 $F_0 = 3$ 뿐임을 증명하여라.

Hint 연습문제 1.

07 $2^{2^n} + 5$ $(n \geq 0)$ 형태의 소수를 모두 구하여라.

08 n이 홀수이면 $F_n = 9k + 5$의 꼴이고, n이 짝수이면 $F_n = 9k + 8$의 꼴임을 증명하여라.

Hint 수학적 귀납법을 사용하여 $2^{2^n} - 2^{2^{n-2}}$ $(n \geq 3)$은 9의 배수임을 보인다.

09 n이 다음과 같을 때 정n각형이 작도 가능한지 판정하여라.

(1) 60 (2) 168

(3) 1360 (4) 360

제 3 장

소인수분해

ELEMENTARY
NUMBER THEORY

3.1 최대공약수
3.2 유클리드 알고리즘
3.3 정수론의 기본정리
3.4 최소공배수
3.5 선형 디오판토스 방정식

3.1 최대공약수

정의 3.1.1 두 정수 a, b (a와 b는 모두 0은 아니다.)에 대하여

$$c \mid a, \quad c \mid b$$

인 정수 c를 a와 b의 **공약수** (common divisor, 또는 common factor)라 한다. 그리고 공약수 중에서 가장 큰 양의 정수를 a와 b의 **최대공약수** (greatest common divisor)라 하고 $(a,\ b)$ 또는 GCD$\{a,\ b\}$로 나타낸다.

정수 a의 약수와 $-a$의 약수는 같아서 $(a,\ b)=(-a,\ b)=(a,\ -b)=(-a,\ -b)$이므로 앞으로 최대공약수를 논할 때는 양의 정수만을 생각한다.

보기 3.1.2 24와 36의 공약수는 ± 1, ± 2, ± 3, ± 4, ± 6, ± 12이고 최대공약수는 12이다. 따라서 $(24,\ 36)=12$이다. 마찬가지로

$$(15,\ 81)=3,\ (17,\ 25)=1,\ (10,\ 200)=10,\ (-10,\ 200)=10,$$
$$(-6,\ -21)=3,\ (0,\ 4)=0$$

이다.

정의 3.1.1에서 정의한 최대공약수는 다음과 같이 바꿔 쓸 수 있다. 양의 정수 d와 두 정수 a, b에 대하여

(1) $d \mid a$, $d \mid b$

(2) 만약 $d' \mid a$, $d' \mid b$이면 $d' \le d$이다.

이면 $d=(a,\ b)$이다.

정리 3.1.3 두 정수 a, b에 대하여 $ax+by\,(x,\ y \in \mathbb{Z})$ 꼴의 정수 전체의 집합을 $a\mathbb{Z}+b\mathbb{Z}$로 나타내자. 즉,

$$a\mathbb{Z}+b\mathbb{Z}=\{ax+by \mid x,\ y \in \mathbb{Z}\}$$

이때, a와 b의 최대공약수를 d라 하면 다음이 성립한다.

(1) $a\mathbb{Z}+b\mathbb{Z}=d\mathbb{Z}$

(2) $d=as+bt$인 정수 s, t가 존재한다.

● **증명** $S=a\mathbb{Z}+b\mathbb{Z}$라고 하자. 분명히 $a\in a\mathbb{Z}\subseteq S$이므로 $S\neq\varnothing$이다. 임의의 S의 두 원소 $ax+by$, $au+bv$ (x, y, u, v는 정수)에 대하여

$$(ax+by)\pm(au+bv)=a(x\pm u)+b(y\pm v)\in S$$

이므로 집합 S는 덧셈과 뺄셈에 대하여 닫혀 있다. 따라서 정리 2.1.10에 의하여

$$S=d\mathbb{Z},\quad d\geq 0$$

인 정수 d가 존재한다. 따라서 $d\in d\mathbb{Z}=S$이므로 $d=as+bt$인 정수 s, t가 존재한다.

이제 d가 a와 b의 최대공약수임을 증명하자. $a\in a\mathbb{Z}\subseteq d\mathbb{Z}$, $b\in b\mathbb{Z}\subseteq d\mathbb{Z}$이므로 $a=dx$, $b=dy$ (x, y는 정수)가 되어 $d\,|\,a$, $d\,|\,b$이다. 또한 $e\,|\,a$, $e\,|\,b$라면 정리 2.1.5에 의하여 $e\,|\,(as+bt)=d$이므로 d는 a와 b의 최대공약수이다. ■

정의 3.1.4 n개의 정수 a_1, a_2, $\cdots$, a_n에 대하여 $\alpha_1a_1+\alpha_2a_2+\cdots+\alpha_na_n$($\alpha_1$, α_2, $\cdots$, α_n은 정수)을 a_1, a_2, $\cdots$, a_n의 **일차결합**(linear combination)이라 한다.

정리 3.1.3에 의하여 두 정수 a와 b의 최대공약수 d는 a와 b의 일차결합으로 나타낼 수 있음을 의미한다. 하지만 일차결합으로 나타내는 방법이 유일하다고는 말할 수 없다. 예를 들어 16과 24의 최대공약수 8은

$$8=16\times(-1)+24\times1=16\times(-4)+24\times3$$

과 같이 쓸 수 있다. 두 정수 a, b에 대하여 $d=as+bt$가 되는 s, t를 구하는 방법은 다음 절에서 공부하게 된다.

정리 3.1.5 $(a,\ b)=d$이고 d'이 a와 b의 공약수라면 $d'\,|\,d$이다.

● **증명** 정리 3.1.3에 의하여 $d = \alpha a + \beta b\,(\alpha,\ \beta$는 정수)로 쓸 수 있고 $d' \mid a,\ d' \mid b$이므로 정리 2.1.5에 의하여 $d' \mid (\alpha a + \beta b) = d$이다. ▣

따라서 앞에서 정의한 최대공약수의 정의를 다음과 같이 다시 바꿔 쓸 수 있다. 양의 정수 d와 두 정수 a, b에 대하여

(1) $d \mid a,\ d \mid b$

(2) 만약 $d' \mid a,\ d' \mid b$이면 $d' \mid d$이다.

이면 $d = (a,\ b)$이다.

정의 3.1.6 두 정수 a와 b의 최대공약수가 1일 때, 즉 $(a,\ b) = 1$일 때, a와 b는 **서로소**(relatively prime)라고 한다.

정리 3.1.7 두 정수 a, b에 대하여 다음 두 조건은 서로 동치이다.

(1) $(a,\ b) = 1$

(2) $as + bt = 1$인 두 정수 s, t가 존재한다.

● **증명** 정리 3.1.3에 의하여 (1) ⇒ (2)이다. 역으로 (2)가 성립할 때, $(a,\ b) = d$라고 하면 정리 2.1.5에 의하여 $d \mid (as + bt) = 1$이므로 $d = 1$이고 따라서 $(a,\ b) = 1$이다. ▣

따름정리 3.1.8 두 정수 a, b에 대하여 다음이 성립한다.

(1) $d = (a,\ b)$일 때, $\left(\frac{a}{d},\ \frac{b}{d}\right) = 1$이다.

(2) $d = (a,\ b)$일 때, $d = as + bt$를 만족하는 두 정수 s와 t는 서로소이다.

● **증명** $d = (a,\ b)$일 때 정리 3.1.3에 의하여 $d = as + bt$인 정수 s, t가 존재한다. 따라서

$$1 = \frac{a}{d}s + \frac{b}{d}t$$

이므로 정리 3.1.7에 의하여 (1)과 (2)가 성립한다. ▣

보기 3.1.9 앞에서 $(16,\ 24)=8$ 이고 $8=16s+24t$ 인 정수 $s,\ t$ 는 $s=-4,\ t=3$ 임을 보았다. $\left(\frac{16}{8},\ \frac{24}{8}\right)=(2,\ 3)=1$ 이고 s 와 t 는 서로소임을 확인할 수 있다.

정리 3.1.10 정수 $a,\ b,\ m$에 대하여 다음이 성립한다.

$$(ab,\ m)=1 \iff (a,\ m)=(b,\ m)=1$$

● **증명** 먼저 $(ab,\ m)=1$이면 정리 3.1.7에 의하여 $(ab)s+mt=1$인 정수 $s,\ t$가 존재하고

$$a(bs)+mt=1,\quad b(as)+mt=1$$

이므로 다시 정리 3.1.7에 의하여 $(a,\ m)=(b,\ m)=1$ 이다. 역으로 $(a,\ m)=(b,\ m)=1$ 이라면 정리 3.1.7에 의하여

$$as+mt=1,\quad bp+mq=1$$

인 정수 $s,\ t,\ p,\ q$가 존재하고 이때

$$1=(as+mt)(bp+mq)=ab(sp)+m(asq+btp+mqt)$$

이므로 $(ab,\ m)=1$ 이다. ▣

앞의 정리와 수학적 귀납법에 의하여 다음 따름정리를 얻는다.

따름정리 3.1.11 정수 $a_1,\ a_2,\ \cdots,\ a_n,\ m$에 대하여 다음이 성립한다.

$$(a_1,\ m)=(a_2,\ m)=\ \cdots\ =(a_n,\ m)=1$$
$$\iff (a_1 a_2 \cdots a_n,\ m)=1$$

따름정리 3.1.12 두 정수 $a,\ b$와 양의 정수 $m,\ n$에 대하여 다음이 성립한다.

(1) $(a,\ b)=1 \iff (a^n,\ b)=1,\quad (a,\ b)=1 \iff (a,\ b^m)=1$

(2) $(a,\ b)=1 \iff (a^n,\ b^m)=1$

정리 3.1.13 세 정수 a, b, c에 대하여 다음이 성립한다.

(1) $(a,\ b)=1$일 때, $a \mid bc \iff a \mid c$

(2) $(a,\ b)=1$일 때, $a \mid c,\ b \mid c \iff ab \mid c$

● **증명** (1) 분명히 $a \mid c$이면 $a \mid bc$이다. 역으로 $(a,\ b)=1$이면 정리 3.1.7에 의하여 $as+bt=1$인 정수 s, t가 존재하고

$$acs+bct=c$$

이므로, $a \mid bc$이면 정리 2.1.5에 의하여 $a \mid c$이다.

(2) 분명히 $ab \mid c$이면 $a \mid c$이고 $b \mid c$이다. 역으로 $(a,\ b)=1$이면 정리 3.1.7에 의하여

$$as+bt=1$$

인 두 정수 s, t가 존재한다. 이때 $a \mid c$, $b \mid c$라고 가정하면

$$acs+bct=c, \quad ab \mid bc, \quad ab \mid ac$$

이므로 정리 2.1.5에 의하여 $ab \mid c$이다. ■

정의 3.1.14 정수 a_1, a_2, a_3, $\cdots$, a_n에 대하여

$$c \mid a_i \ (i=1,\ 2,\ \cdots,\ n)$$

인 양의 정수 c를 a_1, a_2, a_3, $\cdots$, a_n의 **공약수**(common divisor 또는 common factor)라 하고 공약수 중에서 가장 큰 양의 정수를 a_1, a_2, a_3, $\cdots$, a_n의 **최대공약수**(greatest common divisor)라 하며 이를 $(a_1,\ a_2,\ a_3,\ \cdots,\ a_n)$ 또는 $\mathrm{GCD}\{a_1,\ a_2,\ a_3,\ \cdots,\ a_n\}$으로 나타낸다.

정리 3.1.15 정수 a_1, a_2, $\cdots$, a_n $(n \geq 3)$에 대하여 다음이 성립한다.

$$(a_1,\ a_2,\ \cdots,\ a_n)=((a_1,\ a_2,\ \cdots,\ a_{n-1}),\ a_n)$$

● **증명** $d=(a_1,\ a_2,\ \cdots,\ a_n)$, $d'=(a_1,\ a_2,\ \cdots,\ a_{n-1})$, $d''=(d',\ a_n)$

라 놓고 $d=d''$임을 증명하자. $d \mid a_i$ $(i=1,\ 2,\ \cdots,\ n-1)$이므로 $d \mid d'$이고

또 $d \mid a_n$이므로 $d \mid (d', a_n) = d''$이다. 역으로

$$d'' \mid d',\ d' \mid a_i\ (i = 1, 2, \cdots, n-1)$$

이므로

$$d'' \mid a_i\ \ (i = 1, 2, \cdots, n-1)$$

이다. 한편 $d'' \mid a_n$이므로 $d'' \mid (a_1, a_2, \cdots, a_n) = d$이다. ■

따름정리 3.1.16 $d \mid a_1 a_2 \cdots a_n$, $(d, a_i) = 1\ (i = 1, 2, \cdots, n-1)$이면 $d \mid a_n$이다.

- **증명** 따름정리 3.1.11에 의하여 $(d, a_1 a_2 \cdots a_{n-1}) = 1$이므로 정리 3.1.13(1)에 의하여 $d \mid a_n$이다. ■

보기 3.1.17

$$\begin{aligned}(24, 40, 76, 100) &= ((24, 40, 76), 100) \\ &= (((24, 40), 76), 100) \\ &= ((8, 76), 100) \\ &= (4, 100) \\ &= 4\end{aligned}$$

정의 3.1.18 정수 $a_1, a_2, \cdots, a_n\ (n \geq 3)$에 대하여 서로 다른 두 수가 모두 서로소일 때, 즉 $i \neq j$이면 $(a_i, a_j) = 1$일 때, $a_1, a_2, \cdots, a_n$은 **쌍마다 서로소**(pairwise relative prime)라고 한다. 또 $(a_1, a_2, \cdots, a_n) = 1$일 때 $a_1, a_2, \cdots, a_n$은 **서로소**(mutually relatively prime)라 한다.

정수 $a_1, a_2, \cdots, a_n$이 쌍마다 서로소이면 이들은 서로소이다. 그러나 역은 성립하지 않는다. 예를 들어 2, 3, 4는 서로소이지만 이들은 쌍마다 서로소는 아니다.

정리 3.1.3 증명과 마찬가지로 다음 정리가 성립함을 증명할 수 있다.

정리 3.1.19 정수 $a_1,\ a_2,\ \cdots,\ a_n\ (n \geq 2)$에 대하여

$$(a_1,\ a_2,\ \cdots,\ a_n) = a_1 s_1 + a_2 s_2 + \cdots + a_n s_n$$

인 정수 $s_1,\ s_2,\ \cdots,\ s_n$이 존재한다.

보기 3.1.20 세 정수 15, 10, 3에 대하여

$$(15,\ 10,\ 3) = 15u + 10v + 3w$$

가 되는 정수 $u,\ v,\ w$를 구해보자.

$$(15,\ 10,\ 3) = ((15,\ 10),\ 3) = (5,\ 3) = 1$$
$$5 = (15,\ 10) = 15 \cdot 1 + 10 \cdot (-1), \quad 1 = (5,\ 3) = 5 \cdot (-1) + 3 \cdot 2$$

이므로

$$\begin{aligned} 1 = (5,\ 3) &= 5 \cdot (-1) + 3 \cdot 2 \\ &= (15 \cdot 1 + 10 \cdot (-1)) \cdot (-1) + 3 \cdot 2 \\ &= 15 \cdot (-1) + 10 \cdot 1 + 3 \cdot 2 \end{aligned}$$

따라서

$$u = -1,\ v = 1,\ w = 2$$

이다.

3.1 연습문제

01 다음 수들의 최대공약수를 그 수들의 일차결합으로 표시하여라.

(1) 0, 12　　(2) -12, 30　　(3) 21, 26

(4) 6, 10, 15　　(5) (10, 15, 35)　　(6) 15, 18, 20, 28

02 양의 정수 a에 대하여 다음 최대공약수를 구하여라.

(1) $(a,\ a+1)$　　(2) $(a,\ a+2)$

(3) $(a,\ na)$　　(4) $(a,\ a^n)$

03 세 정수 a, b, c에 대하여 다음 사실을 증명하여라.

(1) $(ac,\ bc)=(a,\ b)c$

(2) $b\mid c$ 일 때 $(a+c,\ b)=(a,\ b)$이다.

특히 $(a+b,\ b)=(a,\ b)$, $(a-b,\ b)=(a,\ b)$이다.

(3) $(a,\ b)=1$ 일 때 $c\mid(a+b)$이면 $(c,\ a)=(c,\ b)=1$이다.

04 a, b, c가 정수일 때 다음 사실을 증명하여라.

(1) $(a,\ b)=1$ 일 때 $(a,\ bc)=(a,\ c)$이다.

(2) $(a,\ b)=1$ 일 때 $(ab,\ c)=(a,\ c)(b,\ c)$이다.

05 p는 소수이고 $p\nmid a$이면 $(p,\ a)=1$ 임을 증명하여라.

06 $(a,\ b,\ c)=1$이고 어떤 두 수도 서로소가 아닌 세 정수 a, b, c를 찾아라.

07 $(a,\ b,\ c,\ d)=1$이고 어떤 세 수도 서로소가 아닌 네 정수 a, b, c, d를 찾아라.

08 두 정수 $2k+1$, $7k+3$ (k는 정수)는 서로소임을 증명하여라.

Hint 정리 3.1.7

09 다섯 개의 정수 $6k-1$, $6k+1$, $6k+2$, $6k+3$, $6k+5$는 쌍마다 서로소임을 증명하여라.

10 6보다 큰 모든 정수 n은 1보다 큰 서로소인 두 수의 합으로 쓸 수 있음을 증명하여라.
즉 $n = a + b$ (단 $(a,\ b) = 1,\ a,\ b > 1$)이다.

11 서로 다른 두 정수 $m,\ n$에 대하여 $(F_m,\ F_n) = 1$임을 증명하여라.

Hint 정리 2.4.7

12 연속한 두 피보나치 수 $f_n,\ f_{n+1}$는 서로소임을 증명하여라.

Hint 정리 2.3.4

13 양의 정수 n에 대하여 n과 페르마 수 F_n의 최대공약수 $(n,\ F_n)$을 구하여라.

Hint 정리 2.4.5

3.2 유클리드 알고리즘

두 수의 최대공약수를 구할 때 물론 각각의 약수를 나열하고 나서 최대의 공약수를 찾을 수 있다. 그러나 큰 두 수의 최대공약수를 이와 같이 찾기에는 너무 힘들다. 이와 같은 경우 나눗셈 알고리즘을 반복해서 사용하여 최대공약수를 구하는 보다 효과적인 방법이 유클리드 알고리즘이다. 또한 유클리드 알고리즘을 사용하여 최대공약수를 그 수들의 일차결합으로 나타낼 수 있다.

보조정리 3.2.1 정수 a, b, r에 대하여 $a=bq+r$이면 $(a, b)=(b, r)$이다.

• **증명** $(a, b)=d$, $(b, r)=e$라 하자. $a=bq+r$, $e\mid b$, $e\mid r$이므로 정리 2.1.5에 의하여 $e\mid a$이다. $e\mid a$, $e\mid b$이고 d가 a와 b의 최대공약수이므로 $e\mid d$이다. 마찬가지로 $r=a-bq$, $d\mid a$, $d\mid b$이므로 정리 2.1.5에 의하여 $d\mid r$이다. $d\mid b$, $d\mid r$이고 e가 b와 r의 최대공약수이므로 $d\mid e$이다. 그러므로 $d=e$이다. ▣

정리 3.2.2 피보나치 수열의 이웃하는 두 항 f_n과 f_{n+1}은 서로소이다.

• **증명** 모든 정수 $n\ge 1$에 대하여 $f_{n+1}=f_n+f_{n-1}$이므로 보조정리 3.2.1에 의하여 $(f_{n+1}, f_n)=(f_n, f_{n-1})$이다. 따라서

$$\begin{aligned}(f_{n+1}, f_n)&=(f_n, f_{n-1})=(f_{n-1}, f_{n-2})=\cdots\\&=(f_2, f_1)=(f_1, f_0)=(1, 1)=1\end{aligned}$$ ▣

정리 3.2.3 **유클리드 알고리즘 (The Euclidean Algorithm)**

두 양의 정수 a, b $(a\ge b>0)$에 대하여 $r_0=a$, $r_1=b$라 하고 나눗셈 알고리즘을 반복해서 사용하여 다음이 성립한다고 하자.

$$
\begin{aligned}
r_0 &= r_1 q_0 + r_2 && 0 < r_2 < r_1, \\
r_1 &= r_2 q_1 + r_3 && 0 < r_3 < r_2, \\
r_2 &= r_3 q_2 + r_4 && 0 < r_4 < r_3, \\
&\vdots \\
r_{n-1} &= r_n q_{n-1} + r_{n+1} && 0 < r_{n+1} < r_n, \\
r_n &= r_{n+1} q_n + 0
\end{aligned}
$$

이때, $(a,\ b) = r_{n+1}$이다. 즉, a와 b의 최대공약수는 나눗셈 알고리즘을 반복해서 사용할 때 0이 아닌 마지막 나머지가 된다.

• **증명** 정리 2.1.1(나눗셈 알고리즘)에 의하여 등식을 만족하는 정수 $q_0,\ q_1,\ \cdots,\ q_n$과 정수 $r_2,\ r_3,\ \cdots,\ r_{n+1}$이 존재하고 $a = r_0 > r_1 > r_2 > \cdots \geq 0$이므로 결국 나머지가 0이 된다. 이제 보조정리 3.2.1을 반복해서 사용하면

$$(a,\ b) = (b,\ r_2) = (r_2,\ r_3) = \ \cdots\ = (r_n,\ r_{n+1}) = r_{n+1}$$

이 된다. ■

보기 3.2.4 두 정수 1344, 9975의 최대공약수를 구해보자. 나눗셈 알고리즘을 반복해서 사용하여 다음 식을 얻는다.

$$
\begin{aligned}
9975 &= 1344 \times 7 + 567 \\
1344 &= 567 \times 2 + 210 \\
567 &= 210 \times 2 + 147 \\
210 &= 147 \times 1 + 63 \\
147 &= 63 \times 2 + 21 \\
63 &= 21 \times 3 + 0
\end{aligned}
$$

위 식에서 0이 아닌 마지막 나머지는 21이므로 $(1344,\ 9975) = 21$이다.

임의의 두 정수 a, b의 최대공약수를 d라고 하면 정리 3.1.3은 $d = as + bt$ (s, t는 정수) 형태로 쓸 수 있음을 말하여 준다. 이때, 이런 식이 성립하는 정수 s, t를 찾기 위해 유클리드 알고리즘이 사용되는데 다음 보기들을 통해 이런 방법을 익힐 수 있다.

보기 3.2.5 두 정수 34와 55의 최대공약수(34, 55)를 구하고 $(34,\ 55)=34s+55t$ 가 되는 정수 s, t를 구해 보자. 나눗셈 알고리즘을 반복하여 다음 식을 얻는다.

$$
\begin{aligned}
55 &= 34 \cdot 1 + 21 \\
34 &= 21 \cdot 1 + 13 \\
21 &= 13 \cdot 1 + 8 \\
13 &= 8 \cdot 1 + 5 \\
8 &= 5 \cdot 1 + 3 \\
5 &= 3 \cdot 1 + 2 \\
3 &= 2 \cdot 1 + 1 \\
2 &= 1 \cdot 2 + 0
\end{aligned}
$$

위 식에서 0이 아닌 마지막 나머지가 1이므로 $(34,\ 55)=1$이다. 또한,

$$
\begin{aligned}
1 &= 3-2 \\
&= 3-(5-3) = 3 \cdot 2-5 \\
&= (8-5) \cdot 2-5 = 8 \cdot 2-5 \cdot 3 \\
&= 8 \cdot 2-(13-8) \cdot 3 = 8 \cdot 5-13 \cdot 3 \\
&= (21-13) \cdot 5-13 \cdot 3 = 21 \cdot 5-13 \cdot 8 \\
&= 21 \cdot 5-(34-21) \cdot 8 = 21 \cdot 13-34 \cdot 8 \\
&= (55-34) \cdot 13-34 \cdot 8 = 55 \cdot 13+34 \cdot (-21)
\end{aligned}
$$

이므로 $s=-21$, $t=13$이다.

a와 b의 최대공약수를 d라 할 때 $d=as+bt$인 정수 s, t가 유일하게 존재하는 것은 아니다. 예를 들어 보기 3.2.5에서 $1=34s+55t$인 정수 s, t가 유일하게 결정되는 것은 아니다. 실제로 $d=(a,\ b)=as+bt$라면 임의의 정수 k에 대하여

$$d=\left(s+k\left(\frac{b}{d}\right)\right)a+\left(t-k\left(\frac{a}{d}\right)\right)b$$

가 성립한다. 따라서 임의의 정수 k에 대하여

$$1=(-21+55k)34+(13-34k)55$$

이므로 $1=34s+55t$을 만족하는 정수 s, t는 무한히 많이 존재한다.

정리 3.2.6 두 정수 a, b $(a \geq b > 0)$에 대하여 $a = bq + r$일 때 다음이 성립한다.

$$(a,\ b) = (a-b,\ b) = (a-2b,\ b) = \cdots = (a-qb,\ b) = (r,\ b)$$

● **증명** 등식 $a = b + (a-b)$가 성립하므로, 보조정리 3.2.1에 의하여 $(a,\ b) = (a-b,\ b)$이다. 따라서 같은 과정을 반복하면 정리의 등식을 얻는다. ▣

위의 정리는 두 정수 a, b의 최대공약수를 구하는 다른 방법을 제시한다.

보기 3.2.7

$$\begin{aligned}&(451,\ 287)\\ &= (287,\ 164) = (164,\ 123)\\ &= (123,\ 41) = (82,\ 41) = (41,\ 41)\\ &= 41\end{aligned}$$

흥미로운 피보나치 수로 관심을 다시 돌려 두 피보나치 수의 최대공약수는 다시 피보나치 수가 됨을 증명하자.

보조정리 3.2.8 $m = qn + r$일 때 $(f_m,\ f_n) = (f_n,\ f_r)$이다.

● **증명**

$$\begin{aligned}(f_m,\ f_n) &= (f_{qn+r},\ f_n)\\ &= (f_{qn-1}f_r + f_{qn}f_{r+1},\ f_n) \quad \text{(정리 2.3.5(1)에 의하여)}\\ &= (f_{qn-1}f_r,\ f_n) \quad \text{(정리 2.3.5(2), 연습문제 3.1의 3)}\end{aligned}$$

이다. 한편 $(f_{qn-1},\ f_n) = d$라고 하면 $d \mid f_n$이고 정리 2.3.5(2)에 의하여 $f_n \mid f_{qn}$이므로 $d \mid f_{qn}$이다. 즉 d는 f_{qn}, f_{qn-1}의 공약수이다.

따라서 정리 3.2.2에 의하여 $d = 1$. 즉, $(f_{qn-1},\ f_n) = 1$이다. 그러므로 연습문제 3.1의 4번에 의하여

$$(f_{qn-1}f_r,\ f_n) = (f_r,\ f_n)$$

이므로 $(f_m,\ f_n) = (f_n,\ f_r)$이다. ▣

정리 3.2.9 두 피보나치 수의 최대공약수는 피보나치 수이다. 실제로 다음이 성립한다.

$$(f_m,\ f_n) = f_{(m,\ n)}$$

● **증명** $m \geq n$ 라고 가정하고 정리 2.1.1(나눗셈 알고리즘)을 사용하여 다음이 성립한다고 하자.

$$\begin{aligned} m &= nq_1 + r_1, & &< r_1 < n \\ n &= r_1 q_2 + r_2, & 0 &< r_2 < r_1 \\ r_1 &= r_2 q_3 + r_3, & 0 &< r_3 < r_2 \\ &\vdots \\ r_{n-2} &= r_{n-1} q_n + r_n, & 0 &< r_n < r_{n-1} \\ r_{n-1} &= r_n q_{n+1} + 0 \end{aligned}$$

그러면 보조정리 3.2.8에 의하여

$$(f_m,\ f_n) = (f_n,\ f_{r_1}) = (f_{r_1},\ f_{r_2}) = \cdots = (f_{r_{n-1}},\ f_{r_n})$$

이다. $r_n \mid r_{n-1}$ 이므로 정리 2.3.5에 의하여 $f_{r_n} \mid f_{r_{n-1}}$ 이다. 따라서 $(f_{r_{n-1}},\ f_{r_n}) = f_{r_n}$ 즉, $(f_m,\ f_n) = f_{r_n}$ 이다. 정리 3.2.3 (유클리드 알고리즘)에 의하여 $(m,\ n) = r_n$ 이므로 결국 $(f_m,\ f_n) = f_{(m,\ n)}$ 이다. ▣

3.2 연습문제

01 유클리드 알고리즘을 사용하여 다음 최대공약수를 구하라.

(1) $(45,\ 75)$ (2) $(252,\ 198)$

(3) $(666,\ 1414)$ (4) $(2437,\ 51329)$

02 문제 1의 각 두 수 a, b에 대하여 $(a,\ b) = as + bt$인 정수 s, t를 구하라.

03 정리 3.2.6을 이용하여 다음 최대공약수를 구하라

(1) $(1381955,\ 690713)$ (2) $(10587,\ 534)$

(3) $n \in \mathbb{N}$일 때 $(n,\ n+1)$

04 다음 최대공약수를 구하라.

(1) $(6,\ 10,\ 15)$ (2) $(15,\ 35,\ 10)$

(3) $(198,\ 242,\ 350)$ (4) $(280,\ 330,\ 405,\ 490)$

05 $(198,\ 242,\ 350) = 198x + 242y + 350z$를 만족하는 정수 x, y, z를 구하여라.

06 임의의 자연수 n에 대하여 $\dfrac{n+7}{2n+3}$은 기약분수임을 증명하여라.

Hint 정리 3.2.6

07 $(a,\ b) = 1$일 때 다음을 증명하여라.

(1) $(a+b,\ a-b) = 1$ 또는 2

(2) $(2a+b,\ a+2b) = 1$ 또는 3

(3) $(a+b,\ ab) = 1$

(4) $(a+b,\ a^2 - ab + b^2) = 1$ 또는 3

08 $m > n$이면 $a^{2^n} + 1 \mid a^{2^m} - 1$임을 증명하여라.

09 피보나치 수열 $\{f_n\}$에서 다음이 성립함을 증명하여라.

$$f_m \mid f_n \iff m \mid n \quad (\text{단 } 2 \le m \le n)$$

3.3 정수론의 기본정리

이 절에서는 소수가 모든 수의 기본이 되는 수임을 설명해 주는 정수론의 기본정리에 대해 알아보자. 이 정리를 증명하기 위해 다음 보조정리가 필요하다.

정리 3.3.1 소수 p와 두 정수 a, b에 대하여

$$p \mid ab \text{이면 } p \mid a \text{ 또는 } p \mid b$$

이다.

증명 $p \mid ab$, $p \nmid a$이라고 가정하자. 그러면 $(a, p) = 1$이므로 정리 3.1.7에 의하여 $as + pt = 1$인 정수 s, t가 존재하여

$$asb + ptb = b$$

이다. 이때 $p \mid abs$, $p \mid ptb$이므로 $p \mid b$이다. 따라서 정리가 성립한다. ■

p가 소수가 아닐 때는 위의 정리가 성립하지 않는다. 실제로 $6 \mid 3 \cdot 4$이지만 $6 \nmid 3$, $6 \nmid 4$이다.

앞의 정리 3.3.1과 수학적 귀납법에 의하여 다음 따름정리가 성립한다.

따름정리 3.3.2 소수 p와 정수 a_1, a_2, a_3, $\cdots$, a_n에 대하여 $p \mid a_1 a_2 \cdots a_n$이면 a_1, a_2, $\cdots$, a_n 중에 $p \mid a_i$인 a_i가 적어도 하나 존재한다. 특히 $p \mid a^n$이면 $p \mid a$이다.

따름정리 3.3.3 p, q_1, q_2, $\cdots$, q_n가 모두 소수이고 $p \mid q_1 q_2 \cdots q_n$이면 p는 q_1, q_2, $\cdots$, q_n 중의 한 수이다.

증명 따름정리 3.3.2에 의하여 $p \mid q_i$인 q_i $(1 \le i \le n)$가 존재한다. p, q_i가 소수이므로 $p = q_i$이다. ■

정리 3.3.4 **정수론의 기본정리 (The Fundamental Theorem of Arithmetic)**

모든 정수 $n\,(\geq 2)$은 유한개의 소수들 $p_1,\ p_2, \cdots,\ p_k$의 곱 $n = p_1 p_2 \cdots p_k$으로 쓸 수 있고 소수들의 순서를 관계하지 않는다면 이 표시는 유일하다.

● **증명** n이 소수인 경우는 분명히 정리가 성립하므로 n이 합성수라 하자. 먼저 n이 소수의 곱으로 쓸 수 있음을 밝히기 위해

$$S = \{a \mid a \mid n,\ 1 < a < n\}$$

라 하면 n이 합성수이므로 $S \neq \varnothing$이고 정수의 정렬성에 의하여 S의 최소원 p_1이 존재한다. 이때 최소원 p_1은 n의 소인수이다. 실제로 p_1이 소수가 아니라면 $d \mid p_1\ (1 < d < p_1)$인 d가 존재하여 $p_1 \mid n$이므로 $d \mid n$이다. 이것은 $d \in S$이어서 p_1이 S의 최소원이라는 사실에 모순이 된다.

그러므로 $n = p_1 n_1\ (p_1$은 소수이고 $1 < n_1 < n)$으로 쓸 수 있다. 여기서 n_1이 소수라면 n은 두 소수의 곱으로 표현되어 증명이 되었다. 한편 n_1이 소수가 아니라면 위와 같은 이유로

$$n_1 = p_2 n_2 \ (p_2\text{는 소수이고 } 1 < n_2 < n_1)$$

으로 쓸 수 있다. 또 n_2가 소수라면 증명은 되었고, n_2가 소수가 아니라면

$$n_2 = p_3 n_3 \ (p_3\text{는 소수이고 } 1 < n_3 < n_2)$$

으로 쓸 수 있다. 이러한 과정을 계속하면

$$n > n_1 > n_2 > n_3 > \cdots > 1$$

이므로 어떤 n_{k-1}은 소수 p_k이어야 한다. 따라서 $n = p_1 p_2 \cdots p_k$이다.
다음으로 유일하게 표시됨을 증명하자.

$$(*) \qquad n = p_1 p_2 \cdots p_r = q_1 q_2 \cdots q_s$$
$$(r \leq s \text{ 이고 } p_1,\ p_2,\ \cdots,\ p_r,\ q_1,\ q_2,\ \cdots,\ q_s\text{는 소수})$$

이라고 가정하자.

$p_1 \mid q_1 q_2 \cdots q_s$이므로 따름정리 3.3.3에 의하여 $p_1 = q_k \geq q_1\ (1 \leq k \leq s)$이다. 그러므로 필요하다면 $q_1,\ q_2, \cdots,\ q_s$를 적당히 바꾸어 $p_1 = q_1$이다. 위 식(*)에서 $p_1 = q_1$을 소거하여

$$(**) \qquad p_2 p_3 \cdots p_r = q_2 q_3 \cdots q_s$$

를 얻는다. 마찬가지 이유로 $p_2 = q_2$을 얻고 다시 위 식(**)에서 $p_2 = q_2$를 소거하여

$$p_3 p_4 \cdots p_r = q_3 q_4 \cdots q_s$$

를 얻는다. 만약 $r < s$ 라고 가정하면 이런 과정을 계속하여

$$1 = q_{r+1} q_{r+2} \cdots q_s$$

가 된다 그러나 각 $q_i > 1$이므로 이것은 모순이다. 따라서 $r = s$ 이고 $p_1 = q_1$, $p_2 = q_2$, $\cdots$, $p_r = q_r$이다. ▣

위의 정리 3.3.4에 의하면 1보다 큰 양의 정수 n은 유한개의 소수 p_1, p_2, $\cdots$, p_k의 곱

$$n = p_1 p_2 \cdots p_k \ (p_1, p_2, \cdots, p_k \text{는 소수})$$

으로 반드시 한 가지 방법으로 쓸 수 있는데 이런 표시를 n의 **소인수분해**(prime factorization) 라고 한다.

보기 3.3.5 다음은 240, 289, 1001의 소인수분해이다.

$$240 = 2 \cdot 2 \cdot 2 \cdot 2 \cdot 3 \cdot 5, \quad 289 = 17 \cdot 17, \quad 1001 = 7 \cdot 11 \cdot 13$$

정의 3.3.6 양의 정수 n $(n \geq 2)$의 서로 다른 소인수가 p_1, p_2, $\cdots$, p_s일 때 n은 다음과 같이 단 한 가지 방법으로 소인수분해 된다.

$$n = p_1^{e_1} p_2^{e_2} \cdots p_s^{e_s}$$

$(p_1, p_2, \cdots, p_s$는 서로 다른 소수이고 $e_1 \geq 1$, $e_2 \geq 1$, $\cdots$, $e_s \geq 1)$

양의 정수 n $(n \geq 2)$을 위와 같은 꼴로 나타낸 것을 특히 n의 **표준소인수분해**(standard prime factorization) 라 한다.

보기 3.3.7 보기 3.3.5의 표준소인수분해는 다음과 같다.

$$240 = 2^4 \cdot 3 \cdot 5, \quad 289 = 17^2, \quad 1001 = 7 \cdot 11 \cdot 13$$

소인수분해는 약수나 최대공약수를 구할 때 사용된다.

정리 3.3.8 양의 정수 n의 표준소인수분해가 다음과 같다고 하자.

$$n = p_1^{k_1} p_2^{k_2} \cdots p_r^{k_r}$$

이때, d가 n의 양의 약수이기 위한 필요충분조건은

$$d = p_1^{a_1} p_2^{a_2} \cdots p_r^{a_r} \text{ 단, } 0 \le a_i \le k_i \ (i = 1, 2, \cdots, r)$$

이다.

● 증명 d가 n의 양의 약수라 하자. $d = 1$이라면 $a_1 = a_2 = \cdots = a_r = 0$, $d = n$이라면 $a_1 = k_1, a_2 = k_2, \cdots, a_r = k_r$이다. 이제 $n = dd'$ $(1 < d \le d' < n)$이고

$$d = q_1 q_2 \cdots q_s, \quad d' = t_1 t_2 \cdots t_u$$

를 d와 d'의 소인수분해라 하자. 그러면 n은 다음과 같이 두 가지의 소인수분해를 얻는다.

$$p_1^{k_1} p_2^{k_2} \cdots p_r^{k_r} = q_1 q_2 \cdots q_s t_1 t_2 \cdots t_u$$

소인수분해의 유일성(정리 3.3.4)에 의하여 각 q_i는 p_j들 중의 하나이다. 따라서 다음이 성립한다.

$$d = q_1 q_2 \cdots q_s = p_1^{a_1} p_2^{a_2} \cdots p_r^{a_r} \text{ 단, } 0 \le a_i \le k_i \ (i = 1, 2, \cdots, r)$$

역으로 $d = p_1^{a_1} p_2^{a_2} \cdots p_r^{a_r}$ (단, $0 \le a_i \le k_i$, $i = 1, 2, \cdots, r$)이라 가정하면

$$\begin{aligned} n &= p_1^{k_1} p_2^{k_2} \cdots p_r^{k_r} \\ &= (p_1^{a_1} p_2^{a_2} \cdots p_r^{a_r})(p_1^{k_1 - a_1} p_2^{k_2 - a_2} \cdots p_r^{k_r - a_r}) \\ &= dd' \end{aligned}$$

$$\text{단, } d' = p_1^{k_1 - a_1} p_2^{k_2 - a_2} \cdots p_r^{k_r - a_r}, \quad k_i - a_i \ge 0$$

따라서 d는 n의 약수이다. ■

보기 3.3.9 $60 = 2^2 \cdot 3 \cdot 5$의 양의 약수는 소인수로 2, 3, 5만을 포함해야 한다. 그러므로 $2^a 3^b 5^c$ (단, $a = 0, 1, 2$; $b = 0, 1$; $c = 0, 1$)은 60의 양의 약수이고 또 이들만이 60의 양의 약수이다. 따라서 60의 양의 약수는 다음과 같다.

$$\begin{array}{llll} 1 & 3 & 5 & 3 \cdot 5 = 15 \\ 2 & 2 \cdot 3 = 6 & 2 \cdot 5 = 10 & 2 \cdot 3 \cdot 5 = 30 \\ 2^2 = 4 & 2^2 \cdot 3 = 12 & 2^2 \cdot 5 = 20 & 2^2 \cdot 3 \cdot 5 = 60 \end{array}$$

두 양의 정수 m, n 의 표준소인수분해가

$$m = p_1^{a_1} p_2^{a_2} \cdots p_r^{a_r}, \quad n = p_1^{b_1} p_2^{b_2} \cdots p_r^{b_r} \quad (\text{단 } a_i,\ b_i \geq 0)$$

일 때

$$(a,\ b) = p_1^{\min(a_1,\ b_1)} p_2^{\min(a_2,\ b_2)} \cdots p_r^{\min(a_r,\ b_r)}$$

가 된다.

보기 3.3.10

$$720 = 2^4 \cdot 3^2 \cdot 5 = 2^4 \cdot 3^2 \cdot 5^1 \cdot 7^0$$
$$756 = 2^2 \cdot 3^3 \cdot 7 = 2^2 \cdot 3^3 \cdot 5^0 \cdot 7^1$$

이므로

$$\begin{aligned} (720,\ 756) &= 2^{\min(4,\ 2)} \cdot 3^{\min(2,\ 3)} \cdot 5^{\min(1,\ 0)} \cdot 7^{\min(0,\ 1)} \\ &= 2^2 \cdot 3^2 \cdot 5^0 \cdot 7^0 \\ &= 36 \end{aligned}$$

정리 3.3.11 **디리클레의 정리 (Dirichlet's Theorem)**

서로소인 두 정수 a, b 에 대하여

$$an + b \quad (n \in \mathbb{Z},\ n > 0)$$

인 꼴의 소수는 무한히 많다.

디리클레의 정리는 예를 들어

$$777,\ 1777,\ 10777,\ 100777,\ 1000777,\ \cdots$$

와 같이 777로 끝나는 수 중에도 소수가 무수히 많다는 사실을 보여준다. 왜냐하면 $(1000,\ 777) = 1$ 이고 이들 수는 $1000n + 777$ 꼴의 수이기 때문이다.

정리 3.3.11은 프랑스 수학자 디리클레 (G. L. Dirichlet, 1805~1859)에 의해 1837년에 증명되었으나 이 정리의 증명은 이 책의 수준을 넘으므로 생략한다. 그러나 디리클레 정리의 특수한 경우인 다음 정리 3.3.13을 증명하는 데는 어렵지 않다.

보조정리 3.3.12 두 정수 a와 b가 $4n+1$ 꼴의 수이면 ab도 $4n+1$ 꼴의 수이다.

● **증명** a와 b가 $4n+1$ 꼴의 수이므로 $a=4r+1$, $b=4s+1$인 정수 s, t가 존재하여

$$\begin{aligned} ab &= (4r+1)(4s+1) = 16rs+4r+4s+1 \\ &= 4(4rs+r+s)+1 \end{aligned}$$

이다. 따라서 ab도 $4n+1$ 꼴의 수이다. ■

정리 3.3.13 $4n+3$ 꼴인 소수는 무한히 많다.

● **증명** $4n+3$ 꼴의 소수가 유한개만 존재한다고 가정하고 이들을 $p_0=3$, p_1, p_2, $\cdots$, p_r이라 하자. 이제

$$Q = 4p_1p_2\cdots p_r+3$$

이라 놓으면 Q는 합성수이다. 왜냐하면 Q가 소수라면 Q는 $4n+3$ 꼴의 소수이고 $Q>p_i$ $(i=1,\ 2,\ \cdots,\ r)$이므로 $4n+3$ 꼴의 소수가 p_0 p_1, $\cdots$, p_r뿐이라는 사실에 모순이기 때문이다.

한편 Q는 $4n+3$ 꼴인 소인수를 적어도 하나 가져야 한다. 왜냐하면 Q의 모든 소인수가 $4n+1$ 꼴이라면 보조정리 3.3.12에 의하여 Q도 $4n+1$ 꼴이 되어 모순이기 때문이다. 그러나 Q는 $4n+3$ 꼴의 소수 $p_0=3$, p_1, p_2, $\cdots$, p_r 중 어느 것으로도 나누어지지 않는다. 실제로 $3\mid Q$라면 정리 2.1.5에 의하여 $3\mid(Q-3)$, 즉 $3\mid 4p_1p_2\cdots p_r$이 되어 따름정리 3.3.2에 의하여 모순이다. 마찬가지로 $p_j\mid Q$ $(1\le j\le r)$이라면 정리 2.1.5에 의하여 $p_j\mid(Q-4p_1p_2\cdots p_r)=3$이 되어 모순이다. 따라서 $4n+3$ 꼴의 소수는 무한히 많이 존재한다. ■

정의 3.3.14 두 양의 정수 a, n에 대하여

$$a^e\mid n,\quad a^{e+1}\nmid n\ (e\ge 0)$$

일 때, $a^e \parallel n$으로 나타낸다.

이때, n의 표준소인수분해가 $n=p_1^{e_1}p_2^{e_2}\cdots p_r^{e_r}$이라면 모든 소인수 p_i에 대하여 $p^{e_i} \parallel n$임을 뜻한다.

정리 3.3.15 $n!\ (n \geq 2)$과 소수 p에 대하여 $p^e \parallel n!$인 지수 e를 $E(p,\ n)$으로 나타내면 다음이 성립한다.

$$E(p,\ n)=\sum_{i=1}^{\infty}\left\lfloor \frac{n}{p^i} \right\rfloor = \left\lfloor \frac{n}{p} \right\rfloor + \left\lfloor \frac{n}{p^2} \right\rfloor + \left\lfloor \frac{n}{p^3} \right\rfloor + \cdots$$

● 증명 정수 $1,\ 2,\ 3,\ \cdots,\ n$ 중에서 p의 배수인 것은

$$p,\ 2p,\ 3p,\ \cdots,\ \left\lfloor \frac{n}{p} \right\rfloor p$$

뿐이므로 p가 $n! = n\cdot(n-1)\cdot(n-2)\cdot\ \cdots\ \cdot 2\cdot 1$의 소인수로 나타나는 횟수는 p가

$$p\cdot 2p\cdot 3p\cdot\ \cdots\ \cdot\left\lfloor \frac{n}{p} \right\rfloor p = p^{\left\lfloor \frac{n}{p} \right\rfloor}\cdot 1\cdot 2\cdot 3\cdot\ \cdots\ \cdot\left\lfloor \frac{n}{p} \right\rfloor$$

의 소인수로 나타나는 횟수와 같다. 즉

$$E(p,\ n) = \left\lfloor \frac{n}{p} \right\rfloor + E\left(p,\ \left\lfloor \frac{n}{p} \right\rfloor\right)$$

이 등식에 n 대신 $\left\lfloor \frac{n}{p} \right\rfloor$을 대입하면 정리 1.1.3에 의하여

$$\begin{aligned} E\left(p,\ \left\lfloor \frac{n}{p} \right\rfloor\right) &= \left\lfloor \frac{\frac{n}{p}}{p} \right\rfloor + E\left(p,\ \left\lfloor \frac{\frac{n}{p}}{p} \right\rfloor\right) \\ &= \left\lfloor \frac{n}{p^2} \right\rfloor + E\left(p,\ \left\lfloor \frac{n}{p^2} \right\rfloor\right) \end{aligned}$$

다시 이와 같은 과정을 반복하면 다음 등식을 얻는다.

$$E(p,\ n)=\sum_{i=1}^{\infty}\left\lfloor \frac{n}{p^i} \right\rfloor = \left\lfloor \frac{n}{p} \right\rfloor + \left\lfloor \frac{n}{p^2} \right\rfloor + \left\lfloor \frac{n}{p^3} \right\rfloor + \cdots$$

여기서 k를 $p^k > n$인 최소 정수라면 $\left\lfloor \frac{n}{p^k} \right\rfloor = 0$이므로 $E(p,\ n)$은 유한개 항의 합이다. ■

보기 3.3.16

$$3^e \mid 1000!, \quad 3^{e+1} \nmid 1000!$$

이 되는 e의 값을 구하여 보자.

$$\begin{aligned} E(3,\ 1000) &= \sum_{i=1}^{\infty} \left\lfloor \frac{1000}{3^i} \right\rfloor \\ &= \left\lfloor \frac{1000}{3} \right\rfloor + \left\lfloor \frac{1000}{3^2} \right\rfloor + \left\lfloor \frac{1000}{3^3} \right\rfloor + \cdots \\ &= 333 + 111 + 37 + 12 + 4 + 1 = 498 \end{aligned}$$

보기 3.3.17 $10! = 3628800$의 마지막 0의 개수는 2개이다. $376!$을 계산했을 때 마지막에 나타나는 0의 개수를 구하여보자.

$375! = 2^a \cdot 5^b \cdot c$일 때 $0 < b < a < c$이고 c는 $2 \cdot 5$가 아닌 다른 소수들의 곱이다.

$$\begin{aligned} 376!\text{의 마지막 0의 개수} &= 376!\text{의 소인수분해에서 } 2 \cdot 5\text{가 곱해진 횟수} \\ &= \min(a,\ b) \\ &= b \end{aligned}$$

정리 3.3.15에 의하여

$$\begin{aligned} b &= \left\lfloor \frac{376}{5} \right\rfloor + \left\lfloor \frac{376}{5^2} \right\rfloor + \left\lfloor \frac{376}{5^3} \right\rfloor + \cdots \\ &= 75 + 15 + 3 = 93 \end{aligned}$$

따라서 $376!$의 마지막에 나타나는 0의 개수는 93개이다.

3.3 연습문제

01 다음 수들을 표준소인수분해 하여라.

(1) 36　　(2) 405

(3) 420　　(4) 2450

02 문제 1의 결과를 이용하여 다음 수의 최대공약수를 구하여라.

(1) $(36,\ 405)$　　(2) $(36,\ 420)$

(3) $(36,\ 405,\ 420)$　　(4) $(36,\ 405,\ 420,\ 2450)$

03 정수 $n\ (n \geq 2)$의 표준소인수분해가 $n = p_1^{e_1} p_2^{e_2} \cdots p_r^{e_r}$ 일 때, n이 완전제곱수이기 위한 필요충분조건은 $e_1,\ e_2,\ \cdots,\ e_r$ 이 모두 짝수임을 증명하여라.

04 n이 양의 정수일 때 $n(n+1)$은 완전제곱수가 아님을 증명하라.

05 다음 증명 과정에 따라 $6n+5$ 의 꼴인 소수가 무수히 많음을 증명하라.

(1) 3보다 큰 소수는 모두 $6n+1$ 또는 $6n+5$의 꼴이다.

(2) $6n+1$ 의 꼴인 두 정수의 곱은 다시 $6n+1$ 의 꼴이다.

(3) $6n+5$ 의 꼴인 양의 정수는 반드시 $6n+5$ 의 꼴인 소인수를 가진다.

06 두 정수 $a,\ b$에 대하여 $a^2 \mid b^2$ 이면 $a \mid b$ 임을 증명하여라.

Hint 정리 3.3.4

07 소수 p와 양의 정수 n에 대하여

$$p^a \mid n, \quad p^{a+1} \nmid n$$

일 때 $p^a \parallel n$ 으로 나타낸다. 이때 다음을 증명하여라.

(1) $p^a \parallel m,\ p^b \parallel n$ 이면 $p^{a+b} \parallel mn$ 이다.

(2) $p^a \parallel m$ 이면 $p^{ka} \parallel m^k$ 이다.

(3) $p^a \parallel m,\ p^b \parallel n$ (단 $a \neq b$)이면 $p^{\min(a,\ b)} \parallel (m+n)$

08 정리 3.3.15를 이용하여 다음 값을 계산했을 때 마지막에 나타나는 0의 개수를 구하여라. 예를 들어 $10! = 3628800$이므로 마지막 0의 개수는 2개이다.

(1) $200!$

(2) $400!$

09 다음을 증명하여라.

(1) 양의 정수 $n\,(n \geq 2)$에 대하여 $n!$의 소인수 전체는 n보다 크지 않은 소수 전체의 집합임을 증명하여라.

(2) $20!$을 소인수분해하여라.

Hint 정리 3.3.15, 문제 9

3.4 최소공배수

정의 3.4.1 두 정수 a, b에 대하여

$$a \mid c, \quad b \mid c$$

인 정수 c를 a와 b의 **공배수**(common multiple)라고 한다. 그리고 a와 b의 공배수 중에서 최소의 양의 공배수를 a와 b의 **최소공배수**(least common multiple)라 하고 $[a,\ b]$ 또는 $\mathrm{LCM}\{a,\ b\}$로 나타낸다.

정의 3.4.1을 다음과 같이 다시 정의할 수 있다. 두 정수 a, b와 양의 정수 m에 대하여

(1) $a \mid m,\quad b \mid m$

(2) $a \mid m',\quad b \mid m'$ 이면 $m \mid m'$

일 때 m을 a와 b의 최소공배수라 한다.

보기 3.4.2 -8의 배수는 $0,\ \pm 8,\ \pm 16,\ \pm 24,\ \pm 32,\ \cdots,$

12의 배수는 $0,\ \pm 12,\ \pm 24,\ \pm 36,\ \pm 48,\ \cdots$

이므로 -8과 12의 공배수는 $0,\ \pm 24,\ \pm 48,\ \pm 72,\ \cdots$이다. 이 중 최소의 양의 공배수 24이므로 $[-8,\ 12]=24$ 또는 $\mathrm{LCM}\{-8,\ 24\}=24$이다.

두 정수 m, n의 최소공배수를 구하는 방법은 m과 n의 소인수분해를 사용하거나 최대공약수를 사용하여 구할 수 있다. 실제로 두 양의 정수 m과 n의 소인수분해가

$$m = p_1^{a_1} p_2^{a_2} \cdots p_r^{a_r},\quad n = p_1^{b_1} p_2^{b_2} \cdots p_r^{b_r} \quad (\text{단 } a_i,\ b_i \ge 0)$$

일 때

$$[m,\ n] = p_1^{\max(a_1,\ b_1)} p_2^{\max(a_2,\ b_2)} \cdots p_r^{\max(a_r,\ b_r)}$$

이다.

보기 3.4.3 $720 = 2^4 \cdot 3^2 \cdot 5 = 2^4 \cdot 3^2 \cdot 5^1 \cdot 7^0$

$$756 = 2^2 \cdot 3^3 \cdot 7 = 2^4 \cdot 3^2 \cdot 5^0 \cdot 7^1$$

이므로

$$\begin{aligned}[720,\ 756] &= 2^{\max(4,\ 2)} \cdot 3^{\max(2,\ 3)} \cdot 5^{\max(1,\ 0)} \cdot 7^{\max(0,\ 1)} \\ &= 2^4 \cdot 3^3 \cdot 5^1 \cdot 7^1 \\ &= 15120\end{aligned}$$

두 정수 m, n의 최대공약수를 알면 다음 정리 3.4.4에 의하여 최소공배수를 구할 수 있다.

정리 3.4.4 두 양의 정수 a, b에 대하여

$$[a,\ b] = \frac{ab}{(a,\ b)}$$

이다.

● 증명 $a = p_1^{a_1} p_2^{a_2} \cdots p_n^{a_n}$, $b = p_1^{b_1} p_2^{b_2} \cdots p_n^{b_n}$ (단 a_i, $b_i \ge 0$)

를 a와 b의 표준소인수분해라고 하면

$$(a,\ b) = p_1^{\min(a_1,\ b_1)} p_2^{\min(a_2,\ b_2)} \cdots p_n^{\min(a_n,\ b_n)}$$
$$[a,\ b] = p_1^{\max(a_1,\ b_1)} p_2^{\max(a_2,\ b_2)} \cdots p_n^{\max(a_n,\ b_n)}$$

이므로

$$\begin{aligned}(a,\ b)[a,\ b] &= p_1^{\max(a_1,\ b_1)} \cdots p_n^{\max(a_n,\ b_n)} p_1^{\min(a_1,\ b_1)} \cdots p_n^{\min(a_n,\ b_n)} \\ &= p_1^{\min(a_1,\ b_1)+\max(a_1,\ b_1)} \cdots p_n^{\min(a_n,\ b_n)+\max(a_n,\ b_n)} \\ &= p_1^{a_1+b_1} p_2^{a_2+b_2} \cdots p_n^{a_n+b_n} \\ &= p_1^{a_1} p_2^{a_2} \cdots p_n^{a_n} \cdot p_1^{b_1} p_2^{b_2} \cdots p_n^{b_n} \\ &= ab\end{aligned}$$

■

위 정리는 세 개 이상의 정수에 대해서는 성립하지 않는다(연습문제 4).

보기 3.4.5 $(180,\ 189)$을 계산하여 180과 189의 최소공배수 $[180,\ 189]$를 구해보자. $180 = 2^2 \cdot 3^2 \cdot 5,\ 189 = 3^3 \cdot 7$이므로 $(180,\ 189) = 9$이다. 따라서

$$[180,\ 189] = \frac{180 \cdot 189}{(180,\ 189)} = \frac{34020}{9} = 3780$$

따름정리 3.4.6 $(a,\ b) = 1 \iff [a,\ b] = ab$

정수 $a_1,\ a_2,\ \cdots,\ a_n\ (n \geq 3)$의 최소공배수는 다음 정리 3.4.7을 반복해서 사용하여 구할 수 있다.

정리 3.4.7 $a_1,\ a_2,\ \cdots,\ a_n\ (n \geq 3)$을 양의 정수라 할 때

$$[a_1,\ a_2,\ \cdots,\ a_n] = [[a_1,\ a_2,\ \cdots,\ a_{n-1}],\ a_n]$$

이다.

보기 3.4.8

$$\begin{aligned}[12,\ 18,\ 24,\ 40] &= [[12,\ 18,\ 24],\ 40] \\ &= [[[12,\ 18],\ 24],\ 40] \\ &= [[36,\ 24],\ 40] \\ &= [72,\ 40] \\ &- 360\end{aligned}$$

정리 3.1.10, 따름정리 3.4.6, 정리 3.4.7에 의하여 다음 따름정리를 얻는다.

따름정리 3.4.9 $a_1,\ a_2,\ \cdots,\ a_n$이 쌍마다 서로소이다 $\iff [a_1,\ a_2,\ \cdots,\ a_n] = a_1 a_2 \cdots a_n$

따름정리 3.4.10 양의 정수 $m_1,\ m_2,\ \cdots,\ m_r,\ a$에 대하여 $m_i \mid a\ (1 \leq i \leq r)$이면 $[m_1,\ m_2,\ \cdots,\ m_r] \mid a$이다.

● **증명** 우선 $m_1 \mid a$, $m_2 \mid a$ 이면 $[m_1, m_2] \mid a$ 임을 증명하자

$$[m_1, m_2]=l, \quad a=lq_1+r \quad (0 \le r < l)$$

이라면 a 와 l 은 m_1, m_2 의 공배수이므로 $r=a-lq_1$ 도 m_1, m_2 의 공배수이다. 하지만 l 은 m_1, m_2 의 최소공배수이고 $0 \le r < l$ 이므로 $r=0$ 이다. 따라서 $l=[m_1, m_2] \mid a$ 이다.

이제 $m_i \mid a$ $(i=1, 2, \cdots r-1)$ 이면 $[m_1, m_2, \cdots, m_{r-1}] \mid a$ 가 성립한다고 가정하자. $m_i \mid a$ $(i=1, 2, \cdots r)$ 라 하면

$$[m_1, m_2, \cdots, m_{r-1}] \mid a \ , \ m_r \mid a$$

이고 $[m_1, m_2, \cdots, m_r]=[[m_1, m_2, \cdots, m_{r-1}], m_r] \mid a$ 이다. ■

3.4 연습문제

01 다음 조건에서 두 정수 a, b의 최소공배수 $[a,\ b]$를 구하여라.

(1) $a \mid b$　　(2) $a = 1$

(3) $a = b + 1$　　(4) a와 b는 서로 다른 소수

(5) $(a,\ b) = 4$, $ab = 440$

02 $[a,\ a+1] = 182$인 양의 정수 a를 구하여라.

03 $(a,\ b) = 15$, $[a,\ b] = 9450$인 두 양의 정수 a, b를 모두 구하여라.

04 세 정수 a, b, c에 대하여

$$(a,\ b,\ c)[a,\ b,\ c] = abc$$

은 성립하지 않음을 보여라.

05 세 양의 정수 a, b, c에 대하여

$$[a,\ b,\ c](ab,\ bc,\ ca) = abc$$

임을 증명하여라.

06 수학적 귀납법을 사용하여

$$[ka_1,\ ka_2,\ \cdots,\ ka_n] = k[a_1,\ a_2,\ \cdots,\ a_n]$$

임을 증명하여라.

07 $n = a^2$, $n = b^3$, $n = c^5$ (a, b, c는 어떤 정수)가 되는 최소인 양의 정수 n을 구하여라.

3.5 선형 디오판토스 방정식

정수를 계수로 갖고 미지수가 두 개 이상인 대수 방정식의 해 중에서 그 값이 모두 정수인 해를 **정수해**(integral solution)라 한다. 그리고 이러한 방정식에 대하여 정수해만을 생각하는 경우에 이 방정식을 **부정방정식**(indeterminate equation) 또는 **디오판토스 방정식**(Diophantine equation)이라 한다. 예를 들어, 우리가 정수해만을 생각할 때 $2x+3y=10$, $x^2+y^2=1$, $x^2+y^2=z^2$은 디오판토스 방정식이다.

이런 방정식을 디오판토스 방정식이라 부른 것은 이런 방정식의 연구를 처음으로 시작한 고대 그리스 수학자 디오판토스(Diophantus, 201~285)의 이름을 딴 것이다.

우리는 디오판토스 방정식 중에서 가장 간단한 형태의 방정식

$$ax+by = c \quad (a,\ b,\ c\text{는 정수이고 } a\neq 0 \text{ 또는 } b\neq 0)$$

을 미지수가 2개인 **선형 디오판토스 방정식** 또는 **일차부정방정식**이라 하는데 이 절에서는 이런 방정식에 대해 알아보자.

부정방정식 $3x+6y=18$은

$$3\cdot 4+6\cdot 1=18,$$
$$3\cdot(-6)+6\cdot 6=18,$$
$$3\cdot(10)+6\cdot(-2)=18$$

과 같이 여러 개의 해를 갖는 반면에 방정식 $2x+10y=3$은 해를 갖지 않는다. 실제로 x, y가 어떤 정수 값이든 좌변 $2x+10y$는 짝수이므로 3이 될 수 없기 때문이다. 그러므로 어떤 경우에 해가 존재하고 또 해가 존재한다면 모든 해를 어떻게 구할 수 있는가 하는 문제를 생각하자.

정리 3.5.1 부정방정식

$$ax+by=c \quad (a\neq 0 \text{ 또는 } b\neq 0)$$

에서 $d=(a,\ b)$라고 할 때, 이 방정식이 정수해를 가지기 위한 필요충분조건은 $d\mid c$인 것이다. 또, $d\mid c$일 때, $x=x_0$, $y=y_0$을 이 방정식의 특수한 정수해라고 하면 이 방정식의 정수해 전체는 다음과 같이 나타내어진다.

$$\begin{cases} x = x_0 + \dfrac{b}{d}t \\ y = y_0 - \dfrac{a}{d}t \end{cases} \quad (t \in \mathbb{Z})$$

● 증명 주어진 방정식이 정수해 $x = x_0$, $y = y_0$를 갖는다면 $ax_0 + by_0 = c$이고 $d \mid a$, $d \mid b$이므로 정리 2.1.5에 의하여 $d \mid c$이다. 역으로 $d \mid c$라고 가정하자. 이때, 정리 3.1.3에 의하여 $d = as + bt$인 정수 s, t가 존재하고 $d \mid c$이므로 $c = de$인 정수 e가 존재한다.

$$c = de = ase + bte$$

이므로 $x = se$, $y = te$는 주어진 방정식의 정수해이다.

이제 무수히 많은 해가 존재함을 증명하기 위해서 $x = x_0$, $y = y_0$을 방정식 $ax + by = c$의 특수해라고 하면, $ax + by = c = ax_0 + by_0$이므로

$$\frac{a}{d}x + \frac{b}{d}y = \frac{a}{d}x_0 + \frac{b}{d}y_0, \text{ 즉 } \frac{a}{d}(x - x_0) = \frac{b}{d}(y_0 - y)$$

이다. 따름정리 3.1.8에 의하여 $\left(\dfrac{a}{d}, \dfrac{b}{d}\right) = 1$이므로 정리 3.1.13에 의하여 $\dfrac{b}{d} \mid (x - x_0)$이다. 따라서 적당한 정수 t에 대하여 다음이 성립한다.

$$x - x_0 = \frac{b}{d}t, \quad y_0 - y = \frac{a}{d}t$$

즉,

$$x = x_0 + \frac{b}{d}t, \quad y = y_0 - \frac{a}{d}t \quad (t \in \mathbb{Z})$$

가 성립한다. 한편 모든 정수 t에 대해 이와 같이 정의된 정수 x, y는 주어진 방정식 $ax + by = c$을 만족한다. ▣

따름정리 3.5.2 $(a, b) = 1$이면 부정방정식 $ax + by = c$는 항상 해가 존재하고 모든 해는

$$x = x_0 + bt, \ y = y_0 - at \quad (t \in \mathbb{Z}, \ x = x_0, \ y = y_0\text{은 특수한 해})$$

이다.

보기 3.5.3 (1) $(15,\ 3)=3$이고 $3 \nmid 4$이므로 정리 3.5.1에 의하여 방정식 $15x+3y=4$는 정수 해를 갖지 않는다.

(2) 부정방정식 $2x+y=3$의 정수해를 구해보자. 먼저 $(2,\ 1)=1,\ 1 \mid 3$ 이므로 정리 3.5.1에 의하여 주어진 방정식의 해는 무한히 많이 존재한다. $2\cdot 1+1\cdot 1=3$이므로 $x=1,\ y=1$은 주어진 방정식의 특수한 해이다. 따라서 이 방정식의 정수해 전체는 다음과 같다.

$$\begin{cases} x=1+t \\ y=1-2t \end{cases} \quad (t \in \mathbb{Z})$$

부정방정식 $ax+by=c$의 해를 구하는 것은 정리 3.5.1에 의하여 결국 특수해 $x=x_0$, $y=y_0$을 구하는 것인데 유클리드 알고리즘을 사용하여 특수해를 구할 수 있다.

보기 3.5.4 부정방정식 $69x+39y=15$의 정수해를 구해보자. $(69,\ 39)=3,\ 3 \mid 15$이므로 정수해를 가진다. 이 방정식의 정수해를 모두 구하기 위해 우선 특수한 정수해를 찾아야 한다. 나눗셈 알고리즘에 의해

$$\begin{aligned} 69 &= 39\cdot 1+30, \\ 39 &= 30\cdot 1+9, \\ 30 &= 9\cdot 3+3, \\ 9 &= 3\cdot 3 \end{aligned}$$

이고

$$\begin{aligned} 3 &= 30-9\cdot 3 = 30-(39-30\cdot 1)\cdot 3 \\ &= 4\cdot 30-3\cdot 39 = 4\cdot(69-39\cdot 1)-3\cdot 39 \\ &= 4\cdot 69-7\cdot 39 \end{aligned}$$

즉,

$$15 = 20\cdot 69+(-35)\cdot 39$$

그러므로 $x=20,\ y=-35$은 방정식 $69x+39y=15$의 한 정수해이다. 따라서 모든 정수해는 정리 3.5.1에 의하여 다음과 같다.

$$\begin{cases} x=20+\dfrac{39}{3}t=20+13t \\ y=-35-\dfrac{69}{3}t=-35-23t \end{cases} \quad (t \in \mathbb{Z})$$

부정방정식의 해 중에서 그 값이 모두 양의 정수인 해를 **양의 정수해**(positive integral solution)라 하고, 그 값이 모두 음의 정수인 해를 **음의 정수해**(negative integral solution)라 한다.

보기 3.5.5 부정방정식 $2x+y=3$ 의 양의 정수해를 구해보자.

이 방정식의 해는 보기 3.5.3에서

$$\begin{cases} x=1+t \\ y=1-2t \end{cases} \quad (t\in\mathbb{Z})$$

로 주어졌다. 양의 정수해는 $x=1+t>0$, $y=1-2t>0$을 만족하므로

$$-1<t<\frac{1}{2}, \quad t\text{는 정수}$$

이다. 즉 $t=0$ 인 경우뿐이므로 양의 정수해는 $x=1$, $y=1$ 뿐이다.

정리 3.5.1은 세 개 이상의 미지수를 포함하는 부정방정식으로 일반화할 수 있다.

정리 3.5.6 부정방정식

$$a_1x_1+a_2x_2+\cdots+a_nx_n=c$$

가 정수해를 갖기 위한 필요충분조건은 $(a_1,\ a_2,\ \cdots,\ a_n)\mid c$ 이다.

• 증명 $(a_1,\ a_2,\ \cdots,\ a_n)=d$ 라고 하자. 방정식 $a_1x_1+a_2x_2+\cdots+a_nx_n=c$가 해 $x_1=t_1$, $x_2=t_2$, $\cdots$, $x_n=t_n$을 갖는다고 가정하면 $a_1t_1+a_2t_2+\cdots+a_nt_n=c$ 이고 $d\mid a_i\ (1\le i\le n)$ 이므로 $d\mid c$이다.

역으로 $d\mid c$라고 하면 $c=dk$ 인 정수 k가 존재한다. 정리 3.1.19에 의하여

$$d=a_1s_1+a_2s_2+\cdots+a_ns_n$$

이므로

$$c=dk=a_1ks_1+a_2ks_2+\cdots+a_nks_n$$

이다. 즉 $x_i=ks_i\ (1\le i\le n)$는 $a_1x_1+a_2x_2+\cdots+a_nx_n=c$의 해이다. ■

보기 3.5.7 부정방정식 $6x+8y+12z=10$ 의 모든 정수해를 구해보자.

$(6,\ 8,\ 12)\mid 10$이므로 정리 3.5.6에 의하여 무수히 많은 해를 가진다. $(8,\ 12)=4$이므로

$$\{8y+12z \mid y,\ z\in\mathbb{Z}\}=\{4k \mid k\in\mathbb{Z}\}$$

이고 $8y+12z=4u$ 로 놓으면 주어진 방정식은

$$6x+4u=10$$

으로 변환된다. 정리 3.5.1에 의하여 $6x+4u=10$ 의 해는

$$x=5+2t,\quad u=-5-3t \quad (t\in\mathbb{Z})$$

이다. $u=-5-3t$ 를 $8y+12z=4u$ 에 대입하면 $4=2\cdot 8+(-1)\cdot 12$ 이므로

$$\begin{aligned}8y+12z&=4(-5-3t)\\&=(2\cdot 8+(-1)\cdot 12)(-5-3t)\\&=(-10-6t)\cdot 8+(5+3t)\cdot 12\end{aligned}$$

이다. 즉, $y_0=-10-6t,\quad z_0=5+3t$ 는 $8y+12z=4u$ 의 특수해이므로 정리 3.5.1에 의하여

$$\begin{aligned}y&=-10-6t+3s\\z&=5+3t-2s \quad (s\in\mathbb{Z})\end{aligned}$$

을 얻는다. 그러므로 $6x+8y+12z=10$ 의 모든 해는

$$\begin{cases}x=5+2t\\y=-10-6t+3s\\z=5+3t-2s \qquad (s,\ t\in\mathbb{Z})\end{cases}$$

이다.

3.5 연습문제

01 다음 방정식이 해를 가지는지 판정하고 해가 있다면 그 해를 구하라.

(1) $15x+8y=5$ (2) $15x+9y=2$

(3) $30x+15y=8$ (4) $3x+4y=3$

02 다음 부정방정식의 양의 정수해를 구하라.

(1) $2x+5y=11$ (2) $6x+15y=51$

(3) $21x+14y=147$ (4) $54x+21y=906$

03 다음 부정방정식이 해가 존재하면 모든 해를 구하여라.

(1) $7x+21y+35z=8$ (2) $x+2y+3z=6$

(3) $2x+3y+4z=5$ (4) $2x_1+3x_2+4x_3+5x_4=6$

04 어떤 물건 A, B의 무게는 각각 18 g, 33 g이다. 이 두 물건만을 사용하여 한 묶음을 만들었는데 그 무게는 549 g이다. 최소의 개수로 549 g짜리 묶음을 만들려고 할 때 물건 A, B의 개수를 구하여라.

05 5코인 하는 수탉, 3코인 하는 암탉, 3마리에 1코인 하는 병아리가 있을 때 100코인으로 100마리를 살 수 있는 경우를 모두 구하여라.

제 4 장

합동식

ELEMENTARY
NUMBER THEORY

4.1 합동식의 기본성질
4.2 일차합동식
4.3 일변수 연립일차합동식
4.4 다변수 연립일차합동식
4.5 합동식의 응용

4.1 합동식의 기본성질

이 장에서 논하려고 하는 합동의 개념은 독일 수학자 가우스가 19세기 초에 도입한 것으로서 정수론에서 아주 유용한 개념이다.

정의 4.1.1 양의 정수 m에 대하여 두 정수 $a,\ b$의 차가 m의 배수일 때, 즉 $m\mid(a-b)$일 때

$$a \equiv b \pmod{m}$$

으로 나타내고 "**a는 법(modulus) m에 관하여 b와 합동이다. (a is congruent to b modulus m)**"라고 한다. 그리고 합동기호 $\equiv$가 들어 있는 식을 **합동식(congruence)** 이라고 한다.

한편, $m\nmid(a-b)$인 경우에 $a \not\equiv b \pmod{m}$으로 나타내고 "**a는 법 m에 관하여 b와 합동이 아니다. (a is incongruent to b modulus m)**"라고 한다.

보기 4.1.2 정의에 의하여 다음이 성립한다.

$$3 \equiv 6 \pmod{3},\quad 5 \equiv -1 \pmod{6},\quad 10 \equiv 0 \pmod{5}$$
$$a \equiv -a \pmod{2},\quad 1 \not\equiv -1 \pmod{3},\quad 5 \not\equiv 1 \pmod{3}$$

합동식을 다루는데 합동식을 등식으로 바꾸어 생각하는 경우가 많은데 합동식과 등식과의 관계를 다음 정리에서 얻는다.

정리 4.1.3 양의 정수 m과 두 정수 $a,\ b$에 대하여 다음이 성립한다.

$$a \equiv b \pmod{m} \iff a = b + km,\quad k \in \mathbb{Z}$$

• **증명**

$$\begin{aligned} a \equiv b \pmod{m} &\iff m\mid(a-b) \\ &\iff a-b = mk,\quad k \in \mathbb{Z} \\ &\iff a = b+mk,\quad k \in \mathbb{Z} \end{aligned}$$

■

보기 4.1.4 $13 = 8 \cdot 2 + (-3)$이므로 $13 \equiv -3 \pmod 8$이다.

정리 4.1.5 양의 정수 m과 정수 a, b, c, d에 대하여 다음이 성립한다.

(1) 반사율(reflexive): $a \equiv a \pmod m$

(2) 대칭률(symmetric): $a \equiv b \pmod m$이면 $b \equiv a \pmod m$이다.

(3) 추이율(transitive): $a \equiv b \pmod m$, $b \equiv c \pmod m$이면

$a \equiv c \pmod m$이다.

● **증명** (1) $m \mid (a-a) = 0$이므로 $a \equiv a \pmod m$이다.

(2) $a \equiv b \pmod m$이면 정리 4.1.3에 의하여 $a - b = km\ (k \in \mathbb{Z})$이다. 이때, $b - a = (-k)m\ (-k \in \mathbb{Z})$이므로 $b \equiv a \pmod m$이다.

(3) $a \equiv b \pmod m$, $b \equiv c \pmod m$이면 $m \mid (a-b)$, $m \mid (b-c)$이다. 따라서 $a - c = (a-b) + (b-c)$이므로 정리 2.1.5에 의하여 $m \mid (a-c)$이다. 즉, $a \equiv c \pmod m$이다. ▣

정리 4.1.6 $a \equiv b \pmod m \iff m$으로 나눌 때 a와 b의 나머지는 같다.

● **증명** $a \equiv b \pmod m$이라 하자. 정리 4.1.3에 의하여 $a = b + km\ (k \in \mathbb{Z})$이고 정리 2.1.1 (나눗셈 알고리즘)에 의하여 $b = qm + r,\ 0 \le r < m$이다.

$$a = b + km = qm + r + km = (q+k)m + r$$

이므로 a를 m으로 나누었을 때 나머지도 r이다.

이제 m으로 나눌 때 a와 b의 나머지가 같다고 하자. 그러면 나눗셈 알고리즘에 의하여

$$a = mq_1 + r, \quad b = mq_2 + r \quad (q_1,\ q_2 \in \mathbb{Z})$$

이므로 $a - b = (mq_1 + r) - (mq_2 + r) = m(q_1 - q_2)$이다. 따라서 정리 4.1.3에 의하여 $a \equiv b \pmod m$이다. ▣

따름정리 4.1.7 $a \equiv r \pmod{m}$, $(0 \le r < m) \iff$ r는 a를 m으로 나누었을 때 나머지이다.

따름정리 4.1.8 모든 정수는 $\{0, 1, 2, \cdots, m-1\}$ 중의 꼭 하나와 법 m에 관하여 합동이다.

정리 4.1.9 양의 정수 m과 정수 a, b, c, d에 대하여 $a \equiv b \pmod{m}$, $c \equiv d \pmod{m}$이라면 다음이 성립한다.

(1) $a+c \equiv b+d \pmod{m}$

(2) $a-c \equiv b-d \pmod{m}$

(3) $ac \equiv bd \pmod{m}$

● **증명** $a \equiv b \pmod{m}$, $c \equiv d \pmod{m}$이므로 $a-b=km$, $c-d=lm$인 정수 k, l이 존재한다.

(1) $$\begin{aligned}(a+c)-(b+d) &= (a-b)+(c-d)\\ &= km+lm=(k+l)m\end{aligned}$$

이므로 $m \mid [(a+c)-(b+d)]$이다. 즉, $a+c \equiv b+d \pmod{m}$이다.

(2) $$\begin{aligned}(a-c)-(b-d) &= (a-b)-(c-d)\\ &= km-lm=(k-l)m\end{aligned}$$

이므로 $m \mid [(a-c)-(b-d)]$이다. 즉, $a-c \equiv b-d \pmod{m}$이다.

(3) $$\begin{aligned}ac-bd &= ac-bc+bc-bd=(a-b)c+(c-d)b\\ &= ckm+blm=(ck+bl)m\end{aligned}$$

이므로 $m \mid (ac-bd)$이다. 즉, $ac \equiv bd \pmod{m}$이다. ■

보기 4.1.10 $18 \equiv 4 \pmod{7}$, $9 \equiv 2 \pmod{7}$이므로 정리 4.1.9에 의하여 다음이 성립한다.

$$18+9 \equiv 27 \equiv 6 \equiv 4+2 \pmod{7},\quad 18-9 \equiv 9 \equiv 2 \equiv 4-2 \pmod{7}$$

$$18 \cdot 9 \equiv 162 \equiv 8 \equiv 4 \cdot 2 \equiv 1 \pmod{7}$$

보기 4.1.11 다음 수의 마지막 자리(일의 자리) 수를 구해보자.

(1) $1!+2!+3!+\cdots+100!$

(2) $117^{123^{50}}$

(1) $n \geq 5$ 이면 $n! \equiv 0 \pmod{10}$ 이므로

$$\begin{aligned} 1!+2!+3!+\cdots+100! &\equiv 1!+2!+3!+4!+0+0+\cdots+0 \pmod{10} \\ &\equiv 1+2+6+24 \pmod{10} \\ &\equiv 3 \pmod{10} \end{aligned}$$

따라서 $1!+2!+3!+\cdots+100!$의 마지막 자릿수는 3이다.

(2) $117 \equiv 7 \pmod{10}$이고 $7^1 \equiv 7 \pmod{10}$, $7^2 \equiv 9 \pmod{10}$, $7^3 \equiv 3 \pmod{10}$, $7^4 \equiv 1 \pmod{10}$, $7^5 \equiv 7 \pmod{10}$가 반복되므로

$$7^a \equiv \begin{cases} 1 \pmod{10}, & a \equiv 0 \pmod{4} \text{ 일 때} \\ 7 \pmod{10}, & a \equiv 1 \pmod{4} \text{ 일 때} \\ 9 \pmod{10}, & a \equiv 2 \pmod{4} \text{ 일 때} \\ 3 \pmod{10}, & a \equiv 3 \pmod{4} \text{ 일 때} \end{cases}$$

이다.

$$123 \equiv 3 \pmod{4}, \quad 123^2 \equiv 3^2 \equiv 1 \pmod{4}$$

이므로

$$123^{50} \equiv 1 \pmod{4}$$

이다. 따라서 $117^{123^{50}}$ 의 일의 자릿수는 7이다.

따름정리 4.1.12 모든 $i=1, 2, \cdots, n$에 대하여 $a_i \equiv b_i \pmod{m}$일 때 다음이 성립한다.

(1) $a_1+a_2+\cdots+a_n \equiv b_1+b_2+\cdots+b_n \pmod{m}$

(2) $a_1a_2\cdots a_n \equiv b_1b_2\cdots b_n \pmod{m}$ 특히 $a \equiv b \pmod{m}$이면 모든 $n(\geq 1)$에 대하여 $a^n \equiv b^n \pmod{m}$이다.

(3) 정수 계수를 가지는 다항식

$$f(x) = a_0 + a_1x + \cdots + a_nx^n$$

$$g(x) = b_0 + b_1x + \cdots + b_nx^n$$

에 대하여

$$a \equiv b \pmod{m} \Rightarrow f(a) \equiv g(b) \pmod{m}$$

이다. 특히 $a \equiv b \pmod{m} \Rightarrow f(a) \equiv f(b) \pmod{m}$이다.

보기 4.1.13 $2^{24} \cdot 14^{18} - 1$은 13의 배수임을 증명해보자.

$2^4 \equiv 3 \pmod{13}$이므로 따름정리 4.1.12를 반복 적용하면

$$2^8 \equiv 9 \pmod{13}, \quad 2^{16} \equiv (2^8)^2 \equiv 9^2 \equiv 81 \equiv 3 \pmod{13}$$
$$2^{24} \equiv 2^8 \cdot 2^{16} \equiv 9 \cdot 3 \equiv 1 \pmod{13}$$

을 얻는다. 한편 $14 \equiv 1 \pmod{13}$이므로 $14^{18} \equiv 1^{18} \equiv 1 \pmod{13}$이다. 따라서 정리 4.1.9에 의하여

$$2^{24} \cdot 14^{18} \equiv 1 \cdot 1 = 1 \pmod{13}$$

따라서 $13 \mid (2^{24} \cdot 14^{18} - 1)$이므로 $2^{24} \cdot 14^{18} - 1$은 13의 배수이다.

보기 4.1.14 $29 \cdot 20^n + 1$은 합성수임을 증명해보자.

$N = 29 \cdot 20^n + 1$이라 하자. n이 홀수이면 $20^n \equiv (-1)^n \equiv -1 \pmod{7}$이고 $29 \cdot 20^n + 1 \equiv 1 \cdot (-1) + 1 \equiv 0 \pmod{7}$이므로 $7 \mid N$이다. n이 짝수이면 $20^n \equiv (-1)^n \equiv 1 \pmod{3}$이고

$$29 \cdot 20^n + 1 \equiv 2 \cdot 1 + 1 \equiv 0 \pmod{3}$$

이므로 $3 \mid N$이다.

보기 4.1.15 $19^{19} = x^3 + y^4$을 만족하는 정수 x, y는 존재하지 않음을 알아보자.

$$6^2 \equiv -3 \pmod{13}, \quad 6^4 \equiv (-3)^2 = -4 \pmod{13}$$

이므로 $6^6 \equiv (-3) \cdot (-4) \equiv -1 \pmod{13}$이다. 그러므로

$$19^{19} \equiv 6^{19} \equiv (6^6)^3 \cdot 6 \equiv (-1)^3 \cdot 6 \equiv -6 \equiv 7 \pmod{13}$$

이다. 하지만 직접 계산을 통하여

$$x^3 \equiv 0,\ 1,\ 5,\ 8,\ 12 \pmod{13}, \quad y^4 \equiv 0,\ 1,\ 3,\ 9 \pmod{13}$$

임을 알 수 있으므로 $x^3 + y^4 \not\equiv 7 \pmod{13}$이다. 즉, $19^{19} = x^3 + y^4$의 정

수해는 존재하지 않는다.

다음 등식의 성질

"$ac = bc$, $c \neq 0$ 이면 $a = b$이다."

는 참이다. 합동식에서 이와 같은 성질이 성립하는가? 즉, 다음 합동식의 성질

"$ac \equiv bc \pmod{m}$, $c \not\equiv 0 \pmod{m}$이면 $a \equiv b \pmod{m}$이다."

는 성립하는가? 이는 참이 아니다. 예를 들어

$$14 \equiv 7 \cdot 2 \equiv 4 \cdot 2 \equiv 8 \pmod{6},\quad 2 \not\equiv 0 \pmod{6}$$

이지만 $7 \not\equiv 4 \pmod{6}$ 이기 때문이다. 그러나 어떤 조건에서는 성립하게 되는데 다음 정리가 이 사실을 보여준다.

정리 4.1.16 m을 양의 정수, a, b, c를 정수라 하자. $(c, m) = d$일 때

$$ac \equiv bc \pmod{m}\text{이면 } a \equiv b \left(\bmod \frac{m}{d}\right)\text{이다.}$$

• 증명 $ac \equiv bc \pmod{m}$이면 $m \mid (ac - bc) = (a - b)c$ 이고 $(a - b)c = km$ 인 정수 k가 존재한다. 한편 $(c, m) = d$ 이므로 따름정리 3.1.8에 의하여 $\left(\frac{c}{d}, \frac{m}{d}\right) = 1$ 이다.

$$\frac{c}{d}(a - b) = k\frac{m}{d},\quad \text{즉 } \frac{m}{d} \mid \frac{c}{d}(a - b)$$

이므로 정리 3.1.13에 의하여 $\frac{m}{d} \mid (a - b)$ 이다. 즉 $a \equiv b \left(\bmod \frac{m}{d}\right)$이다. ■

보기 4.1.17 $5 \cdot 10 \equiv 50 \equiv 20 \equiv 2 \cdot 10 \pmod{15}$, $(10, 15) = 5$이므로

$$\frac{50}{10} \equiv \frac{20}{10} \left(\bmod \frac{15}{5}\right),\quad \text{즉 } 5 \equiv 2 \pmod{3}\text{이다.}$$

따름정리 4.1.18 m을 양의 정수, a, b, c를 정수라 하자.

$(c, m) = 1$일 때 $ac \equiv bc \pmod{m}$이면 $a \equiv b \pmod{m}$이다.

예를 들어 $6 \cdot 7 \equiv 42 \equiv 7 \equiv 1 \cdot 7 \pmod 5$, $(5, 7)=1$이므로

$$\frac{42}{7} \equiv \frac{7}{7} \pmod 5$$

즉, $6 \equiv 1 \pmod 5$이다.

정리 4.1.19 $d \mid a$, $d \mid b$, $d \mid m$인 두 양의 정수 d, m에 대하여 다음이 성립한다.

$$a \equiv b \pmod m \iff \frac{a}{d} \equiv \frac{b}{d} \left(\mathrm{mod}\ \frac{m}{d}\right)$$

- **증명** $a \equiv b \pmod m \iff m \mid (a-b) \iff \frac{m}{d} \mid \left(\frac{a}{d} - \frac{b}{d}\right)$

$$\iff \frac{a}{d} \equiv \frac{b}{d} \left(\mathrm{mod}\ \frac{m}{d}\right)$$ ■

정리 4.1.5에 의하여 합동관계 $\equiv$은 동치관계이므로 우리는 정수의 집합 $\mathbb{Z}$를 다음과 같이 m개의 서로 다른 집합으로 분할할 수 있다.

정수 a $(0 \le a \le m-1)$에 대하여

$$\overline{a} = \{x \in \mathbb{Z} \mid x \equiv a \pmod m\} = \{a + mk \mid k \in \mathbb{Z}\}$$

으로 표시하자. 이때 집합 $\overline{a}$를 "a를 포함하는 **법 m에 관한 잉여류**(congruence classes module m)"라 한다. 또한 법 m에 관한 모든 잉여류들의 집합을 $\overline{\mathbb{Z}}_m$로 표시하자. 즉, $\overline{\mathbb{Z}}_m = \{\overline{0}, \overline{1}, \overline{2}, \cdots, \overline{m-1}\}$이다.

이때, 정수 전체의 집합 $\mathbb{Z}$는 법 m에 관한 잉여류로 분할된다. 즉, $\mathbb{Z} = \overline{0} \cup \overline{1} \cup \cdots \cup \overline{m-1}$이고 $\overline{i} \cap \overline{j} = \phi$ $(0 \le i, j < m)$이다.

보기 4.1.20

$$\overline{0} = \{x \in \mathbb{Z} \mid x \equiv 0 \pmod 3\} = \{\cdots, -6, -3, 0, 3, 6, \cdots\}$$
$$\overline{1} = \{x \in \mathbb{Z} \mid x \equiv 1 \pmod 3\} = \{\cdots, -5, -2, 1, 4, 7, \cdots\}$$
$$\overline{2} = \{x \in \mathbb{Z} \mid x \equiv 2 \pmod 3\} = \{\cdots, -4, -1, 2, 5, 8, \cdots\}$$

$\overline{\mathbb{Z}}_3 = \{\overline{0}, \overline{1}, \overline{2}\}$이고 $\mathbb{Z} = \overline{0} \cup \overline{1} \cup \overline{2}$이다.

정의 4.1.21 임의의 정수 r가 법 m에 관하여 집합 $\{a_1, a_2, \cdots, a_m\}$의 꼭 한 원소와 합동일 때 m개의 정수의 집합 $\{a_1, a_2, \cdots, a_m\}$을 **법 m에 관한 완전잉여계**(complete system of residues modulo m) 또는 간단히 **완전잉여계**라고 한다.

보기 4.1.22 $\{-5, -4, 11, 13, 22, 75, 84\}$은 법 7에 관한 완전잉여계이다. 실제로

$$-5 \equiv 2 \pmod{7}, \quad -4 \equiv 3 \pmod{7}, \quad 11 \equiv 4 \pmod{7},$$
$$13 \equiv 6 \pmod{7}, \quad 22 \equiv 1 \pmod{7}, \quad 75 \equiv 5 \pmod{7}, \quad 84 \equiv 0 \pmod{7}$$

이고 $\{-5, -4, 11, 13, 22, 75, 84\}$의 어떤 두 원소도 법 7에 관하여 서로 합동이 아니기 때문이다.

정의 4.1.23 따름정리 4.1.8에 의하여 집합 $\{0, 1, 2, \cdots, m-1\}$은 법 m에 관한 완전잉여계이다. 특히, 이 완전잉여계 $\{0, 1, 2, \cdots, m-1\}$을 **법 m에 관한 최소완전잉여계**(system of least nonnegative residues modulo m)라 하고 $\mathbb{Z}_m$으로 표시한다. 즉

$$\mathbb{Z}_m = \{0, 1, 2, \cdots, m-1\}$$

으로 나타낸다. 또한 임의의 정수 n에 대하여 $n \equiv r \pmod{m}$, $0 \le r < m$이 되는 정수 r을 **법 m에 관한 n의 최소 양의 잉여**(least nonnegative residues of n modulo m)라고 한다.

정리 4.1.24 집합 $S = \{r_1, r_2, \cdots, r_m\}$가 법 m에 관한 완전잉여계일 때, $(a, m) = 1$인 양의 정수 a와 임의의 정수 b에 대하여

$$T = \{ar_1 + b, ar_2 + b, \cdots, ar_m + b\}$$

도 법 m에 관한 완전잉여계이다.

● **증명** T의 두 원소 ar_i+b, ar_j+b에 대하여

$$ar_i+b \equiv ar_j+b \pmod{m}$$

이라 가정하면 $ar_i \equiv ar_j \pmod{m}$이다. 한편 가정에서 $(a, m)=1$이므로 따름정리 4.1.18에 의하여 $r_i \equiv r_j \pmod{m}$이다. S가 법 m에 관한 완전잉여계이므로 이것은 모순이다. 따라서 T의 어떤 두 원소도 법 m에 관하여 서로 합동이 될 수 없고 $|T|=m$이므로 T는 법 m에 관한 완전잉여계이다. ▣

보기 4.1.25 $\mathbb{Z}_5=\{0, 1, 2, 3, 4\}$은 법 5에 관하여 완전잉여계이고 $(2, 5)=1$이므로

$$\{2\cdot 0,\ 2\cdot 1,\ 2\cdot 2,\ 2\cdot 3,\ 2\cdot 4\}=\{0, 2, 4, 6, 8\}$$
$$\{2\cdot 0+3,\ 2\cdot 1+3,\ 2\cdot 2+3,\ 2\cdot 3+3,\ 2\cdot 4+3\}=\{3, 5, 7, 9, 11\}$$

은 모두 법 5에 관한 완전잉여계이다.

정리 4.1.26 양의 정수 $m_1, m_2, \cdots, m_k$에 대하여 다음이 성립한다.

$$\begin{cases} a\equiv b \pmod{m_1} \\ a\equiv b \pmod{m_2} \\ \quad\cdots \\ a\equiv b \pmod{m_k} \end{cases} \iff a\equiv b \pmod{[m_1, m_2, \cdots, m_k]}$$

특히, $m_1, m_2, \cdots, m_k$가 쌍마다 서로소일 때 다음이 성립한다.

$$\begin{cases} a\equiv b \pmod{m_1} \\ a\equiv b \pmod{m_2} \\ \quad\cdots \\ a\equiv b \pmod{m_k} \end{cases} \iff a\equiv b \pmod{m_1 m_2 \cdots m_k}$$

● **증명** $m_1 \mid (a-b)$, $m_2 \mid (a-b)$, $\cdots$, $m_k \mid (a-b)$라고 하면 따름정리 3.4.10에 의하여 $[m_1, m_2, \cdots, m_k] \mid (a-b)$, 즉 $a\equiv b \pmod{[m_1, m_2, \cdots, m_k]}$이다. 역으로

$$a\equiv b \pmod{[m_1, m_2, \cdots, m_k]},\ \text{즉}\ [m_1, m_2, \cdots, m_k] \mid (a-b)$$

라고 하면 모든 $i\ (1\le i\le k)$에 대하여 $m_i \mid [m_1, m_2, \cdots, m_k]$이므로 $m_i \mid (a-b)$, 즉 $a\equiv b \pmod{m_i}$이다. ▣

정리 4.1.27 $a \equiv b \pmod{m}$이면 $(a,\ m) = (b,\ m)$이다.

• **증명** $a \equiv b \pmod{m}$이면 정리 4.1.3에 의하여 $a = b + km$인 정수 k가 존재한다. 따라서 보조정리 3.2.1에 의하여 $(a,\ m) = (b,\ m)$이다. ▣

보기 4.1.28 $128 \equiv 3 \pmod{5}$이므로 $(128,\ 5) = (3,\ 5) = 1$이다. 또한,
$225 \equiv 5 \pmod{20}$이므로 $(225,\ 20) \equiv (5,\ 20) = 5$이다.

4.1 연습문제

01 다음 명제 중에서 참인 것은 증명하고 거짓인 것은 반례를 들어라.

(1) $a \equiv a \pmod{m}$

(2) $ac \equiv bc \pmod{m}$이면 $a \equiv b \pmod{m}$이다.

(3) $a^2 \equiv b^2 \pmod{m}$이면 $a \equiv b \pmod{m}$이다.

(4) $ab \equiv 0 \pmod{m}$이면 $a \equiv 0 \pmod{m}$ 또는 $b \equiv 0 \pmod{m}$이다.

(5) $a \not\equiv 0 \pmod{m}$, $b \not\equiv 0 \pmod{m}$이면 $ab \not\equiv 0 \pmod{m}$이다.

(6) $a \equiv b \pmod{m}$, $a \equiv b \pmod{n}$이면 $a \equiv b \pmod{mn}$이다.

(7) $a \equiv b \pmod{m}$, $b \equiv c \pmod{m}$이면 $a \equiv c \pmod{m}$이다.

(8) $a \not\equiv b \pmod{m}$, $b \not\equiv c \pmod{m}$이면 $a \not\equiv c \pmod{m}$이다.

(9) $ac \equiv bc \pmod{p}$, $p \nmid c$ (단, p는 소수)이면 $a \equiv b \pmod{p}$이다.

(10) $10 \mid (9^{101} + 1)$

(11) $11 \mid (10^{100} - 1)$

(12) $a \equiv b \pmod{m}$ 이면 $a^2 \equiv b^2 \pmod{m^2}$ 이다.

(13) $a \equiv -a \pmod{2}$

(14) $a^2 \equiv 0 \pmod{m^2}$이면 $a \equiv 0 \pmod{m}$이다.

(15) $a \equiv b \pmod{m}$이면 $ac \equiv bc \pmod{mc}$이다.

(16) $n \mid m$, $a \equiv b \pmod{m}$이면 $a \equiv b \pmod{n}$이다.

(17) $a^k \equiv b^k \pmod{m}$, $k \equiv j \pmod{m}$ 이면 $a^j \equiv b^j \pmod{m}$ 이다.

(18) $ab \equiv cd \pmod{m}$, $b \equiv d \pmod{m}$, $(b,\ m) = 1$ 이면 $a \equiv c \pmod{m}$이다.

02 다음 합동식이 성립하는 정수 m $(m \geq 2)$을 모두 구하여라.

(1) $27 \equiv 3 \pmod{m}$

(2) $100 \equiv 1 \pmod{m}$

(3) $143 \equiv 0 \pmod{m}$

(4) $p^4 \equiv 0 \pmod{m}$ (단, p는 소수)

03 다음에서 첫 번째 수를 두 번째 수로 나누었을 때 나머지를 구하여라.

(1) 6^{100}, 7

(2) 13^{132}, 7

(3) 3^{119}, 25

(4) $30^{99} + 61^{100}$, 31

(5) $1^5 + 2^5 + 3^5 + \cdots + 100^5$, 4

(6) $2^{15} \cdot 14^{10} + 2$, 11 [1992학년도 중등임용시험 4번]

04 $1!+2!+3!+\cdots+100!$을 아래 수로 나누었을 때 나머지를 구하여라.

(1) 5　　(2) 10

(3) 11　　(4) 12

05 다음 수의 마지막 자리(일의 자리)수를 구하여라.

(1) $2016^{2016^{2016}}$　　(2) $2017^{2017^{2017}}$　　(3) $2018^{2018^{2018}}$

06 다음 두 수의 최대공약수를 구하여라.

(1) $6,\ 2^{25}$　　(2) $13,\ 2^{50}$

Hint 정리 4.1.27

07 $f(x)=26x^4-9x^2+2x+1$일 때

(1) $f(21)$을 3으로 나누었을 때 나머지를 구하여라.

(2) $f(21)$을 11로 나누었을 때 나머지를 구하여라.

(3) $f(a)\equiv 0 \pmod{3}$인 정수 a가 존재하는가?

08 다음 중에서 법 4에 관한 완전잉여계가 아닌 것을 찾아라.

(1) $\{-1,\ 5,\ 8,\ 14\}$　　(2) $\{100,\ 101,\ 102,\ 103\}$

(3) $\{0,\ 2,\ 2^2,\ 2^3\}$　　(4) $\{-3,\ 5\cdot 3,\ 8\cdot 3,\ 14\cdot 3\}$

09 $\{0,\ 1,\ 2,\ 2^2,\ 2^3,\ \cdots,\ 2^9\}$은 법 11에 관한 완전잉여계이지만 $\{0,\ 1^2,\ 2^2,\ 3^2,\ \cdots,\ 10^2\}$은 법 11에 관한 완전잉여계가 아님을 설명하라.

10 다음 수의 마지막 두 자리를 구하여라.

(1) 1976^{1111}　　(2) 2211^{1111}　　(3) 7^{1123}

11 정수 $m\ (m\geq 2)$에 대하여 다음 명제 중에서 참인 것은 증명하고 거짓인 것은 반례를 들어라.

(1) m이 짝수이면 $\{2,\ 4,\ 6,\ \cdots,\ 2m\}$은 법 m에 관한 완전잉여계이다.

(2) m이 홀수이면 $\{2,\ 4,\ 6,\ \cdots,\ 2m\}$은 법 m에 관한 완전잉여계이다.

(3) m 이 짝수이면 $\{1^2,\ 2^2,\ 3^2,\ \cdots,\ m^2\}$ 은 법 m 에 관한 완전잉여계이다.

(4) m 이 홀수이면 $\{1^2,\ 2^2,\ 3^2,\ \cdots,\ m^2\}$ 은 법 m 에 관한 완전잉여계이다.

(5) m 이 짝수이고, $\{r_1,\ r_2,\ \cdots,\ r_m\}$ 이 법 m 에 관한 완전잉여계이면
$r_1+r_2+\ \cdots\ +r_m \equiv 0 \pmod{m}$ 이다.

(6) m 이 홀수이고, $\{r_1,\ r_2,\ \cdots,\ r_m\}$ 이 법 m 에 관한 완전잉여계이면
$r_1+r_2+\ \cdots\ +r_m \equiv 0 \pmod{m}$ 이다.

12 (1) 현재 오후 5시이다. $\sum_{k=1}^{100} k!$ 시간 후의 시각을 구하여라.

(2) 오늘부터 n^7 째 되는 날이 금요일이면 오늘부터 $(n+2)^7$ 째 되는 날은 무슨 요일인가? 단 n 은 자연수이다. [1996학년도 중등임용시험 17번]

13 $\sum_{k=1}^{n} k!$ 가 제곱수가 되는 양의 정수 n 을 모두 구하여라.

4.2 일차합동식

정수를 계수로 가지는 다항식 $f(x) = a_n x^n + a_{n-1}x^{n-1} + \cdots + a_1 x + a_0$에서 $a_n \not\equiv 0 \pmod{m}$일 때, 미지수 x에 관한 합동식

$$f(x) \equiv 0 \pmod{m}, \text{ 즉}$$
$$a_n x^n + a_{n-1}x^{n-1} + \cdots + a_1 x + a_0 \equiv 0 \pmod{m}$$

을 미지수 x에 관한 **n차합동식**(congruence of degree n)이라고 한다.
또한 $f(b) \equiv 0 \pmod{m}$을 만족하는 정수 b를 합동식 $f(x) \equiv 0 \pmod{m}$의 **해**(solution)라 한다.

예를 들어, 합동식 $15x^4 - 5x^3 + 6x^2 - 1 \equiv 0 \pmod{5}$에서

$$15 \equiv 0 \pmod{5}, \quad -5 \equiv 0 \pmod{5}, \quad 6 \not\equiv 0 \pmod{5}$$

이므로 이 합동식은 $6x^2 - 1 \equiv 0 \pmod{5}$와 동치가 되어 주어진 합동식은 2차합동식이다.

일반적으로 정수를 계수로 갖는 다항식 $f(x)$와 정수 a에 대하여 $x = a$가 합동식 $f(x) \equiv 0 \pmod{m}$의 해일 때, 즉 $f(a) \equiv 0 \pmod{m}$일 때, $c \equiv a \pmod{m}$이면 따름정리 4.1.12에 의하여 $f(c) \equiv 0 \pmod{m}$이다. 즉 a와 합동인 모든 수는 합동식 $f(x) \equiv 0 \pmod{m}$의 해가 된다. 이런 의미에서 $f(a) \equiv 0 \pmod{m}$일 때 $x \equiv a \pmod{m}$을 이 합동식의 해라고 한다. 또한, 이 합동식의 해 $x \equiv c_1 \pmod{m}$과 $x \equiv c_2 \pmod{m}$에 대하여 $c_1 \not\equiv c_2 \pmod{m}$일 때, 이 두 해는 서로 다른 해로 생각한다. 따라서 합동식 $f(x) \equiv 0 \pmod{m}$의 해는 법 m에 관한 최소완전잉여계 $\{0, 1, 2, \cdots, m-1\}$에서만 생각해도 충분하다.

보기 4.2.1 합동식 $2x + 2 \equiv 0 \pmod{4}$에 대하여

$$2 \cdot 0 + 2 \not\equiv 0 \pmod{4}, \quad 2 \cdot 1 + 2 \equiv 0 \pmod{4},$$
$$2 \cdot 2 + 2 \not\equiv 0 \pmod{4}, \quad 2 \cdot 3 + 2 \equiv 0 \pmod{4},$$

이고, $1 \not\equiv 3 \pmod{4}$이므로 합동식 $2x + 2 \equiv 0 \pmod{4}$은 서로 다른 두 해 $x \equiv 1 \pmod{4}$, $x \equiv 3 \pmod{4}$를 갖는다.

지금부터 일차부정방정식과 깊은 관계가 있으면서 가장 간단한 일차합동식 $ax \equiv b \pmod{m}$

의 해법에 대해 알아보자. 다음 정리는 일차합동식이 언제 해를 가지며, 가진다면 몇 개의 해를 갖는지, 그리고 어떻게 해를 구하는지를 알려준다.

정리 4.2.2 일차합동식

$$ax \equiv b \pmod{m}, \quad a \not\equiv 0 \pmod{m}$$

에서 $d=(a,\ m)$일 때, 이 합동식이 해를 가지기 위한 필요충분조건은 $d \mid b$인 것이다. 그리고 $d \mid b$인 경우에 $x \equiv x_0 \pmod{m}$를 이 합동식의 한 특수해라고 하면 이 합동식은 다음과 같은 d개의 해를 가진다.

$$x \equiv x_0 + \frac{m}{d}t \pmod{m}, \quad t=0,\ 1,\ 2,\ \cdots,\ d-1$$

• **증명** 일차합동식 $ax \equiv b \pmod{m}$은 정리 4.1.3에 의하여 일차부정방정식 $ax-my=b$와 동치이므로 일차합동식 $ax \equiv b \pmod{m}$이 해를 가질 필요충분조건은 일차부정방정식 $ax-my=b$가 해를 갖는 것이다. 따라서 정리 3.5.1에 의하여 $ax \equiv b \pmod{m}$가 해를 가질 필요충분조건은 $(a,\ m)=d \mid b$이다.

$d \mid m$이라면 정리 3.5.1에 의하여 일차부정방정식 $ax-my=b$는 무수히 많은 해

$$x = x_0 + \frac{m}{d}t,\ \ y = y_0 + \frac{a}{d}t \ \ (\text{단 } t \in \mathbb{Z},\ x=x_0,\ y=y_0 \text{는 특수해})$$

를 가지므로 일차합동식 $ax \equiv b \pmod{m}$도 무수히 많은 해

$$x = x_0 + \frac{m}{d}t\ ,\ \text{단 } ax_0 \equiv b \pmod{m}$$

를 가진다. 이제 $x_1 = x_0 + \frac{m}{d}t_1,\ x_2 = x_0 + \frac{m}{d}t_2$가 합동식 $ax \equiv b \pmod{m}$의 해이고

$$x_0 + \frac{m}{d}t_1 \equiv x_0 + \frac{m}{d}t_2 \pmod{m}$$

이라면 정리 4.1.9에 의하여

$$\frac{m}{d}t_1 \equiv \frac{m}{d}t_2 \pmod{m}$$

또한 $\frac{m}{d} \mid m$이고 $\left(m,\ \frac{m}{d}\right)=\frac{m}{d}$이므로 정리 4.1.16에 의하여

$$t_1 \equiv t_2 \pmod{d}$$

이다. 즉 $x_1 \equiv x_2 \pmod{m}$이기 위한 필요충분조건은 $t_1 \equiv t_2 \pmod{d}$ 이다. 따라서 $d \mid m$ 일 때 일차합동식 $ax \equiv b \pmod{m}$은 꼭 d개의 해

$$x \equiv x_0 + \frac{m}{d}t \pmod{m}, \quad 0 \le t < d$$

를 가진다. ▣

보기 4.2.3 일차합동식 $9x \equiv 21 \pmod{30}$의 해를 구해보자.

$(9,\ 30) = 3 \mid 21$ 이므로 합동식 $9x \equiv 21 \pmod{30}$은 세 개의 해를 가진다. 주어진 합동식과 동치인 합동식 $3x \equiv 7 \pmod{10}$의 해 $x \equiv 9 \pmod{10}$을 구한다. 따라서 정리 4.2.2에 의하여 $9x \equiv 21 \pmod{30}$의 해는

$$x \equiv 9 + \frac{30}{3}t \pmod{30}, \quad t = 0,\ 1,\ 2$$

즉, $x \equiv 9 \pmod{30}$, $x \equiv 19 \pmod{30}$, $x \equiv 29 \pmod{30}$이다.

위의 보기 4.2.3에서는 $3x \equiv 7 \pmod{10}$의 특수해를 직관적으로 구했으나 대부분의 경우 $ax = b \pmod{m}$의 특수해 $x \equiv x_0 \pmod{m}$을 직관적으로 구하기 힘들다. 이런 경우 아래 보기에서와 같이 한 특수해를 구하기 위해 나눗셈 알고리즘을 사용한다.

보기 4.2.4 일차합동식 $23x \equiv 3 \pmod{190}$의 해는 $(23,\ 190) = 1$이므로 정리 4.2.2에 의하여 주어진 합동식은 꼭 한 개의 해를 가진다. $23x \equiv 3 \pmod{190}$의 한 특수해를 구하기 위하여

$$\begin{aligned} 190 &= 23 \times 8 + 6 \\ 23 &= 6 \times 3 + 5 \\ 6 &= 5 \times 1 + 1 \end{aligned}$$

이 식들에서 차례대로 거꾸로 대입해가면

$$\begin{aligned} 1 &= 6 - 5 \times 1 \\ &= 6 - (23 - 6 \times 3) = 6 \times 4 + 23 \times (-1) \\ &= (190 - 23 \times 8) \times 4 + 23 \times (-1) = 190 \times 4 + 23 \times (-33) \end{aligned}$$

이므로

$$x \equiv -33 \equiv 157 \pmod{190}$$은 $23x \equiv 1 \pmod{190}$

의 해이다. 따라서 $23x \equiv 3 \pmod{190}$의 해는

$$x \equiv 157 \times 3 \equiv 471 \equiv 91 \pmod{190}$$

이다.

따름정리 4.2.5 일차합동식 $ax \equiv b \pmod{m}$가 꼭 하나의 해를 가질 필요충분조건은 $(a,\ m) = 1$이다.

위의 정리로부터 $(a,\ m) = 1$인 경우 $ax \equiv 1 \pmod{m}$은 꼭 하나의 해를 가지므로 다음 정의를 할 수 있다.

정의 4.2.6 $(a,\ m) = 1$인 정수 a에 대하여 $aa^{-1} \equiv 1 \pmod{m}$을 만족하는 정수 a^{-1}를 **법 m에 관한 a의 역원**(**inverse of a modulo m**)이라고 한다.

$(a,\ m) = 1$일 때 a의 역원 a^{-1}를 알면 일차합동식 $ax \equiv b \pmod{m}$의 해를 쉽게 구할 수 있다. 실제로 $ax \equiv b \pmod{m}$의 양변에 a^{-1}를 곱하면 $a^{-1}a \equiv 1 \pmod{m}$이므로 해 $x \equiv a^{-1}b \pmod{m}$을 얻는다.

정리 4.2.7 $(a,\ m) = 1$일 때 일차합동식 $ax \equiv b \pmod{m}$의 유일한 해는

$$x \equiv a^{-1}b \pmod{m}$$

이다. 특히 $(a,\ m) = 1$일 때 $ax \equiv 1 \pmod{m}$의 유일한 해가 존재하여 법 m에 관한 a의 역원 a^{-1}가 존재한다.

보기 4.2.8 합동식 풀이를 이용하여 일차부정방정식 $23x + 13y = 5$의 해를 구해보자.

방정식 $23x + 13y = 5$을 풀기 위해 합동식 $23x \equiv 10x \equiv 5 \pmod{13}$, $13y \equiv 5 \pmod{23}$을 풀면 된다.

$10x \equiv 5 \pmod{13}$의 해를 구하기 위해 법 13에 관한 10의 역원은 4

(즉 $10 \cdot 4 \equiv 1 \pmod{13}$)이므로 합동식 양변에 4를 곱하여

$$4 \cdot 10x \equiv 4 \cdot 5 \pmod{13}$$
$$x \equiv 20 \pmod{13}$$

을 얻는다. 즉 $x = 20 + 13t$ 이다. $x = 20 + 13t$ 를 $23x + 13y = 5$ 에 대입하면 $y = -35 - 23t$ 를 얻는다. 이는 보기 3.5.4에서 얻은 결과와 일치함을 알 수 있다.

보기 4.2.9 $10! = 3628800$ 에서 0이 아닌 마지막 자리 수는 8이다. 이와 같이 $376!$ 을 계산했을 때 0이 아닌 마지막 수를 구하기 위해 $n \equiv 0 \pmod 5$ 일 때

$$(n+1)(n+2)(n+3)(n+4) \equiv 1 \cdot 2 \cdot 3 \cdot 4 \equiv -1 \pmod 5$$

을 이용하자.

보기 3.3.17에서 $376!$ 의 마지막 $93(=75+15+3)$ 자리는 0이므로 $376!$ 에서 0이 아닌 마지막 수는 $\dfrac{376!}{10^{93}}$ 의 마지막 자리(일의 자리) 수가 된다. $376!$ 의 소인수분해에서 소인수 2의 개수는 소인수 5의 개수보다 많기 때문에 $\dfrac{376!}{10^{93}}$ 의 일의 자릿수는 2, 4, 6, 8 중의 하나이다. $n \equiv 0 \pmod 5$일 때 $(n+1)(n+2)(n+3)(n+4) \equiv 1 \cdot 2 \cdot 3 \cdot 4 \equiv -1 \pmod 5$을 이용하면

$$\frac{375!}{5^{75} \cdot 75!} = \frac{375!}{5 \cdot 10 \cdot 15 \cdot \cdots \cdot 375} \equiv (-1)^{75} \equiv -1 \pmod 5$$
$$\frac{75!}{5^{15} \cdot 15!} = \frac{75!}{5 \cdot 10 \cdot 15 \cdot \cdots \cdot 75} \equiv (-1)^{15} \equiv -1 \pmod 5$$
$$\frac{15!}{5^{3} \cdot 3!} = \frac{15!}{5 \cdot 10 \cdot 15} \equiv (-1)^{3} \equiv -1 \pmod 5$$

이므로

$$\begin{aligned}\frac{375!}{5^{93}} &= \frac{375!}{5^{75} \cdot 75!} \cdot \frac{75!}{5^{15} \cdot 15!} \cdot \frac{15!}{5^{3} \cdot 3!} \cdot 3! \\ &\equiv (-1) \cdot (-1) \cdot (-1) \cdot 1 \equiv -1 \equiv 4 \pmod 5\end{aligned}$$

이고

$$\frac{376!}{5^{93}} \equiv 376 \cdot \frac{375!}{5^{93}} \equiv 1 \cdot 4 \equiv 4 \pmod 5 \text{ 이다.}$$

한편 $(2^{93},\ 5)=1$ 이므로 정리 4.2.7에 의하여 법 5에 관한 2^{93} 의 역원 2^{-93} 이 존재하여 $2^{93}\cdot 2^{-93}\equiv 1\pmod 5$ 이다. 따라서 $2^{-1}\equiv 3\pmod 5$ 이므로 $2^{-4}\equiv 1\pmod 5$, $2^{-93}\equiv (2^{-4})^{23}\cdot 2^{-1}\equiv 3\pmod 5$ 가 되어

$$\begin{aligned}\frac{376!}{10^{93}} &\equiv \frac{376!}{5^{93}\cdot 2^{93}}2^{93}\cdot 2^{-93}\equiv\frac{376!}{5^{93}}\cdot 2^{-93}\\ &\equiv 4\cdot 3\equiv 2\pmod 5\end{aligned}$$

이다. 즉, $\dfrac{376!}{10^{93}}$ 의 마지막 자릿수는 2가 되어 $376!$ 의 0이 아닌 마지막 수는 2이다.

다른 방법으로 $\dfrac{376!}{10^{93}}$ 의 일의 자릿수를 구해보자.

n^* 를 5의 배수를 제외한 1부터 n 까지의 곱이라 하자. 예를 들어

$$10^* = 1\cdot 2\cdot 3\cdot 4\cdot 6\cdot 7\cdot 8\cdot 9$$

이다. 그러면 $(10m)^*\equiv 6\pmod{10}$, $(10m+5)^*\equiv 4\pmod{10}$ (단, $m\geq 1$)이 된다.

$$\begin{aligned}376! &= 376\cdot 375!\\ &= 376\cdot 5^{75}\cdot 75!\cdot 375^*\\ &= 376\cdot 375^*\cdot 5^{75}\cdot 5^{15}\cdot 15!\cdot 75^*\\ &= 376\cdot 375^*\cdot 75^*\cdot 5^{75}\cdot 5^{15}\cdot 5^{3}\cdot 3!\cdot 15^*\\ &= 376\cdot 375^*\cdot 75^*\cdot 15^*\cdot 5^{93}\cdot 3!\end{aligned}$$

이므로

$$\begin{aligned}\frac{376!}{5^{93}} &\equiv 376\cdot 375^*\cdot 75^*\cdot 15^*\cdot 3!\\ &\equiv 6\cdot 4\cdot 4\cdot 4\cdot 6\equiv 4\pmod{10}\end{aligned}$$

이다. 한편 $2^{93}\equiv 2\pmod 5$, $2^{-93}\equiv 2^{-1}\equiv 3\pmod 5$ 이므로

$$\frac{376!}{10^{93}}\equiv\frac{376!}{2^{93}\cdot 5^{93}}\equiv\frac{376!}{5^{93}}\cdot 2^{-93}\equiv 4\cdot 3\equiv 2\pmod{10}$$

이다.

4.2 연습문제

01 다음 주어진 일차부정방정식의 정수해를 구하고 이를 이용하여 다음에 주어진 일차합동식의 해를 구하여라.

(1) $9x + 15y = 12$, $9x \equiv 12 \pmod{15}$

(2) $9x - 30y = 21$, $9x \equiv 21 \pmod{30}$

02 합동식을 이용하여 다음 일차방정식을 풀어라.

(1) $2x + 3y = 5$

(2) $12x + 21y = 33$

(3) $\begin{cases} x + y + z = 100 \\ 15x + 9y + z = 300 \end{cases}$

03 다음 일차합동식을 풀어라.

(1) $9x \equiv 1 \pmod{25}$

(2) $9x \equiv 3 \pmod{25}$

(3) $3x \equiv 6 \pmod{9}$

(4) $27x \equiv 3 \pmod{15}$

(5) $18x \equiv 12 \pmod{24}$

(6) $140x \equiv 133 \pmod{301}$

04 법 m에 관한 a의 역원 a^{-1}를 구하여 주어진 합동식 $ax \equiv b \pmod{m}$를 풀어라.

(1) $5x \equiv 3 \pmod{6}$

(2) $6x \equiv 2 \pmod{7}$

(3) $18x \equiv 7 \pmod{13}$

(4) $38x \equiv 10 \pmod{15}$

05 다음 수를 계산했을 때 0이 아닌 마지막 자릿수를 구하여라.

(1) $234!$

(2) $200!$

4.3 일변수 연립일차합동식

지금까지 일차합동식이 언제 해를 가지는지? 해가 존재하면 몇 개 있고 어떻게 해를 구하는지 그 방법에 대해 알아보았다. 이제 여러 개의 일차합동식을 동시에 만족하는 **연립일차합동식**(system of linear congruences)의 해법에 대해 알아보기 위해 우선 법(modulus)이 서로 다른 한 변수 연립일차합동식의 해법을 다룬다.

변수가 하나인 연립일차합동식은 1세기에 한 중국 수학자가 제안한 "3으로 나누면 1이 남고, 5로 나누면 2가 남고, 7로 나누면 3이 남는 수를 구하여라." 같은 문제와 관련이 있다.

실제로 이 문제는 연립일차합동식 $x \equiv 1 \pmod{3}$, $x \equiv 2 \pmod{5}$, $x \equiv 3 \pmod{7}$의 해를 구하는 문제이다. 연립합동식에서 각각의 합동식을 모두 만족하는 수를 **연립합동식의 해**(solution of system of congruences)라 한다.

예를 들어, $52 \equiv 1 \pmod{3}$, $52 \equiv 2 \pmod{5}$, $52 \equiv 3 \pmod{7}$이므로 52는 연립합동식 $x \equiv 1 \pmod{3}$, $x \equiv 2 \pmod{5}$, $x \equiv 3 \pmod{7}$의 해이다. 물론 -53, 157, ⋯ 도 마찬가지로 해가 되고 $-53 \equiv 52 \equiv 157 \equiv \cdots \pmod{105}$이므로 이 모든 해를 $x \equiv 52 \pmod{105}$로 나타낸다.

보기 4.3.1 다음 연립일차합동식의 해를 구해보자.

$$x \equiv 1 \pmod{3},\ x \equiv 2 \pmod{5},\ x \equiv 3 \pmod{7}$$

$x \equiv 1 \pmod{3}$에서 $x = 1 + 3r \quad (r \in \mathbb{Z})$이고 이를 $x \equiv 2 \pmod{5}$에 대입하면

$$1 + 3r \equiv 2 \pmod{5},\ 즉\ 3r \equiv 1 \pmod{5}$$

이다. $3r \equiv 1 \pmod{5}$의 해는 $r \equiv 2 \pmod{5}$, $r = 2 + 5s \quad (s \in \mathbb{Z})$이므로

$$\begin{aligned} x &= 1 + 3r \\ &= 1 + 3(2 + 5s) = 7 + 15s \end{aligned}$$

이다. 다시 $x \equiv 3 \pmod{7}$에 대입하면

$$7 + 15s \equiv 3 \pmod{7},\ 즉\ 15s \equiv 3 \pmod{7}$$

이다. $15s \equiv 3 \pmod{7}$의 해는 $s \equiv 3 \pmod{7}$, $s = 3 + 7t \quad (t \in \mathbb{Z})$이다. 따라서 $x = 7 + 15s = 7 + 15(3 + 7t) = 52 + 105t \quad (t \in \mathbb{Z})$

앞 보기의 해 $x=52+105t$ 에서 $105=3\cdot5\cdot7$이고 3, 5, 7이 쌍마다 서로소이다. 이와 같이 법이 쌍마다 서로소인 연립일차합동식의 일반적 풀이 방법이 다음 정리(중국인 나머지 정리)이다.

정리 4.3.2 중국인 나머지 정리 (The Chinese Remainder Theorem)

$m_1, m_2, \cdots, m_r\ (r\geq 2)$을 쌍마다 서로소라 할 때, 임의의 정수 $a_1, a_2, \cdots, a_r$에 대하여 연립일차합동식

$$\begin{cases} x\equiv a_1 \pmod{m_1} \\ x\equiv a_2 \pmod{m_2} \\ \qquad\vdots \\ x\equiv a_r \pmod{m_r} \end{cases}$$

은 법 $m_1m_2\cdots m_r$에 관하여 꼭 한 개의 해를 가진다.

• **증명**

$$M=m_1m_2\cdots m_r$$

$$M_i=\frac{M}{m_i}=m_1m_2\cdots m_{i-1}m_{i+1}\cdots m_r\quad(1\leq i\leq r)$$

으로 놓으면 $m_1, m_2, \cdots, m_r$가 쌍마다 서로소이므로 따름정리 3.1.11에 의하여 $(M_i, m_i)=1$이고, 따라서 정리 4.2.7에 의하여

$$M_iN_i\equiv 1 \pmod{m_i},\quad 1\leq i\leq r$$

인 정수 N_i가 존재한다. 이제

$$u=a_1M_1N_1+a_2M_2N_2+\ \cdots\ +a_rM_rN_r$$

이라고 놓으면, $i\neq j$일 때,

$$M_j=m_1\cdots m_{j-1}m_{j+1}\cdots m_r\equiv 0 \pmod{m_i}\quad 1\leq i\leq r$$

이므로

$$u\equiv a_iM_iN_i\equiv a_i \pmod{m_i},\quad 1\leq i\leq r$$

이다. 따라서 주어진 연립합동식은 다음과 같이 고쳐 쓸 수 있다.

$$\begin{cases} x \equiv u \pmod{m_1} \\ x \equiv u \pmod{m_2} \\ \quad \vdots \\ x \equiv u \pmod{m_r} \end{cases}$$

그러므로 정리 4.1.26에 의하여 주어진 연립일차합동식은 한 개의 해

$$x \equiv u \pmod{m_1 m_2 \cdots m_r}$$

를 가진다. ■

보기 4.3.3 중국인 나머지 정리를 이용하여 다음 연립일차합동식의 해를 구하여보자.

$$\begin{cases} x \equiv 1 \pmod{3} \\ x \equiv 2 \pmod{5} \\ x \equiv 3 \pmod{7} \end{cases}$$

앞 정리 증명의 기호대로

$$M = 3 \cdot 5 \cdot 7 = 105$$

$$M_1 = \frac{M}{3} = 5 \cdot 7 = 35,$$

$$M_2 = \frac{M}{5} = 3 \cdot 7 = 21,$$

$$M_3 = \frac{M}{7} = 3 \cdot 5 = 15$$

으로 놓으면

$$35N_1 \equiv 1 \pmod{3}, \quad 21N_2 \equiv 1 \pmod{5}, \quad 15N_3 \equiv 1 \pmod{7}$$

을 만족하는 정수 N_1, N_2, N_3은 $N_1 = 2$, $N_2 = 1$, $N_3 = 1$이고, 이때

$$u = 1 \cdot 35 \cdot 2 + 2 \cdot 21 \cdot 1 + 3 \cdot 15 \cdot 1 = 157$$

이다. 따라서 구하고자 하는 해는 $x \equiv 157 \equiv 52 \pmod{105}$이다.

다음과 같은 형태의 연립일차합동식

$$\begin{cases} a_1 x \equiv b_1 \pmod{m_1} \\ a_2 x \equiv b_2 \pmod{m_2} \\ \quad \vdots \\ a_r x \equiv b_r \pmod{m_r} \end{cases}$$

은 각각의 해를 구하여

$$\begin{cases} x \equiv c_1 \pmod{m_1} \\ x \equiv c_2 \pmod{m_2} \\ \quad \vdots \\ x \equiv c_r \pmod{m_r} \end{cases}$$

의 형태로 변형하여 해를 구할 수 있다.

보기 4.3.4 다음 연립일차합동식의 해를 구하여 보자.

$$\begin{cases} 8x \equiv 4 \pmod{14} \\ 5x \equiv 3 \pmod{11} \end{cases}$$

첫째 합동식은 정리 4.1.19에 의하여 합동식 $4x \equiv 2 \pmod{7}$과 동치이고 그 해는 $x \equiv 4 \pmod{7}$이다.

한편, 둘째 합동식의 해는 $x \equiv 5 \pmod{11}$이다. 따라서 주어진 연립일차합동식의 해는 다음 연립일차합동식의 해와 일치한다.

$$\begin{cases} x \equiv 4 \pmod{7} \\ x \equiv 5 \pmod{11} \end{cases}$$

이제 이 연립합동식을 풀기 위해

$$M = 7 \cdot 11 = 77, \quad M_1 = \frac{M}{7} = 11, \quad M_2 = \frac{M}{11} = 7$$

으로 놓으면 $11 \cdot 2 \equiv 1 \pmod{7}$, $7 \cdot 8 \equiv 1 \pmod{11}$이므로 구하고자 하는 해는

$$x \equiv 4 \cdot 11 \cdot 2 + 5 \cdot 7 \cdot 8 \equiv 368 \equiv 60 \pmod{77}$$

이다.

다음 보기와 같이 법이 서로소인 수들의 곱으로 된 일차합동식은 정리 4.1.26을 사용하여 법이 서로소인 연립일차합동식으로 바꾸어서 해를 구하면 된다.

보기 4.3.5 $17x \equiv 9 \pmod{276}$의 해를 구하면

$276 = 3 \cdot 4 \cdot 23$이므로 정리 4.1.26에 의하여 주어진 합동식은 다음 연립일차합동식과 동치이다.

$$\begin{cases} 17x \equiv 9 \pmod{3} \\ 17x \equiv 9 \pmod{4} \\ 17x \equiv 9 \pmod{23} \end{cases} \quad \text{또는} \quad \begin{cases} x \equiv 0 \pmod{3} \\ x \equiv 1 \pmod{4} \\ 17x \equiv 9 \pmod{23} \end{cases}$$

$x \equiv 0 \pmod{3}$이면 $x = 3k$ 이므로 이것을 $x \equiv 1 \pmod{4}$에 대입하면 합동식 $3k \equiv 1 \pmod{4}$을 얻는다. $3k \equiv 1 \pmod{4}$의 해는 $k \equiv 3 \pmod{4}$이고 이때 $k = 4t + 3 \ (t \in \mathbb{Z})$이므로

(*) $$x = 3k = 3(4t+3) = 12t + 9 \quad (t \in \mathbb{Z})$$

이다. 이제 마지막 합동식 $17x \equiv 9 \pmod{23}$을 만족하려면 다음 합동식을 만족해야 한다.

$$17x \equiv 17(12t+9) \equiv 9 \pmod{23}$$

즉, $$204t \equiv -144 \equiv 17 \pmod{23}$$

따름정리 4.1.18에 의하여 다음을 얻는다.

$$204t \equiv 17 \pmod{23} \iff 12t \equiv 1 \pmod{23}$$

이 합동식의 해는 $t \equiv 2 \pmod{23}$이므로 $t = 2 + 23u \ (u \in \mathbb{Z})$이다.
이제 $t = 2 + 23u \ (u \in \mathbb{Z})$을 식(*)에 대입하면 다음과 같다.

$$x = 12(23u+2) + 9 = 276u + 33 \ (u \in \mathbb{Z})$$

따라서 구하고자 하는 해는 $x \equiv 33 \pmod{276}$이다.

중국인 나머지 정리를 이용하려면 연립일차합동식의 법(modulus)이 쌍마다 서로소이어야 한다. 쌍마다 서로소가 아닌 경우 연립일차합동식은 언제 해가 존재하는지 알아보자.

정리 4.3.6 연립일차합동식

$$\begin{cases} x \equiv a \pmod{m} \\ x \equiv b \pmod{n} \end{cases}$$

의 법 $[m, n]$에 관하여 해가 꼭 하나 존재할 필요충분조건은 $(m, n) \mid (a-b)$이다.

증명 x_0가 주어진 연립합동식의 해라고 하면 $x_0 \equiv a \pmod{m}$, $x_0 \equiv b \pmod{n}$이다. $x_0 = a + km \ (k \in \mathbb{Z})$을 $x_0 \equiv b \pmod{n}$에 대입하여 $a + km \equiv b \pmod{n}$

즉,

$$b-a \equiv km \pmod{n}$$

이 되는 정수 k가 존재한다.
따라서 정리 4.2.2에 의하여 $(m,\ n) \mid (b-a)$, 즉 $(m,\ n) \mid (a-b)$이다.

역으로 $(m, n) \mid (a-b)$라고 하면 정리 3.1.3에 의하여 $a-b=sn-rm$ $(r,\ s \in \mathbb{Z})$, 즉 $a+rm=b+sn$으로 쓸 수 있다. 그러면 $x_0=a+rm$으로 놓으면 $x_0 \equiv a \pmod{m}$, $x_0 \equiv b \pmod{n}$이어서 주어진 연립합동식의 해가 존재한다.

이제 $(m,\ n) \mid (a-b)$일 때 연립합동식의 해가 법 $[m,\ n]$에 관하여 유일하다는 것을 증명하자. x_0, x_1이 주어진 연립합동식의 해라고 하면

$$x_0 \equiv a \pmod{m},\quad x_0 \equiv b \pmod{n},$$
$$x_1 \equiv a \pmod{m},\quad x_1 \equiv b \pmod{n}$$

이므로 정리 4.1.5에 의하여

$$x_0 \equiv x_1 \pmod{m},\quad x_0 \equiv x_1 \pmod{n}$$

즉 $m \mid (x_1-x_0)$, $n \mid (x_1-x_0)$이다. 따라서 따름정리 3.4.10에 의하여

$$[m,\ n] \mid (x_1-x_0) \text{ 즉 } x_0 \equiv x_1 \pmod{[m,\ n]}$$

이다. ■

보기 4.3.7 다음 연립일차합동식의 해를 구하여보자.

$$\begin{cases} x \equiv 4 \pmod{6} \\ x \equiv 13 \pmod{15} \end{cases}$$

$(6,\ 15)=3$, $3 \mid (4-13)$이므로 주어진 연립일차합동식은 법 $[6,\ 15]=30$에 관하여 꼭 하나의 해를 가진다. 해를 구하기 위하여 먼저 첫째 합동식은 다음과 같이 고쳐 쓸 수 있다.

(*) $$x=6k+4,\quad k \in \mathbb{Z}$$

이 식을 둘째 합동식에 대입하면 다음 합동식을 얻는다.

$$6k+4 \equiv 13 \pmod{15},\ \text{즉 } 6k \equiv 9 \pmod{15}$$

정리 4.1.19에 의하여 합동식 $6k \equiv 9 \pmod{15}$은 $2k \equiv 3 \pmod{5}$와 동

치이다. 이 합동식의 해는 $k \equiv 4 \pmod 5$이므로 $k = 5t + 4 \ (t \in \mathbb{Z})$이고 이것을 식(*)에 대입하면

$$x = 6(5t + 4) + 4 = 30t + 28, \quad t \in \mathbb{Z}$$

을 얻는다. 따라서 구하는 해는 $x \equiv 28 \pmod{30}$이다.

정리 4.3.6을 다음과 같이 확장할 수 있다.

정리 4.3.8 연립일차합동식

$$x \equiv a_1 \pmod{m_1}$$
$$x \equiv a_2 \pmod{m_2}$$
$$\vdots$$
$$x \equiv a_r \pmod{m_r}$$

이 법 $[m_1, m_2, \cdots m_r]$에 관하여 유일한 해를 가질 필요충분조건은 모든 순서쌍 (i, j) (단, $1 \le i < j \le r$)에 대하여

$$(m_i, m_j) \mid (a_i - a_j)$$

이다.

보기 4.3.9 다음 연립일차합동식의 해가 존재하면 그 해를 구하여보자.

(1) $\begin{cases} x \equiv 1 \pmod 4 \\ x \equiv 2 \pmod 5 \\ x \equiv 4 \pmod 8 \end{cases}$ (2) $\begin{cases} x \equiv 5 \pmod 6 \\ x \equiv 3 \pmod{10} \\ x \equiv 8 \pmod{15} \end{cases}$

(1) $(4, 8) = 4$, $4 \nmid (1-4)$이므로 해가 존재하지 않는다. 실제로 합동식 $x \equiv 1 \pmod 4$ 의 해는 홀수이어야 하지만 합동식 $x \equiv 4 \pmod 8$ 의 해는 짝수이어야 한다.

(2) $(6, 10) = 2 \mid (5-3)$, $(6, 15) = 3 \mid (5-8)$, $(10, 15) = 5 \mid (3-8)$이므로 주어진 연립일차합동식은 법 $[6, 10, 15] = 30$ 에 관하여 꼭 하나의 해를 가진다.

$x \equiv 5 \pmod 6$ 에서 얻은 $x = 5 + 6r$ 을 $x \equiv 3 \pmod{10}$ 에 대입하면

$$5+6r \equiv 3 \pmod{10}$$

이다. $3r \equiv 4 \pmod{5}$의 해는 $r \equiv 3 \pmod{5}$이므로 $r = 3+5s$ $(s \in \mathbb{Z})$이고

$$x = 5+6r = 5+6(3+5s) = 23+30s$$

이므로 $x \equiv 23 \pmod{30}$은 주어진 연립합동식의 유일한 해이다.

4.3 연습문제

01 다음 연립일차합동식의 해를 구하여라.

(1) $\begin{cases} x \equiv 3 \pmod{5} \\ x \equiv 2 \pmod{7} \end{cases}$ (2) $\begin{cases} x \equiv 9 \pmod{11} \\ x \equiv 8 \pmod{13} \end{cases}$

(3) $\begin{cases} 2x \equiv 6 \pmod{9} \\ 4x \equiv 4 \pmod{5} \end{cases}$ (4) $\begin{cases} 3x \equiv 5 \pmod{11} \\ 4x \equiv 2 \pmod{7} \end{cases}$

02 다음 연립일차합동식의 해를 구하여라.

(1) $\begin{cases} x \equiv 2 \pmod{3} \\ x \equiv 3 \pmod{5} \\ x \equiv 2 \pmod{7} \end{cases}$ (2) $\begin{cases} 2x \equiv 2 \pmod{9} \\ 4x \equiv 2 \pmod{10} \\ x \equiv 4 \pmod{7} \end{cases}$ (3) $\begin{cases} x \equiv 1 \pmod{2} \\ x \equiv 1 \pmod{3} \\ x \equiv 3 \pmod{5} \\ x \equiv 3 \pmod{7} \end{cases}$

03 다음 연립일차합동식의 해를 구하여라.

(1) $\begin{cases} x \equiv 2 \pmod{4} \\ x \equiv 4 \pmod{6} \end{cases}$ (2) $\begin{cases} x \equiv 7 \pmod{10} \\ x \equiv 2 \pmod{15} \end{cases}$

(3) $\begin{cases} x \equiv 3 \pmod{6} \\ x \equiv 1 \pmod{10} \\ x \equiv 6 \pmod{15} \end{cases}$ (4) $\begin{cases} x \equiv 1 \pmod{4} \\ x \equiv 5 \pmod{12} \\ 4x \equiv 2 \pmod{15} \end{cases}$

(5) $\begin{cases} x \equiv 1 \pmod{2} \\ x \equiv 3 \pmod{4} \\ x \equiv 5 \pmod{6} \\ x \equiv 7 \pmod{10} \end{cases}$ (6) $\begin{cases} x \equiv 1 \pmod{2} \\ x \equiv 2 \pmod{3} \\ 4x \equiv 5 \pmod{9} \\ 6x \equiv 8 \pmod{10} \end{cases}$

04 $17x \equiv 3 \pmod{2 \cdot 3 \cdot 5 \cdot 7}$의 해를 구하여라.

05 어떤 사람이 500개 넘는 사과를 한 더미에 12개씩, 15개씩, 18개씩 나누면 10개, 4개, 16개가 각각 남는다. 이 사람은 최소 몇 개의 사과를 가지고 있는가?

06 $3 \mid n$, $4 \mid (n+1)$, $5 \mid (n+2)$, $6 \mid (n+3)$ 을 만족하는 최소의 양의 정수 $n\,(\geq 3)$을 구하여라.

4.4 다변수 연립일차합동식

지금까지 한 변수 연립일차합동식의 해법에 대해 알아보았다. 이제 미지수의 수와 일차합동식의 수가 같고, 각 일차합동식이 모두 같은 법(modulus)을 갖는 특별한 연립일차합동식의 해법에 대해 알아보자.

먼저 두 변수를 가진 두 개의 일차합동식으로 된 연립일차합동식의 해법을 다음 정리에서 얻는다.

정리 4.4.1 연립일차합동식

$$ax+by \equiv e \pmod{m}$$
$$cx+dy \equiv f \pmod{m}$$

가 해를 가질 필요충분조건은

$$(\Delta,\ m) \mid (de-bf),\ (\Delta,\ m) \mid (af-ce) \ (\text{단 } \Delta = ad-bc)$$

이다. 특히 $(\Delta,\ m)=1$ 일 때 주어진 연립일차합동식은 유일한 해를 가지고 유일한 해는

$$x_0 \equiv \Delta^{-1}(de-bf) \pmod{m}$$
$$y_0 \equiv \Delta^{-1}(af-ce) \pmod{m}$$

(단, Δ^{-1}는 법 m에 관한 Δ의 역원)

이다.

증명 첫 번째 합동식에 d를, 두 번째 합동식에 b를 곱하면

$$adx+bdy \equiv de \pmod{m}$$
$$bcx+bdy \equiv bf \pmod{m}$$

이고, 첫 번째 식에서 두 번째 식을 빼면

$$(ad-bc)x \equiv (de-bf) \pmod{m} \tag{1}$$

을 얻는다. 마찬가지 방법으로

$$(ad-bc)y \equiv (af-ce) \pmod{m} \tag{2}$$

을 얻는다. 정리 4.2.2에 의하여 일차합동식 (1), (2)가 해를 가질 필요충분조건은

$$(\Delta,\ m) \mid (de-bf),\ (\Delta,\ m) \mid (af-ce)\ \ (\text{단 } \Delta = ad-bc)$$

이고 따름정리 4.2.5에 의하여 일차합동식 (1), (2)가 유일한 해를 가질 필요충분조건은

$$(\Delta,\ m)=1$$

이다. 이제 $x_0 \equiv \Delta^{-1}(de-bf) \pmod{m}$, $y_0 \equiv \Delta^{-1}(af-ce) \pmod{m}$가 주어진 연립일차합동식의 해임을 증명하자.

$$\begin{aligned} ax_0+by_0 &\equiv a\Delta^{-1}(de-bf)+b\Delta^{-1}(af-ce) \pmod{m} \\ &\equiv \Delta^{-1}(ade-abf+abf-bce) \pmod{m} \\ &\equiv \Delta^{-1}(ad-bc)e \pmod{m} \\ &\equiv \Delta^{-1}\Delta e \pmod{m} \\ &\equiv e \pmod{m} \end{aligned}$$

$$\begin{aligned} cx_0+dy_0 &\equiv c\Delta^{-1}(de-bf)+d\Delta^{-1}(af-ce) \pmod{m} \\ &\equiv \Delta^{-1}(cde-bcf+adf-cde) \pmod{m} \\ &\equiv \Delta^{-1}(ad-bc)f \pmod{m} \\ &\equiv \Delta^{-1}\Delta f \pmod{m} \\ &\equiv f \pmod{m} \end{aligned}$$

따라서 $x \equiv x_0 \pmod{m}$, $y \equiv y_0 \pmod{m}$는 유일한 해가 된다. ▣

보기 4.4.2 다음 연립일차합동식의 해를 구해보면

$$\begin{cases} x+y \equiv 1 \pmod{2} \\ x-y \equiv 0 \pmod{2} \end{cases}$$

$\Delta = 1\cdot(-1)-1\cdot 1=-2$, $(\Delta,\ 2)=2$, $2 \nmid (1\cdot(-1)-1\cdot 0)$이므로 해를 갖지 않는다. 실제로 두 합동식을 더하면 $2x \equiv 1 \pmod{2}$이고 이 합동식은 명백히 해를 갖지 않는다.

보기 4.4.3 다음 연립일차합동식의 해를 구해보자.

$$\begin{cases} x+2y \equiv 1 \pmod{7} \\ 3x-y \equiv 3 \pmod{7} \end{cases}$$

$\Delta = 1 \cdot (-1) - 2 \cdot 3 = -7$, $(\Delta, 7) = 7$, $7 \mid (1 \cdot (-1) - 2 \cdot 3)$, $7 \mid (1 \cdot 3 - 1 \cdot 3)$이므로 해를 갖는다. 두 번째 식에 2를 곱하여 두 식을 더하면

$$7x \equiv 7 \equiv 0 \pmod 7$$

이고 이 합동식의 해 $x \equiv 0, 1, 2, 3, 4, 5, 6 \pmod 7$를 $3x - y \equiv 3 \pmod 7$에 대입하면 $y \equiv 4, 0, 3, 6, 2, 5, 1 \pmod 7$을 얻는다.
따라서 연립합동식의 7개의 해는 다음과 같다.

$$x \equiv 0 \pmod 7,\ y \equiv 4 \pmod 7; \quad x \equiv 1 \pmod 7,\ y \equiv 0 \pmod 7;$$
$$x \equiv 2 \pmod 7,\ y \equiv 3 \pmod 7; \quad x \equiv 3 \pmod 7,\ y \equiv 6 \pmod 7;$$
$$x \equiv 4 \pmod 7,\ y \equiv 2 \pmod 7; \quad x \equiv 5 \pmod 7,\ y \equiv 5 \pmod 7;$$
$$x \equiv 6 \pmod 7,\ y \equiv 1 \pmod 7$$

보기 4.4.4 다음 연립일차합동식의 해를 구하여보자.

$$\begin{cases} x + 3y \equiv 2 \pmod 5 \\ 3x - 2y \equiv 4 \pmod 5 \end{cases}$$

$\Delta \equiv 1 \cdot (-2) - 3 \cdot 3 \equiv -11 \equiv 4 \pmod 5$, $(-11, 5) = 1$이므로 정리 4.4.1에 의하여 유일한 해를 갖고 유일한 해는 $\Delta^{-1} \equiv 4 \pmod 5$이므로

$$x \equiv \Delta^{-1}(de - bf) \equiv 4 \cdot (2 \cdot (-2) - 3 \cdot 4) \equiv 1 \pmod 5$$
$$y \equiv \Delta^{-1}(af - ce) \equiv 4 \cdot (1 \cdot 4 - 3 \cdot 2) \equiv 2 \pmod 5$$

이다. 실제로 이 연립일차합동식을 풀기 위해 첫 번째 합동식에 -3을 곱하여 두 번째 합동식에 더하면

$$-11y \equiv -2 \pmod 5, \text{ 즉 } y \equiv 2 \pmod 5$$

이다. $y \equiv 2 \pmod 5$를 $x + 3y \equiv 2 \pmod 5$에 대입하면 $x \equiv 1 \pmod 5$를 얻어 같은 결과임을 확인할 수 있다.

이제 n개의 변수를 가진 연립일차합동식의 해법을 보다 쉽게 논하기 위해 선형대수학에서 다룬 행렬과 행렬식 개념을 사용하자. 행렬과 행렬식이론에 익숙하지 않은 독자는 지금부터 설명하는 내용을 간과하고 다음 절로 넘어가도 무방하다.

정리 4.4.5 $n \times r$ 크기의 두 행렬 $A=(a_{ij})$, $B=(b_{ij})$에 대하여 모든 i, j $(1 \le i \le n,$ $1 \le j \le r)$에 대하여 $a_{ij} \equiv b_{ij} \pmod m$이면

"A는 법 m에 관하여 B와 합동이다(A is congruent to B modulus m)"

라고 하고 $A \equiv B \pmod m$으로 나타낸다.

보기 4.4.6 $A=\begin{pmatrix} 15 & 11 \\ 2 & -5 \end{pmatrix}$, $B=\begin{pmatrix} 1 & -3 \\ 2 & 2 \end{pmatrix}$일 때 $A \equiv B \pmod 7$이다.

정리 4.4.7 A, B를 $n \times r$ 행렬, C를 $r \times s$ 행렬, D를 $s \times n$ 행렬이라 할 때 $A \equiv B$ $\pmod m$이면 $AC \equiv BC \pmod m$, $DA \equiv DB \pmod m$이다.

- **증명** $A=(a_{ij})$, $B=(b_{ij})$ $(1 \le i \le n,\ 1 \le j \le r)$,

$C=(c_{ij})$ $(1 \le i \le r,\ 1 \le j \le s)$라고 하면

AC, BC의 (i, j)성분은 각각 $\sum_{k=1}^{r} a_{ik}c_{kj}$, $\sum_{k=1}^{r} b_{ik}c_{kj}$이다.

$A \equiv B \pmod m$이므로 모든 i, k $(1 \le i \le n,\ 1 \le k \le r)$에 대하여 $a_{ik} \equiv b_{ik} \pmod m$이다. 따라서 따름정리 4.1.12에 의하여

$$\sum_{k=1}^{r} a_{ik}c_{kj} \equiv \sum_{k=1}^{r} b_{ik}c_{kj} \pmod m$$

이 성립한다. 즉 $AC \equiv BC \pmod m$이다. 마찬가지 방법으로 $DA \equiv DB$ $\pmod m$가 증명된다. ■

연립일차합동식

$$\begin{cases} a_{11}x_1 + a_{12}x_2 + \cdots + a_{1n}x_n \equiv b_1 \pmod m \\ a_{21}x_1 + a_{22}x_2 + \cdots + a_{2n}x_n \equiv b_2 \pmod m \\ \quad \cdots \\ a_{n1}x_1 + a_{n2}x_2 + \cdots + a_{nn}x_n \equiv b_n \pmod m \end{cases}$$

은 아래와 같이 행렬의 곱으로 쓸 수 있다.

$$\begin{pmatrix} a_{11} & a_{12} & \cdots & a_{1n} \\ a_{21} & a_{22} & \cdots & a_{2n} \\ \cdots & & \cdots & \\ a_{n1} & a_{n2} & \cdots & a_{nn} \end{pmatrix} \begin{pmatrix} x_1 \\ x_2 \\ \vdots \\ x_n \end{pmatrix} \equiv \begin{pmatrix} b_1 \\ b_2 \\ \vdots \\ b_n \end{pmatrix} \pmod{m}$$

이 행렬의 곱을 간단히 $AX \equiv B \pmod{m}$ 으로 쓴다.

보기 4.4.8 연립일차합동식

$$\begin{cases} 2x-2y+3z \equiv 1 & (\mathrm{mod}\,7) \\ x+3y-4z \equiv 3 & (\mathrm{mod}\,7) \\ 3x+y+5z \equiv 2 & (\mathrm{mod}\,7) \end{cases}$$

은

$$\begin{pmatrix} 2 & -2 & 3 \\ 1 & 3 & -4 \\ 3 & 1 & 5 \end{pmatrix} \begin{pmatrix} x \\ y \\ z \end{pmatrix} \equiv \begin{pmatrix} 1 \\ 3 \\ 2 \end{pmatrix} \pmod{7}$$

와 동치이다.

정의 4.4.9 $n \times n$ 행렬 A 에 대하여 $AB \equiv BA \equiv I \pmod{m}$ 를 만족하는 행렬 B 가 존재할 때 행렬 B를 **법 m에 관한 A의 역행렬**(inverse matrix of A modulus m)이라 하고 $B = A^{-1}$ 로 나타낸다.

보기 4.4.10

$$\begin{pmatrix} 1 & 2 \\ 3 & 4 \end{pmatrix} \begin{pmatrix} 3 & 1 \\ 4 & 2 \end{pmatrix} \equiv \begin{pmatrix} 11 & 5 \\ 25 & 11 \end{pmatrix} \equiv \begin{pmatrix} 1 & 0 \\ 0 & 1 \end{pmatrix} \pmod{5}$$

이고

$$\begin{pmatrix} 3 & 1 \\ 4 & 2 \end{pmatrix} \begin{pmatrix} 1 & 2 \\ 3 & 4 \end{pmatrix} \equiv \begin{pmatrix} 6 & 10 \\ 10 & 16 \end{pmatrix} \equiv \begin{pmatrix} 1 & 0 \\ 0 & 1 \end{pmatrix} \pmod{5}$$

이므로 행렬 $\begin{pmatrix} 1 & 2 \\ 3 & 4 \end{pmatrix}$은 법 5에 관한 $\begin{pmatrix} 3 & 1 \\ 4 & 2 \end{pmatrix}$의 역행렬이다.

다음 정리에서 2×2 행렬의 역행렬을 찾는 방법을 알려준다.

정리 4.4.11 $A=\begin{pmatrix} a & b \\ c & d \end{pmatrix}$, $\Delta=\det(A)=ad-bc$일 때 $(\Delta, m)=1$이면

$$A^{-1}=\Delta^{-1}\begin{pmatrix} d & -b \\ -c & a \end{pmatrix} \text{ (단 } \Delta^{-1}\text{는 법 } m\text{에 관한 } \Delta\text{의 역원)}$$

이다.

● **증명** 정리 4.2.7에 의하여 $(\Delta, m)=1$이므로 법 m에 관한 Δ의 역원 Δ^{-1}가 존재한다.

$$\begin{aligned}\begin{pmatrix} a & b \\ c & d \end{pmatrix}\left(\Delta^{-1}\begin{pmatrix} d & -b \\ -c & a \end{pmatrix}\right) &\equiv \Delta^{-1}\begin{pmatrix} ad-bc & 0 \\ 0 & ad-bc \end{pmatrix} \\ &\equiv \Delta^{-1}\begin{pmatrix} \Delta & 0 \\ 0 & \Delta \end{pmatrix} \equiv \begin{pmatrix} \Delta^{-1}\Delta & 0 \\ 0 & \Delta^{-1}\Delta \end{pmatrix} \\ &\equiv \begin{pmatrix} 1 & 0 \\ 0 & 1 \end{pmatrix} \pmod{m}\end{aligned}$$

마찬가지 방법으로

$$\left(\Delta^{-1}\begin{pmatrix} d & -b \\ -c & a \end{pmatrix}\right)\begin{pmatrix} a & b \\ c & d \end{pmatrix} \equiv \begin{pmatrix} 1 & 0 \\ 0 & 1 \end{pmatrix}$$

이다. 따라서 $A^{-1}=\Delta^{-1}\begin{pmatrix} d & -b \\ -c & a \end{pmatrix}$이다. ■

보기 4.4.12 법 5에 관한 $A=\begin{pmatrix} 2 & 1 \\ 0 & 4 \end{pmatrix}$의 역행렬을 구하여보자.

$$\Delta=\det(A)=2\cdot 4-1\cdot 0\equiv 8\equiv 3 \pmod{5},\ (3, 5)=1$$

이므로 역행렬이 존재하고, $\Delta^{-1}=2$이므로

$$A^{-1}\equiv 2\begin{pmatrix} 4 & -1 \\ 0 & 2 \end{pmatrix}\equiv\begin{pmatrix} 3 & 3 \\ 0 & 4 \end{pmatrix} \pmod{5}$$

이다.

정의 4.4.13 $n\times n$ 행렬 $A=(a_{ij})$에 대하여 성분 a_{ij}가 포함되어 있는 행과 열 (i행, j열)을 제거한 부분행렬의 행렬식을 M_{ij}로 표시하고

$$A_{ij}=(-1)^{i+j}M_{ij}$$

를 a_{ij}의 **여인수**(adjoint of a_{ij})라 한다.

이때 여인수 A_{ij} 로 구성된 행렬

$$\begin{pmatrix} A_{11} & A_{21} & A_{31} & \cdots & A_{n1} \\ A_{12} & A_{22} & A_{32} & \cdots & A_{n2} \\ \cdots & & & \cdots & \\ A_{1n} & A_{2n} & A_{3n} & \cdots & A_{nn} \end{pmatrix}$$

을 A 의 **여인수 행렬**(adjoint matrix of A)이라 하고, 이 행렬을 $adj(A)$ 로 나타낸다.

보기 4.4.14

$$A = \begin{pmatrix} 3 & 2 & -1 \\ 1 & 6 & 3 \\ 2 & -4 & 0 \end{pmatrix}$$

일 때, $adj(A)$ 를 구해보면 여인수들은 다음과 같다.

$$A_{11} = \begin{vmatrix} 6 & 3 \\ -4 & 0 \end{vmatrix} = 12,\ A_{12} = -\begin{vmatrix} 1 & 3 \\ 2 & 0 \end{vmatrix} = 6,\ A_{13} = \begin{vmatrix} 1 & 6 \\ 2 & -4 \end{vmatrix} = -16$$

$$A_{21} = -\begin{vmatrix} 2 & -1 \\ -4 & 0 \end{vmatrix} = 4,\ A_{22} = \begin{vmatrix} 3 & -1 \\ 2 & 0 \end{vmatrix} = 2,\ A_{23} = -\begin{vmatrix} 3 & 2 \\ 2 & -4 \end{vmatrix} = 16$$

$$A_{31} = \begin{vmatrix} 2 & -1 \\ 6 & 3 \end{vmatrix} = 12,\ A_{32} = -\begin{vmatrix} 3 & -1 \\ 1 & 3 \end{vmatrix} = -10,\ A_{33} = \begin{vmatrix} 3 & 2 \\ 1 & 6 \end{vmatrix} = 16$$

따라서

$$adj(A) = \begin{pmatrix} 12 & 4 & 12 \\ 6 & 2 & -10 \\ -16 & 16 & 16 \end{pmatrix}$$

다음 정리는 선형대수학에서 다루는 내용으로 증명 없이 사용하자.

정리 4.4.15 $n \times n$ 행렬 A 가 $\det(A) \neq 0$ 이면

$$A \cdot adj(A) = adj(A) \cdot A = \det(A) \cdot I$$

이다. 따라서 $A^{-1} = \dfrac{1}{\det(A)} \cdot adj(A)$

정리 4.4.16 $n \times n$ 행렬 A와 양의 정수 m에 대하여 $(\Delta,\ m)=1$ (단, $\Delta=\det(A)$)이면 법 m에 관한 A의 역행렬은

$$A^{-1}=\Delta^{-1}\cdot adj(A)$$

(단, Δ^{-1}는 법 m에 관한 $\det(A)=\Delta$의 역원)

이다.

- **증명** $(\det(A),\ m)=1$이면 $\det(A)\neq 0$이므로 정리 4.4.15에 의하여

$$A\cdot adj(A)=adj(A)\cdot A=\Delta I$$

이고 $(\det(A),\ m)=1$이므로 정리 4.2.7에 의하여 법 m에 관한 $\Delta=\det(A)$의 역원 Δ^{-1}가 존재한다. 그러므로

$$A\cdot(\Delta^{-1}adj(A))\equiv\Delta^{-1}(A\cdot adj(A))\equiv\Delta^{-1}\Delta I\equiv I \pmod{m}$$
$$(\Delta^{-1}adj(A))\cdot A\equiv\Delta^{-1}(adj(A)\cdot A)\equiv\Delta^{-1}\Delta I\equiv I \pmod{m}$$

이다. 따라서 $A^{-1}=\Delta^{-1}\cdot adj(A)$이다. ▣

보기 4.4.17 보기 4.4.14의 결과를 이용하여

$$A=\begin{pmatrix}3 & 2 & -1\\ 1 & 6 & 3\\ 2 & -4 & 0\end{pmatrix}$$

일 때 법 7에 관한 A의 역행렬 A^{-1}를 구하여보자.

$\Delta=\det(A)=64$, $(\det(A),\ 7)=1$이고 법 7에 관한 64의 역원은 $\Delta^{-1}\equiv 1 \pmod{7}$이므로

$$A^{-1}=\Delta^{-1}\cdot adj(A)\equiv 1\cdot\begin{pmatrix}12 & 4 & 12\\ 6 & 2 & -10\\ -16 & 16 & 16\end{pmatrix}\equiv\begin{pmatrix}5 & 4 & 5\\ 6 & 2 & 4\\ 5 & 2 & 2\end{pmatrix} \pmod{7}$$

정리 4.4.18 연립일차합동식 $AX\equiv B \pmod{m}$은 $(\det(A),\ m)=1$일 때 $X\equiv A^{-1}B \pmod{m}$을 해로 갖는다.

- **증명** 정리 4.4.7에 의하여 다음이 성립한다.

$$A^{-1}(AX) \equiv A^{-1}B \pmod{m}$$
$$(A^{-1}A)X \equiv A^{-1}B \pmod{m}$$
$$X \equiv A^{-1}B \pmod{m}$$
■

보기 4.4.19 보기 4.4.17의 결과를 이용하여 다음 연립일차합동식의 해를 구하여보자.

$$3x + 2y - z \equiv 4 \pmod{7}$$
$$x + 6y + 3z \equiv 1 \pmod{7}$$
$$2x - 4y \equiv 1 \pmod{7}$$

주어진 연립일차합동식은 다음과 같이 쓸 수 있다.

$$\begin{pmatrix} 3 & 2 & -1 \\ 1 & 6 & 3 \\ 2 & -4 & 0 \end{pmatrix}\begin{pmatrix} x \\ y \\ z \end{pmatrix} \equiv \begin{pmatrix} 4 \\ 1 \\ 1 \end{pmatrix} \pmod{7}$$

보기 4.4.17에서 $\begin{pmatrix} 3 & 2 & -1 \\ 1 & 6 & 3 \\ 2 & -4 & 0 \end{pmatrix}^{-1} \equiv \begin{pmatrix} 5 & 4 & 5 \\ 6 & 2 & 4 \\ 5 & 2 & 2 \end{pmatrix} \pmod{7}$

이므로 $\begin{pmatrix} x \\ y \\ z \end{pmatrix} \equiv \begin{pmatrix} 5 & 4 & 5 \\ 6 & 2 & 4 \\ 5 & 2 & 2 \end{pmatrix}\begin{pmatrix} 4 \\ 1 \\ 1 \end{pmatrix} \equiv \begin{pmatrix} 1 \\ 2 \\ 3 \end{pmatrix} \pmod{7}$

이다. 즉 주어진 연립일차합동식의 해는

$$x \equiv 1 \pmod{7},\ y \equiv 2 \pmod{7},\ z \equiv 3 \pmod{7}$$

이다.

4.4 연습문제

01 다음 연립일차합동식의 해를 구하여라.

(1) $\begin{cases} 2x+y \equiv 1 & (\bmod 4) \\ 2x+3y \equiv 2 & (\bmod 4) \end{cases}$

(2) $\begin{cases} 3x+2y \equiv 0 & (\bmod 8) \\ 7x-3y \equiv 7 & (\bmod 8) \end{cases}$

(3) $\begin{cases} x+3y \equiv 2 & (\bmod 5) \\ 2x+y \equiv 4 & (\bmod 5) \end{cases}$

02 정리 4.4.1을 이용하여 다음 연립일차합동식의 해를 구하여라.

(1) $\begin{cases} 3x+2y \equiv 2 & (\bmod 5) \\ x-3y \equiv 3 & (\bmod 5) \end{cases}$

(2) $\begin{cases} 3x+2y \equiv 7 & (\bmod 8) \\ x-3y \equiv 6 & (\bmod 8) \end{cases}$

(3) $\begin{cases} 5x+2y \equiv 8 & (\bmod 11) \\ -x+3y \equiv 6 & (\bmod 11) \end{cases}$

(4) $\begin{cases} 3x-4y \equiv 14 & (\bmod 15) \\ -x+2y \equiv 13 & (\bmod 15) \end{cases}$

03 다음 두 행렬의 곱을 구하여라.

$$\begin{pmatrix} 1 & 2 \\ -1 & 0 \end{pmatrix}\begin{pmatrix} 3 & 1 \\ 4 & 2 \end{pmatrix} \ (\bmod 7)$$

04 다음 연립일차합동식은 몇 개의 해를 가질 수 있는가?

$$ax+by \equiv e \ (\bmod p)$$
$$cx+dy \equiv f \ (\bmod p)$$

단, p는 소수, a, b, c, d, e, f는 정수이다.

05 주어진 법(modulus)에 관한 다음 행렬의 역행렬을 구하여라.

(1) $\begin{pmatrix} 1 & 3 \\ 2 & 4 \end{pmatrix}$, 법 5

(2) $\begin{pmatrix} 2 & 3 \\ 1 & 5 \end{pmatrix}$, 법 8

(3) $\begin{pmatrix} 1 & 2 & 3 \\ 2 & -1 & 1 \\ 3 & 0 & -1 \end{pmatrix}$, 법 7

(4) $\begin{pmatrix} 1 & -1 & 2 \\ 2 & 1 & -3 \\ 4 & 1 & 1 \end{pmatrix}$, 법 11

(5) $\begin{pmatrix} 1 & 1 & 1 & 0 \\ 1 & 1 & 0 & 1 \\ 1 & 0 & 1 & 1 \\ 0 & 1 & 1 & 1 \end{pmatrix}$, 법 7

06 문제 5의 결과를 이용하여 다음 연립일차합동식의 해를 구하여라.

(1) $\begin{cases} x+3y \equiv 1 \pmod{5} \\ 2x+4y \equiv 1 \pmod{5} \end{cases}$

(2) $\begin{cases} 2x+3y \equiv 1 \pmod{8} \\ x+5y \equiv 3 \pmod{8} \end{cases}$

(3) $\begin{cases} x+2y+3z \equiv 2 \pmod{7} \\ 2x-y+z \equiv 1 \pmod{7} \\ 3x-z \equiv 3 \pmod{7} \end{cases}$

(4) $\begin{cases} x-y+2z \equiv 5 \pmod{11} \\ 2x+y-3z \equiv 7 \pmod{11} \\ 4x+y+z \equiv 6 \pmod{11} \end{cases}$

(5) $\begin{cases} x+y+z \equiv 1 \pmod{7} \\ x+y+w \equiv 1 \pmod{7} \\ x+z+w \equiv 1 \pmod{7} \\ y+z+w \equiv 1 \pmod{7} \end{cases}$

4.5 합동식의 응용

[1] 특별한 수의 배수 판정법

우리는 실제 계산을 하지 않고 $N = a_k 10^k + a_{k-1} 10^{k-1} + \cdots + a_1 10 + a_0$ $(0 \le a_i \le 9)$가 어떤 특별한 수로 나누어지는지를 합동식을 사용하여 쉽게 판정하는 방법에 대하여 알아보자.

정리 4.5.1 $N = a_k 10^k + a_{k-1} 10^{k-1} + \cdots + a_1 10 + a_0$ $(0 \le a_i \le 9)$일 때 각 $j\,(1 \le j \le k)$에 대하여 다음이 성립한다.

$$N = a_{j-1}\, a_{j-2} \cdots a_1 a_0 \pmod{2^j},$$
$$N = a_{j-1}\, a_{j-2} \cdots a_1 a_0 \pmod{5^j}$$

• **증명** $10 \equiv 0 \pmod 2$이므로 각 j $(1 \le j \le k)$에 대하여 $10^j \equiv 0 \pmod{2^j}$이다. 따라서,

$$\begin{aligned} N &\equiv a_k 10^k + a_{k-1} 10^{k-1} + \cdots + a_1 10 + a_0 \\ &\equiv a_{j-1} 10^{j-1} + a_{j-2} 10^{j-2} + \cdots + a_1 10 + a_0 \pmod{2^j} \end{aligned}$$

이므로 $N \equiv a_{j-1}\, a_{j-2} \cdots a_1 a_0 \pmod{2^j}$이다. 마찬가지로 $10 \equiv 0 \pmod 5$이므로 각 $j\,(1 \le j \le k)$에 대하여 $10^j \equiv 0 \pmod{5^j}$가 되어 $N \equiv a_{j-1}\, a_{j-2} \cdots a_1 a_0 \pmod{5^j}$이다. ■

위 정리에 의하면 N의 끝자리 수 a_0가 $2(5)$로 나누어지면 N은 $2(5)$로 나누어지고, N의 끝 두 자리 수 $a_1 a_0$가 $2^2(5^2)$로 나누어지면 N은 $2^2(5^2)$로 나누어지고, N의 끝 세 자리 수 $a_2 a_1 a_0$가 $2^3(5^3)$으로 나누어지면 N은 $2^3(5^3)$으로 나누어진다.

일반적으로 N의 끝 j자릿수 $a_{j-1} a_{j-2} \cdots a_1 a_0$가 $2^j(5^j)$으로 나누어지면 N은 $2^j(5^j)$으로 나누어짐을 설명하고 있다.

보기 4.5.2 $N = 32688048$이라 하자. 이때 $2 \mid 8$이므로 $2 \mid N$, $4 \mid 48$이므로 $4 \mid N$, $8 \mid 48$이므로 $8 \mid N$, $16 \mid 8048$이므로 $16 \mid N$, $32 \nmid 88048$이므로 $32 \nmid N$이다.

보기 4.5.3 $N = 15535375$이라 하자. 이때 $5 \mid 5$이므로 $5 \mid N$, $25 \mid 75$이므로 $25 \mid N$, $125 \mid 375$ 이므로 $125 \mid N$, $625 \nmid 5375$ 이므로 $625 \nmid N$이다.

정리 4.5.4 $N = a_k 10^k + a_{k-1}10^{k-1} + \cdots + a_1 10 + a_0 \ (0 \le a_i \le 9)$이고 $S = a_k + a_{k-1} + \cdots + a_1 + a_0$라고 할 때 다음이 성립한다.

$$3 \mid N \iff 3 \mid S, \quad 9 \mid N \iff 9 \mid S$$

● **증명** 다항식

$$p(x) = a_k x^k + a_{k-1}x^{k-1} + \cdots + a_1 x + a_0 = \sum_{i=0}^{k} a_i x^i$$

을 생각하자. 이때 $10 \equiv 1 \pmod{3}$이므로 따름정리 4.1.12에 의하여 $p(10) \equiv p(1) \pmod{3}$이다. 그러나 $p(10) = N$, $p(1) = S$이므로 $N \equiv S \pmod{3}$이다. 따라서 다음이 성립한다.

$$3 \mid N \iff 3 \mid S$$

한편 $10 \equiv 1 \pmod{9}$이므로 마찬가지로 정리의 두 번째도 성립한다. ■

보기 4.5.5 $N = 4127835$ 이라 하자. $S = 4+1+2+7+8+3+5 = 30$이라면 $3 \mid S$이므로 $3 \mid N$, 그러나 $9 \nmid S$이므로 $9 \nmid N$이다.

정리 4.5.6 $N = a_k 10^k + a_{k-1}10^{k-1} + \cdots + a_1 10 + a_0 \ (0 \le a_i \le 9)$ 이고 $T = a_0 - a_1 + a_2 - \cdots + (-1)^k a_k$라고 할 때 다음이 성립한다.

$$11 \mid N \iff 11 \mid T$$

● **증명** 정리 4.5.4의 증명에서와 같이 다항식

$$p(x) = a_k 10^k + a_{k-1}10^{k-1} + \cdots + a_1 10 + a_0 = \sum_{i=0}^{k} a_i x^i$$

을 생각하자. 이때 $10 \equiv -1 \pmod{11}$이므로 따름정리 4.1.12에 의하여 $p(10) \equiv p(-1) \pmod{11}$이다. 그러나 $p(10) = N$, $p(-1) = a_0 - a_1 + a_2 -$

$\cdots + (-1)^k a_k = T$이므로

$$N \equiv T \pmod{11}$$

이다. 따라서 정리가 성립한다. ■

보기 4.5.7 $N = 1571724$이라 하자. $T = 4-2+7-1+7-5+1 = 11$이고 $11 \mid T$이므로 $11 \mid N$이다.

정리 4.5.8

$$N = a_{2k-1}10^{2k-1} + a_{2k-2}10^{2k-2} + \cdots + a_1 10 + a_0$$

가 짝수 자리수로 된 회문수(1327231과 같이 앞에서 시작한 각 자릿수와 뒤에서 시작한 각 자릿수가 같은 수를 **회문수**(palindrome integer)이라 한다.) 일 때 N은 11의 배수이다.

● **증명** $10 \equiv -1 \pmod{11}$이므로 따름정리 4.1.12에 의하여

$$\begin{aligned} N &\equiv a_{2k-1}10^{2k-1} + a_{2k-2}10^{2k-2} + \cdots + a_1 10 + a_0 \pmod{11} \\ &\equiv a_{2k-1}(-1)^{2k-1} + a_{2k-2}(-1)^{2k-2} + \cdots + a_1(-1) + a_0 \pmod{11} \\ &\equiv (a_0 + a_2 + \cdots + a_{2k-2}) - (a_1 + a_3 + \cdots + a_{2k-1}) \pmod{11} \end{aligned}$$

이다. N가 짝수자리 회문수이기 때문에

$$a_0 + a_2 + \cdots + a_{2k-2} = a_1 + a_3 + \cdots + a_{2k-1}$$

이므로 $N \equiv 0 \pmod{11}$이다. ■

보기 4.5.9 짝수 자리수인 회문수 235532, 1670880761은 11의 배수이다. 하지만 282, 13031과 같이 홀수 자리수로 된 회문수는 11의 배수일 필요는 없다.

[2] 리그전 대진표 만들기

N개의 팀이 시합하는 경기에서, 각 팀이 다른 상대팀과 꼭 한 번씩 대전하는 리그전(round-robin tournaments)의 대진표를 만드는 방법에 대하여 생각해 보자.

먼저 N이 짝수인 경우를 생각하자. N개의 팀을 $1, 2, 3, \cdots, N-1, N$으로 나타내어 다음과 같은 방법으로 대진표를 작성하자. 각 k $(1 \le k \le N-1)$에 대하여

$$i+j \equiv k \pmod{N-1}, \quad 1 \le i, j \le N-1$$

일 때,

$i \ne j$ 이면 k 회전에서 팀 i 와 팀 j 가 대전하게 하고
$i = j$ 이면 k 회전에서 팀 i 와 팀 N 이 대전하게 한다.

이런 방법으로 대전을 결정할 때 우리는 다음 사실을 알 수 있다.

(i) 팀 N 은 나머지 팀 $1, 2, \cdots, N-1$ 과 꼭 한 번씩 대전한다. 실제로 각 k $(1 \le k \le N-1)$ 에 대하여 $(2, N-1)=1$ 이므로 따름정리 4.2.5에 의하여

$$i+i \equiv 2i \equiv k \pmod{N-1}$$

의 해가 꼭 하나 존재하므로 각 회전마다 팀 N 은 어떤 팀 i $(1 \le i \le N-1)$ 와 반드시 대전한다. 한편, 팀 N 이 팀 i $(1 \le i \le N-1)$ 와 k 회전과 k' 회전에서 대전하였다면, 즉

$$2i \equiv k \pmod{N-1}, \quad 2i \equiv k' \pmod{N-1}$$

이라면 $k \equiv k' \pmod{N-1}$ 이고 $k = k'$ 이므로 팀 N 은 나머지 팀 $1, 2, \cdots, N-1$ 과 반드시 꼭 한 번씩 대전한다.

(ii) 처음 $N-1$ 개의 팀 $1, 2, \cdots, N-1$ 은 이들 중 다른 한 팀과 반드시 꼭 한 번 대전한다. 실제로 각 $i, k \in \{1, 2, \cdots, N-1\}$ 에 대하여

$$i+j \equiv k \pmod{N-1}, \text{ 즉 } j \equiv k-i \pmod{N-1}$$

인 정수 j $(1 \le j \le N-1)$ 가 꼭 하나 존재하므로 각 회전마다 팀 i 의 상대팀 j 가 꼭 하나 존재한다. 한편 팀 i 와 팀 j 에 대하여

$$i+j = k \pmod{N-1}, \quad i+j = k' \pmod{N-1}$$

이라면 $k \equiv k' \pmod{N-1}$ 이어야 하므로 $k = k'$ 이다.

따라서 우리는 앞에서 얻은 결과 (i), (ii)에 의하여 이들 N 개의 팀은 $(N-1)$ 회전까지의 경기를 통하여 각 팀이 다른 상대팀과 꼭 한 번씩 대전하게 된다.

다음으로 N 이 홀수인 경우는 매 회전마다 한 팀은 쉬어야 한다. 따라서 이런 경우에는 N 개의 팀 $1, 2, 3, \cdots, N$ 이외에 가상의 한 팀 $N+1$ 을 생각하여 $N+1$ 개의 팀이 경기한다고 가정하고 앞에서와 같은 방법으로 대진표를 만들되 각 회전에서 가상의 팀 $N+1$ 과 대전하는 팀이 쉬는 것으로 생각한다. 즉, N 이 홀수이고

$$i+j \equiv k \pmod{N}, \quad 1 \le i, j \le N$$

일 때

$$i \neq j \text{ 이면 } k \text{회전에서 팀 } i \text{와 팀 } j \text{가 대전하고}$$
$$i = j \text{ 이면 } k \text{회전에서 팀 } i \text{를 쉬게 한다.}$$

보기 4.5.10 이제 5개의 팀에 대한 대진표를 작성해 보자. $N=5$라 하고 각 k $(1 \leq k \leq 5)$에 대하여

$$i+j \equiv k \pmod{5}, \quad 1 \leq i, j \leq 5$$

이라고 할 때 $i \neq j$ 이면 k회전에서 팀 i와 팀 j가 대전하고, $i=j$ 이면 팀 i는 k회전에서 쉬게 한다. 예를 들어 1회전에서
$1+j \equiv 1 \pmod{5}$을 만족하는 $j=5$ 이므로 팀 1과 팀 5가 대전하고,
$2+j \equiv 1 \pmod{5}$을 만족하는 $j=4$ 이므로 팀 2와 팀 4가 대전하고,
$3+j \equiv 1 \pmod{5}$을 만족하는 $j=3$ 이므로 팀 3은 가상의 팀 6과 대전하여 실제로는 팀 3을 쉬게 한다. 각 회전마다 이와 같이 하면 다음 대진표를 얻는다.

회전 \ 팀	1	2	3	4	5
1	5	4	×	2	1
2	×	5	4	3	2
3	2	1	5	×	3
4	3	×	1	5	4
5	4	3	2	1	×

5팀의 리그전 대진표

[3] 체크 숫자 (Check Digits)

합동식은 숫자열(strings of digits)의 오류를 검색하는데 사용된다. 예를 들어 컴퓨터에서 자료를 표현하기 위해 사용하는 비트열(bit strings)에 대한 오류 검색 방법이나 여권번호, 수표번호, ISBN을 확인하는 데 사용된 숫자열에 대한 오류 검사 방법이 그것이다.

0 또는 1로만 이루어진 숫자열 $x_1x_2 \cdots x_n$ (x_i는 0 또는 1)을 **비트열** (bit strings)이라고 한다. 주어진 비트열 $x_1x_2 \cdots x_n$ (모든 x_i는 0 또는 1)에

$$x_1 + x_2 + \cdots + x_n + x_{n+1} \equiv 0 \pmod{2}$$

가 되도록 **패리티체크비트** (parity check bit)라고 하는 x_{n+1}을 비트열 $x_1, x_2, \cdots, x_n$의 마

지막에 붙인다. 즉, x_1, x_2, $\cdots$, x_n 중에서 1의 개수가 짝수이면 패리티체크비트 x_{n+1}을 0으로 x_1, x_2, $\cdots$, x_n 중에서 1의 개수가 홀수이면 패리티체크비트 x_{n+1}을 1로 취한다. 이렇게 하면 패리티체크비트는 홀수 개의 오류를 검색할 수 있다. 그러나 짝수 개의 오류는 검색할 수 없다.

보기 4.5.11 두 비트열 1101111와 11001000이 수신되었다고 하자. (단, 마지막 비트는 검색비트이다.) 첫 번째 비트열 1101111은

$$1+1+0+1+1+1+1 \equiv 0 \pmod{2}$$

이므로 수신된 데이터는 송신자에 의해 전송될 원래의 데이터와 일치하거나 짝수 개의 오류를 갖고 있다.

두 번째 비트열 11001000은

$$1+1+0+0+1+0+0+0 \equiv 1 \pmod{2}$$

이므로 수신된 데이터는 전송과정 중에서 원래의 전송 데이터상에 오류가 발생되었다는 사실을 알 수 있다.

이제 여권번호를 확인하는 방법으로 유럽 몇 국가에서 사용하는 방법을 예로 들어 알아보자. 만약 여권번호의 처음 여섯 자리 숫자열이 $x_1x_2x_3x_4x_5x_6$일 때, **체크 숫자**(check digit) x_7을 다음과 같이 정한다.

$$x_7 \equiv 7x_1 + 3x_2 + x_3 + 7x_4 + 3x_5 + x_6 \pmod{10}, \quad 0 \le x_7 \le 9$$

보기 4.5.12 여권 번호의 처음 여섯 자리 수가 805237이라면 체크숫자 x_7은

$$x_7 \equiv 7 \cdot 8 + 3 \cdot 0 + 5 + 7 \cdot 2 + 3 \cdot 3 + 7 \equiv 1 \pmod{10}$$

이다. 따라서 이 여권번호는 8052371가 된다.

이때, 이 여권번호를 옮겨 쓰면서 한 곳에서 잘못 옮겨 썼을 경우에는 위의 식을 이용하여 번호가 틀렸음을 쉽게 알아낼 수 있다. 실제로 여권번호 $x_1x_2x_3x_4x_5x_6$을 $y_1y_2y_3y_4y_5y_6$으로 옮겨 쓰면서 x_j만을 틀리게 썼다고 가정하자. 즉,

$$y_j = x_j + a, \quad -10 < a < 10, \quad a \ne 0$$

이라고 하자. 이때, $y_7 \equiv 7y_1 + 3y_2 + y_3 + 7y_4 + 3y_5 + y_6 \pmod{10}$을 계산하면

$$y_7 \equiv x_7 + a, \quad y_7 \equiv x_7 + 3a, \quad y_7 \equiv x_7 + 7a \pmod{10}$$

중 어느 하나가 성립하게 되어 $y_7 \not\equiv x_7 \pmod{10}$임을 알아서 잘못이 있음을 알게 된다.

다음으로 1972년부터 전 세계적으로 발행되는 대부분의 책에 부여되는 **국제도서번호** (ISBN, International Standard Book Number)의 검사방법에 대해 알아보자.

ISBN은 10개의 숫자부호로 매겨져 있다. 예를 들어, 이 책의 ISBN번호인

89-7282-343-0

에서 첫 블록은 이 책에서 사용하고 있는 언어가 한국어임을, 두 번째 블록 7282는 출판사를 나타내며 다음 블록 343은 출판사가 정한 이 책의 고유 번호이다. 끝으로 0은 다음에 설명할 방법에 의하여 정해진 체크숫자이다.

$$\begin{aligned} &1 \cdot 8 + 2 \cdot 9 + 3 \cdot 7 + 4 \cdot 2 + 5 \cdot 8 + 6 \cdot 2 + 7 \cdot 3 + 8 \cdot 4 + 9 \cdot 3 \\ &= 187 \equiv 0 \pmod{11} \end{aligned}$$

실제로, 어떤 책의 ISBN이 $x_1 x_2 \cdots x_9 x_{10}$일 때, 처음 9개의 숫자는 0, 1, 2, $\cdots$, 9 중의 하나이고 체크숫자 x_{10}은 다음과 같이 정한다.

$$x_{10} \equiv \sum_{i=1}^{9} i x_i \pmod{11}, \quad 0 \leq x_{10} \leq 10$$

이때, $x_{10} = 10$인 경우에는 $x_{10} = X$로 나타내기로 한다. 이와 같이 체크숫자 x_{10}을 정하면 다음이 성립한다.

$$\sum_{i=1}^{10} i x_i \equiv \sum_{i=1}^{9} i x_i + 10x_{10} \equiv x_{10} + 10x_{10} \equiv 11x_{10} \equiv 0 \pmod{11}$$

보기 4.5.13 외국에서 발행한 어떤 책의 ISBN의 처음 아홉 개의 숫자가 3-540-19102일 때

$$\begin{aligned} x_{10} &\equiv \sum_{i=1}^{9} i x_i \\ &\equiv 1 \cdot 3 + 2 \cdot 5 + 3 \cdot 4 + 4 \cdot 0 + 5 \cdot 1 + 6 \cdot 9 + 7 \cdot 1 + 8 \cdot 0 + 9 \cdot 2 \\ &\equiv 109 \equiv 10 \pmod{11} \end{aligned}$$

이므로 이 책의 ISBN은 3-540-19102-X가 된다.

이제 ISBN의 검사 숫자로 ISBN의 오류를 찾아보자. 어느 책의 ISBN $x_1x_2 \cdots x_9x_{10}$을 인쇄하면서 x_j만 y_j로 잘못 인쇄하고 나머지 아홉 개의 숫자는 맞게 하여 $y_1y_2 \cdots y_9y_{10}$으로 인쇄되었다고 가정하자.

즉, 어떤 j $(1 \le j \le 10)$가 존재해서 $i \ne j$인 i에 대해 $y_i = x_i$이고

$$y_j = x_j + a, \quad -10 < a < 10, \quad a \ne 0$$

이라고 가정하자. 이때 $x_1x_2 \cdots x_9x_{10}$은 맞는 ISBN이므로 $\sum_{i=1}^{10} ix_i \equiv 0 \pmod{11}$이고

$$\sum_{i=1}^{10} iy_i \equiv \sum_{i=1}^{10} ix_i + ja \equiv ja \pmod{11}, \quad 1 \le j \le 10$$

이다. 여기서 $11 \nmid j$, $11 \nmid a$이므로 정리 3.3.1에 의하여 $ja \not\equiv 0 \pmod{11}$, 즉

$$\sum_{i=0}^{10} iy_i \not\equiv 0 \pmod{11}$$

이다. 따라서 $y_1y_2 \cdots y_9y_{10}$은 ISBN의 번호가 아니다.

다음에 어느 책의 ISBN $x_1x_2 \cdots x_9x_{10}$을 인쇄하면서 서로 다른 두 자리에 있는 x_j와 x_k $(x_j \ne x_k)$만을 서로 바꾸어서 $y_1y_2 \cdots y_9y_{10}$으로 인쇄되었다고 가정하자. 이때,

$$\begin{aligned}\sum_{i=0}^{10} iy_i &\equiv \sum_{i=0}^{10} ix_i + (jx_k - jx_j) + (kx_j - kx_k) \\ &\equiv (jx_k - jx_j) + (kx_j - kx_k) \\ &\equiv (j-k)(x_k - x_j) \pmod{11}\end{aligned}$$

이고 또 $11 \nmid (j-k)$, $11 \nmid (x_k - x_j)$이므로 정리 3.3.1에 의하여

$$(j-k)(x_k - x_j) \not\equiv 0 \pmod{11}$$

이다. 따라서 $\sum_{i=0}^{10} iy_i \not\equiv 0 \pmod{11}$이므로 $y_1y_2 \cdots y_9y_{10}$은 ISBN의 번호가 아니다.

이상에서와 같이 ISBN을 잘못 인쇄하여 단 한 자리의 숫자가 틀렸거나 또는 서로 다른 두 개의 숫자만이 서로 바뀐 경우에는 잘못 인쇄되었음을 쉽게 알아 낼 수 있다.

마지막으로 물품에 부여된 **유럽물품번호**(EAN, European Article Number)는 13자리로 구성되어 있고 마찬가지로 마지막 자리 수가 체크숫자이다.

EAN이 $x_1x_2x_3 \cdots x_{13}$일 때

$$\sum_{i=1}^{7} x_{2i-1} + 3\sum_{i=1}^{6} x_{2i} = (x_1 + x_3 + \cdots + x_{13}) + 3(x_2 + x_4 + \cdots + x_{12})$$
$$\equiv 0 \pmod{10},\ 0 \le x_{13} \le 9$$

가 성립하도록 체크 숫자 x_{13}을 정한다.

1980년에 국제물품번호 위원회(International Article Numbering Association)와 국제표준도서 위원회(International ISBN Agency)는 10자리 ISBN을 13자리 EAN 바코드로 변환하여 함께 사용하기로 합의하여 아래 그림과 같이 ISBN과 EAN 바코드를 함께 사용하고 있다. 이때 ISBN을 EAN 바코드로 변환하는 방법은 ISBN의 체크숫자를 제외한 9자리 수 앞에, 도서가 단행본이면 978을, 연속 간행물이면 977을 붙여 12자리 수를 만든 다음 EAN 체크숫자 부여 방법으로 체크숫자를 정한다.

46870

9 788924 576436 — 바코드형식

ISBN 89-245-7643-7 — 도서번호 형식

보기 4.5.14 도서번호가 89-245-7643-7을 EAN 코드방식으로 표시하기 위해서

① 체크숫자를 제외한 9자리 수 892457643을 만든다.

② 단행본을 의미하는 978을 앞에 붙여 978892457643을 만든다.

③ EAN 코드방식에 따라서 체크숫자를 구한다.

$$(9+8+9+4+7+4)+3(7+8+2+5+6+3)=134$$
$$134 + x_{13} \equiv 0 \pmod{10}$$

이므로 체크숫자 $x_{13}=6$이다. 따라서 EAN은 9788924576436이 된다.

4.5 연습문제

01 다음 수를 2^a으로 나누면 나누어떨어지고 2^{a+1}으로 나누면 나누어떨어지지 않는 정수 a를 구하라.

(1) 201984
(2) 1423408
(3) 365284
(4) 1423408

02 다음 수를 5^b으로 나누면 나누어떨어지고 5^{b+1}으로 나누면 나누어떨어지지 않는 정수 b를 구하라.

(1) 112250
(2) 4860625
(3) 2355720
(4) 7866125

03 다음 수 중에서 3의 배수와 9의 배수를 찾아라.

(1) 123123
(2) 3142124
(3) 31235122
(4) 3126114

04 다음 수 중에서 11의 배수를 찾아라.

(1) 10763732
(2) 974310976375
(3) 1086320015
(4) 62141059

05 서로 다른 7개의 팀이 시합하는 경기에서, 각 팀이 다른 상대 팀과 꼭 한 번씩 시합하는 리그전의 대진표를 만들어라.

06 서로 다른 8개의 팀이 시합하는 경기에서, 각 팀이 다른 상대 팀과 꼭 한 번씩 시합하는 리그전의 대진표를 만들어라.

07 다음 비트열의 마지막에 첨부할 패리티체크비트를 구하라.

(1) 1010111
(2) 0010110
(3) 1111111
(4) 10101010

08 다음과 같은 비트열로 된 자료를 수신하였다. 어느 자료가 오류가 있는지를 결정하라. 단 마지막 비트는 패리티체크비트이다.

(1) 1111111　　(2) 0101010101010

(3) 10100010001

09 다음과 같이 여권번호가 주어졌을 때 옳게 인쇄된 것을 찾아라. 단 마지막 숫자는 오류를 검사하기 위한 체크숫자이다.

(1) 3300114　　(2) 4501824

(3) 3300118　　(4) 4501826

10 다음 ISBN 중에서 옳은 것을 찾아라.

(1) 0-394-38049-5　　(2) 89-7282-112-5

(3) 1-09-231221-3　　(4) 0-404-50874-X

11 다음과 같이 ISBN의 한 숫자가 손상되었다고 할 때 손상된 숫자를 복구하여라.

(1) 89-7088-015-□　　(2) □-261-05073-X

12 다음 10자리 ISBN을 13자리 EAN 코드로 변환하여라.

(1) 89-7914-669-1　　(2) 0-201-57889-1

13 직접 계산하지 않고 다음 계산 결과가 참인지 거짓인지를 판별하여라.

(1) $381452 + 402715 + 610437 = 1494604$

(2) $1759 \times 3421 = 6017593$

14 8자리 수 $683642ab$가 99의 배수일 때 a, b의 값을 구하여라.

15 다음을 직접 계산하지 않고 계산 결과에서 빠진 수를 구하여라.

(1) $327 \cdot 56 = 18(\ )12$　　(2) $8106 \cdot 254 = 20589(\ )4$

Hint modulus 9

16 다음 수 중 7, 11, 13으로 모두 나누어지는 것은 어느 것인지 찾아라.

(1) 329472　　(2) 32488456

(3) 2096649　　(4) $abcabc$

Hint $7 \cdot 3 \cdot 11 = 1001$

17 (1) $N = a_k 10^k + a_{k-1} 10^{k-1} + \cdots + a_1 10 + a_0$가 37의 배수인지 아닌지 판정하는 방법을 구하여라.

Hint $10^3 \equiv 1 \pmod{37}$

(2) (1)의 결과를 이용하여 다음 두 수가 37의 배수인지 아닌지를 판정하여라.

① 381024650　　② 24081413

제 5 장

특수한 합동식

ELEMENTARY
NUMBER THEORY

5.1 윌슨 정리
5.2 페르마 정리
5.3 오일러 정리

5.1 윌슨 정리

이제 정수론에서 자주 사용되는 중요한 정리 중 하나인 윌슨 정리를 알아보자. 영국 수학자 윌슨(John Wilson, 1741~1793)은 “p가 소수이면 $p \mid [(p-1)!+1]$이다.” 라고 추측했지만 증명하지 못했다. 이 추측이 알려진 후 일 년이 지난 1770년에 프랑스 수학자 라그랑주에 의해 증명된 윌슨 정리를 증명하기 위해 우선 다음 보기를 통해 아이디어를 얻자.

보기 5.1.1 $p=7$일 때 $p \mid [(p-1)!+1]$임을 확인해보자.

$(p-1)! = 6! = 6 \cdot 5 \cdot 4 \cdot 3 \cdot 2 \cdot 1$이고

$$2 \cdot 4 \equiv 1 \pmod{7},\ \ 3 \cdot 5 \equiv 1 \pmod{7}$$

임을 이용하면

$$\begin{aligned} 6! &\equiv 6 \cdot (5 \cdot 3) \cdot (4 \cdot 2) \cdot 1 \\ &\equiv 6 \cdot 1 \cdot 1 \cdot 1 \equiv 6 \pmod{7} \end{aligned}$$

즉 $(p-1)! \equiv -1 \pmod{p}$가 성립함을 알 수 있다.

보조정리 5.1.2 p가 소수일 때 $a^2 \equiv 1 \pmod{p}$이기 위한 필요충분조건은 $a \equiv \pm 1 \pmod{p}$이다.

증명 $a^2 \equiv 1 \pmod{p}$이면 $p \mid (a^2-1)$, 즉 $p \mid (a+1)(a-1)$이므로 정리 3.3.1에 의하여 $p \mid (a+1)$ 또는 $p \mid (a-1)$이다. 즉

$$a \equiv \pm 1 \pmod{p}$$

이다. 역으로 $a \equiv 1 \pmod{p}$ 또는 $a \equiv -1 \pmod{p}$이면 $a^2 \equiv 1 \pmod{p}$이다. ■

p가 소수일 때 보조정리 5.1.2에 의하여 이차합동식 $x^2 \equiv 1 \pmod{p}$의 해는 꼭 2개 존재하고 그 해는 $x \equiv 1 \pmod{p}$과 $x \equiv p-1 \pmod{p}$이다.

정리 5.1.3 **윌슨 정리 (Wilson's Theorem)**

p가 소수일 때 $(p-1)! \equiv -1 \pmod{p}$이다.

● **증명** $p=2$이면 $(p-1)! \equiv 1 \equiv -1 \pmod{2}$이므로, 즉 $p=2$인 경우 정리는 성립하므로 $p \geq 3$이라 하자. 정리 4.2.7에 의하여 모든 a $(1 \leq a \leq p-1)$에 대하여 $aa^{-1} \equiv 1 \pmod{p}$가 되는 a^{-1}가 꼭 하나 존재한다. 한편 보조정리 5.1.2에 의하여 $x^2 \equiv 1 \pmod{p}$의 해는 1, $p-1$뿐이다. 따라서 $(p-3)$개의 수 $2, 3, 4, \cdots, p-2$를 서로 역원과 함께 $\dfrac{p-3}{2}$개 쌍을 지어 곱하면

$$2 \cdot 3 \cdot 4 \cdot \cdots \cdot (p-3)(p-2) \equiv 1 \pmod{p}$$

이 되므로

$$\begin{aligned}(p-1)! = 1 \cdot 2 \cdot 3 \cdot \cdots \cdot (p-3)(p-2)(p-1) &\equiv 1 \cdot (p-1) \\ &\equiv -1 \pmod{p}\end{aligned}$$

가 성립한다. ■

보기 5.1.4 p가 소수이고 n이 양의 정수일 때 다음이 성립한다.

$$\frac{(np)!}{n!p^n} \equiv (-1)^n \pmod{p}$$

$a \equiv 1 \pmod{p}$이면 윌슨 정리에 의하여

$$a(a+1)(a+2) \cdots [a+(p-2)] \equiv (p-1)! \equiv -1 \pmod{p}$$

이다. 이는 p의 배수 xp와 $(x+1)p$ 사이에 있는 $(p-1)$개의 수를 곱하면 법 p에 관하여 -1에 합동임을 말한다. 따라서

$$\begin{aligned}\frac{(np)!}{n!p^n} &= \frac{(np)!}{p \cdot 2p \cdot 3p \cdot \cdots \cdot np} \\ &= \prod_{i=1}^{n} [(i-1)p+1][(i-1)p+2] \cdots [(i-1)p+(p-1)] \\ &\equiv \prod_{i=1}^{n} (p-1)! \pmod{p} \\ &\equiv \prod_{i=1}^{n} (-1) \pmod{p} \\ &\equiv (-1)^n \pmod{p}\end{aligned}$$

윌슨 정리의 역도 성립한다.

정리 5.1.5 $(n-1)! \equiv -1 \pmod{n}$ 이면 n은 소수이다.

- **증명** $(n-1)! \equiv -1 \pmod{n}$ 이고 n이 합성수 즉 $n = ab$ $(1 < a,\ b < n)$이라고 가정하자. $a \mid n$, $n \mid [(n-1)!+1]$ 이므로 정리 2.1.4에 의하여 $a \mid [(n-1)!+1]$이다. 한편 $1 < a < n$ 이므로 $a \mid (n-1)!$ 이다. 따라서 정리 2.1.5에 의하여 $a \mid [((n-1)!+1)-(n-1)!] = 1$ 이 되어 $a > 1$ 이므로 모순이다. 그러므로 n은 소수이다. ■

5.1 연습문제

01 윌슨 정리를 사용하지 않고 보기 5.1.1과 같이 각 소수 p에 대하여 윌슨 정리 $(p-1)! \equiv -1 \pmod{p}$가 성립함을 확인하여라.

(1) $p=5$　　(2) $p=11$　　(3) $p=13$

02 $8 \cdot 9 \cdot 10 \cdot 11 \cdot 12 \cdot 13$을 7로 나눈 나머지를 구하여라.

03 "합동식 $x^2 \equiv 1 \pmod{m}$이 꼭 2개의 해를 가지면 m은 소수이다."가 성립하지 않는 반례를 찾아라.

04 p가 홀수인 소수일 때 $2(p-3)! \equiv -1 \pmod{p}$임을 증명하여라.

05 정수 $n\,(\geq 2)$가 소수일 필요충분조건은 $(n-2)! \equiv 1 \pmod{n}$임을 증명하여라.

06 $p\,(>2)$가 소수이고 $0<k<p$일 때

$$(p-k)!\,(k-1)! \equiv (-1)^k \pmod{p}$$

임을 증명하여라.

07 p가 홀수인 소수일 때 다음을 증명하여라.

(1) $1^2 \cdot 3^2 \cdot \cdots \cdot (p-2)^2 \equiv (-1)^{\frac{p+1}{2}} \pmod{p}$

(2) $2^2 \cdot 4^2 \cdot \cdots \cdot (p-1)^2 \equiv (-1)^{\frac{p+1}{2}} \pmod{p}$

5.2 페르마 정리

1993년 6월에 미국 프린스턴 대학 교수였던 앤드류 와일즈(Andrew Wiles, 1953~)가 영국 캠브리지 대학에서 그 증명을 발표할 때까지 350년 이상 미해결 문제로 남아 수많은 수학자들의 관심이 되었던, 페르마 마지막 정리(Fermat's Last Theorem) 또는 페르마 추측(Fermat Conjecture)과 구분하여 일컫는 페르마 소정리(Fermat's Little Theorem) 또는 간단히 페르마 정리(Fermat's Theorem)를 증명하기에 앞서 증명에 사용될 아이디어를 우선 다음 보기에서 알아보자.

보기 5.2.1 $p=7,\ a=3$ 이라면

$$1\cdot 3\equiv 3 \pmod 7 \quad 2\cdot 3\equiv 6 \pmod 7 \quad 3\cdot 3\equiv 2 \pmod 7$$
$$3\cdot 4\equiv 5 \pmod 7 \quad 3\cdot 5\equiv 1 \pmod 7 \quad 3\cdot 6\equiv 4 \pmod 7$$

이고

$$(1\cdot 3)(2\cdot 3)(3\cdot 3)(4\cdot 3)(5\cdot 3)(6\cdot 3)\equiv 3\cdot 6\cdot 2\cdot 5\cdot 1\cdot 4 \pmod 7$$

즉 $3^6\cdot 1\cdot 2\cdot 3\cdot 4\cdot 5\cdot 6\equiv 3\cdot 6\cdot 2\cdot 5\cdot 1\cdot 4 \pmod 7$

$$3^6\cdot 6!\equiv 6! \pmod 7$$

이므로 $3^6\equiv 1 \pmod 7$이다. 즉 $a^{p-1}\equiv 1 \pmod p$가 성립한다.

정리 5.2.2 **페르마 정리 (Fermat's Little Theorem)**

p가 소수일 때, $(a,\ p)=1$인 양의 정수 a에 대하여

$$a^{p-1}\equiv 1 \pmod p$$

이다.

• **증명** $(p-1)$개의 정수 집합 $A=\{a,\ 2a,\ 3a,\ \cdots,\ (p-1)a\}$를 생각하면 $(a,\ p)=1$이므로 A의 모든 원소 $ka\ (1\le k\le p-1)$는 $ka\not\equiv 0 \pmod p$이다. 한편 $ia\not\equiv ja \pmod p\ \ (1\le i<j\le p-1)$이다. 왜냐하면 $ia\equiv ja \pmod p$라고 하면 $(a,\ p)=1$이므로 따름정리 4.1.18에 의하여 $i\equiv j \pmod p$가 되어 모순이기 때문이다. 다시 말해서 법 p에 관한 $a,\ 2a,\ 3a,\ \cdots,\ (p-1)a$의 최소 양

의 잉여는 1, 2, 3, ⋯, $p-1$ 중의 하나이므로

$$a\cdot 2a\cdot 3a\cdot \cdots \cdot (p-1)a\equiv 1\cdot 2\cdot 3\cdot \cdots \cdot p-1 \pmod{p}$$

이다. 즉

$$a^{p-1}(p-1)!\equiv (p-1)! \pmod{p}$$

이다. $((p-1)!,\ p)=1$ 이므로 따름정리 4.1.18에 의하여

$$a^{p-1}\equiv 1 \pmod{p}$$

이다. ■

따름정리 5.2.3 p가 소수일 때, 모든 정수 a에 대하여 $a^p\equiv a \pmod{p}$이다.

● **증명** 먼저 $p\nmid a$인 경우, 즉 $(a,\ p)=1$ 인 경우에는 페르마 정리에 의하여 $a^{p-1}\equiv 1 \pmod{p}$가 성립하므로 $a^p\equiv a \pmod{p}$이다. 한편, $p\mid a$인 경우 당연히 $p\mid a^p$이므로 $a^p\equiv a\equiv 0 \pmod{p}$이다. 따라서 모든 정수 a에 대하여 $a^p\equiv a \pmod{p}$이다. ■

보기 5.2.4 페르마 정리를 사용하여 4^{321}을 11로 나누었을 때의 나머지를 구해보자. 페르마 정리에 의해 $4^{11-1}\equiv 4^{10}\equiv 1 \pmod{11}$이다. 따라서 $4^{321}\equiv (4^{10})^{32}\cdot 4\equiv 4 \pmod{11}$이므로 11로 나누었을 때 나머지는 4이다.

정리 5.2.5 소수 p와 $(a,\ p)=1$ 인 정수 a에 대하여 합동식 $ax\equiv b \pmod{p}$는 유일한 해 $x\equiv a^{p-2}b \pmod{p}$를 가진다.

● **증명** 정리 4.2.7에 의하여 합동식 $ax\equiv b \pmod{p}$는 꼭 하나의 해를 가진다. 한편 $ax\equiv b \pmod{p}$에서

$$a^{p-2}(ax)\equiv a^{p-2}b \pmod{p}$$
$$a^{p-1}x\equiv a^{p-2}b \pmod{p}$$

이므로 페르마 정리에 의하여

$$x \equiv a^{p-2}b \pmod{p}$$

이다. ■

보기 5.2.6 합동식 $6x \equiv 5 \pmod{11}$의 해를 구하여보자.

법 11에 관한 6의 역원은 6^9이고

$$6^2 \equiv 3 \pmod{11},\ 6^4 \equiv 9 \equiv -2 \pmod{11},$$
$$6^8 \equiv 4 \pmod{11},\ 6^9 \equiv 24 \equiv 2 \pmod{11}$$

이므로 구하고자 하는 해는

$$x \equiv 6^9 \cdot 5 \equiv 2 \cdot 5 \equiv 10 \pmod{11}$$

이다.

따름정리 5.2.3을 다음과 같이 일반화할 수 있다.

정리 5.2.7 $p_1,\ p_2,\ \cdots,\ p_r$은 서로 다른 소수이고 $l = [p_1 - 1,\ p_2 - 1,\ \cdots,\ p_r - 1]$이라 할 때

$$a^{l+1} \equiv a \pmod{p_1 p_2 \cdots p_r}$$

이다.

● **증명** 정리 5.2.2에 의하여 $a^{p_i - 1} \equiv 1 \pmod{p_i}$ $(1 \le i \le r)$이고 $(p_i - 1) \mid l$이므로

$$\left(a^{p_i - 1}\right)^{\frac{l}{(p_i - 1)}} \equiv 1 \pmod{p_i},\ \text{즉}\ a^l \equiv 1 \pmod{p_i}\ (1 \le i \le r)$$

이다. 따라서 $a^{l+1} \equiv a \pmod{p_i}$ $(1 \le i \le r)$

$$\Longleftrightarrow a^{l+1} \equiv a \pmod{[p_1,\ p_1,\ \cdots\ p_r]}$$
$$\Longleftrightarrow a^{l+1} \equiv a \pmod{p_1 p_1 \cdots p_r}$$

이다. ■

5.2 연습문제

01 첫 번째 수를 두 번째 수로 나누었을 때 나머지를 구하여라.

(1) 15^{1001}, 11　　(2) 20^{722}, 13

(3) 15^{4341}, 19　　(4) 18^{1013}, 23

02 다음 일차합동식의 해를 구하여라.

(1) $5x \equiv 7 \pmod{11}$　　(2) $9x \equiv 10 \pmod{11}$

(3) $7x \equiv 5 \pmod{13}$　　(4) $3x \equiv 13 \pmod{19}$

03 다음 최소 양의 잉여를 구하여라.

(1) $5^{31} \pmod{77}$　　(2) $17^{12} + 13^{16} \pmod{221}$

Hint (1) $77 = 7 \times 11$　　(2) $221 = 13 \times 17$

04 p, q는 서로 다른 소수, a, b는 임의의 양의 정수일 때 다음을 증명하여라.

(1) $a^p \equiv a \pmod{q}$, $a^q \equiv a \pmod{p}$이면 $a^{pq} \equiv a \pmod{pq}$이다.

(2) $a^p \equiv b^p \pmod{p}$이면 $a \equiv b \pmod{p}$이다.

(3) $a^p \equiv b^p \pmod{p}$이면 $a^p \equiv b^p \pmod{p^2}$이다.

(4) $p^{q-1} + q^{p-1} \equiv 1 \pmod{pq}$

(5) $(a+b)^p \equiv a^p + b^p \pmod{p}$

05 p가 홀수인 소수이고 a가 양의 정수일 때 다음을 증명하여라.

(1) $1^{p-1} + 2^{p-1} + \cdots + (p-1)^{p-1} \equiv -1 \pmod{p}$

(2) $1^p + 2^p + \cdots + (p-1)^p \equiv 0 \pmod{p}$

(3) $(a+1)^p + (a+2)^p + \cdots + (a+p-1)^p \equiv -a \pmod{p}$

06 모든 정수 a에 대하여 $a^{21} \equiv a \pmod{15}$임을 증명하여라.

5.3 오일러 정리

앞에서 논한 페르마 정리에서는 법(modulus)이 소수인 경우로 한정되어 있다. 스위스 대 수학자 오일러가 법(modulus)이 소수가 아닌 합성수인 경우로 페르마 정리를 확장하여 오일러 정리를 증명하였는데 이 정리에 대하여 알아보자.

정의 5.3.1 양의 정수 n에 대하여 정수 $0,\ 1,\ 2,\ \cdots,\ n-1$ 중에서 n과 서로소인 정수 전체의 집합을 $\mathbb{Z}_n^*$로 나타내고 집합 $\mathbb{Z}_n^*$의 원소의 개수를 $|\mathbb{Z}_n^*|$로 표시하자. 즉,

$$\mathbb{Z}_n^* = \{r \in \mathbb{Z}_n \mid (r,\ n) = 1\}$$

이때, $\varphi : \mathbb{N} \to \mathbb{Z},\ \varphi(n) = |\mathbb{Z}_n^*|$으로 정의된 함수 φ를 **오일러 φ-함수**(Euler's phi-function)이라고 한다. 특히, p가 소수일 때 다음이 성립한다.

$$\mathbb{Z}_p^* = \{1,\ 2,\ 3,\ \cdots,\ p-1\} = \mathbb{Z}_p - \{0\},\ \varphi(p) = p-1$$

보기 5.3.2 $\mathbb{Z}_1^* = \{0\}$이므로 $\varphi(1) = 1$, $\mathbb{Z}_2^* = \{1\}$이므로 $\varphi(2) = 1$,
$\mathbb{Z}_3^* = \{1,\ 2\}$이므로 $\varphi(3) = 2$, $\mathbb{Z}_4^* = \{1,\ 3\}$이므로 $\varphi(4) = 2$,
$\mathbb{Z}_{10}^* = \{1,\ 3,\ 7,\ 9\}$이므로 $\varphi(10) = 4$.

다음 표는 $1 \le n \le 12$인 정수 n에 대한 $\varphi(n)$의 값이다. 이 책 부록 표 2에는 $1 \le n \le 100$인 정수 n에 대한 $\varphi(n)$의 값이 주어져 있다.

n	1	2	3	4	5	6	7	8	9	10	11	12
$\varphi(n)$	1	1	2	2	4	2	6	4	6	4	10	4

$1 \le n \le 12$에 대한 오일러 φ-함숫값

정리 5.3.3 p를 양의 정수라 할 때 다음이 성립한다.

$$p\text{는 소수이다.} \iff \varphi(p) = p-1$$

● **증명** p가 소수라면 p보다 작은 모든 자연수는 p와 서로소이므로 $|\mathbb{Z}_p^*| = p-1$이다. 따라서 $\varphi(p) = p-1$이다.

역으로 p가 소수가 아니라고 가정하자. 그러면 $1 < d < p$인 p의 약수 d가 존재하고 d와 p는 서로소가 아니다. 그러므로 $p-1$개의 정수 1, 2, 3, …, $p-1$ 중에는 p와 서로소가 아닌 수가 적어도 하나 d가 존재한다. 즉 $\varphi(p) \le p-2$이다. 따라서 $\varphi(p) = p-1$이라면 p는 소수이다. ▣

정의 5.3.4 법 m에 관한 잉여류 $\bar{a} \in \overline{\mathbb{Z}}_m$에 대하여 $(a, m) = 1$일 때, $\bar{a}$를 **법 m에 관한 기약잉여류**(reduced residue class modulo m)라고 하고 법 m에 관한 기약잉여류 전체의 집합을 $\overline{\mathbb{Z}}_m^*$로 나타낸다. 즉

$$\overline{\mathbb{Z}}_m^* = \{\bar{r} \in \overline{\mathbb{Z}}_m \mid (r, m) = 1\} = \{\bar{r} \in \overline{\mathbb{Z}}_m \mid r \in \mathbb{Z}_m^*\}$$

$$\varphi(m) = |\mathbb{Z}_m^*| = |\overline{\mathbb{Z}}_m^*|$$

따라서 양의 정수 m에 대하여 $\mathbb{Z}_m$, $\overline{\mathbb{Z}}_m$, $\mathbb{Z}_m^*$, $\overline{\mathbb{Z}}_m^*$는 다음과 같은 집합을 나타낸다.

$$\mathbb{Z}_m = \{0,\ 1,\ 2,\ \cdots,\ m-1\},$$
$$\mathbb{Z}_m^* = \{r \in \mathbb{Z}_m \mid (r, m) = 1\},$$
$$\overline{\mathbb{Z}}_m = \{\bar{0},\ \bar{1},\ \bar{2},\ \cdots,\ \overline{m-1}\},$$
$$\overline{\mathbb{Z}}_m^* = \{\bar{r} \in \overline{\mathbb{Z}}_m \mid (r, m) = 1\}$$

즉, $\mathbb{Z}_m$은 법 m에 관한 최소완전잉여계를, $\mathbb{Z}_m^*$는 $\mathbb{Z}_m$의 원소로서 m과 서로소인 것들의 집합을, $\overline{\mathbb{Z}}_m$는 법 m에 관한 잉여류들의 집합을 의미한다.

정의 5.3.5 m에 관한 서로 다른 $\varphi(m)$개의 기약잉여류에서 각각 한 개의 정수를 법택하여 만든 집합

$$R=\{r_1,\ r_2,\ \cdots,\ r_{\varphi(m)}\},\quad |R|=\varphi(m)$$

을 법 m에 관한 **기약잉여계**(reduced residue system modulo $\boldsymbol{m}$)라고 한다.

정의로부터 집합 $R=\{r_1,\ r_2,\ \cdots,\ r_s\}$에 대하여 다음이 성립할 때 그리고 이때에만 집합 R이 법 m에 관한 기약잉여계임을 알 수 있다.

(1) $s=\varphi(m)$, 즉 $|R|=\varphi(m)$이다.

(2) 각 $r_i\in R$에 대하여 $(r_i,\ m)=1$이다.

(3) R의 서로 다른 두 원소는 법 m에 관하여 서로 합동이 아니다. 즉,

$$r_i\equiv r_j \pmod{m} \Rightarrow r_i=r_j$$

보기 5.3.6 (1) $\bar{1},\ \bar{3},\ \bar{5},\ \bar{7}$은 법 8에 관한 $\varphi(8)=4$개의 서로 다른 기약잉여류이다. 각 잉여류에서 한 개씩 뽑은 다음 집합들은 법 8에 관한 기약잉여계이다.

$$\{1,\ 3,\ 5,\ 7\},\quad \{-7,\ 3,\ 13,\ 23\},\quad \{-3,\ -1,\ 1,\ 3\}$$

(2) 집합 $\mathbb{Z}_m^*=\{r\in\mathbb{Z}_m\mid(r,\ m)=1\}$는 법 m에 관한 기약잉여계이다. 특히, p가 소수일 때 $\mathbb{Z}_p^*=\{r\in\mathbb{Z}_p\mid(r,\ p)=1\}=\{1,\ 2,\ \cdots,\ p-1\}$은 법 p에 관한 기약잉여계이다. 예를 들어

$\mathbb{Z}_{10}^*=\{1,\ 3,\ 7,\ 9\}$은 법 10에 관한 기약잉여계이고,

$\mathbb{Z}_5^*=\{1,\ 2,\ 3,\ 4\}$은 법 5에 관한 기약잉여계이다.

(3) p를 홀수인 소수라 할 때

$$\left\{1,\ 2,\ 3,\ \cdots,\ \frac{p-1}{2},\ -1,\ -2,\ \cdots,\ -\frac{p-1}{2}\right\}$$

은 법 p에 관한 기약잉여계이다.

집합 $R=\{r_1, r_2, \cdots, r_{\varphi(m)}\}$가 법 m에 관한 기약잉여계라면, $(a, m)=1$인 임의의 정수 a에 대하여 $a \equiv r_i \pmod{m}$인 R의 원소 r_i가 반드시 꼭 한 개 존재한다. 또한 두 집합 R, S가 법 m에 관한 기약잉여계라면 $|R|=|S|$이고 R의 원소와 S의 원소를 법 m에 관하여 서로 합동이 되도록 짝지을 수 있다.

보기 5.3.7 두 집합 $R=\{1, 2, -1, -2\}$와 $S=\{2, 2^2, 2^3, 2^4\}$은 법 5에 관한 기약잉여계이다. 이때, R의 원소와 S의 원소를 법 5에 관하여 다음과 같이 짝지을 수 있다.

$$2 \equiv 2, \quad 2^2 \equiv -1, \quad 2^3 \equiv -2, \quad 2^4 \equiv 1 \pmod{5}$$

오일러 정리를 증명하는데 다음 정리가 필요하다.

정리 5.3.8 집합 $R=\{r_1, r_2, \cdots, r_{\varphi(m)}\}$을 법 m에 관한 기약잉여계라고 하면 $(a, m)=1$인 정수 a에 대하여

$$S=\{ar_1, ar_2, \cdots, ar_{\varphi(m)}\}$$

도 법 m에 관한 기약잉여계이다.

● **증명** 서로 다른 i, j에 대하여 $ar_i \equiv ar_j \pmod{m}$이라면 가정에서 $(a, m)=1$이므로 따름정리 4.1.18에 의하여 $r_i \equiv r_j \pmod{m}$이다. 이는 R이 법 m에 관한 기약잉여계이므로 모순이다. 따라서 S의 서로 다른 두 원소는 법 m에 관하여 합동이 아니다.

또한 R이 법 m에 관한 기약잉여계이므로 각 $r_i \in R$에 대하여 $(r_i, m)=1$이다. 따라서 $(a, m)=1$이므로 정리 3.1.10에 의하여 $(ar_i, m)=1$이다. 즉 S의 임의의 원소 ar_i는 m과 서로소이다. 그러므로 S는 법 m에 관한 기약잉여계이다. ▣

보기 5.3.9 집합 $\mathbb{Z}_8^*=\{1, 3, 5, 7\}$은 법 8에 관한 기약잉여계이다. 따라서 $(3, 8)=1$이므로 $S=\{3\cdot1, 3\cdot3, 3\cdot5, 3\cdot7\}=\{3, 9, 15, 21\}$도 법 8에 관한 기약잉여계이다.

이제 오일러 정리를 증명하기 위해 우선 다음 보기로 증명 방법을 암시해 보자.

보기 5.3.10 앞 보기에서 본 바와 같이 $\mathbb{Z}_8^* = \{1, 3, 5, 7\}$과 $S = \{3 \cdot 1, 3 \cdot 3, 3 \cdot 5, 3 \cdot 7\}$은 법 8에 관한 기약잉여계이다. 따라서 $\mathbb{Z}_8^*$의 각 원소는 S의 꼭 한 원소와 법 8에 관하여 합동이 되어 다음 합동식이 성립한다.

$$(3 \cdot 1)(3 \cdot 3)(3 \cdot 5)(3 \cdot 7) \equiv 1 \cdot 3 \cdot 5 \cdot 7 \pmod 8$$

즉, $3^4(1 \cdot 3 \cdot 5 \cdot 7) \equiv 1 \cdot 3 \cdot 5 \cdot 7 \pmod 8$이다.

$(1 \cdot 3 \cdot 5 \cdot 7,\ 8) = 1$이므로 따름정리 4.1.18에 의하여 다음이 성립한다.

$$3^4 \equiv 3^{\varphi(8)} \equiv 1 \pmod 8$$

정리 5.3.11 **오일러 정리 (Euler's Theorem)**

양의 정수 m과 $(a, m) = 1$인 정수 a에 대하여 $a^{\varphi(m)} \equiv 1 \pmod m$ 이다.

● **증명** 집합 $R = \{r_1, r_2, \cdots, r_{\varphi(m)}\}$을 법 m에 관한 기약잉여계라면 정리 5.3.8에 의하여

$$S = \{ar_1,\ ar_2,\ \cdots,\ ar_{\varphi(m)}\}$$

도 법 m에 관한 기약잉여계이다. 따라서 S의 각 원소는 R의 단 한 개의 원소와 법 m에 관하여 합동이므로 다음 합동식이 성립한다.

$$ar_1 \cdot ar_2 \cdot \ \cdots \ \cdot ar_{\varphi(m)} \equiv r_1 r_2 \cdots r_{\varphi(m)} \pmod m$$

즉, $a^{\varphi(m)} r_1 r_2 \cdots r_{\varphi(m)} \equiv r_1 r_2 \cdots r_{\varphi(m)} \pmod m$

그런데, R이 법 m에 관한 기약잉여계이므로 R의 각 원소 r_i는 m과 서로소가 되어서 따름정리 3.1.11에 의하여 $(r_1 r_2 \cdots r_{\varphi(m)},\ m) = 1$이다. 따라서 따름정리 4.1.18에 의하여 $a^{\varphi(m)} \equiv 1 \pmod m$이 성립한다. ■

오일러 정리는 큰 지수를 포함한 수를 어떤 수로 나누었을 때 나머지를 구하는데 사용된다.

보기 5.3.12 365^{7843}을 24로 나누었을 때 나머지를 구하여보자.

$\varphi(24)=8$이므로 오일러 정리에 의하여

$$\begin{aligned} 365^{7843} &\equiv 5^{7843} \equiv (5^8)^{980} \cdot 5^3 \\ &\equiv 1 \cdot 5^3 \equiv 5 \pmod{24} \end{aligned}$$

이다. 즉, 365^{7843}을 24로 나눈 나머지는 5이다.

p가 소수일 때, $\varphi(p)=p-1$이므로 페르마 정리는 오일러 정리에서 바로 얻어진다.

따름정리 5.3.13 **페르마 정리**

p가 소수이고 $(a,\ p)=1$일 때

$$a^{p-1} \equiv 1 \pmod{p}$$

이다.

오일러 정리를 사용하면 특별한 수의 역원과 특별한 일차합동식의 해를 구할 수 있다.

정리 5.3.14 $(a,\ m)=1$일 때

(1) 법 m에 관한 a의 역원은 $a^{\varphi(m)-1}$이다.

(2) 일차합동식 $ax \equiv b \pmod{m}$은 단 한 개의 해 $x \equiv a^{\varphi(m)-1}b \pmod{m}$를 가진다. 특히 p가 소수일 때 일차합동식

$$ax \equiv b \pmod{p}, \quad a \not\equiv 0 \pmod{p}$$

은 단 한 개의 해 $x \equiv a^{p-2}b \pmod{m}$를 가진다.

● **증명** (1) 오일러 정리에 의해서

$$a \cdot a^{\varphi(m)-1} \equiv a^{\varphi(m)} \equiv 1 \pmod{m}$$

이므로 $a^{\varphi(m)-1}$은 법 m에 관한 a의 역원이다.

(2) $(a,\ m)=1$이므로 정리 4.2.7에 의하여 단 한 개의 해를 가지고 또, $a^{\varphi(m)} \equiv 1 \pmod{m}$이므로

$$ax \equiv b \pmod{m} \Rightarrow a^{\varphi(m)-1} \cdot ax \equiv a^{\varphi(m)-1} \cdot b \pmod{m}$$
$$\Rightarrow x \equiv a^{\varphi(m)-1} \cdot b \pmod{m}$$

이어서 그 해는 $x \equiv a^{\varphi(m)-1} \cdot b \pmod{m}$이다. ■

보기 5.3.15 일차합동식 $25x \equiv 12 \pmod{18}$의 해를 구해보자.

$7x \equiv 12 \pmod{18}$로 변형하여 $(7,\ 18) = 1$, $\varphi(18) = 6$이므로 법 18에 관한 7의 역원은 $7^{\varphi(18)-1} \equiv 7^5 \equiv 13 \equiv -5 \pmod{18}$이다. 따라서 $x \equiv 7^{\varphi(18)-1} \cdot 12 \equiv (-5) \cdot 12 \equiv 12 \pmod{18}$이다.

오일러 정리는 다음 정리와 같이 일반화된다.

정리 5.3.16 양의 정수 $m_1,\ m_2,\ \cdots,\ m_r$과 정수 a에 대하여 $(m_i,\ a) = 1\ (1 \le i \le r)$이라 하면

$$a^{[\varphi(m_1),\ \varphi(m_2),\ \cdots,\ \varphi(m_r)]} \equiv 1 \pmod{[m_1,\ m_2,\ \cdots,\ m_r]}$$

이다.

• **증명** $M = [\varphi(m_1),\ \varphi(m_2),\ \cdots,\ \varphi(m_r)]$이라 하면 $\varphi(m_i) \mid M\ (1 \le i \le r)$이고 $\dfrac{M}{\varphi(m_i)}$는 정수이다. 그러므로

$$a^M = \left[a^{\varphi(m_i)}\right]^{\frac{M}{\varphi(m_i)}} \equiv 1^{\frac{M}{\varphi(m_i)}} \equiv 1 \pmod{m_i}$$

따라서 정리 4.1.26에 의하여

$$a^M \equiv 1 \pmod{[m_1,\ m_2,\ \cdots,\ m_r]}$$

이다. ■

보기 5.3.17 $m_1 = 5$, $m_2 = 6$, $m_3 = 9$, $a = 7$을 생각하자. $(5,\ 7) = (6,\ 7) = (9,\ 7) = 1$, $\varphi(m_1) = 4$, $\varphi(m_2) = 2$, $\varphi(m_3) = 6$이므로 오일러 정리에 의하여

$$7^4 \equiv 1 \pmod{5},\ 7^2 \equiv 1 \pmod{6},\ 7^6 \equiv 1 \pmod{9}$$

이다. $M=[\varphi(m_1),\ \varphi(m_2),\ \varphi(m_3)]=[4,\ 2,\ 6]=12$ 이므로

$$7^{12} \equiv (7^4)^3 \equiv 1^3 \equiv 1 \pmod{5}$$

$$7^{12} \equiv (7^2)^6 \equiv 1^6 \equiv 1 \pmod{6}$$

$$7^{12} \equiv (7^6)^2 \equiv 1^2 \equiv 1 \pmod{9}$$

이다. 따라서 $[5,\ 6,\ 9]=90$ 이므로 정리 4.1.26에 의하여

$$7^{12} \equiv 1 \pmod{90}$$

이다.

5.3 연습문제

01 다음 집합 중에서 법 4에 관한 기약잉여계인 것을 찾아라.

(1) $\{1,\ 3\}$ (2) $\{-3,\ 3\}$

(3) $\{2,\ 5\}$ (4) $\{3^{10},\ 3^{11}\}$

(5) $\{5,\ 9\}$ (6) $\{-3^{10},\ 3^{10}\}$

02 다음을 증명하라.

(1) $\{-31,\ -16,\ -8,\ 13,\ 25,\ 80\}$은 법 9에 관한 기약잉여계이다.

(2) $\{3,\ 3^2,\ 3^3,\ 3^4,\ 3^5,\ 3^6\}$은 법 14에 관한 기약잉여계이다.

03 m이 양의 정수일 때 법 2^m에 관한 기약잉여계를 찾아라.

04 오일러 정리를 이용하여 다음을 구하여라.

(1) 19^{3157}의 일의 자릿수를 구하여라.

(2) 23^{5142}을 18로 나누었을 때 나머지를 구하여라.

(3) 999999는 7의 배수임을 증명하여라.

05 정리 5.3.14를 이용하여 다음 일차합동식의 해를 구하여라.

(1) $13x \equiv 7 \pmod{12}$ (2) $5x \equiv 2 \pmod{14}$

(3) $27x \equiv 11 \pmod{20}$ (4) $63x \equiv 18 \pmod{25}$

06 $m \geq 3$이고 $R = \{r_1,\ r_2,\ \cdots,\ r_{\varphi(m)}\}$이 법 m에 관하여 기약잉여계이면 $r_1 + r_2 + \cdots + r_{\varphi(m)} \equiv 0 \pmod{m}$임을 증명하여라.

07 다음을 증명하여라.

(1) $1 + 4 + 4^2 + \cdots + 4^{23} \equiv 0 \pmod{35}$

(2) $1 + 13 + 13^2 + \cdots + 13^{59} \equiv 0 \pmod{77}$

08 a, m을 $(a, m)=(a-1, m)=1$을 만족하는 양의 정수일 때 다음 식이 성립함을 증명하여라.

$$1+a+a^2+\ \cdots\ +a^{\varphi(m)-1}\equiv 0 \pmod m$$

09 m과 n이 서로소인 양의 정수일 때 다음이 성립함을 증명하여라.

$$m^{\varphi(n)}+n^{\varphi(m)}\equiv 1 \pmod{mn}$$

특히 서로 다른 두 소수 p, q에 대하여

$$p^{q-1}+q^{p-1}\equiv 1 \pmod{pq}$$

이다.

Hint 오일러 정리, 정리 4.1.26

제 6 장

정수론적 함수

ELEMENTARY
NUMBER THEORY

6.1 오일러 φ-함수
6.2 함수 σ와 함수 τ
6.3 뫼비우스함수 μ와 루이빌함수 λ
6.4 완전수
6.5 메르센 소수

6.1 오일러 φ-함수

앞에서 오일러 φ-함수를 정의하고 n이 소수일 때 $\varphi(n)=n-1$임을 알았다. 그렇다면 n이 합성수일 때 $\varphi(n)$의 값을 구하는 문제를 해결해보자. 이를 위해 정수론에서 연구하는 함수 중 가장 중요하게 다루는 함수가 곱셈함수인데 우선 곱셈함수를 정의하자.

정의 6.1.1 정의역이 양의 정수 전체 집합인 함수 $f: \mathbb{N} \to \mathbb{Z}$를 **정수론적 함수** (number-theoretic function) 또는 **산술적 함수** (arithematic function)라 하고, 정수론적 함수 $f: \mathbb{N} \to \mathbb{Z}$가 서로소인 두 정수 m, n에 대하여

$$f(mn)=f(m)f(n)$$

일 때 이 함수 f를 **곱셈함수** (multiplicative function)라고 한다. 또한 모든 정수 m, n에 대하여

$$f(mn)=f(m)f(n)$$

일 때 이 함수 f를 **완전곱셈함수** (completely multiplicative function)라고 한다.

정수론적 함수 f가 곱셈함수이고 어떤 수 a에 대해서 $f(a)\neq 0$일 때 $f(1)=1$이 된다. 왜냐하면 $f(a)=f(a)f(1)$이기 때문이다.

보기 6.1.2 모든 자연수 n에 대해 $f(n)=1$로 정의된 함수 f는 임의의 두 자연수 m, n에 대하여

$$f(mn)=1,\quad f(m)=1,\quad f(n)=1$$

즉, $$f(mn)=f(m)f(n)$$

이므로 함수 f는 완전곱셈함수이고, 따라서 함수 f는 곱셈함수이다. 또한, 모든 자연수 n에 대하여 $g(n)=n$으로 정의된 함수 g는 임의의 두 자연수 m, n에 대하여

$$g(mn)=mn=g(m)g(n)$$

이므로 함수 g는 완전곱셈함수이고 따라서 곱셈함수이다.

정리 6.1.3 p가 소수이고 k가 양의 정수일 때 다음이 성립한다.

$$\varphi(p^k) = p^k - p^{k-1} = p^{k-1}(p-1) = p^k\left(1 - \frac{1}{p}\right)$$

특히, $\varphi(2^k) = 2^{k-1}$이다.

• **증명** 따름정리 3.1.12에 의하여 정수 a에 대하여 $(a, p^k) = 1 \Longleftrightarrow (a, p) = 1$이다. 즉 p^k와 서로소가 아닌 수는 p의 배수들이다.

한편 $1, 2, \cdots, p, p+1, p+2, \cdots, 2p, \cdots, p^k$ 중에서 p의 배수인 정수는

$$1 \cdot p,\ 2 \cdot p,\ 3 \cdot p, \cdots, p^{k-1} \cdot p$$

의 p^{k-1}개이다. 따라서 $1, 2, \cdots, p, p+1, p+2, \cdots, p^k$ 중에서 p^k와 서로소인 정수의 개수는 $p^k - p^{k-1}$이다. ■

보기 6.1.4 정리 6.1.3에 의하여 다음이 성립한다.

$$\varphi(8) = \varphi(2^3) = 2^2 = 4, \qquad \mathbb{Z}_8^* = \{1, 3, 5, 7\}$$
$$\varphi(9) = \varphi(3^2) = 3^2 - 3 = 6, \quad \mathbb{Z}_9^* = \{1, 2, 4, 5, 7, 8\}$$
$$\varphi(125) = \varphi(5^3) = 5^3 - 5^2 = 100$$

오일러 φ-함수가 곱셈함수가 된다면 임의의 자연수 n에 대하여 n의 표준소인수분해를 구해서 정리 6.1.3을 사용하여 $\varphi(n)$의 값을 구할 수 있다. 따라서 오일러 φ-함수가 곱셈함수임을 증명하자. 이제 오일러 φ-함수가 곱셈함수임을 증명하기 위해 우선 다음 보기를 들어 증명 방법을 암시해 보자.

보기 6.1.5 $\varphi(36) = |\mathbb{Z}_{36}^*|$를 구해보자.

$m = 4,\ n = 9,\ mn = 36$으로 놓고 $\mathbb{Z}_{36} = \{0, 1, 2, \cdots, 35\}$의 원소를 다음과 같이 나열하자.

0	4	8	12	16	20	24	28	32
①	⑤	9	⑬	⑰	21	㉕	㉙	33
2	6	10	14	18	22	26	30	34
3	⑦	⑪	15	⑲	㉓	27	㉛	㉟

첫 번째 행과 세 번째 행에 있는 모든 수는 4와 서로소가 아니므로 36과도 서로소가 아니다. 그러므로 36과 서로소인 수를 찾기 위해서는 두 번째 행과 네 번째 행에 있는 수만을 생각하면 된다. 두 번째 행과 네 번째 행에서 9와 서로소인 수는 각 행에서 ○으로 표시된 6개씩 모두 12개 있다. 이 12개의 수는 4와 9에 서로소이므로 정리 3.1.10에 의하여 36과 서로소이다. 따라서 $\varphi(36)=\varphi(4\cdot 9)=2\cdot 6=\varphi(4)\varphi(9)$이다.

정리 6.1.6 m, n이 서로소인 양의 정수, r을 정수라 할 때 각각의 정수

$$r,\ m+r,\ 2m+r,\ \cdots,\ (n-1)m+r$$

은 $\{0,\ 1,\ 2,\ \cdots,\ (n-1)\}$의 꼭 한 원소와 법 n에 관하여 합동이다. 즉, 모든 $k\ (0\le k\le n-1)$에 대하여 $km+r\equiv j \pmod n$가 되는 $j\ (0\le j\le n-1)$가 꼭 하나 존재한다.

● **증명** $km+r\equiv lm+r \pmod n$ (단, $0\le k<l\le n-1$)이라면 $km\equiv lm \pmod n$이고 $(m,\ n)=1$이므로 $k\equiv l \pmod n$이 되어 $k=l$이다. 즉 $k\ne l$이면 $km+r\not\equiv lm+r \pmod n$이다. 따라서 각각의 정수 $r,\ m+r,\ 2m+r,\ \cdots,\ (n-1)m+r$은 $\{0,\ 1,\ 2,\ \cdots,\ (n-1)\}$의 꼭 한 원소와 법 n에 관하여 합동이다. ■

보기 6.1.7 $m=4$, $n=9$, $r=3$으로 택하면 $(m,\ n)=1$이고

$$r,\ m+r,\ 2m+r,\ \cdots,\ (n-1)m+r \text{은}$$

$$3,\ 7,\ 11,\ 15,\ 19,\ 23,\ 27,\ 31,\ 35$$

이고 이들은 법 9에 관하여 각각 3, 7, 2, 6, 1, 5, 0, 4, 8과 합동이다.

정리 6.1.8 오일러 φ-함수는 곱셈함수이다. 즉 다음이 성립한다.

$$(m,\ n)=1 \Rightarrow \varphi(mn)=\varphi(m)\varphi(n)$$

● **증명** 집합 $\mathbb{Z}_{mn}=\{0,\ 1,\ 2,\ \cdots,\ mn-1\}$의 원소 중에서 정수 mn과 서로소인 정수의 개수를 구하기 위해 $\mathbb{Z}_{mn}$의 원소를 다음과 같이 나열하자.

$$\begin{array}{ccccc}
0 & m & 2m & \cdots & (n-1)m \\
1 & m+1 & 2m+1 & \cdots & (n-1)m+1 \\
2 & m+2 & 2m+2 & \cdots & (n-1)m+2 \\
\vdots & \vdots & \vdots & \vdots & \vdots \\
r & m+r & 2m+r & \cdots & (n-1)m+r \\
\vdots & \vdots & \vdots & \vdots & \vdots \\
m-1 & 2m-1 & 3m-1 & \cdots & mn-1
\end{array}$$

어떤 r $(0 \le r \le m-1)$에 대하여 $(r,\ m)=d>1$라고 가정하자. 그러면 $d \mid r$, $d \mid m$이므로 정리 2.1.5에 의하여 $d \mid (km+r)$ (단, $0 \le k \le n-1$)이다. 즉

$$S_r=\{r,\ m+r,\ 2m+r,\ \cdots,\ (n-1)m+r\}$$

이라면 S_r에 속하는 모든 정수는 공약수 $d>1$를 가지게 되어 m과 서로소가 되지 않아 mn과도 서로소일 수 없다. 따라서 mn과 서로소인 정수를 찾기 위해서는 $(r,\ m)=1$인 r번째 행들에 있는 수만 생각해도 충분한데 이러한 행의 수는 $\mathbb{Z}_m=\{0,\ 1,\ 2,\ \cdots,\ m-1\}$에 속하는 정수 중 m과 서로소인 것의 개수 $\varphi(m)$이 된다. 이제 $(r,\ m)=1$이라 하고 S_r에 속하는 정수 중 mn과 서로소인 정수의 개수를 구하자. 정리 3.2.6에 의하여 $(km+r,\ m)=(r,\ m)$이므로 $(r,\ m)=1$이면 S_r에 속하는 모든 정수는 m과 서로소이다.

한편 보조정리 6.1.6에 의하여 S_r에 속하는 정수 중에서 n과 서로소인 정수는 꼭 $\varphi(n)$개 존재한다. 따라서 S_r에 속하는 정수 중에서 꼭 $\varphi(n)$개는 m과 서로소인 동시에 n과도 서로소이므로 정리 3.1.10에 의하여 mn과 서로소이다. 따라서 $\mathbb{Z}_{mn}$에 속하는 정수 중에서 m과 서로소인 동시에 n과도 서로소인 정수는 모두 $\varphi(m)\varphi(n)$개 존재한다. 즉 $\varphi(mn)=\varphi(m)\varphi(n)$이다. ■

정리 6.1.3과 정리 6.1.8로부터 임의의 자연수 n에 대한 오일러 φ-함수값 $\varphi(n)$을 구하는 공식을 이끌어 낼 수 있다.

정리 6.1.9 정수 $n\ (n \geq 2)$의 표준소인수분해가 $n = p_1^{e_1} p_2^{e_2} \cdots\ p_r^{e_r}$일 때

$$\varphi(n) = n\left(1 - \frac{1}{p_1}\right)\left(1 - \frac{1}{p_2}\right) \cdots \left(1 - \frac{1}{p_r}\right)$$

● **증명** 정리 6.1.8에 의하여 오일러 φ-함수는 곱셈함수이므로

$$\varphi(n) = \varphi(p_1^{e_1})\varphi(p_2^{e_2}) \cdots\ \varphi(p_r^{e_r})$$

가 성립한다. 한편 정리 6.1.3에 의하여

$$\varphi(p_j^{e_j}) = p_j^{e_j} - p_j^{e_{j-1}} = p_j^{e_j}\left(1 - \frac{1}{p_j}\right)$$

이므로

$$\begin{aligned}
\varphi(n) &= p_1^{e_1}\left(1 - \frac{1}{p_1}\right) p_2^{e_2}\left(1 - \frac{1}{p_2}\right) \cdots\ p_r^{e_r}\left(1 - \frac{1}{p_r}\right) \\
&= p_1^{e_1} p_2^{e_2} \cdots\ p_r^{e_r}\left(1 - \frac{1}{p_1}\right)\left(1 - \frac{1}{p_2}\right) \cdots \left(1 - \frac{1}{p_r}\right) \\
&= n\left(1 - \frac{1}{p_1}\right)\left(1 - \frac{1}{p_2}\right) \cdots \left(1 - \frac{1}{p_r}\right)
\end{aligned}$$

■

보기 6.1.10

$$\begin{aligned}
\varphi(100) &= \varphi(2^2 \cdot 5^2) = \varphi(2^2)\varphi(5^2) \\
&= (2^2 - 2)(5^2 - 5) = 2 \cdot 20 = 40 \\
\varphi(720) &= \varphi(2^4 \cdot 3^2 \cdot 5) \\
&= 720(1 - \frac{1}{2})(1 - \frac{1}{3})(1 - \frac{1}{5}) = 192
\end{aligned}$$

앞에서 본 바와 같이 n이 2보다 큰 정수일 때 $\varphi(n)$은 짝수임을 암시하는데 다음 정리에서 이를 증명한다.

정리 6.1.11 n이 2보다 큰 정수이면 $\varphi(n)$은 짝수이다.

● **증명** $n \geq 3$이면 n은 다음 중 어느 한 가지 꼴로 반드시 표시된다.

(i) $n = 2^k \quad (k \geq 2)$

(ii) $n=p^e m$ (여기서 p는 홀수인 소수이고, $e \geq 1$, $(m, p)=1$이다.)

이때, (i)의 경우는 $\varphi(n)=\varphi(2^k)=2^{k-1}$이므로 $\varphi(n)$은 짝수이다. 또 (ii)의 경우는 $\varphi(n)=\varphi(p^e m)=\varphi(p^e)\varphi(m)=p^{e-1}(p-1)\varphi(m)$이고 $(p-1)$이 짝수이므로 $\varphi(n)$은 짝수이다. 따라서 정리가 성립한다. ▣

정리 6.1.12 f를 곱셈함수, $n(\geq 2)$을 양의 정수라 하고

$$n=p_1^{e_1}p_2^{e_2}\cdots p_r^{e_r}$$

을 n의 표준소인수분해라 할 때

$$\sum_{d\mid n} f(d)=\left(1+f(p_1)+f(p_1^2)+\cdots+f(p_1^{e_1})\right)\cdot \left(1+f(p_2)+f(p_2^2)+\cdots+f(p_2^{e_2})\right)\cdot \cdots \cdot\left(1+f(p_r)+f(p_r^2)+\cdots+f(p_r^{e_r})\right)$$

이다.

• **증명** n의 모든 양의 약수 d는

$$d=p_1^{l_1}p_2^{l_2}\cdots p_r^{l_r} \quad (\text{단, } 0\leq l_i\leq e_i)$$

와 같은 꼴이고 f가 곱셈함수이므로

$$f(d)=f\left(p_1^{l_1}p_2^{l_2}\cdots p_r^{l_r}\right)=f\left(p_1^{l_1}\right)f\left(p_2^{l_2}\right)\cdots f\left(p_r^{l_r}\right)$$

이다. $f\left(p_i^0\right)=f(1)=1 \quad (1\leq i\leq r)$이므로

$$\sum_{d\mid n} f(d)=\left(1+f(p_1)+f(p_1^2)+\cdots+f(p_1^{e_1})\right)\cdot \left(1+f(p_2)+f(p_2^2)+\cdots+f(p_2^{e_2})\right)\cdot \cdots \cdot\left(1+f(p_r)+f(p_r^2)+\cdots+f(p_r^{e_r})\right)$$

이다. ▣

따름정리 6.1.13 양의 정수 n에 대하여 다음이 성립한다.

$$\sum_{d \mid n} \varphi(d) = n$$

● **증명** 정리 6.1.8에 의하여 오일러 φ-함수는 곱셈함수이고 정리 6.1.12에 의하여 다음 등식이 성립한다.

$$\begin{aligned}\sum_{d \mid n} \varphi(d) = (\varphi(1) + \varphi(p_1) + \varphi(p_1^2) + \cdots + \varphi(p_1^{e_1}))\\ (\varphi(1) + \varphi(p_2) + \varphi(p_2^2) + \cdots + \varphi(p_2^{e_2}))\\ \cdots (\varphi(1) + \varphi(p_r) + \varphi(p_r^2) + \cdots + \varphi(p_r^{e_r}))\end{aligned}$$

또한, 정리 6.1.3에 의하여

$$\begin{aligned}&\varphi(1) + \varphi(p_i) + \varphi(p_i^2) + \cdots + \varphi(p_i^{e_i})\\ &= 1 + (p_i - 1) + (p_i^2 - p_i) + \cdots + (p_i^{e_i} - p_i^{e_i - 1})\\ &= p_i^{e_i}\end{aligned}$$

이므로 $\sum_{d \mid n} \varphi(d) = p_1^{e_1} p_2^{e_2} \cdots p_r^{e_r} = n$이 성립한다. ■

보기 6.1.14 $n = 18$일 때

$$\begin{aligned}\sum_{d \mid n} \varphi(d) &= \varphi(1) + \varphi(2) + \varphi(3) + \varphi(6) + \varphi(9) + \varphi(18)\\ &= 1 + 1 + 2 + 2 + 6 + 6\\ &= 18\end{aligned}$$

정리 6.1.15 정수 $n\,(n \geq 2)$에 대하여 n보다 작고 n과 서로소인 양의 정수들의 합은 $\frac{1}{2} n\varphi(n)$이다. 즉, 다음이 성립한다.

$$\frac{1}{2} n\varphi(n) = \sum_{\substack{(k,\ n) = 1 \\ 1 \leq k < n}} k$$

● **증명** n보다 작으면서 n과 서로소인 양의 정수들을 $a_1,\ a_2,\ \cdots,\ a_{\varphi(n)}$이라 하면

정리 3.1.7에 의하여$(a_i,\ n)=1=(n-a_i,\ n)$이다. 한편, $1 \le a_i < n$이므로 $1 \le n-a_i < n$이고 분명히 $a_i \ne a_j \Rightarrow n-a_i \ne n-a_j$이다. 그래서 $n-a_i$는 $a_1,\ a_2,\ \cdots,\ a_{\varphi(n)}$ 중의 꼭 하나이다. 그러므로 다음 식이 성립한다.

$$\begin{aligned} a_1+a_2+\cdots+a_{\varphi(n)} &= (n-a_1)+(n-a_2)+\cdots+(n-a_{\varphi(n)}) \\ &= n\varphi(n)-(a_1+a_2+\cdots+a_{\varphi(n)}) \end{aligned}$$

따라서

$$2(a_1+a_2+\cdots+a_{\varphi(n)})=n\varphi(n)$$

이므로 정리가 성립한다. ■

보기 6.1.16 $n=30$이라 할 때, $\varphi(30)=\varphi(2\cdot3\cdot5)=\varphi(2)\varphi(3)\varphi(5)=1\cdot2\cdot4=8$이고 30보다 작으면서 30과 서로소인 수는

$$1,\ 7,\ 11,\ 13,\ 17,\ 19,\ 23,\ 29$$

이다. 이때 다음 식으로부터 정리 6.1.15를 확인할 수 있다.

$$1+7+11+13+17+19+23+29=120=\frac{1}{2}\cdot30\cdot8$$

6.1 연습문제

01 다음과 같이 정의된 정수론적 함수 $f(n)$ 중에서 완전곱셈함수인 것을 모두 찾아라.

(1) $f(n)=0$ (2) $f(n)=2$

(3) $f(n)=n^3$ (4) $f(n)=\log n$

02 다음 각 n에 대하여 $\varphi(n)$의 값을 구하여라.

(1) $\varphi(10)$ (2) $\varphi(23)$

(3) $\varphi(77)$ (4) $\varphi(1331)$

(5) $\varphi(572)$ (6) $\varphi(10800)$

03 $\varphi(n)$이 다음 값을 가질 때 n의 값을 모두 구하여라.

(1) $\varphi(n)=2$ (2) $\varphi(n)=4$

(3) $\varphi(n)=6$ (4) $\varphi(n)=12$

04 다음을 만족하는 쌍둥이 소수 p, q를 구하여라.

(1) $\varphi(pq)=120$ (2) $\varphi(pq)=288$ (3) $\varphi(pq)=440$

05 다음 수의 마지막 두 자리를 구하여라.

(1) 7^{1123} (2) 19^{1204}

06 다음 사실을 증명하여라.

(1) $\varphi(2n)=\begin{cases}\varphi(n) & (n\text{이 홀수일 때})\\ 2\varphi(n) & (n\text{이 짝수일 때})\end{cases}$

(2) $\varphi(3n)=\begin{cases}3\varphi(n) & (3\mid n\text{ 일 때})\\ 2\varphi(n) & (3\nmid n\text{ 일 때})\end{cases}$

07 다음 사실을 증명하여라.

(1) $n=2^j\ (j\geq 1) \iff n=2\varphi(n)$

(2) $n=2^j\cdot 3^k\ (j,\ k\geq 1) \iff n=3\varphi(n)$

08 p가 소수이고 $e \geq 2$일 때

$$\varphi(\varphi(p^e)) = p^{e-2}\varphi(p(p-1))$$

임을 증명하여라.

09 두 양의 정수 $n,\ k$에 대하여

$$\varphi(n^k) = n^{k-1}\varphi(n)$$

가 성립함을 증명하여라.

10 다음 사실을 증명하여라.

(1) $(m,\ n) = d$일 때 $\varphi(mn) = \dfrac{d}{\varphi(d)}\varphi(m)\varphi(n)$

(2) (1)의 결과를 사용하여 φ는 곱셈함수임을 밝혀라.

11 $m \mid n\ (1 \leq m \leq n)$이면 $\varphi(m) \mid \varphi(n)$임을 증명하여라.

6.2 함수 σ와 함수 τ

이 절에서는 양의 정수 n에 대하여 n의 양의 약수와 관련된 함수 σ와 함수 τ에 대해 알아보고 n의 표준소인수분해로부터 이 함수들의 값을 구하는 식을 유도해보자.

정의 6.2.1 양의 정수 n에 대하여 정수론적 두 함수 $\sigma.\ \tau : \mathbb{N} \to \mathbb{Z}$를 다음과 같이 정의한다.

$$\tau(n) = \sum_{d \mid n} 1\,,\quad \sigma(n) = \sum_{d \mid n} d$$

즉 $\tau(n)$은 n의 양의 약수의 개수를, $\sigma(n)$은 n의 양의 약수들의 합을 의미한다.

보기 6.2.2 $n = 24$의 양의 약수는 1, 2, 3, 4, 6, 8, 12, 24이므로

$$\tau(24) = 8$$
$$\sigma(24) = 1+2+3+4+6+8+12+24 = 60$$

이다.

다음 표는 $1 \le n \le 13$일 때 $\tau(n)$, $\sigma(n)$값을 표시했고 $1 \le n \le 100$에 대한 $\tau(n)$, $\sigma(n)$값이 부록 표 2에 표시되어 있다.

n	1	2	3	4	5	6	7	8	9	10	11	12	13
$\tau(n)$	1	2	2	3	2	4	2	4	3	4	2	6	2
$\sigma(n)$	1	3	4	7	6	12	8	15	13	18	12	28	14

소수의 정의로부터 다음 사실은 명백하다.

$$n(n \ge 2)\text{은 소수} \iff \tau(n) = 2$$
$$\iff \sigma(n) = n+1$$

$\tau(n)$, $\sigma(n)$의 값을 구하는 공식을 얻기 위해서는 함수 τ와 σ가 곱셈함수라는 사실을

먼저 알아야 한다. 이를 위해, 정수론적 함수 $f:\mathbb{N}\to\mathbb{Z}$에 대하여 새로운 함수 F를 정의하자.

정의 6.2.3 정수론적 함수 $f:\mathbb{N}\to\mathbb{Z}$에 대하여 다음과 같이 정의된 함수 $F:\mathbb{N}\to\mathbb{Z}$를 f의 **뫼비우스 변환**(Möbius transform)이라 한다.

$$F(n)=\sum_{d\mid n} f(d)$$

d가 n의 양의 약수 전체를 취하면 $\dfrac{n}{d}$도 n의 양의 약수 전체를 취하게 되므로

$$F(n)=\sum_{d\mid n} f(d)=\sum_{d\mid n} f\left(\frac{n}{d}\right)$$

이다.

정리 6.2.4 f가 곱셈함수이면 f의 뫼비우스 변환 $F(n)=\sum_{d\mid n} f(d)$도 곱셈함수이다.

- **증명** $(m,\ n)=1$인 두 정수 $m,\ n$에 대하여 $(m,\ n)=1$이므로 mn의 모든 약수 d는

$$d=d_1d_2,\quad d_1\mid m,\quad d_2\mid n\quad (d_1,\ d_2)=1$$

이다. 즉 mn의 모든 약수 d는 m의 약수 d_1과 n의 약수 d_2의 곱이므로

$$F(mn)=\sum_{d\mid mn} f(d)=\sum_{d_1\mid m,\ d_2\mid n} f(d_1d_2)$$

이다. 여기서 $(d_1,\ d_2)=1$이고 f는 곱셈함수이므로 $f(d_1d_2)=f(d_1)f(d_2)$이다. 따라서

$$\begin{aligned}F(mn)&=\sum_{d_1\mid m,\ d_2\mid n} f(d_1d_2)=\sum_{d_2\mid n}\left[\sum_{d_1\mid m} f(d_1)\right]f(d_2)\\&=\sum_{d_2\mid n} F(m)f(d_2)=F(m)\sum_{d_2\mid n} f(d_2)\\&=F(m)\cdot F(n)\end{aligned}$$

이다. ▣

사실 정리 6.2.4의 역도 성립함을 증명할 수 있다(연습문제 6.3의 7).

따름정리 6.2.5 함수 τ와 함수 σ는 곱셈함수이다.

● **증명** 상수함수 $f(n)=1$과 항등함수 $g(n)=n$은 곱셈함수이므로 $(m, n)=1$이면 정리 6.2.4에 의하여

$$\sum_{d\mid n} f(d) = \sum_{d\mid n} 1 = \tau(n)$$
$$\sum_{d\mid n} g(d) = \sum_{d\mid n} d = \sigma(n)$$

도 곱셈함수이다. ■

이제 함수 τ와 함수 σ가 곱셈함수임을 알았으므로 모든 양의 정수 n에 대하여 $\tau(n)$, $\sigma(n)$의 값을 구하는 공식을 쉽게 얻을 수 있다.

보조정리 6.2.6 p가 소수이고, e를 양의 정수라 할 때

$\tau(p^e)=e+1$

$\sigma(p^e)=\dfrac{p^{e+1}-1}{p-1}$

이다.

● **증명** p^e의 모든 약수는 $1, p, p^2, \cdots, p^e$이므로 $\tau(p^e)=e+1$이다. 한편

$$\begin{aligned}\sigma(p^e) &= \sum_{i=0}^{e} p^i = 1+p+p^2+\cdots+p^e \\ &= \frac{p^{e+1}-1}{p-1}\end{aligned}$$

■

정리 6.2.7 정수 $n(\geq 2)$의 표준소인수분해가

$$n = p_1^{e_1} p_2^{e_2} \cdots p_r^{e_r}$$

이라 할 때 다음이 성립한다.

(1) $\tau(n)=(e_1+1)(e_2+1)\cdots(e_r+1)=\prod_{i=1}^{r}(e_i+1)$

(2) $\sigma(n)=\dfrac{p_1^{e_1}-1}{p_1-1}\cdot\dfrac{p_2^{e_2}-1}{p_2-1}\cdot\cdots\cdot\dfrac{p_r^{e_r}-1}{p_r-1}=\prod_{i=1}^{r}\dfrac{p_i^{e_i}-1}{p_i-1}$

특히 p가 소수일 때,

$$\tau(p^k)=k+1,\quad \sigma(p^k)=\frac{p^{k+1}-1}{p-1}$$

● **증명** 따름정리 6.2.5에 의하여 함수 τ는 곱셈함수이므로

$$\begin{aligned}\tau(n)&=\tau(p_1^{e_1})\tau(p_2^{e_2})\cdots\tau(p_r^{e_r})\\&=(e_1+1)(e_2+1)\cdots(e_r+1)\quad\text{(보조정리 6.2.6)}\end{aligned}$$

마찬가지로 따름정리 6.2.5에 의하여 함수 σ는 곱셈함수이므로

$$\begin{aligned}\sigma(n)&=\sigma(p_1^{e_1})\sigma(p_2^{e_2})\cdots\sigma(p_r^{e_r})\\&=\frac{p_1^{e_1}-1}{p_1-1}\cdot\frac{p_2^{e_2}-1}{p_2-1}\cdot\cdots\cdot\frac{p_r^{e_r}-1}{p_r-1}\quad\text{(보조정리 6.2.6)}\end{aligned}$$ ■

보기 6.2.8 $60=2^2\cdot3\cdot5$이므로

$$\tau(60)=(2+1)(1+1)(1+1)=12$$

$$\sigma(60)=\frac{2^3-1}{2-1}\cdot\frac{3^2-1}{3-1}\cdot\frac{5^2-1}{5-1}=7\cdot4\cdot6=168$$

실제로, 60의 양의 약수는 1, 2, 3, 4, 5, 6, 10, 12, 15, 20, 30, 60이다.

6.2 연습문제

01 정수 n의 값이 다음과 같을 때 $\tau(n)$과 $\sigma(n)$ 값을 구하라.

(1) 47

(2) 72

(3) $3 \cdot 5 \cdot 7 \cdot 11$

(4) $2^4 \cdot 3^5 \cdot 7 \cdot 11$

(5) $10!$

(6) 2^{100}

02 다음 $\tau(n)$의 값을 갖는 최소의 양의 정수 n을 구하여라.

(1) $\tau(n) = 2$

(2) $\tau(n) = 3$

(3) $\tau(n) = 4$

(4) $\tau(n) = 6$

03 다음 등식을 만족하는 양의 정수 n을 구하여라.

(1) $\sigma(n) = 12$

(2) $\sigma(n) = 18$

(3) $\sigma(n) = 24$

(4) $\sigma(n) = 52$

04 (1) 양의 약수를 꼭 두 개 갖는 수는 어떤 수인가?

(2) 양의 약수를 꼭 세 개 갖는 수는 어떤 수인가?

(3) 양의 약수를 꼭 네 개 갖는 수는 어떤 수인가?

05 p, q가 서로 다른 소수일 때

(1) $p^i q^j$의 모든 약수를 나열하라.

(2) $p^i q^j$의 모든 약수들의 합을 구하여라.

06 자연수 n의 양의 약수들의 곱을 구하여라.

Hint d가 n의 약수이면 $\frac{n}{d}$도 n의 약수이다.

07 정수 $k > 1$에 대하여 $\tau(n) = k$가 되는 n은 무수히 많음을 설명하여라.

08 다음 사실을 증명하여라.

(1) $\tau(n)$이 홀수일 필요충분조건은 n이 완전제곱수이다.

(2) $\sigma(n)$ 이 홀수일 필요충분조건은 n 이 완전제곱수이거나 완전제곱수의 두 배이다.

09 $\sigma_k(n) = \sum_{d \mid n} d^k$ 로 정의된 정수론적 함수 σ_k 에 대하여

(1) 다음 값을 구하여라.

(a) $\sigma_2(12)$

(b) $\sigma_3(8)$

(c) $\sigma_k(p)$ (p 는 소수)

(d) $\sigma_k(p^e)$ (p 는 소수)

(2) $\sigma_k(n)$ 은 곱셈함수임을 증명하여라.

Hint 정리 6.2.4

(3) p, q 가 소수일 때 $\sigma_k(p^a q^b)$ 를 구하는 식을 유도하라.

(4) $n = \prod_{i=1}^{r} p_i^{e_i}$ 일 때 $\sigma_k(n)$ 을 구하는 식을 유도하라.

6.3 뫼비우스함수 μ와 루이빌함수 λ

이 절에서는 독일 수학자 뫼비우스(August Ferdinand Möbius, 1790~1868)가 도입하여 소수 분포에 대한 연구에 유용한 뫼비우스함수 μ와 또 다른 정수론적 함수 루이빌함수 λ에 대하여 알아보자.

정의 6.3.1 다음과 같이 정의된 정수론적 함수 $\mu : \mathbb{N} \to \mathbb{Z}$를 **뫼비우스함수**(Möbius function)라고 한다.

$$\mu(n) = \begin{cases} 1 & n = 1\text{일 때} \\ 0 & p^2 \mid n \ (p\text{는 소수})\text{일 때} \\ (-1)^r & n = p_1 p_2 \cdots p_r \ (p_1, p_2, \cdots, p_r\text{은 모두 다른 소수})\text{일 때} \end{cases}$$

$n = 10$까지의 $\mu(n)$의 값은 다음과 같고, $1 \le n \le 100$에 대한 $\mu(n)$의 값이 부록 표 2에 구해져 있다.

n	1	2	3	4	5	6	7	8	9	10
$\mu(n)$	1	-1	-1	0	-1	1	-1	0	0	1

정리 6.3.2 뫼비우스함수 μ는 곱셈함수이다.

• **증명** $(m, n) = 1$이라 하자.

$m = 1$ 또는 $n = 1$이면 분명히 $\mu(mn) = \mu(m)\mu(n)$이다.

어떤 소수 p가 $p^2 \mid m$ 또는 $p^2 \mid n$이라면 $\mu(m)\mu(n) = 0$이고 또한 $p^2 \mid mn$이므로 $\mu(mn) = 0$이다. 그러므로

$$\mu(mn) = \mu(m)\mu(n)$$

이다. 이제 모든 소수 p에 대하여 $p^2 \nmid m$, $p^2 \nmid n$이라면, 즉

$$m = p_1 p_2 \cdots p_r, \quad n = q_1 q_2 \cdots q_s \ (p_i \ q_j\text{는 모두 다른 소수})$$

이라면 $(m, n) = 1$이므로

$$\mu(m) = (-1)^r, \quad \mu(n) = (-1)^s$$

이고 $mn = p_1p_2 \cdots p_r q_1q_2 \cdots q_s$이고 p_i q_j $(1 \le i \le r,\ 1 \le j \le s)$는 모두 다른 소수이므로

$$\mu(mn) = (-1)^{r+s} = (-1)^r(-1)^s = \mu(m)\mu(n)$$ ■

정리 6.3.3 f를 곱셈함수, μ를 뫼비우스함수라 하자. 양의 정수 $n\ (>1)$에 대하여

$$n = p_1^{e_1} p_2^{e_2} \cdots p_r^{e_r}$$

을 n의 표준소인수분해라 할 때

$$\sum_{d \mid n} \mu(d) f(d) = (1 - f(p_1))(1 - f(p_2)) \cdots (1 - f(p_r))$$

이다.

● **증명** 함수 $\alpha : \mathbb{N} \to \mathbb{Z}$를 $\alpha(n) = \mu(n) f(n)$으로 정의하면 함수 μ와 f가 곱셈함수이므로 α도 곱셈함수이다. 이때

$$\begin{aligned} & 1 + \alpha(p_i) + \alpha(p_i^2) + \cdots + \alpha(p_i^{e_i}) \\ &= 1 + \mu(p_i)f(p_i) + \mu(p_i^2)f(p_i^2) + \cdots + \mu(p_i^{e_i})f(p_i^{e_i}) \\ &= 1 + \mu(p_i)f(p_i) = 1 - f(p_i) \end{aligned}$$

이므로 따라서 정리 6.1.12에 의하여

$$\begin{aligned} \sum_{d \mid n} \mu(d) f(d) &= \sum_{d \mid n} \alpha(d) \\ &= \left(1 + \alpha(p_1) + \alpha(p_1^2) + \cdots + \alpha(p_1^{e_1})\right) \cdot \\ &\quad \left(1 + \alpha(p_2) + \alpha(p_2^2) + \cdots + \alpha(p_2^{e_2})\right) \cdot \cdots \\ &\quad \cdot \left(1 + \alpha(p_r) + \alpha(p_r^2) + \cdots + \alpha(p_r^{e_r})\right) \\ &= (1 - f(p_1))(1 - f(p_2)) \cdots (1 - f(p_r)) \end{aligned}$$

이다. ■

프랑스 수학자 조세프 루이빌(Joseph Louville, 1809~1882)가 소개한 뫼비우스함수 μ와 비슷한 또 다른 정수론적 함수 루이빌함수 λ를 정의하자.

정의 6.3.4 다음과 같이 정의된 정수론적 함수 $\lambda : \mathbb{N} \to \mathbb{Z}$ 를 **루이빌함수** (Louville's function)라 한다.

$$\begin{cases} \lambda(1) = 1 \\ \lambda(n) = (-1)^{e_1 + e_2 + \cdots + e_r} & \left(\text{단 } n = p_1^{e_1} p_2^{e_2} \cdots p_r^{e_r}\right) \end{cases}$$

이렇게 정의된 루이빌함수 λ 는 곱셈함수이고 $n = 10$ 까지의 루이빌함숫값 $\lambda(n)$ 은 다음과 같다.

n	1	2	3	4	5	6	7	8	9	10
$\lambda(n)$	1	-1	-1	1	-1	1	-1	-1	1	1

정리 6.3.5 뫼비우스함수 μ, 루이빌함수 λ 에 대하여 다음이 성립한다.

(1) $\displaystyle\sum_{d \mid n} \mu(d) = \begin{cases} 1 & (n = 1 \text{ 인 경우}) \\ 0 & (n \geq 2 \text{ 인 경우}) \end{cases}$

(2) $\displaystyle\sum_{d \mid n} \lambda(d) = \begin{cases} 1 & (n = 1 \text{ 또는 } n \text{이 완전제곱수인 경우}) \\ 0 & (\text{그 밖의 경우}) \end{cases}$

● **증명** (1) $n = 1$ 인 경우, $\displaystyle\sum_{d \mid n} \mu(d) = \sum_{d \mid 1} \mu(d) = \mu(1) = 1$이다.

$n \geq 2$, $n = p_1^{e_1} p_2^{e_2} \cdots p_r^{e_r}$ 이라 하자. 함수 F 를 μ 의 뫼비우스 변환이라 할 때

$$\begin{aligned} F\left(p_i^{e_i}\right) &= \sum_{d \mid p_i^{e_i}} \mu(d) = \mu(1) + \mu(p_i) + \mu\left(p_i^2\right) + \cdots + \mu\left(p_i^{e_i}\right) \\ &= 1 + (-1) + 0 + \cdots + 0 = 0 \end{aligned}$$

이다. 따라서 정리 6.2.4에 의하여 F 는 곱셈함수이므로

$$\begin{aligned} \sum_{d \mid n} \mu(d) &= F(n) = F\left(p_1^{e_1} p_2^{e_2} \cdots p_r^{e_r}\right) \\ &= F\left(p_1^{e_1}\right) F\left(p_2^{e_2}\right) \cdots F\left(p_r^{e_r}\right) = \prod_{i=1}^{r} (0) = 0 \end{aligned}$$

(2) $n = 1$ 인 경우, $\displaystyle\sum_{d \mid n} \lambda(d) = \sum_{d \mid 1} \lambda(d) = \lambda(1) = 1$ 이다.

$n \geq 2$, $n = p_1^{e_1} p_2^{e_2} \cdots p_r^{e_r}$ 이라 하자. 함수 F를 λ의 뫼비우스 변환이라 할 때

$$F(p^r) = \sum_{d \mid p^r} \lambda(d)$$
$$= \lambda(1) + \lambda(p) + \lambda(p^2) + \cdots + \lambda(p^r)$$
$$= 1 + (-1) + 1 + \cdots + (-1)^r$$

이므로 r이 홀수이면 $F(p^r) = 0$ 이고, r이 짝수이면 $F(p^r) = 1$ 이다. 한편 루이빌함수 λ는 곱셈함수이므로 정리 6.2.4에 의하여 F도 곱셈함수이므로

$$\sum_{d \mid n} \lambda(d) = F(n) = F\left(p_1^{e_1} p_2^{e_2} \cdots p_r^{e_r}\right)$$
$$= F\left(p_1^{e_1}\right) F\left(p_2^{e_2}\right) \cdots F\left(p_r^{e_r}\right)$$

이다. n이 완전제곱수일 때 그리고 이때에만 e_1, e_2, $\cdots$ e_r은 모두 짝수이다. 따라서 n이 완전제곱수일 때 모든 i에 대하여 $F\left(p_i^{e_i}\right) = 1$이 되어 $\sum_{d \mid n} \lambda(d) = 1$ 이고 n이 완전제곱수가 아닐 때 $\sum_{d \mid n} \lambda(d) = 0$ 이 된다. ▣

정리 6.3.6 **뫼비우스 반전공식 (Möbius Inversion Formula)**

함수 $F : \mathbb{N} \to \mathbb{Z}$가 정수론적 함수 f의 뫼비우스 변환이면, 즉 $F(n) = \sum_{d \mid n} f(d)$이면

$$f(n) = \sum_{d \mid n} \mu(d) F\left(\frac{n}{d}\right)$$

• **증명** $F(n) = \sum_{d \mid n} f(d)$ 이므로 $F\left(\frac{n}{d}\right) = \sum_{d' \mid \frac{n}{d}} f(d')$ 이고

$$\mu(d) F\left(\frac{n}{d}\right) = \mu(d) \sum_{d' \mid \frac{n}{d}} f(d') = \sum_{d' \mid \frac{n}{d}} \mu(d) f(d')$$

이다. 그러므로

$$\sum_{d \mid n} \mu(d) F\left(\frac{n}{d}\right) = \sum_{d \mid n} \sum_{d' \mid \frac{n}{d}} \mu(d) f(d')$$

이다. 한편 $d \mid n,\ d' \mid \frac{n}{d}$ 이라면 $\frac{n}{d} = sd'$, 즉 $n = sdd'$ 이어서 $d' \mid n$, $d \mid \frac{n}{d'}$ 이고 역으로 $d' \mid n,\ d \mid \frac{n}{d'}$ 이라면 $\frac{n}{d'} = td$, 즉 $n = tdd'$ 이어서 $d \mid n$, $d' \mid \frac{n}{d}$ 이다. 즉

$$d \mid n,\ d' \mid \frac{n}{d} \iff d' \mid n,\ d \mid \frac{n}{d'}$$

이다. 그러므로

$$\sum_{d \mid n} \sum_{d' \mid \frac{n}{d}} \mu(d) f(d') = \sum_{d' \mid n} \sum_{d \mid \frac{n}{d'}} \mu(d) f(d')$$

이다. 따라서

$$\begin{aligned} \sum_{d \mid n} \mu(d) F\left(\frac{n}{d}\right) &= \sum_{d' \mid n} \sum_{d \mid \frac{n}{d'}} \mu(d) f(d') \\ &= \sum_{d' \mid n} f(d') \left[\sum_{d \mid \frac{n}{d'}} \mu(d) \right] \end{aligned}$$

정리 6.3.5에 의하여 $\sum_{d \mid \frac{n}{d'}} \mu(d) = \begin{cases} 1 & (n = d' \text{ 인 경우}) \\ 0 & (\text{그밖의 경우}) \end{cases}$

이므로 $\sum_{d \mid n} \mu(d) F\left(\frac{n}{d}\right) = \sum_{d' \mid n} f(d') \left[\sum_{d \mid \frac{n}{d'}} \mu(d) \right] = \sum_{d' = n} f(d') \cdot 1 = f(n)$ ■

보기 6.3.7 함수 $\tau(n) = \sum_{d \mid n} 1$, $\sigma(n) = \sum_{d \mid n} d$ 는 각각 상수함수 $f(n) = 1$ 과 항등함수 $g(n) = n$ 의 뫼비우스 변환이므로 정리 6.3.6에 의하여 다음이 성립한다.

$$1 = f(n) = \sum_{d \mid n} \mu(d) \tau\left(\frac{n}{d}\right) = \sum_{d \mid n} \mu\left(\frac{n}{d}\right) \tau(d)$$

$$n = g(n) = \sum_{d \mid n} \mu(d) \sigma\left(\frac{n}{d}\right) = \sum_{d \mid n} \mu\left(\frac{n}{d}\right) \sigma(d)$$

예를 들어 $n = 8$ 일 때

$$\begin{aligned} \sum_{d \mid 8} \mu(d) \tau\left(\frac{8}{d}\right) &= \mu(1)\tau(8) + \mu(2)\tau(4) + \mu(4)\tau(2) + \mu(8)\tau(1) \\ &= 1 \cdot 4 + (-1) \cdot 3 + 0 \cdot 2 + 0 \cdot 1 = 1 \end{aligned}$$

$$\sum_{d\mid 8}\mu(d)\sigma\left(\frac{8}{d}\right)=\mu(1)\sigma(8)+\mu(2)\sigma(4)+\mu(4)\sigma(2)+\mu(8)\sigma(1)$$
$$=1\cdot 15+(-1)\cdot 7+0\cdot 3+0\cdot 1=8$$

임을 확인할 수 있다.

보기 6.3.8 정리 6.1.13에 의하여 $F(n)=\sum_{d\mid n}\varphi(n)$이면 $F(n)=n$이다. 따라서 정리 6.3.6에 의하여

$$\varphi(n)=\sum_{d\mid n}\mu(d)F\left(\frac{n}{d}\right)=\sum_{d\mid n}\mu(\frac{n}{d})F(d)$$

이므로

$$\varphi(n)=\sum_{d\mid n}\mu(d)\cdot\frac{n}{d}=\sum_{d\mid n}\mu(\frac{n}{d})\cdot d$$

이다. 예를 들어, $n=12$일 때 $\varphi(n)=\varphi(2^2\cdot 3)=4$이고

$$\sum_{d\mid 12}\mu(d)\frac{12}{d}=\mu(1)\cdot 12+\mu(2)\cdot 6+\mu(3)\cdot 4+\mu(4)\cdot 3+\mu(6)$$
$$\cdot 2+\mu(12)\cdot 1$$
$$=1\cdot 12+(-1)\cdot 6+(-1)\cdot 4+0\cdot 3+1\cdot 2+0\cdot 1$$
$$=4=\varphi(12)$$

임을 확인할 수 있다.

뫼비우스 반전공식(정리 6.3.6)의 역도 성립한다.

정리 6.3.9 정수론적 함수 F, f에 대하여

$$f(n)=\sum_{d\mid n}\mu(d)F\left(\frac{n}{d}\right)$$

이면 $F(n)=\sum_{d\mid n}f(d)$이다.

• **증명** $f(d)=\sum_{d'\mid d}\mu(d')F\left(\frac{d}{d'}\right)$이므로

$$\sum_{d \mid n} f(d) = \sum_{d \mid n} \sum_{d' \mid d} \mu(d') F\left(\frac{d}{d'}\right)$$

이다. $\frac{n}{d} = a$, $\frac{d}{d'} = b$ 라고 하면 $n = da$, $d = d'b$, $n = adb'$이므로

$$\begin{aligned}\sum_{d \mid n} f(d) &= \sum_{d \mid n} \sum_{d'b = d} \mu(d') F(b) \\ &= \sum_{bd' \mid n} \mu(d') F(b) \\ &= \sum_{b \mid n} F(b) \left[\sum_{d' \mid \frac{n}{b}} \mu(d') \right]\end{aligned}$$

따라서 정리 6.3.5에 의하여

$$\sum_{d' \mid \frac{n}{b}} \mu(d') = \begin{cases} 1 & (b = n \text{일 때}) \\ 0 & (\text{다른 경우}) \end{cases}$$

이므로 $\sum_{d \mid n} f(d) = F(n)$ 이다. ■

6.3 연습문제

01 다음 정수 n에 대하여 $\mu(n)$, $\lambda(n)$의 값을 구하여라.

(1) $n = 89$ (2) $n = 612$

(3) $n = 3 \cdot 5 \cdot 7 \cdot 11$ (4) $n = 10!$

02 다음 정수 n에 대하여 보기 6.3.7의 뫼비우스 반전공식

$$1 = \sum_{d \mid n} \mu(d)\tau\left(\frac{n}{d}\right)$$

$$n = \sum_{d \mid n} \mu(d)\sigma\left(\frac{n}{d}\right)$$

가 성립함을 확인하여라.

(1) $n = 7$ (2) $n = 10$ (3) $n = 12$

03 모든 양의 정수 n에 대하여

$$\mu(n)\mu(n+1)\mu(n+2)\mu(n+3) = 0$$

임을 증명하여라.

04 모든 정수 $n \geq 3$에 대하여 $\sum_{k=1}^{n} \mu(k!) = 1$임을 증명하여라.

05 정리 6.2.4를 이용하여 정리 6.1.13의 사실, 즉

$$\sum_{d \mid n} \varphi(d) = n$$

임을 증명하여라.

06 $n = p_1^{e_1} p_2^{e_2} \cdots p_r^{e_r}$을 n의 표준소인수분해라 할 때 정리 6.3.3을 이용하여 다음을 증명하여라.

(1) $\sum_{d \mid n} \frac{\mu(d)}{d} = \prod_{i=1}^{r}\left(1 - \frac{1}{p_i}\right)$

(2) $\sum_{d \mid n} \mu(d)\tau(d) = (-1)^r$

(3) $\sum_{d \mid n} \mu(d)\sigma(d) = (-1)^r p_1 p_2 \cdots p_r$

(4) $\sum_{d \mid n} \mu(d)\varphi(d) = (2-p_1)(2-p_2) \cdots (2-p_r)$

특히 n 이 짝수이면 $\sum_{d \mid n} \mu(d)\varphi(d) = 0$ 이다.

(5) $\sum_{d \mid n} d\mu(d) = (1-p_1)(1-p_2) \cdots (1-p_r)$

(6) $n = 18$ 인 경우 위 (1), (2), (3), (4), (5)가 성립함을 확인하여라.

07 두 정수론적 함수 f, F 에 대하여

$$F(n) = \sum_{d \mid n} f(d)$$

이라 할 때, F 가 곱셈함수이면 f 도 곱셈함수임 (정리 6.2.4의 역)을 증명하여라.

Hint 정리 3.6.3(뫼비우스 반전공식)

6.4 완전수

정수론에는 해결되지 않은 문제가 많이 있는데 이 절에서는 미해결의 문제로 남아 있는 완전수와 다음 절에서 완전수와 깊게 관련되어 있는 메르센 소수에 대하여 논한다.

정의 6.4.1 양의 정수 n에 대하여 양의 약수 전체의 합이 $2n$과 같을 때, 즉

$$\sigma(n) = 2n$$

일 때, n을 **완전수** (perfect number)라고 한다.

보기 6.4.2 정수 6과 28은 완전수이다. 실제로

$$\sigma(6) = 1 + 2 + 3 + 6 = 2 \cdot 6$$
$$\sigma(28) = 1 + 2 + 4 + 7 + 14 + 28 = 2 \cdot 28$$

고대 그리스 수학자 니코마코스(Nicomachus)는 그의 저서 *Introductio Arithmeticae*에서 처음 4개의 완전수

$$p_1 = 6, \quad p_2 = 28, \quad p_3 = 496, \quad p_4 = 8128$$

을 소개하고 이로부터 다음과 같이 두 가지 추측을 하였다.

1. n 번째의 완전수 p_n은 n자리 정수이다.
2. 짝수인 완전수의 일의 자릿수는 6과 8이고 이 두 수가 교대로 나타난다.

그러나 그 다음 완전수 $p_5 = 33550336$과 $p_6 = 8589869056$가 발견됨으로써 위의 두 예측은 모두 틀렸음이 밝혀졌다. 즉 다섯 자리의 완전수는 존재하지 않으며 p_5와 p_6는 일의 자리가 6으로 끝나지만 6과 8이 번갈아 나타나지 않는다는 사실이 밝혀졌다.

홀수인 완전수는 아직까지 발견되지 않았으며, 완전수가 무한히 많은지도 밝혀지지 않았다. 그러나 다음 정리에 의하여 짝수인 완전수는 어떤 꼴인지를 알 수 있다.

정리 6.4.3 양의 정수 n에 대하여 다음이 성립한다.

n이 짝수인 완전수이다. $\Longleftrightarrow n = 2^{k-1}(2^k - 1)$ (단, $k \geq 2$이고 $2^k - 1$은 소수이다.)

• **증명** $n = 2^{k-1}(2^k - 1)$이고 $2^k - 1$은 소수라고 하자. $2^k - 1$은 홀수이므로 $(2^{k-1},\ 2^k - 1) = 1$이다. 또한 $2^k - 1$은 소수이므로 $\sigma(2^k - 1) = 2^k$이고 $\sigma(2^{k-1}) = 1 + 2 + 2^2 + \cdots + 2^{k-1} = 2^k - 1$이다. 따라서 따름정리 6.2.5에 의하여 σ가 곱셈함수이므로 다음이 성립한다.

$$\begin{aligned}\sigma(n) &= \sigma(2^{k-1} \cdot (2^k - 1)) = \sigma(2^{k-1})\sigma(2^k - 1) \\ &= (2^k - 1) \cdot 2^k = 2 \cdot 2^{k-1}(2^k - 1) = 2n\end{aligned}$$

따라서 n은 완전수이다. 역으로 n이 짝수인 완전수라고 가정하자. n이 짝수이므로 $n = 2^{k-1} \cdot m$ (단, m은 홀수이고 $k \geq 2$)이라 놓으면 $(2^{k-1},\ m) = 1$이고 σ가 곱셈함수이므로 다음 식을 얻는다.

$$(*) \qquad \sigma(n) = \sigma(2^{k-1}m) = \sigma(2^{k-1})\sigma(m) = (2^k - 1)\sigma(m)$$

한편 가정에 의하여 n이 완전수이므로

$$\sigma(n) = 2n = 2 \cdot 2^{k-1} \cdot m = 2^k \cdot m$$

이고 이 식을 $(*)$에 대입하면

$$(**) \qquad 2^k \cdot m = (2^k - 1)\sigma(m)$$

이기 때문에 $(2^k - 1) \mid 2^k \cdot m$이다. 그러나 $(2^k - 1,\ 2^k) = 1$이므로 정리 3.1.13에 의하여 $(2^k - 1) \mid m$이다.

이제 $m = (2^k - 1)M$이라 하자. $m = (2^k - 1)M$을 식 $(**)$에 대입하고 $2^k - 1$을 양변에서 소거하면 $\sigma(m) = 2^k M$이 된다. 또한 m과 M은 둘 다 m의 약수이고 $M < m$이므로 다음 식을 얻는다.

$$2^k M = \sigma(m) \geq m + M = (2^k - 1)M + M = 2^k M$$

즉

$$\sigma(m) = m + M$$

이다. 이 식으로부터 m의 약수는 m과 M뿐이라는 것을 의미하므로 $M = 1$이고 m은 소수이다. 따라서 $n = 2^{k-1} \cdot m = 2^{k-1}(2^k - 1)$이고 $m = 2^k - 1$은

소수이다. ■

정리 6.4.4 $a^k-1\ (a>0,\ k\geq 2)$가 소수라면 $a=2$이고 k는 소수이다. 특히 2^p-1이 소수이면 p는 소수이다.

● **증명** $a^k-1=(a-1)(a^{k-1}+a^{k-2}+\cdots+a+1)$에서

$$a^{k-1}+a^{k-2}+\cdots+a+1\geq a+1>1$$

이고 a^k-1이 소수이므로 $a-1=1$, 즉 $a=2$이다. 한편 k가 만약 합성수라면

$$k=de,\quad 1<d<k,\quad 1<e<k$$

인 정수 d, e가 존재해서

$$a^k-1=(a^d)^e-1=(a^d-1)(a^{d(e-1)}+a^{d(e-2)}+\cdots+a^d+1)$$

이다. 이 식 우변의 두 항은 분명히 1보다 크므로 a^k-1은 합성수가 되어 모순이다. 따라서 k는 소수이어야 한다. ■

정리 6.4.3과 정리 6.4.4로부터 짝수인 완전수를 찾기 위해서는 소수 p에 대한 2^p-1 중에서 소수인 것을 먼저 찾아서 완전수 $2^{p-1}\cdot(2^p-1)$을 구하면 된다.

보기 6.4.5 처음 여섯 개의 소수 $p=2,\ 3,\ 5,\ 7,\ 11,\ 13$에 대한 2^p-1의 값은 3, 7, 31, 127, 2047, 8191이고 $2047=23\cdot 89$를 제외하고 모두 소수이다. 따라서

$$\begin{aligned}p_1&=2^{2-1}(2^2-1)=6,\\ p_2&=2^{3-1}(2^3-1)=28,\\ p_3&=2^{5-1}(2^5-1)=496,\\ p_4&=2^{7-1}(2^7-1)=8128,\\ p_5&=2^{13-1}(2^{13}-1)=33550336\end{aligned}$$

은 모두 완전수이다. 그러나 정리 6.4.4의 역은 성립하지 않는다. 예컨대 $p=11$은 소수이지만 $2^p-1=2^{11}-1=2047=23\cdot 89$는 소수가 아니다.

니코마코스의 두 번째 추측, 즉 짝수인 완전수의 일의 자릿수는 6과 8이 교대로 나타난다는 추측은 사실이 아니라는 것을 지적하였다. 그러나 짝수인 완전수의 일의 자릿수는 항상 6 또는 8이라는 사실을 다음 정리에서 알 수 있다.

정리 6.4.6 짝수인 완전수의 일의 자릿수는 6 또는 8이다. 즉, n이 짝수인 완전수일 때 다음이 성립한다.

$$n \equiv 6 \pmod{10} \text{ 또는 } n \equiv 8 \pmod{10}$$

증명 정리 6.4.3에 의하여 짝수인 완전수 n은 $n = 2^{k-1}(2^k - 1)$ (단, $2^k - 1$은 소수)이다. 여기서 $2^k - 1$은 소수이므로 정리 6.4.4에 의하여 k는 소수이어야 한다. $k = 2$이면 $n = 6$이므로 정리가 성립한다. 따라서 k를 $k > 2$인 소수로 생각하면 $k = 4m+1$ 또는 $k = 4m+3$의 형태이다. 먼저 $k = 4m+1$ 꼴의 소수라면

$$\begin{aligned} n &= 2^{4m}(2^{4m+1} - 1) \\ &= 2^{8m+1} - 2^{4m} = 2 \cdot 16^{2m} - 16^m \end{aligned}$$

여기서 $16 \equiv 6 \pmod{10}$이므로 수학적 귀납법에 의하여 모든 자연수 t에 대하여 $16^t \equiv 6 \pmod{10}$임을 쉽게 알 수 있다. 따라서

$$n \equiv 2 \cdot 16^{2m} - 16^m \equiv 2 \cdot 6 - 6 \equiv 6 \pmod{10}$$

이 성립한다. 마찬가지로 $k = 4m+3$ 꼴의 소수라면 다음이 성립한다.

$$\begin{aligned} n &\equiv 2^{4m+2}(2^{4m+3} - 1) \\ &\equiv 2^{8m+5} - 2^{4m+2} \equiv 2 \cdot 16^{2m+1} - 4 \cdot 16^m \\ &\equiv 2 \cdot 6 - 4 \cdot 6 \equiv -12 \equiv 8 \pmod{10} \end{aligned}$$

■

앞 정리 6.4.6을 조금 더 자세히 살펴보면 모든 짝수인 완전수 $n = 2^{k-1}(2^k - 1)$은 언제나 끝자리(일의 자리)가 6이거나 끝 두 자리가 28이라는 것을 알 수 있다. 즉 $k = 4m+1$형태이면 $n \equiv 6 \pmod{10}$이고 $k = 4m+3$ 형태이면 $n \equiv 28 \pmod{100}$이 된다. 이를 보기 위해 $k = 4m+3$이라면

$$2^{k-1} = 2^{4m+2} = 16^m \cdot 4 \equiv 6 \cdot 4 \equiv 4 \pmod{10}$$

이고 $k > 2$에 대하여 $4 \mid 2^{k-1}$이다. 그러므로 2^{k-1}의 마지막 자리(일의 자리)는 4이고

마지막 두 자리 수는 4의 배수이다. 따라서 $2^{k-1} \equiv 4,\ 24,\ 44,\ 64,\ 84 \pmod{100}$이다. 이때

$$2^k - 1 = 2 \cdot 2^{k-1} - 1 \equiv 7,\ 47,\ 87,\ 27,\ 67 \pmod{100}$$

이 되어

$$\begin{aligned} n &= 2^{k-1}(2^k - 1) \\ &\equiv 4 \cdot 7,\ 24 \cdot 47,\ 44 \cdot 87,\ 64 \cdot 27,\ 84 \cdot 67 \pmod{100} \\ &\equiv 28 \pmod{100} \end{aligned}$$

임을 알 수 있다.

6.4 연습문제

01 $2p$ 가 완전수이면 $p=3$ 임을 증명하여라.

02 서로 다른 두 소수 p, q $(p>q)$ 에 대하여 pq 가 완전수인 경우는 $p=3$, $q=2$ 인 경우 뿐임을 증명하여라.

03 $n=2^{p-1}(2^p-1)$ 이 짝수인 완전수일 때 다음을 증명하여라.

(1) $\varphi(n)=2^{p-1}(2^p-1)$

(2) $\varphi(n)=n-2^{2p-2}$

04 $k(>1)$ 를 정수, 2^k-1 이 소수일 때 다음이 성립함을 증명하여라.

(1) $n=1+2+3+\ \cdots\ +(2^k-1)$ 은 완전수이다. 따라서 모든 짝수인 완전수는 이와 같은 꼴로 쓸 수 있다.

(2) $n=2^{k-1}+2^k+2^{k+1}+\ \cdots\ +2^{2k-2}$ 은 완전수이다. 따라서 모든 짝수인 완전수는 이와 같은 꼴로 쓸 수 있다.

(3) $n=1^3+3^3+5^3+\ \cdots\ +\left(2\cdot 2^{\frac{p-1}{2}}-1\right)^3$ 은 완전수이다. 따라서 모든 완전수는 이와 같은 꼴로 쓸 수 있다.

(4) 완전수 28과 496을 (1), (2), (3)의 꼴로 써라.

05 짝수인 완전수 $n(>6)$ 의 각 자릿수의 합은 법 9에 관하여 1과 합동임을 증명하여라.

06 다음 사실을 증명하여라.

(1) p 가 소수일 때 p^e $(e\geq 1)$은 완전수가 아니다.

(2) 홀수인 두 소수의 곱은 완전수가 아니다.

07 n 이 짝수인 완전수 즉, $n=2^{k-1}(2^k-1)$ 일 때 다음 사실을 증명하여라.

(1) n 은 삼각수이다.

(2) $\varphi(n)=2^{k-1}(2^{k-1}-1)$

08 다음 사실을 증명하여라.

(1) n이 완전수이면 $\sum_{d \mid n} \frac{1}{d} = 2$이다.

(2) (1)을 사용하여 n을 완전수라 하고, $d(\neq n)$를 n의 양의 약수라 할 때 d는 완전수가 아니다.

09 양의 정수 n에 대하여 $\sigma(n) < 2n$일 때 n을 **부족수** (deficient number)라고 한다. 다음이 성립함을 증명하여라.

(1) 14, 16은 부족수이다.

(2) $n = p^k$ (단 p는 소수) 이면 n은 부족수이다.

(3) $n = 2^{k-1}(2^k - 1)$ $(k > 1)$을 완전수라 할 때, n의 약수 d $(1 < d < n)$는 부족수이다.

10 양의 정수 n에 대하여 $\sigma(n) > 2n$일 때 n을 **초과수** (abundant number)라고 한다. 다음이 성립함을 증명하여라.

(1) 18, 20은 초과수이다.

(2) 정수 k (≥ 2)에 대하여 $n = 3 \cdot 2^k$은 초과수이다.

(3) $2^k - 1$이 합성수이면 $n = 2^{k-1}(2^k - 1)$ $(k > 1)$은 초과수이다.

(4) n이 초과수이거나 완전수일 때 n의 배수는 초과수이다.

11 양의 정수 n이 $\sigma(\sigma(n)) = 2n$을 만족 할 때 n을 **초완전수** (superperfect number)라 한다. 다음 사실을 증명하여라.

(1) 16은 초완전수이다.

(2) 짝수인 초완전수 n은 $n = 2^q$ (단 $2^{q+1} - 1$은 소수)의 형태이다.

Hint $n = 2^q t$ $(t > 1$는 홀수$)$라 놓고 두 정수 r, s에 대하여 $\sigma(rs) \geq rs + r + s + 1$인 사실을 이용하여 모순을 유도하라.

(3) $2^{q+1} - 1$이 소수일 때 $n = 2^q$은 초완전수이다.

(4) p가 홀수인 소수일 때 $n = p^2$은 초완전수가 아니다.

Hint $\sigma(\sigma(p^2)) = \sigma(1 + p + p^2) = 2p^2$이라면 $p^2 + p + 1 = q^a r^b$ (q, r은 소수)로 나타낼 수 있고 이로부터 모순을 유도하라.

12 두 양의 정수 m, n에 대하여

$$\sigma(m) = \sigma(n) = m + n$$

일 때, m과 n은 **친화쌍**(amicable pair)이라 한다.

(1) 220, 284는 친화쌍임을 보여라.

(2) 소수 p는 어떤 양의 정수와도 친화쌍이 될 수 없음을 증명하여라.

(3) 양의 정수 $n\,(\geq 2)$에 대하여 $3 \cdot 2^{n-1} - 1$, $3 \cdot 2^{n} - 1$, $3^2 \cdot 2^{2n-1} - 1$이 모두 소수이면 두 수 $2^n(3 \cdot 2^{n-1} - 1)(3 \cdot 2^n - 1)$, $2^n(3^2 \cdot 2^{2n-1} - 1)$은 친화쌍임을 증명하여라.

(4) (3)을 이용하여 친화쌍 하나를 구하여라.

6.5 메르센 소수

정리 6.4.3에 의하여 짝수인 완전수를 찾는 문제는 결국 2^k-1 형태의 소수를 찾는 문제로 귀착되었다. 그러므로 2^k-1 꼴의 수는 중요한 의미를 갖게 되어서 깊은 연구가 계속되었는데 이런 형태의 수를 메르센 수라고 한다.

정의 6.5.1 n을 양의 정수라 할 때, 정수 $M_n = 2^n - 1$을 n번째 **메르센 수**(Mersenne number)라 한다. 특히,

$$M_p = 2^p - 1$$

이 소수일 때 이 소수 M_p를 **메르센 소수**(Mersenne prime)라고 한다.

우리는 정리 6.4.4에서 $M_p = 2^p - 1$가 소수이면 p는 소수라는 사실을 알고 있다.

보기 6.5.2

$$M_2 = 2^2 - 1 = 3$$
$$M_3 = 2^3 - 1 = 7$$
$$M_5 = 2^5 - 1 = 31$$
$$M_7 = 2^7 - 1 = 127$$

은 소수이지만

$$M_{11} = 23 \cdot 89$$
$$M_{23} = 47 \cdot 178481$$

은 합성수이다. 2012년 현재까지 알려진 가장 큰 메르센 소수는 2008년에 발견된 $M_{43112609}$이며 이 수는 12978189 자리의 소수이다.

프랑스 수학자 메르센(Marin Mersenne, 1588~1648)는 그의 저서 *Cognitata Physico-Mathematica*에서 "$p = 2, 3, 5, 7, 13, 17, 19, 31, 67, 127, 257$에 대한 M_p는 소수이고 $p < 257$인 다른 소수 p에 대한 M_p는 합성수이다."고 주장하였다. 메르센이 이같이 주장

한 지 300년 이상이 지난 1947년에 드디어 $p \le 257$인 55개의 소수 p에 대해 메르센 추측이 완전히 해결되었는데 메르센은 5개의 오류를 범한 것으로 밝혀졌다. 실제로 M_{61}, M_{89}, M_{107}은 소수이고 M_{67}, M_{257}은 합성수이다.

1989년에 P.T. Bateman, J.L. Selfridge, S.S. Wagstaff는 메르센 소수에 대한 새로운 추측을 다음과 같이 하였다.

새로운 메르센 추측

p가 홀수인 소수일 때, 다음 세 명제 중 어느 두 명제가 참이면 나머지 한 명제도 참이다.

- $p = 2^k \pm 1$ 혹은 $p = 4^k \pm 3$
- M_p는 소수이다.
- $\dfrac{2^p+1}{3}$은 소수이다.

예를 들어, $p=7$일 때, $7 = 2^3 - 1$이고 $\dfrac{2^7+1}{3} = 43$이 소수이므로 알려진 대로 M_p가 소수가 되어 추측이 사실임을 알 수 있다. 실제로 모든 $p < 100000$에 대하여 이 추측이 사실임이 증명되었다.

보조정리 6.5.3 두 양의 정수 m, n $(m \ge n)$에 대하여 m을 n으로 나누었을 때의 나머지가 r이면 $a^m - 1$을 $a^n - 1$로 나누었을 때의 나머지는 $a^r - 1$이다. 즉,

$$m \equiv r \pmod{n} \text{이면 } a^m - 1 \equiv a^r - 1 \pmod{a^n - 1}$$

증명 정리 2.1.1(나눗셈 알고리즘)에 의하여

$$m = nq + r \quad (q \ge 1,\ 0 \le r < n)$$

인 정수 q, r이 존재하여 다음이 성립한다.

$$\begin{aligned} a^m - 1 &= a^{nq} \cdot a^r - 1 = (a^{nq} - 1)a^r + a^r - 1 \\ &= (a^n - 1)(a^{n(q-1)} + a^{n(q-2)} + \cdots + a^n + 1)a^r + a^r - 1 \end{aligned}$$

따라서 $a^m - 1$을 $a^n - 1$로 나누었을 때 나머지는 $a^r - 1$이다. ▣

정리 6.5.4 정수 $a\ (a \geq 2)$와 두 양의 정수 $m,\ n$에 대하여 다음이 성립한다.

$$(a^m - 1,\ a^n - 1) = a^{(m,\ n)} - 1$$

• **증명** 정리 2.1.1(나눗셈 알고리즘)에 의하여 $r_0 = m,\ r_1 = n$이라 할 때 다음 식이 성립한다.

$$\begin{aligned}
r_0 &= q_0 r_1 + r_2, \quad 0 < r_2 < r_1 \\
r_1 &= q_1 r_2 + r_3, \quad 0 < r_3 < r_2 \\
&\ \ \vdots \\
r_{k-1} &= q_{k-1} r_k + r_{k+1}, \quad 0 < r_{k+1} < r_k \\
r_k &= q_k r_{k+1}
\end{aligned}$$

이때, 정리 3.2.3(유클리드 알고리즘)에 의하여 $(m,\ n) = r_{k+1}$이다. 한편 보조정리 6.5.3에 의하여 두 정수 $R_0 = a^m - 1,\ R_1 = a^n - 1$에 대하여 다음 식이 성립한다.

$$\begin{aligned}
R_0 &= Q_0 R_1 + R_2, \quad R_2 = a^{r_2} - 1 \\
R_1 &= Q_1 R_2 + R_3, \quad R_3 = a^{r_3} - 1 \\
&\ \ \vdots \\
R_{k-1} &= Q_{k-1} R_k + R_{k+1}, \quad R_{k+1} = a^{r_{k+1}} - 1 \\
R_k &= Q_k R_{k+1}
\end{aligned}$$

따라서 정리 3.2.3(유클리드 알고리즘)에 의하여 다음이 성립한다.

$$(R_0,\ R_1) = (a^m - 1,\ a^n - 1) = a^{r_{k+1}} - 1 = a^{(m,\ n)} - 1$$ ▣

따름정리 6.5.5 두 양의 정수 $m,\ n$에 대하여 다음이 성립한다.

(1) $m \mid n$일 때, $(2^m - 1) \mid (2^n - 1)$이다. 즉, $m \mid n$일 때 $M_m \mid M_n$이다.

(2) $(2^m - 1,\ 2^n - 1) = 2^{(m,\ n)} - 1$, 즉 $(M_m,\ M_n) = M_{(m,\ n)}$ 특히, $(m,\ n) = 1$일 때 $(M_m,\ M_n) = 1$이다.

보기 6.5.6 $(4^8-1,\ 4^{12}-1)=4^{(8,\ 12)}-1=4^4-1=255$

$(2^6-1,\ 2^7-1)=2^{(6,\ 7)}-1=2^1-1=1$

또한 11, 12, 13은 쌍마다 서로소이므로

$$M_{11}=2^{11}-1,\quad M_{12}=2^{12}-1,\quad M_{13}=2^{13}-1$$

도 쌍마다 서로소이다.

어떤 형태의 메르센 수가 소수인지 합성수인지를 판정하는 데는 여러 가지 방법이 알려져 있는데 다음 정리는 그중의 한 가지 방법이다.

정리 6.5.7 p가 홀수인 소수일 때, 메르센 수 $M_p=2^p-1$의 소인수는 $2kp+1$ (k는 양의 정수)의 형태이다.

• **증명** q를 $M_p=2^p-1$의 소인수라 하자. 그러면 $(q,\ 2)=1$이므로 정리 5.2.2 (페르마 정리)에 의하여 $q\mid(2^{q-1}-1)$이고 또, 정리 6.5.4에 의하여

$$(*)\qquad (2^p-1,\ 2^{q-1}-1)=2^{(p,\ q-1)}-1$$

이다. q는 2^p-1과 $2^{q-1}-1$의 공약수이므로 $(2^p-1,\ 2^{q-1}-1)>1$이다.

한편 $(p,\ q-1)=1$ 또는 $(p,\ q-1)=p$인데 만약 $(p,\ q-1)=1$이라면 식 (*)에서 $(2^p-1,\ 2^{q-1}-1)=1$로서 모순이므로 $(p,\ q-1)=p$이어야 한다. 따라서 $p\mid(q-1)$이고 $q-1=mp$인 정수 m이 존재한다. q와 p는 홀수인 소수이므로 m은 짝수이어야 한다. 따라서 어떤 정수 k가 존재하여 $q=mp+1=2kp+1$이다. ▣

이제 정리 6.5.7을 사용하여 메르센 수가 소수인지 합성수인지를 결정해 보자.

보기 6.5.8 메르센 수 $M_{13}=2^{13}-1=8191$을 생각하자. M_{13}가 합성수라면 정리 2.2.5에 의하여 M_{13}은 $\sqrt{M_{13}}=\sqrt{8191}=90.504\cdots$ 보다 작거나 같은 소인수가 존재해야 하고 또 이런 소인수는 정리 6.5.7에 의하여 $26k+1$의 꼴이어야 한다. $\sqrt{M_{13}}$ 보다 작거나 같은 $26k+1$ 꼴의 소인수는 53과 79 뿐인데

$53 \nmid 8191$, $79 \nmid 8191$ 이므로 M_{13} 은 소수이다.

보기 6.5.9 $M_{23} = 2^{23} - 1 = 8388607$ 이 소수인지를 판정하기 위해 $\sqrt{M_{23}} = 2896.309 \cdots$ 보다 작거나 같고 $46k+1$ 형태의 소인수를 생각하자. $46k+1$ 의 첫 소수 47 로 M_{23} 을 실제 나누면 $8388607 = 47 \cdot 178481$ 이므로 M_{23} 은 합성수임을 알 수 있다.

다음 정리는 메르센 수 $M_p = 2^p - 1$ 의 소인수를 찾는 또 다른 방법을 제시한 것인데 증명은 8장에서 다루는 르장드르 기호를 써서 증명할 수 있다.

정리 6.5.10 $p = 4k+3$ $(k > 1)$ 가 소수일 때 $2p+1$ 이 소수일 필요충분조건은

$$(2p+1) \mid M_p = 2^p - 1$$

이다.

보기 6.5.11 $p = 11,\ 23,\ 83,\ 131,\ 179,\ 191,\ 239,\ 251$ 일 때 $2p+1$ 은 소수이므로 M_p 는 합성수이다.

6.5 연습문제

01 다음 정수들의 한 약수를 구하여라.

(1) $2^{91}-1$　　(2) $2^{111}-1$

(3) $2^{1001}-1$　　(4) $2^{289}-1$

Hint 따름정리 6.5.5

02 다음 중에서 $M_{160}=2^{160}-1$ 의 약수인 것을 찾아라.

(1) $2^4-1=15$　　(2) $2^8-1=255$

(3) $2^{20}-1=1048575$

Hint 따름정리 6.5.5

03 $3^{101}-1$ 을 80으로 나눈 나머지를 구하여라.

Hint 보조정리 6.5.3

04 정리 6.5.7을 사용하여 다음 메르센 수 중 어떤 것이 소수인지를 판별하여라.

(1) $M_7=2^7-1$　　(2) $M_{11}=2^{11}-1$

(3) $M_{17}=2^{17}-1$　　(4) $M_{19}=2^{19}-1$

05 3이 아닌 메르센 소수의 끝자리 수는 1 또는 7임을 증명하여라.

06 메르센 수 $M_{2281}=2^{2281}-1$ 은 몇 자리 수인지를 구하여라.

단, $\log 2=0.30102995664$ 이다.

07 다음 메르센 수의 마지막 두 자리 수를 구하여라.

(1) M_{121}　　(2) M_{1132}

Hint k가 짝수일 때 $24^k \equiv 76 \pmod{100}$

08 다음 사실을 증명하여라.

(1) 양의 정수 n에 대하여 $2n+1$이 소수이면

$$(2n+1) \mid M_n \text{ 또는 } (2n+1) \mid (M_n+2)$$

이다.

Hint 오일러 정리를 사용하여 $M_n(M_n+2) \equiv 0 \pmod{2n+1}$임을 증명하라.

(2) (1)의 결과를 이용하여 $M_{11}=2047$과 $M_{23}=8388607$은 합성수이다.

제 7 장

원시근과 지수

ELEMENTARY
NUMBER THEORY

7.1 위수
7.2 원시근
7.3 소수의 원시근
7.4 원시근을 가진 합성수
7.5 지수
7.6 이항합동식

7.1 위수

오일러 정리에 의하여 $(a,\ m)=1$일 때 $a^{\varphi(m)} \equiv 1 \pmod{m}$이므로 정수의 정렬성에 의하여 $a^x \equiv 1 \pmod{m}$을 만족하는 최소인 양의 정수 x가 존재한다.

정의 7.1.1 양의 정수 $m\,(m \geq 2)$과 $(a,\ m)=1$인 정수 a에 대하여 $a^r \equiv 1 \pmod{m}$인 최소 양의 정수 r을 **법 m에 관한 a의 위수**(order of a modulo m)라 하고 $r = ord_m a$로 나타낸다.

위의 정의에서 $1 \leq r = ord_m a \leq \varphi(m)$이다. 또 $a^r \equiv 1 \pmod{m}$이면 정리 4.1.27에 의하여 $(a^r,\ m)=(1,\ m)=1$이고 따라서 따름정리 3.1.12에 의하여 $(a,\ m)=1$이다.

보기 7.1.2 법 7에 관한 2와 3의 위수는 각각 3과 6이다. 실제로

$$2^1 \equiv 2 \pmod{7},\quad 2^2 \equiv 4 \pmod{7},\quad 2^3 \equiv 1 \pmod{7}\text{이고}$$
$$3^1 \equiv 3 \pmod{7},\quad 3^2 \equiv 2 \pmod{7},\quad 3^3 \equiv 6 \pmod{7}$$
$$3^4 \equiv 4 \pmod{7},\quad 3^5 \equiv 5 \pmod{7},\quad 3^6 \equiv 1 \pmod{7}$$

이므로 $ord_7 2 = 3,\ ord_7 3 = 6$이다.

정리 7.1.3 (1) 정수 $m\ (m \geq 2)$과 두 정수 $a,\ b$에 대하여 $(a,\ m)=1,\ a \equiv b \pmod{m}$이면 $ord_m a = ord_m b$이다.

(2) $a \equiv 1 \pmod{m}$일 때 그리고 이때에만 $ord_m a = 1$이다.

• **증명** (1) $(a,\ m)=1,\ a \equiv b \pmod{m}$이라면 정리 4.1.27에 의하여 $(a,\ m)=(b,\ m)=1$이므로 법 m에 관한 b의 위수를 생각할 수 있다. 한편 임의의 양의 정수 k에 대하여 $a^k \equiv b^k \pmod{m}$이므로

$$a^r \equiv 1 \pmod{m} \iff b^r \equiv 1 \pmod{m}$$

이어서 $ord_m a = ord_m b$ 이다.

(2) 분명히 정의에 의하여 $a^1 \equiv 1 \pmod{m} \iff ord_m a = 1$ 이다. ■

위의 정리에 의하여 법 m에 관한 위수를 생각할 때는 기약잉여계 $\mathbb{Z}_m^* = \{r \in \mathbb{Z}_m \mid (r, m) = 1\}$ 에 속하는 정수에 대해서만 생각하면 된다.

보기 7.1.4 $10 \equiv 3 \pmod{7}$이고 보기 7.1.2에 의하여 $ord_7 3 = 6$이므로 $ord_7 10 \equiv 6$ 이다. 따라서 $10^6 \equiv 1 \pmod{7}$이고 $0 < r < 6$인 정수 r에 대하여 $10^r \not\equiv 1 \pmod{7}$이다.

정리 7.1.5 양의 정수 m과 $(a, m) = 1$인 정수 a에 대하여 $ord_m a = r$이라 할 때 다음이 성립한다.

$$a^k \equiv 1 \pmod{m} \iff r \mid k$$

● **증명** $r \mid k$라면 $k = rs$인 정수 s가 존재하고 $a^r \equiv 1 \pmod{m}$이므로

$$a^k \equiv a^{rs} \equiv (a^r)^s \equiv 1^s \equiv 1 \pmod{m}$$

이다. 역으로 $a^k \equiv 1 \pmod{m}$이라고 하면 나눗셈 알고리즘에 의하여 $k = rq + t$, $0 \leq t < r$인 정수 q, t가 존재하여

$$1 \equiv a^k \equiv a^{rq+t} \equiv a^{rq}a^t \equiv (a^r)^q a^t \equiv a^t \pmod{m}$$

이다. 이때, 위수의 정의에 의하여 r은 $a^x \equiv 1 \pmod{m}$을 만족하는 최소 양의 정수이고 $0 \leq t < r$이므로 $t = 0$이어야 한다. 따라서 $r \mid k$이다. ■

보기 7.1.6 $x = 9$, $x = 10$이 $2^x \equiv 1 \pmod{7}$의 해가 되는지를 알아보자.

보기 7.1.2에서 $ord_7 2 = 3$임을 알았다. 따라서 정리 7.1.5에 의하여 $3 \mid 9$, $3 \nmid 10$이므로 $2^9 \equiv 1 \pmod{7}$, $2^{10} \not\equiv 1 \pmod{7}$이다. 즉, $x = 9$는 $2^x \equiv 1 \pmod{7}$의 해이지만 $x = 10$은 $2^x \equiv 1 \pmod{7}$의 해가 아니다.

따름정리 7.1.7 양의 정수 m과 $(a,\ m)=1$인 정수 a에 대하여 $ord_m a \mid \varphi(m)$이다.

● **증명** $(a,\ m)=1$이므로 정리 5.3.11 (오일러 정리)에 의하여

$$a^{\varphi(m)} \equiv 1 \pmod{m}$$

이다. 따라서 정리 7.1.5에 의하여 $ord_m a \mid \varphi(m)$이다. ■

위수 $ord_m a$를 구하기 위해서 보기 7.1.2에서는 모든 양의 정수 $k\,(\le \varphi(m))$에 대하여 a^k을 계산해야 했다. 하지만 위수 $ord_m a$를 구할 때 따름정리 7.1.7에 의하여 $\varphi(m)$의 약수 k에 대해서만 $a^k \equiv 1 \pmod{m}$이 성립하는가를 확인하면 충분하다.

보기 7.1.8 법 17에 관한 5의 위수를 구해보자.

$\varphi(17)=16$이고 16의 약수는 1, 2, 4, 8, 16뿐이므로 따름정리 7.1.7에 의하여 $ord_{17}5$는 1, 2, 4, 8, 16 중의 하나이다.

$$5^1 \equiv 5 \pmod{17},\quad 5^2 \equiv 8 \pmod{17},\quad 5^4 \equiv 13 \pmod{17},$$
$$5^8 \equiv 16 \pmod{17},\quad 5^{16} \equiv 1 \pmod{17}$$

이므로 $ord_{17}5=16$이다.

$a^i \equiv a^j \pmod{m}$일 때 $i,\ j$는 어떤 관계가 있는지를 다음 정리에서 알 수 있다.

정리 7.1.9 양의 정수 m과 $(a,\ m)=1$인 정수 a, 그리고 음이 아닌 정수 $i,\ j$에 대하여 다음이 성립한다.

$$a^i \equiv a^j \pmod{m} \iff i \equiv j \pmod{ord_m a}$$

● **증명** $a^i \equiv a^j \pmod{m}$, $ord_m a = r$, $0 \le j \le i$라 하자. $(a,\ m)=1$이므로 따름정리 3.1.12에 의하여 $(a^j,\ m)=1$이다. 그러므로 정리 4.2.7에 의하여 법 m에 관한 a^j의 역원 a^{-j}가 존재하여

$$a^i a^{-j} \equiv a^j a^{-j} \pmod{m}$$

즉 $a^{i-j} \equiv 1 \pmod{m}$ 이다. 따라서 정리 7.1.5에 의하여 $r \mid (i-j)$, 즉 $i \equiv j \pmod{ord_m a}$ 이다. 역으로 $i \equiv j \pmod{r}$, $i \geq j$ 이라면 $i = j + rk$ $(k \in \mathbb{Z})$ 이므로

$$a^i = a^{j+rk} = a^j (a^r)^k \equiv a^j 1^k \equiv a^j \pmod{m}$$

이다. ▣

따름정리 7.1.10 m 을 양의 정수, a 를 $(a, m) = 1$ 인 정수라 하고 법 m 에 관한 a 의 위수를 r 이라 할 때 r 개의 정수 $a, a^2, a^3, \cdots, a^r$ 중 어느 둘도 법 m 에 관하여 합동이 아니고, 이들은 모두 m 과 서로소이다. 따라서 $\{a, a^2, a^3, \cdots, a^r\}$ 은 법 m 에 관한 기약잉여계이다.

● **증명** 만약 $a^i \equiv a^j \pmod{m}$ $1 \leq i \leq j \leq r$ 이라면 정리 7.1.9에 의하여 $i \equiv j \pmod{r}$ 이다. 따라서 $0 \leq j - i < r$ 이므로 $i = j$ 이다. 한편, 따름정리 3.1.12에 의하여

$$(a^i, m) = 1 \ (1 \leq i \leq r)$$

이다. ▣

정리 7.1.11 양의 정수 m 과 $(a, m) = 1$ 인 정수 a 에 대하여 $ord_m a = r$ 일 때 다음이 성립한다.

(1) 음이 아닌 정수 k 에 대하여 법 m 에 관한 a^k 의 위수는 $\frac{r}{(k, r)}$ 이다. 즉,

$$ord_m a^k = \frac{r}{(k, r)}$$

특히, $d \mid r$ 일 때 $ord_m a^d = \frac{r}{d}$ 이다.

(2) 음이 아닌 정수 k 에 대하여 다음이 성립한다.

$$ord_m a^k = r \iff (k, r) = 1$$

(3) $a, a^2, a^3, \cdots, a^r$ 중에서 법 m 에 관한 위수가 r 인 정수의 개수는 $\varphi(r)$ 이다.

• **증명** (1) $d=(k,\ r)$, $k=dk'$, $r=dr'$ 이라고 하자. 이때, 양의 정수 s 에 대하여 다음이 성립한다.

$$\begin{aligned}(a^k)^s \equiv 1 \pmod{m} &\Rightarrow a^{ks} \equiv 1 \pmod{m}\\ &\Rightarrow r \mid ks,\ \text{즉}\ dr' \mid dk's \quad (\text{정리 } 7.1.5)\\ &\Rightarrow r' \mid k's\end{aligned}$$

한편 $(r',\ k')=1$이므로 정리 3.1.13에 의하여 $r' \mid s$ 이다. 따라서

$$(a^k)^s \equiv 1 \pmod{m} \Rightarrow r' \mid s$$

이고, 또

$$(a^k)^{r'} \equiv a^{dk'r'} \equiv (a^r)^{k'} \equiv 1^{k'} \equiv 1 \pmod{m}$$

이므로 위수의 정의에 의하여 $ord_m a^k = r' = \dfrac{r}{(k,\ r)}$ 이다.

(2) 위의 (1)에 의하여 분명히 성립한다.

(3) $a,\ a^2,\ a^3,\ \cdots,\ a^r$ 중에서 법 m 에 관한 위수가 r 인 정수의 개수는 (2)에 의하여 $1,\ 2,\ 3,\ \cdots,\ r$ 중에서 r 과 서로소인 정수의 개수 $\varphi(r)$ 와 일치한다. ■

보기 7.1.12

$$3^1 \equiv 3 \pmod 7,\quad 3^2 \equiv 2 \pmod 7,\quad 3^3 \equiv 6 \pmod 7$$
$$3^4 \equiv 4 \pmod 7,\quad 3^5 \equiv 5 \pmod 7,\quad 3^6 \equiv 1 \pmod 7$$

이므로 $ord_7 3 = 6 = \varphi(7)$ 이다. 따라서 정리 7.1.11의 (1)에 의하여 법 7에 관한 $3,\ 3^2,\ 3^3,\ 3^4,\ 3^5,\ 3^6$ 의 위수는 각각 6, 3, 2, 3, 6, 1 이다. 그러므로 정리 7.1.3에 의하여 법 7에 관한 위수는 다음과 같다.

a	1	2	3	4	5	6
$ord_7 a$	1	3	6	3	6	2

한편, 따름정리 7.1.10에 의하여 $R=\{3,\ 3^2,\ 3^3,\ 3^4,\ 3^5,\ 3^6\}$은 법 7에 관한 기약잉여계이다.

보기 7.1.13 $\mathbb{Z}_{13}^* = \{1,\ 2,\ 3,\ \cdots,\ 12\}$ 에 속하는 각 정수의 법 13에 관한 위수를 구해 보자. 먼저

$$2^1 \equiv 2 \pmod{13},\quad 2^2 \equiv 4 \pmod{13},\quad 2^3 \equiv 8 \pmod{13},$$
$$2^4 \equiv 3 \pmod{13},\quad 2^5 \equiv 6 \pmod{13},\quad 2^6 \equiv 12 \pmod{13},$$
$$2^7 \equiv 11 \pmod{13},\quad 2^8 \equiv 9 \pmod{13},\quad 2^9 \equiv 5 \pmod{13},$$
$$2^{10} \equiv 10 \pmod{13},\quad 2^{11} \equiv 7 \pmod{13},\quad 2^{12} \equiv 1 \pmod{13}$$

이므로 $ord_{13} 2 = 12 = \varphi(13)$이다. 정리 7.1.11에 의하여 $ord_{13} 2^k$ $(1 \le k \le 12)$을 모두 구할 수 있다. 예를 들면 $ord_{13} 2^2 = \dfrac{12}{(2,\ 12)} = 6$, $ord_{13} 2^3 = \dfrac{12}{(3,\ 12)} = 4$이다. 또한 법 13에 관한 위수가 12인 정수 2^k은 $(k,\ 12) = 1$이어야 하므로

$$ord_{13} 2 = ord_{13} 2^5 = ord_{13} 2^7 = ord_{13} 2^{11} = 12$$

이다. 따라서 정리 7.1.3을 사용하여 $\mathbb{Z}_{13}^*$에 속하는 각 정수의 법 13에 관한 위수를 구하면 다음과 같다.

a	1	2	3	4	5	6	7	8	9	10	11	12
$ord_{13} a$	1	12	3	6	4	12	12	4	3	6	12	2

정리 7.1.14 정수 $m\ (\ge 2)$과 $(a,\ m) = (b,\ m) = 1$인 정수 $a,\ b$에 대하여

$$ord_m a = h,\quad ord_m b = k$$

일 때 $ord_m ab \mid hk$이다. 특히, $(h,\ k) = 1$일 때 $ord_m ab = hk$이다.

● 증명 $ord_m ab = r$이라 하자. 그러면

$$(ab)^{hk} \equiv a^{hk} b^{hk} \equiv (a^h)^k \cdot (b^k)^h \equiv 1 \cdot 1 \equiv 1 \pmod{m}$$

이므로 정리 7.1.5에 의하여 $r \mid hk$이다. 한편 $(ab)^r \equiv 1 \pmod{m}$이므로

$$1 \equiv \left((ab)^r\right)^h \equiv (ab)^{rh} \equiv (a^h)^r \cdot b^{rh} \equiv 1 \cdot b^{rh} \equiv b^{rh} \pmod{m}$$
$$1 \equiv \left((ab)^r\right)^k \equiv (ab)^{rk} \equiv a^{rk} \cdot (b^k)^r \equiv a^{rk} \cdot 1 \equiv a^{rk} \pmod{m}$$

이고 정리 7.1.5에 의하여

$$k \mid rh,\quad h \mid rk$$

이다. 그러므로 $(h,\ k)=1$ 이라면 정리 3.1.13(1)에 의하여 $k \mid r$, $h \mid r$ 이고 다시 정리 3.1.13(2)에 의하여 $hk \mid r$ 이다. 따라서 $ord_m ab = r = hk$ 이다. ▣

보기 7.1.15 보기 7.1.13에서 $ord_{13} 9 = 3$, $ord_{13} 5 = 4$ 가 성립한다. 그러므로 $ord_{13} 9 \cdot 5 = 3 \cdot 4$, 즉 $ord_{13} 6 = 12$ 이다.

정리 7.1.16 두 정수 $m,\ n\ (\geq 2)$ 이 서로소이고, $ord_m a = h$, $ord_n a = k$ 일 때

$$ord_{mn} a = [h,\ k]$$

이다.

• **증명** $a^h \equiv 1 \pmod m$, $a^k \equiv 1 \pmod n$ 이고 $h \mid [h,\ k]$, $k \mid [h,\ k]$ 이므로 $a^{[h,\ k]} \equiv 1 \pmod m$, $a^{[h,\ k]} \equiv 1 \pmod n$ 이다. $(m,\ n)=1$ 이므로 정리 4.1.26에 의하여

$$a^{[h,\ k]} \equiv 1 \pmod{mn}$$

이다. 한편 $a^t \equiv 1 \pmod{mn}$ 이라 하면

$$a^t \equiv 1 \pmod m,\ a^t \equiv 1 \pmod n$$

이므로 정리 7.1.5에 의하여 $h \mid t$, $k \mid t$ 이다. 즉 t 는 h, k 의 공배수이므로 $[h,\ k] \mid t$ 이다. 따라서 $ord_{mn} a = [h,\ k]$ 이다. ▣

보기 7.1.17 $ord_3 2 = 2$, $ord_5 2 = 4$, $ord_7 2 = 3$ 이므로

$$ord_{15} 2 = [2,\ 4] = 4,\ ord_{21} 2 = [2,\ 3] = 6,\ ord_{35} 2 = [4,\ 3] = 12$$

이다.

7.1 연습문제

01 $(a,\ m) \neq 1$ 이라면 $a^r \equiv 1 \pmod{m}$ 인 양의 정수 r 이 항상 존재하는가?

02 법 10에 관한 기약잉여계 $\mathbb{Z}_{10}^* = \{1,\ 3,\ 7,\ 9\}$ 에 속하는 각 정수의 법 10에 관한 위수를 구하여라.

03 (1) 법 11에 관한 2의 위수를 구하여라.

(2) (1)의 결과를 법 11에 관한 기약잉여계 $\{2,\ 2^2,\ 2^3,\ \cdots,\ 2^{10}\}$ 에 사용하여 법 11에 관한 모든 수의 위수를 구하여라.

a	1	2	3	4	5	6	7	8	9	10
$ord_{11}\, a$										

04 (1) 법 31에 관한 3의 위수를 구하여라.

(2) 법 31에 관한 위수가 6인 정수를 모두 구하여라.

05 $ord_m 5 = 22$ 인 최소인 양의 정수 m 을 구하여라.

06 (1) $ord_{13} 4 = 6$ 임을 보여라.

(2) $4^5 + 4^4 + \cdots + 4 + 1 \equiv 0 \pmod{13}$ 임을 보여라.

(3) p 가 홀수인 소수일 때, $ord_p a = r$ 이면 $a^{r-1} + a^{r-2} + \cdots + a + 1 \equiv 0 \pmod{p}$ 임을 증명하여라.

07 정수 $m\,(\geq 2)$ 에 대하여 $ord_m a = m-1$ 인 정수 a 가 존재하면 m 은 소수임을 증명하여라.

08 $(a,\ m) = (b,\ m) = 1$ 인 정수 $a,\ b$ 에 대하여 $ab \equiv 1 \pmod{m}$ 이면 $ord_m a = ord_m b$ 임을 증명하여라.

09 다음 사실이 성립하는지 판정하여라.

(1) $ord_p(a) = ord_p(p-a)$ (단 p는 소수)

(2) $d \mid \varphi(m)$이면 법 m에 관한 a의 위수가 d인 a가 존재한다.

10 $n > 1$일 때 $\varphi(2^n - 1)$은 n의 배수임을 증명하여라.

Hint 법 $2^n - 1$에 관한 2의 위수는 n이다.

11 $ord_m a = rs$일 때 $ord_m a^s = r$임을 증명하여라.

12 법 m에 관한 3의 위수(order of 3 modulo m)을 $ord_m 3$으로 나타낸다. $r = ord_5 3$, $s = ord_7 3$, $t = ord_{35} 3$일 때 세 수 r, s, t의 곱 rst의 값을 구하여라.

[2009학년도 중등임용시험 모의평가 문제]

13 p를 페르마 수 $F_n = 2^{2^n} + 1$의 소인수라 할 때 다음 사실을 증명하여라.

(1) $ord_p 2 = 2^{n+1}$

(2) $2^{n+1} \mid (p-1)$, 따라서 p는 $2^{n+1}k + 1$의 꼴이다.

14 다음 사실을 증명하여라.

(1) $a^2 + 1$의 홀수인 소인수는 $4k + 1$의 꼴이다.

(2) $4k + 1$의 꼴인 소수는 무수히 많이 존재한다.

Hint 유한개의 소수를 $p_1, p_2, \cdots, p_n$이라 하고 $N = (2p_1 p_2 \cdots p_n)^2 + 1$을 생각하라

15 (1) p, q가 홀수인 소수일 때 $q \mid (a^p - 1)$이면 $q \mid (a-1)$이거나 $q = 2kp + 1$ $(k \in \mathbb{Z})$임을 증명하여라.

(2) p를 홀수인 소수라 할 때, 메르센 수 $M_p = 2^p - 1$의 소인수는 $2kp + 1$ $(k \in \mathbb{Z})$의 형태임을 증명하여라.

(3) (2)를 이용하여 메르센 수 $M_{11} = 2^{11} - 1 = 2047$을 소인수분해하여라.

16 방정식 $3^x = 2^y - 1$의 양의 정수해는 $x = 1$, $y = 2$뿐임을 증명하여라.

7.2 원시근

따름정리 7.1.7에 의하여 $ord_m a$는 $\varphi(m)$의 약수이어야 하므로 법 m에 관한 a의 위수가 취할 수 있는 최대값은 $\varphi(m)$이다.

정의 7.2.1 m을 양의 정수, g를 $(g,\ m)=1$인 정수라 할 때 $ord_m g=\varphi(m)$일 때 다시 말해서 $g^{\varphi(m)} \equiv 1 \pmod{m}$이지만 $0<k<\varphi(m)$인 정수 k에 대해서는 $g^k \not\equiv 1 \pmod{m}$일 때 g를 **법 m에 관한 원시근**(primitive root modulo **m**)이라 한다.

보기 7.2.2 법 7에 관한 기약잉여계 $\mathbb{Z}_7^*=\{1,\ 2,\ 3,\ 4,\ 5,\ 6\}$에 속한 정수의 법 7에 관한 위수는 다음 표와 같다.

a	1	2	3	4	5	6
$ord_7 a$	1	3	6	3	6	2

따라서 두 정수 3과 5의 위수는 $\varphi(7)=6$이므로 3과 5는 법 7에 관한 원시근이다.

정수 g가 법 m에 관한 원시근일 때 정리 7.1.3에 의하여 $a \equiv g \pmod{m}$인 모든 정수 a는 법 m에 관한 원시근이다. 따라서 법 m에 관한 원시근의 존재를 확인하려면 법 m에 관한 적당한 기약잉여계, 예를 들어 $\mathbb{Z}_m^*=\{r\in\mathbb{Z}_m \mid (r,\ m)=1\}$의 정수 중에 원시근이 존재하는지를 확인하면 된다. 이런 의미에서 이 기약잉여계에 속하는 원시근의 개수를 법 m에 관한 원시근의 개수로 생각한다.

보기 7.2.3 법 8에 관한 기약잉여계 $\mathbb{Z}_8^*=\{1,\ 3,\ 5,\ 7\}$에 속한 정수들의 위수는 다음과 같다.

a	1	3	5	7
$ord_8 a$	1	2	2	2

따라서 위수가 $\varphi(8)=4$ 인 정수가 없으므로 법 8에 관한 원시근은 존재하지 않는다.

보기 7.2.3에서 보는 바와 같이 모든 정수가 원시근을 갖는 것은 아니다. 마지막 절에서 어떤 수가 원시근을 갖는지 알게 될 것이다.

분명히 2는 법 $F_0=3$, $F_1=5$ 에 관한 원시근임을 알 수 있다. 그렇다면 2는 다른 페르마 소수 F_n 에 관한 원시근이겠는가? 다음 보기에서 이 물음에 대한 답을 알 수 있다.

보기 7.2.4 페르마 수 $F_n=2^{2^n}+1\ (n\geq 2)$가 소수이면 2는 법 F_n 에 관한 원시근이 아님을 증명하자.

$F_n=2^{2^n}+1$이 소수이므로 $\varphi(F_n)=2^{2^n}$이다.

한편 $2^{2^n}+1=F_n\equiv 0\ (\mathrm{mod}F_n)$, 즉

$$2^{2^n}\equiv -1\ (\mathrm{mod}F_n)$$

이므로 $2^{2^{n+1}}=\left(2^{2^n}\right)^2\equiv(-1)^2=1\ (\mathrm{mod}F_n)$ 이다. 그러므로

$$\begin{aligned} ord_{F_n}2 &\leq 2^{n+1} \\ &< 2^{2^n} \quad (\because\ n\geq 2 \text{ 일 때 } 2^n>n+1) \\ &= \varphi(F_n) \end{aligned}$$

따라서 $ord_{F_n}2\neq\varphi(F_n)$가 되어 2는 법 $F_n\ (n\geq 2)$ 에 관한 원시근이 아니다.

앞 절에서 얻은 정리들을 원시근에 적용하여 다음 정리를 얻을 수 있다.

정리 7.2.5 법 m 에 관한 원시근 g 가 존재할 때 다음이 성립한다.

(1) 음이 아닌 정수 k 에 대하여

$$g^k\equiv 1\ (\mathrm{mod}\,m)\iff \varphi(m)\mid k$$

(2) 음이 아닌 정수 i, j 에 대하여

$$g^i\equiv g^j\ (\mathrm{mod}\,m)\iff i\equiv j\ (\mathrm{mod}\,\varphi(m))$$

(3) 음이 아닌 정수 k에 대하여 다음이 성립한다.

$$ord_m g^k = \frac{\varphi(m)}{(\varphi(m), k)}$$

(4) 집합 $R = \{g^1,\ g^2,\ \cdots,\ g^{\varphi(m)}\}$은 법 m에 관한 기약잉여계이다.

(5) 음이 아닌 정수 k에 대하여 $(k,\ \varphi(m)) = 1$일 때 그리고 이때에만 g^k는 법 m에 관한 원시근이다.

(6) 법 m에 관한 원시근이 존재하는 경우 법 m에 관한 원시근은 모두 $\varphi(\varphi(m))$개 존재한다.

● 증명 g가 법 m에 관한 원시근이므로 $ord_m g = \varphi(m)$이다. 따라서

(1) 정리 7.1.5에 의해서 성립한다.

(2) 정리 7.1.9에 의해서 성립한다.

(3) 정리 7.1.11의 (1)에 의해서 성립한다.

(4) 따름정리 7.1.10에 의해서 성립한다.

(5) 위의 (3)에 의해서 성립한다.

(6) $R = \{g^1,\ g^2,\ \cdots,\ g^{\varphi(m)}\}$은 법 m에 관한 기약잉여계이고 g^k가 법 m에 관한 원시근일 필요충분조건이 $(k,\ \varphi(m)) = 1$이다. 따라서 R에 속하는 정수 중 법 m에 관한 원시근의 개수는 $1,\ 2,\ 3,\ \cdots,\ \varphi(m)$ 중 $\varphi(m)$과 서로소인 개수 $\varphi(\varphi(m))$과 같다. ■

보기 7.2.6 법 5에 관한 기약잉여계 $\mathbb{Z}_5^* = \{1,\ 2,\ 3,\ 4\}$에 속하는 정수의 법 5에 관한 위수는 다음 표와 같다.

a	1	2	3	4
$ord_5 a$	1	4	4	2

여기서 $\varphi(5) = 4$이므로 2와 3은 법 5에 관한 원시근이고 정리 7.2.5의 (4)에 의하여 $R = \{2,\ 2^2,\ 2^3,\ 2^4\}$, $S = \{3,\ 3^2,\ 3^3,\ 3^4\}$는 법 5에 관한 기약잉여계이다. 또한 정리 7.2.5의 (6)에 의하여 원시근은 $\varphi(\varphi(5)) = \varphi(4) = 2$개 존재하는데 R에 속하는 정수 중에서 법 5에 관한 원시근은 정리 7.2.5의 (5)에 의하여 2와 $2^3 \equiv 3 \pmod 5$이다. 마찬가지로 S에 속하는 정수 중에서 법 5에 관한 원시근은 3과 $3^3 \equiv 2 \pmod 5$이다.

보기 7.2.7 따름정리 7.1.7에 의하여 $ord_{11}2 \mid \varphi(11)=10$ 이어야 한다. 그런데

$$2^1 \equiv 2 \pmod{11}, \quad 2^2 \equiv 4 \pmod{11}, \quad 2^5 \equiv 10 \pmod{11}$$

이므로 $ord_{11}2=10$ 이 되어 2는 법 11에 관한 원시근이다. 따라서 $R=\{2, 2^2, 2^3, \cdots, 2^{10}\}$ 은 법 11에 관한 기약잉여계이고 정리 7.2.5의 (6)에 의하여 법 11에 관한 $\varphi(\varphi(11))=\varphi(10)=4$ 개의 원시근을 가진다.

이때, 정리 7.2.5의 (5)에 의하여 R 에 속하는 정수 중 법 11에 관한 원시근은 $2, 2^3, 2^7, 2^9$ 이다. 즉,

$$2 \equiv 2 \pmod{11}, \ 2^3 \equiv 8 \pmod{11}, \ 2^7 \equiv 7 \pmod{11}, \ 2^9 \equiv 6 \pmod{11}$$

이므로 2, 8, 7, 6은 법 11에 관한 원시근이다. 한편 정리 7.2.5의 (4)에 의하여 다음 집합은 모두 법 11에 관한 기약잉여계이다.

$$\{2, 2^2, 2^3, \cdots, 2^{10}\}, \quad \{6, 6^2, 6^3, \cdots, 6^{10}\},$$
$$\{7, 7^2, 7^3, \cdots, 7^{10}\}, \quad \{8, 8^2, 8^3, \cdots, 8^{10}\}$$

7.2 연습문제

01 법 6에 관한 원시근을 구하라.

02 정수 2는 법 13에 관한 원시근임을 확인하여라. 또 이 사실을 이용하여 법 13에 관한 원시근을 모두 구하여라.

03 법 12에 관한 기약잉여계 $\mathbb{Z}_{12}^{*}=\{1, 5, 7, 11\}$에 속하는 정수들의 법 12에 관한 위수를 구하고, 그 결과로부터 법 12에 관한 원시근이 없음을 확인하여라.

04 다음 중 법 7에 관한 기약잉여계인 것을 찾아라.

(1) $\{3, 3^2, 3^3, 3^4, 3^5, 3^6\}$　　(2) $\{2, 2^2, 2^3, 2^4, 2^5, 2^6\}$

(3) $\{1, 3, 3^2, 3^3, 3^4, 3^5\}$　　(4) $\{1, 5, 5^2, 5^3, 5^4, 5^5\}$

05 법 43에 관한 원시근은 모두 몇 개 존재하는가?

06 원시근과 관련된 다음 명제 중 옳은 것을 모두 고르시오.

[2009학년도 중등임용시험]

> (ㄱ) 19는 원시근을 갖는다.
>
> (ㄴ) 3은 8의 원시근이다.
>
> (ㄷ) 1보다 큰 정수 m의 원시근 g와 양의 정수 i j에 대하여 $g^i \equiv g^j \pmod{m}$이면 $i \equiv j \pmod{\varphi(m)}$이다.

07 a가 법 m에 관한 원시근일 때 다음 사실을 증명하여라.

(1) a의 역원 a^{-1}도 법 m에 관한 원시근이다.

(2) $a^{-1} \equiv a^{\varphi(m)-1} \pmod{m}$이다.

08 p를 홀수인 소수라 할 때 다음 사실을 증명하여라.

(1) a, b를 법 p에 관한 원시근이라 하면 적당한 홀수 k에 대하여 $b \equiv a^k \pmod{p}$이다.

(2) a, b를 법 p에 관한 원시근이라 하면 ab는 법 p에 관한 원시근이 아니다.

09 소수 $p\,(>3)$가 원시근을 가진다면 짝수 개의 원시근을 가짐을 증명하여라.

10 (1) p를 홀수인 소수, $(a,\ p)=1$일 때, a가 법 p에 관한 원시근이면 $a^{\frac{p-1}{2}} \equiv -1 \pmod{p}$임을 증명하여라.

(2) (1)의 결과를 일반화하여 $m \geq 3$, $(a,\ m)=1$일 때, a가 법 m에 관한 원시근이면 $a^{\frac{\varphi(m)}{2}} \equiv -1 \pmod{m}$임을 증명하여라.

(3) (1)의 역은 성립하는가? 즉, p를 홀수인 소수, $(a,\ p)=1$일 때, $a^{\frac{p-1}{2}} \equiv -1 \pmod{p}$이면 a는 법 p에 관한 원시근인가?

11 다음 사실이 성립하지 않은 반례를 찾아라.

(1) p가 홀수인 소수일 때, 법 p에 관한 두 원시근의 곱도 법 p에 관한 원시근이다.

(2) p가 홀수인 소수일 때, 법 p에 관한 두 원시근의 합도 법 p에 관한 원시근이다.

12 g가 법 $m\,(\geq 3)$에 관한 원시근일 때 다음이 성립함을 증명하여라.

(1) $g+g^2+\ \cdots\ +g^{\varphi(m)} \equiv 0 \pmod{m}$

(2) $(a,\ m)=1$인 정수 a에 대하여 a^2은 법 m에 관한 원시근이 아니다.

13 법 n에 관한 원시근이 존재할 때, n보다 작고 n과 서로소인 수들의 곱은 법 n에 관하여 -1과 합동임을 증명하여라. 즉

$$\prod_{a \in \mathbb{Z}_n^*} a \equiv -1 \pmod{n}$$

임을 증명하여라(n이 소수일 때 이 결과는 윌슨 정리이다).

7.3 소수의 원시근

우리는 정리 7.2.5에서 양의 정수 m이 원시근을 갖는다면 $\varphi(\varphi(m))$개 존재한다는 사실을 알지만 모든 양의 정수가 원시근을 갖는다고 말할 수 없다. 예를 들어, 보기 7.2.3에서 정수 8은 원시근을 갖지 않음을 보았다. 따라서 어떤 정수가 원시근을 갖는가 하는 당연한 문제가 생긴다.

우선 이 절에서 모든 소수는 원시근을 갖는다는 사실을 증명하자.

정의 7.3.1 양의 정수 m과 정수를 계수로 가지는 다항식 $f(x)$에 대하여

$$f(c) \equiv 0 \pmod{m}$$

일 때 "**c는 법 m에 관한 $f(x)$의 해(solution of $f(x)$ modulo m)이다.**" 또는 "**$f(x)$는 법 m에 관하여 해 c를 가진다.**"고 한다.
이때 $b \equiv c \pmod{m}$이면 b도 $f(x) \equiv 0 \pmod{m}$의 해가 된다.

보기 7.3.2 $f(x) = x^2 + x + 1$일 때 합동식 $f(x) \equiv 0 \pmod{7}$은 두 개의 해

$$x \equiv 2 \pmod{7} \text{와 } x \equiv 4 \pmod{7}$$

를 가진다. 실제로

$$f(0) \equiv 1 \pmod{7},\ f(1) \equiv 3 \pmod{7},\ f(2) \equiv 0 \pmod{7},$$
$$f(3) \equiv 6 \pmod{7},\ f(4) \equiv 0 \pmod{7},\ f(5) \equiv 3 \pmod{7},$$
$$f(6) \equiv 1 \pmod{7}$$

이다.

보기 7.3.3 $g(x) = x^2 + 2$일 때, 합동식 $g(x) \equiv 0 \pmod{5}$은 해를 갖지 않는다. 실제로

$$g(0) \equiv 2 \pmod{5},\ g(1) \equiv 3 \pmod{5},\ g(2) \equiv 1 \pmod{5},$$
$$g(3) \equiv 1 \pmod{5},\ g(4) \equiv 3 \pmod{5}$$

이다.

정리 7.3.4 정수를 계수로 가지는 다항식 $f(x)$와 정수 c에 대하여

$$f(c) \equiv 0 \pmod{m}$$

이기 위한 필요충분조건은

$$f(x) \equiv (x-c)g(x) \pmod{m}$$

인 정수를 계수로 가지는 다항식 $g(x)$가 존재하는 것이다.

● **증명** 나눗셈 알고리즘에 의하여

$$f(x) = (x-c)g(x) + r$$

인 다항식 $g(x)$와 r이 존재하고 이때 $f(c) = r$이므로 다음이 성립한다.

$$f(x) = (x-c)g(x) + f(c)$$

따라서 $f(c) \equiv 0 \pmod{m}$이면 $f(x) \equiv (x-c)g(x) \pmod{m}$이다. 역으로 $f(x) \equiv (x-c)g(x) \pmod{m}$인 정수를 계수로 가지는 다항식 $g(x)$가 존재하면 $f(c) \equiv (c-c)g(c) \equiv 0 \pmod{m}$이다. ■

보기 7.3.5 다항식 $f(x) = x^3 + 3x - 1$에 대하여

$$f(1) = 1 + 3 \cdot 1 - 1 = 3, \quad f(x) = (x-1)(x^2 + x + 4) + 3$$

이고 $f(1) \equiv 3 \equiv 0 \pmod{3}$이므로 다음이 성립한다.

$$f(x) \equiv (x-1)(x^2 + x + 4) \equiv (x-1)(x^2 + x + 1) \pmod{3}$$

정리 7.3.6 **라그랑주 정리 (Lagrange's Theorem)**

p가 소수일 때 n차합동식

$$a_n x^n + a_{n-1} x^{n-1} + \cdots + a_1 x + a_0 \equiv 0 \pmod{p}, \quad a_n \not\equiv 0 \pmod{p}$$

는 n개 이하의 해를 가진다.

● **증명** 차수 n에 대한 수학적 귀납법으로 증명하자.

$n = 1$이면 일차합동식

$$a_1x + a_0 \equiv 0 \pmod{p}, \quad a_1 \not\equiv 0 \pmod{p}$$

은 따름정리 4.2.5에 의하여 단 한 개의 해를 가지므로 정리가 성립한다.

다음에 $n \ge 2$이고, $n-1$차 이하의 합동식에 대하여 정리가 성립한다고 가정하고

$$f(x) = a_nx^n + a_{n-1}x^{n-1} + \cdots + a_1x + a_0$$

이라고 하자. 이때, $x \equiv a \pmod{p}$가 $f(x) \equiv 0 \pmod{p}$의 해이면 정리 7.3.4에 의하여

$$f(x) \equiv (x-a)g(x) \pmod{p}$$

인 정수 계수 다항식 $g(x)$가 존재한다. 이제 $x \equiv b \pmod{p}$를 합동식 $f(x) \equiv 0 \pmod{p}$의 또 다른 해라고 하면,

$$0 \equiv f(b) \equiv (b-a)g(b) \pmod{p}, \quad b-a \not\equiv 0 \pmod{p}$$

이므로 정리 3.3.1에 의하여 $g(b) \equiv 0 \pmod{p}$이다.

그러므로 합동식 $f(x) \equiv 0 \pmod{p}$의 해 중에서 $x \equiv a \pmod{p}$가 아닌 해는 모두 $g(x) \equiv 0 \pmod{p}$의 해가 된다. 그러나 $a_n \not\equiv 0 \pmod{p}$이므로 합동식 $g(x) \equiv 0 \pmod{p}$는 $n-1$차합동식이어서 수학적 귀납법 가정에 의하여 합동식 $g(x) \equiv 0 \pmod{p}$는 $n-1$개 이하의 해를 가진다. 따라서 합동식 $f(x) \equiv 0 \pmod{p}$는 n개 이하의 해를 가진다. ▣

앞의 정리에서, p가 소수라는 조건은 반드시 필요하다. 예를 들어 일차합동식 $2x \equiv 0 \pmod{4}$는 두 개의 해 $x \equiv 0 \pmod{4}$, $x \equiv 2 \pmod{4}$를 가지며 이차합동식 $x^2 + x \equiv 0 \pmod{6}$은 네 개의 해 $x \equiv 0 \pmod{6}$, $x \equiv 2 \pmod{6}$, $x \equiv 3 \pmod{6}$, $x \equiv 5 \pmod{6}$를 가진다.

앞 정리 증명으로부터 다음이 성립함을 알 수 있다.

따름정리 7.3.7 p가 소수일 때, 합동식 $f(x) \equiv 0 \pmod{p}$가 서로 다른 해 $x \equiv a \pmod{p}$, $\cdots$, $x \equiv b \pmod{p}$를 가지면

$$f(x) \equiv (x-a) \cdots (x-b)g(x) \pmod{p}$$

인 정수를 계수로 가지는 다항식 $g(x)$가 존재한다.

보기 7.3.8 합동식 $x^3-1\equiv 0 \pmod 3$은 한 개의 해 $x\equiv 1 \pmod 3$을 가지며

$$x^3-1\equiv (x-1)(x^2+x+1) \pmod 3$$

이다. 한편

$$x^2+x+1 \equiv x^2-2x+1 \equiv (x-1)^2 \pmod 3$$

이므로 $x^3-1\equiv (x-1)(x^2+x+1)\equiv (x-1)^3 \pmod 3$ 이다.

보기 7.3.9 정리 5.2.2 (페르마 정리)에 의하여, p가 소수일 때 $(a,\ p)=1$인 모든 정수 a에 대하여 $a^{p-1}\equiv 1 \pmod p$이고 또 임의의 모든 정수 a에 대하여 $a^p\equiv a \pmod p$이다. 따라서 두 합동식

$$x^{p-1}-1\equiv 0 \pmod p,\quad x^p-x\equiv 0 \pmod p$$

은 각각 $p-1$개의 해 $x\equiv 1 \pmod p$, $x\equiv 2 \pmod p$, $\cdots$, $x\equiv p-1 \pmod p$와 p개의 해 $x\equiv 0 \pmod p$, $x\equiv 1 \pmod p$, $\cdots$, $x\equiv p-1 \pmod p$를 가진다. 따라서 따름정리 7.3.7에 의하여 다음이 성립한다.

$$x^{p-1}-1\equiv (x-1)(x-2)\cdots(x-p+1) \pmod p$$
$$x^p-x\equiv x(x-1)\cdots(x-p+1) \pmod p$$

라그랑주 정리를 사용하여 다음 정리를 증명할 수 있는데 이 정리는 모든 소수는 원시근을 갖는다는 중요한 사실을 증명하는데 사용된다.

정리 7.3.10 p가 소수이고 $d\mid(p-1)$일 때 합동식

$$x^d-1\equiv 0 \pmod p$$

는 꼭 d개의 해를 가진다.

● **증명** $d\mid(p-1)$이므로 $p-1=dk$ $(k\in\mathbb{Z})$라고 하자. 그러면 다음 식이 성립한다.

$$\begin{aligned}x^{p-1}-1&=(x^d-1)(x^{d(k-1)}+x^{d(k-2)}+\cdots+x^d+1)\\&=(x^d-1)f(x)\end{aligned}$$

정리 7.3.6 (라그랑주 정리)에 의하여 합동식 $f(x)\equiv 0 \pmod p$는 $d(k-1)=$

$p-d-1$개 이하의 해를 가진다. 그런데 정리 5.2.2 (페르마 정리)에 의하여 합동식 $x^{p-1}-1 \equiv 0 \pmod{p}$는 $p-1$개의 해를 가진다.

한편 $x^{p-1}-1 \equiv 0 \pmod{p}$의 해 $x \equiv a \pmod{p}$가 $f(x) \equiv 0 \pmod{p}$의 해가 아니라면 $x^d-1 \equiv 0 \pmod{p}$의 해가 되어야 한다. 실제로

$$0 \equiv a^{p-1}-1 \equiv (a^d-1)f(a) \pmod{p}$$

이고 $p \nmid f(a)$라면 정리 3.3.1에 의하여 $p \mid (a^d-1)$이기 때문이다. 그러므로 합동식 $x^d-1 \equiv 0 \pmod{p}$는 적어도 $p-1-(p-d-1)=d$개의 해를 가져야 한다. 그러나 라그랑주 정리에 의하여 합동식 $x^d-1 \equiv 0 \pmod{p}$의 해는 d개보다 많지 않으므로 $x^d-1 \equiv 0 \pmod{p}$는 꼭 d개의 해를 가진다. ▣

보기 7.3.11 삼차합동식 $x^3-1 \equiv 0 \pmod{13}$의 해를 구해보자.

$x^3-1=(x-1)(x^2+x+1) \equiv 0 \pmod{13}$이므로 $x-1 \equiv 0 \pmod{13}$이거나 $x^2+x+1 \equiv 0 \pmod{13}$이다. 한편 $x^2+x+1 \equiv x^2+x-12 \equiv (x+4)(x-3) \equiv 0 \pmod{13}$이므로 $x \equiv -4 \equiv 9 \pmod{13}$, $x \equiv 3 \pmod{13}$이다. 따라서 정리 7.3.10에 의하여 $x^3-1 \equiv 0 \pmod{13}$의 해는 $x \equiv 1, 3, 9 \pmod{13}$뿐이다.

앞 5.1절에서 윌슨 정리를 증명하였다. 여기서 앞 정리 7.3.10을 사용하여 윌슨 정리를 얻을 수 있다.

정리 7.3.12 **윌슨 정리 (Wilson's Theorem)**

p가 소수일 때 다음이 성립한다.

$$(p-1)! \equiv -1 \pmod{p}$$

• **증명**

$$\begin{aligned} f(x) &= (x-1)(x-2)\cdots(x-(p-1))-(x^{p-1}-1) \\ &= a_{p-2}x^{p-2}+a_{p-3}x^{p-3}+\cdots+a_1x+a_0 \end{aligned}$$

라고 놓으면 $f(x)$는 $p-2$차 다항식이다. 페르마 정리에 의하여 $p-1$개의 정수 $1, 2, 3, \cdots, p-1$은 $x^{p-1}-1 \equiv 0 \pmod{p}$의 해이므로 이들은 결국 $f(x) \equiv 0 \pmod{p}$의 해이다. 즉, $p-2$차 다항식 $f(x)$에 대하여

$f(x) \equiv 0 \pmod{p}$는 $p-1$개의 해를 가진다.

따라서 정리 7.3.6 (라그랑주 정리)에 의하여 다음이 성립되어야 한다.

$$a_{p-2} \equiv a_{p-3} \equiv \cdots \equiv a_1 \equiv a_0 \equiv 0 \pmod{p}$$

그러므로 $(x-1)(x-2)\cdots(x-(p-1)) - (x^{p-1}-1) \equiv 0 \pmod{p}$이고 이 식에 $x=0$을 대입하면

$$(-1)(-2)(-3)\cdots(-(p-1))+1 \equiv 0 \pmod{p}$$

또는

$$(-1)^{p-1}(p-1)! \equiv -1 \pmod{p},\ 즉\ (p-1)! \equiv (-1)^p \pmod{p}$$

을 얻는다. $p=2$인 경우, $(-1)^p \equiv 1 \equiv -1 \pmod{p}$ 이고 p가 홀수인 경우, $(-1)^p \equiv -1 \pmod{p}$이다. 따라서 p가 소수일 때 $(p-1)! \equiv -1 \pmod{p}$이다. ■

정리 7.3.13 p가 소수일 때, $p-1$의 각 양의 약수 d에 대하여 $\mathbb{Z}_p^* = \{1, 2, 3, \cdots, p-1\}$에 속하는 정수 중에서 법 p에 관한 위수가 d인 정수는 꼭 $\varphi(d)$개 존재한다.

● 증명 각 정수 $a \in \mathbb{Z}_p^*$의 법 p에 관한 위수는 따름정리 7.1.7에 의하여 $\varphi(p) = p-1$의 약수이다. 따라서 $p-1$의 각 양의 약수 d에 대하여, $\mathbb{Z}_p^* = \{1, 2, 3, \cdots, p-1\}$에 속하는 정수 중에서 법 p에 관한 위수가 d인 정수의 개수를 $\Psi(d)$로 나타내면

$$\sum_{d \mid p-1} \Psi(d) = p-1, \quad \Psi(d) \geq 0$$

이고 따름정리 6.1.13에 의하여

$$\sum_{d \mid p-1} \varphi(d) = p-1, \quad \varphi(d) \geq 0$$

이므로 다음이 성립한다.

$$(*) \qquad \sum_{d \mid p-1} \Psi(d) = \sum_{d \mid p-1} \varphi(d)$$

이제 $p-1$의 각 양의 약수 d에 대하여 $\Psi(d) \leq \varphi(d)$임을 증명하면 식 (*)으로부터 $p-1$의 각 양의 약수 d에 대하여 $\Psi(d) = \varphi(d)$가 되어 정리가 증명된

다. $p-1$의 각 양의 약수 d에 대하여 $\Psi(d)=0$ 또는 $\Psi(d)>0$이다. $\Psi(d)=0$인 경우는 분명히 $\Psi(d)\le\varphi(d)$이 성립하므로 $\Psi(d)>0$이라고 가정하자. $\Psi(d)>0$이므로 $ord_p a=d$인 정수 $a\in\mathbb{Z}_p^*$가 존재한다. 이때, 따름정리 7.1.10에 의하여 a, a^2, $\cdots$, a^d은 어느 둘도 법 p에 관하여 합동이 아니고 다음이 성립한다.

$$(a^k)^d \equiv (a^d)^k \equiv 1^k \equiv 1 \pmod{p},\quad 1\le k\le d.$$

즉, a, a^2, $\cdots$, a^d은 모두 합동식 $x^d-1\equiv 0 \pmod{p}$를 만족시킨다. 한편, 정리 7.3.10에 의하여 d차합동식 $x^d-1\equiv 0 \pmod{p}$은 꼭 d개의 해를 가지므로 합동식 $x^d-1\equiv 0 \pmod{p}$의 해는 다음과 같은 d개뿐이다.

$$x\equiv a \pmod{p},\quad x\equiv a^2 \pmod{p},\ \cdots,\quad x\equiv a^d \pmod{p}$$

따라서 법 p에 관한 위수가 d인 정수는 합동식 $x^d-1\equiv 0 \pmod{p}$의 해이므로 이러한 정수는 법 p에 관하여 a, a^2, $\cdots$, a^d 중의 하나와 합동이다.

그런데 정리 7.1.11의 (3)에 의하여 a, a^2, $\cdots$, a^d 중에서 법 p에 관한 위수가 d인 것은 $\varphi(d)$개뿐이다. 그러므로 $\mathbb{Z}_p^*$에 속하는 정수 중에서 법 p에 관한 위수가 d인 정수는 $\varphi(d)$개이므로 $\Psi(d)=\varphi(d)$이다. 따라서 정리가 성립한다. ■

정리 7.3.13에서 $d=p-1$로 취하면 다음 따름정리를 얻는다.

따름정리 7.3.14 p가 소수일 때 법 p에 관한 원시근은 $\varphi(p-1)$개 존재한다.

이 책의 부록 표 3에는 1000 이하의 소수에 대한 가장 작은 원시근이 실려 있다.

보기 7.3.15 따름정리 7.1.7에 의하여 $ord_{11}2 \mid \varphi(11)=10$이다. 그런데

$$2^1\equiv 2 \pmod{11},\quad 2^2\equiv 4 \pmod{11},\quad 2^5\equiv 10 \pmod{11}$$

이므로 $ord_{11}2=10$이 되어 2는 법 11에 관한 원시근이다. 한편

$$2^1\equiv 2,\quad 2^2\equiv 4,\quad 2^3\equiv 8,\quad 2^4\equiv 5,\quad 2^5\equiv 10 \pmod{11}$$
$$2^6\equiv 9,\quad 2^7\equiv 7,\quad 2^8\equiv 3,\quad 2^9\equiv 6,\quad 2^{10}\equiv 1 \pmod{11}$$

이므로 정리 7.1.11을 이용하여 $\mathbb{Z}_{11}^* = \{1, 2, 3, \cdots, 10\}$에 속하는 모든 정수들의 위수를 구할 수 있다. 예를 들어

$$ord_{11} 2^6 = \frac{10}{(6, 10)} = 5, \quad 2^6 \equiv 9 \pmod{11}$$

이므로 $ord_{11} 9 = 5$이다. 이런 방법으로 $\mathbb{Z}_{11}^*$에 속하는 모든 정수들의 법 11에 관한 위수를 구하면 아래 표와 같고, 이로부터 정리 7.3.13이 성립함을 확인할 수 있다.

d	1	2	5	10
위수가 d인 정수	1	10	3, 4, 5, 9	2, 6, 7, 8
$\Psi(d)$	1	1	4	4
$\varphi(d)$	1	1	4	4

또 다음이 성립한다.

$$\begin{aligned}\sum_{d \mid 10} \Psi(d) &= \Psi(1) + \Psi(2) + \Psi(5) + \Psi(10) \\ &= 1 + 1 + 4 + 4 = 10\end{aligned}$$

우리는 따름정리 7.3.14에서 소수 p는 원시근을 가진다는 사실을 알았다. 그러면 어떤 합성수가 원시근을 갖겠는가 하는 문제를 다음 절에서 계속해서 알아보자.

7.3 연습문제

01 다음 합동식의 해를 구하여라.

(1) $x^2+3\equiv 0 \pmod 7$

(2) $x^2+3\equiv 0 \pmod{11}$

(3) $x^2+x+1\equiv 0 \pmod 7$

02 6의 약수 d에 대하여 $x^d-1\equiv 0 \pmod 7$의 해를 구하여 정리 7.3.10이 성립함을 확인하여라.

03 $\mathbb{Z}_{17}^*=\{1,\ 2,\ 3,\ \cdots,\ 16\}$ 중에서 법 17에 관하여 위수가 8인 정수는 몇 개 있는가?

04 $p=13$, $d\mid(p-1)$, $\Psi(d)$를 $\mathbb{Z}_p^*=\{1,\ 2,\ 3,\ \cdots,\ p-1\}$ 중에서 법 p에 관한 위수가 d인 정수들의 개수를 나타낼 때

(1) $p-1$의 모든 약수 d에 대하여 $\Psi(d)$를 구하여라.

(2) $p-1$의 모든 약수 d에 대하여 $\Psi(d)=\varphi(d)$임을 확인하여라.

(3) $\sum_{d\mid p-1}\Psi(d)=p-1$임을 확인하여라.

05 다항식

$$f(x)=(x-1)(x-2)(x-3)(x-4)(x-5)(x-6)-(x^6-1)$$

의 모든 계수는 7의 배수임을 증명하여라.

Hint 정리 7.3.6 (라그랑주 정리)

06 다음 사실을 증명하여라.

(1) 3은 법 7에 관한 원시근임을 알고

$$1+3+3^2+3^3+3^4+3^5\equiv 0 \pmod 7$$

임을 증명하여라.

(2) p는 홀수인 소수, α가 법 p에 관한 원시근이면

$$1+\alpha+\alpha^2+\ \cdots\ +\alpha^{p-3}+\alpha^{p-2}\equiv 0 \pmod p$$

임을 증명하여라.

07 p가 $4k+1$ 꼴의 소수라면 이차합동식 $x^2 \equiv -1 \pmod{p}$은 해를 가짐을 증명하여라.

08 $p=4k+3$ $(k \geq 1)$ 꼴인 소수 p에 대하여 a가 법 p에 관한 원시근이면

$$ord_p(-a) = \frac{p-1}{2}$$

임을 증명하여라.

09 홀수인 소수 p에 대하여 합동식 $x^4 \equiv -1 \pmod{p}$의 정수해가 존재하기 위한 필요충분조건은 $p \equiv 1 \pmod{8}$ 임을 증명하여라. [2012학년도 중등임용시험]

10 p를 소수, 법 p에 관한 모든 원시근을 $a_1,\ a_2,\ \cdots,\ a_n$이라 할 때

$$a_1 a_2 \cdots a_n \equiv 1 \pmod{p}$$

임을 증명하여라.

7.4 원시근을 가진 합성수

우리는 앞 절에서 소수 p에 관한 원시근이 존재한다는 사실을 알았다. 이제 어떤 합성수가 원시근을 가지는지 알아보자. 여러 단계를 거쳐 이 문제에 대한 최종 결론을 정리 7.4.14에서 얻을 수 있다.

1은 법 2에 관한 원시근이고, 3은 법 4에 관한 원시근임은 분명하다. 그러나 법 2^k $(k \geq 3)$에 관한 원시근은 존재하지 않음을 먼저 증명하자.

정리 7.4.1 $k \geq 3$일 때, 법 2^k에 관한 원시근은 존재하지 않는다.

증명 수학적 귀납법을 사용하여 $k \geq 3$일 때, 모든 홀수 a에 대하여

$$a^{\frac{\varphi(2^k)}{2}} = a^{2^{k-2}} \equiv 1 \pmod{2^k}$$

임을 증명하면 된다.

홀수 a에 대하여 $a = 2i+1$이라고 하면 $a^2 = 4i(i+1)+1$이고 $2 \mid i(i+1)$이므로 $8 \mid 4i(i+1)$가 되어 $a^2 \equiv 1 \pmod{2^3}$이다. 즉 $k=3$일 때 위의 합동식은 성립한다. 다음에 $a^{2^{k-2}} \equiv 1 \pmod{2^k}$이 성립한다고 가정하면

$$a^{2^{k-2}} = 1 + q2^k$$

인 정수 q가 존재한다. 양변을 제곱해서 다음 식을 얻는다.

$$\begin{aligned} a^{2^{k-1}} &= 1 + 2(q2^k) + (q2^k)^2 \\ &= 1 + 2^{k+1}(q + q^2 2^{k-1}) \\ &\equiv 1 \pmod{2^{k+1}} \end{aligned}$$

따라서 수학적 귀납법에 의하여 $k \geq 3$인 모든 정수 k에 대하여

$$a^{2^{k-2}} \equiv 1 \pmod{2^k} \text{이다.}$$

그러므로 $k \geq 3$일 때, 법 2^k에 관한 원시근은 존재하지 않는다. ▣

보조정리 7.4.2 $a>2,\ b>2,\ (a,\ b)=1$ 일 때 법 ab 에 관한 원시근은 존재하지 않는다.

● **증명** g 를 법 ab 에 관한 원시근이라 가정하면 $(g,\ ab)=1,\ \ g^{\varphi(ab)} \equiv 1 \pmod{ab}$ 이다. $(g,\ ab)=1$ 이므로 정리 3.1.10에 의하여 $(g,\ a)=(g,\ b)=1$ 이다.

$(\varphi(a),\ \varphi(b))=d$ 라 할 때, $a>2,\ b>2$ 이므로 정리 6.1.11에 의하여 $\varphi(a),\ \varphi(b)$ 가 짝수이고 따라서 $d \geq 2$ 이다. $d \mid \varphi(a),\ d \mid \varphi(b)$ 이므로 $\dfrac{\varphi(ab)}{d}$ 는 정수이고

$$\frac{\varphi(a)\varphi(b)}{d}=\frac{\varphi(ab)}{d}<\varphi(ab)$$

이다. $(g,\ a)=1,\ \ g^{\varphi(a)} \equiv 1 \pmod{a}$ 이므로

$$\begin{aligned} g^{\frac{\varphi(ab)}{d}} &= g^{\frac{\varphi(a)\varphi(b)}{d}} = \left[g^{\varphi(a)}\right]^{\frac{\varphi(b)}{d}} \\ &\equiv 1^{\frac{\varphi(b)}{d}} \equiv 1 \pmod{a} \end{aligned}$$

마찬가지 방법으로

$$g^{\frac{\varphi(ab)}{d}} \equiv 1 \pmod{b}$$

가 되어 결국 정리 4.1.26에 의하여 $g^{\frac{\varphi(ab)}{d}} \equiv 1 \pmod{ab}$ 이다. $\dfrac{\varphi(ab)}{d}<\varphi(ab)$ 이므로 g 가 법 ab 에 관한 원시근이라는 가정에 모순이다. 따라서 법 ab 에 관한 원시근은 존재하지 않는다. ■

정리 7.4.3 정수 m 이 다음과 같은 꼴의 수일 때, 법 m 에 관한 원시근은 존재하지 않는다.

(1) $m=2^n p^k$ (단, p 는 홀수인 소수이고 $k \geq 1,\ \ n \geq 2$)

(2) m 은 두 개 이상의 홀수인 소수를 인수로 가진다.

● **증명** (1) $a=2^n\ (n \geq 2),\ \ b=p^k$ 라 하면 $a>2,\ b>2,\ (a,\ b)=1$ 이므로 보조정리 7.4.2에 의하여 법 $m=ab=2^n p^k$ 에 관한 원시근은 존재하지 않는다.

(2) $m=p_1^{e_1}p_2^{e_2}\cdots\ p_r^{e_r}p_{r+1}^{e_{r+1}}\cdots\ p_t^{e_t}\ \ (t \geq 2)$ 을 m 의 표준소인수분해라 하자.

편의상 서로 다른 두 개의 홀수인 m의 소인수를 p_i, p_j라 하고

$$a = p_1^{e_1} p_2^{e_2} \cdots p_i^{e_i}, \quad b = p_{i+1}^{e_{i+1}} \cdots p_j^{e_j} \cdots p_t^{e_t}$$

라 하면 $a > 2$, $b > 2$, $(a, b) = 1$이므로 보조정리 7.4.2에 의하여 법 m에 관한 원시근은 존재하지 않는다. ▣

보기 7.4.4 $175 = 5^2 \cdot 7$, $200 = 2^3 \cdot 5^2$, $6300 = 2^2 \cdot 3 \cdot 5^2 \cdot 7$이므로 법 175, 200, 6300에 관한 원시근은 존재하지 않는다.

앞으로 정리 7.4.1과 정리 7.4.3에 의하여 p가 홀수인 소수일 때 법 2, 4, p^k, $2p^k$에 관한 원시근이 존재하는지만 조사하면 모든 합성수에 관한 원시근의 존재성을 알 수 있다.

보조정리 7.4.5 p를 홀수인 소수, g를 법 p에 관한 원시근이라 하면

$$g^{p-1} \not\equiv 1 \pmod{p^2} \text{ 또는 } (g+p)^{p-1} \not\equiv 1 \pmod{p^2}$$

이다. 따라서 $\alpha^{p-1} \not\equiv 1 \pmod{p^2}$을 만족하는 법 p에 관한 원시근 α가 존재한다.

● **증명** $g + p \equiv g \pmod{p}$이므로 $g + p$도 법 p에 관한 원시근이다. 물론 $g^{p-1} \not\equiv 1 \pmod{p^2}$ 또는 $g^{p-1} \equiv 1 \pmod{p^2}$이다. $g^{p-1} \equiv 1 \pmod{p^2}$이라고 가정하면 이항정리에 의하여

$$\begin{aligned}(g+p)^{p-1} &= g^{p-1} + (p-1)g^{p-2} \cdot p + \binom{p-1}{2} g^{p-3} \cdot p^2 + \cdots + p^{p-1} \\ &\equiv 1 - pg^{p-2} \pmod{p^2}\end{aligned}$$

이므로 $(g+p)^{p-1} - 1 \equiv -pg^{p-2} \pmod{p^2}$이다.

만약 $p^2 \mid ((g+p)^{p-1} - 1)$이라면 $p^2 \mid (-pg^{p-2})$, 즉 $p \mid g^{p-2}$가 되어 모순이다. 왜냐하면 $(g, p) = 1$이므로 따름정리 3.1.12에 의하여 $(g^{p-2}, p) = 1$이기 때문이다. 그러므로 $p^2 \nmid ((g+p)^{p-1} - 1)$, 즉 $(g+p)^{p-1} \not\equiv 1 \pmod{p^2}$이다. 따라서 $g^{p-1} \not\equiv 1 \pmod{p^2}$인 경우는 $\alpha = g$로, $g^{p-1} \equiv 1 \pmod{p^2}$인 경우는 $\alpha = g + p$로 택하면 α는 $\alpha^{p-1} \not\equiv 1 \pmod{p^2}$을 만족하는 법 p에 관한 원시근이다. ▣

이제 p가 홀수인 소수일 때 법 p^2에 관한 원시근이 존재함을 다음 정리에서 증명하자.

정리 7.4.6 p가 홀수인 소수일 때, g가 법 p에 관한 원시근이면 g 또는 $g+p$는 법 p^2에 관한 원시근이다.

증명 $ord_{p^2} g = r$ 이라면 따름정리 7.1.7에 의하여

$$r \mid \varphi(p^2) = p(p-1)$$

이고 $g^r \equiv 1 \pmod{p^2}$ 이므로 당연히 $g^r \equiv 1 \pmod{p}$가 되어 정리 7.1.5에 의하여

$$ord_p g = (p-1) \mid r$$

이다. 어떤 정수 k에 대하여 $r = k(p-1)$ 이고 $k(p-1) \mid p(p-1)$ 이므로 $k \mid p$ 이다. 그러므로 $k=1$ 또는 $k=p$가 되어 $r = p-1$ 또는 $r = p(p-1)$ 이다.

(i) $r = p(p-1)$인 경우:
$ord_{p^2} g = p(p-1) = \varphi(p^2)$ 이므로 g는 법 p^2에 관한 원시근이다.

(ii) $r = p-1$, 즉 $g^{p-1} \equiv 1 \pmod{p^2}$인 경우:
보조정리 7.4.5에 의하여 $(g+p)^{p-1} \not\equiv 1 \pmod{p^2}$ 이다. 한편 $g+p$가 법 p에 관한 원시근이므로 같은 이유로

$$ord_{p^2}(g+p) = p-1 \quad \text{또는} \quad ord_{p^2}(g+p) = p(p-1)$$

이다. 하지만 $(g+p)^{p-1} \not\equiv 1 \pmod{p^2}$ 이므로 $ord_{p^2}(g+p) = p(p-1)$ 이다. 즉 $g+p$는 법 p^2에 관한 원시근이다. ■

보기 7.4.7 3은 법 7에 관한 원시근이고 정리 7.4.6의 증명과정에 의하여 법 7^2에 관한 3의 위수는 $\varphi(7) = 6$ 또는 $\varphi(7^2) = 42$ 이다. 그런데 $3^6 \not\equiv 1 \pmod{7^2}$ 이므로 3은 법 7^2에 관한 원시근이다.

대부분의 경우 보기 7.4.7에서와 같이 g가 법 p에 관한 원시근이면 g는 법 p^2에 관한 원시근이 되어 g가 법 p에 관한 원시근이지만 법 p^2에 관한 원시근이 아닌 경우는 매우 드물다. 이런 경우 정리 7.4.6에 의하여 $g+p$가 법 p^2에 관한 원시근이 된다.

보기 7.4.8 10은 법 $p=487$ 에 관하여 원시근이다.

$10^{486} \equiv 1 \pmod{487^2}$ 이므로 10은 법 487^2 에 관하여 원시근이 아니다.

그러나 정리 7.4.6에 의하여 $497=10+487$은 법 487^2에 관하여 원시근이다.

p를 홀수인 소수라 할 때 따름정리 7.3.14 와 정리 7.4.6에 의하여 법 p, p^2 에 관하여 원시근이 존재함을 알았다. 이제 다음 정리 7.4.10에서 법 p^k $(k \geq 3)$ 에 관하여 원시근이 존재함을 증명하자.

보조정리 7.4.9 p를 홀수인 소수, g를 $g^{p-1} \not\equiv 1 \pmod{p^2}$ 가 성립하는 법 p에 관한 원시근이라 할 때 모든 정수 k (≥ 2) 에 대하여 다음이 성립한다.

$$g^{p^{k-2}(p-1)} \not\equiv 1 \pmod{p^k}$$

● **증명** 수학적 귀납법을 사용하여 모든 정수 k (≥ 2) 에 대하여

$$g^{p^{k-2}(p-1)} \not\equiv 1 \pmod{p^k}$$

임을 증명하자. $k=2$ 인 경우 가정에 의하여

$$g^{p^{k-2}(p-1)} = g^{p-1} \not\equiv 1 \pmod{p^2}$$

이다. $k=t$ 인 경우 다음 식이 성립한다고 가정하자.

$$g^{p^{t-2}(p-1)} \not\equiv 1 \pmod{p^t}$$

$(g,\ p)=1$ 이므로 $(g,\ p^{t-1})=1$ 이고 오일러 정리에 의하여

$$g^{p^{t-2}(p-1)} = g^{\varphi(p^{t-1})} \equiv 1 \pmod{p^{t-1}}$$

이다. 그러므로 어떤 정수 q가 존재하여

$$g^{p^{t-2}(p-1)} = 1 + qp^{t-1}$$

이고 수학적 귀납법 가정에 의하여 $p \nmid q$ 이다. 이제 양변을 p 제곱하여 이항정리를 사용하면

$$\begin{aligned} g^{p^{t-1}(p-1)} &= (1+qp^{t-1})^p \\ &= 1 + qp^t + \binom{p}{2}(qp^{t-1})^2 + \cdots + (qp^{t-1})^p \end{aligned}$$

$$\equiv 1 + qp^t \pmod{p^{t+1}}$$

이다. 따라서 $p \nmid q$이므로 $g^{p^{t-1}(p-1)} \not\equiv 1 \pmod{p^{t+1}}$이다. 따라서 수학적 귀납법에 의하여 정리가 증명된다. ■

정리 7.4.10 p가 홀수인 소수일 때, 모든 양의 정수 k에 대하여 법 p^k에 관한 원시근이 존재한다. 실제로, 법 p에 관한 원시근 중에는 $g^{p-1} \not\equiv 1 \pmod{p^2}$인 원시근 g가 존재하고 이러한 g는 모든 양의 정수 k에 대하여 법 p^k에 관한 원시근이다.

● **증명** 보조정리 7.4.5에 의하여 g를 $g^{p-1} \not\equiv 1 \pmod{p^2}$인 법 p에 관한 원시근이라 하고 $ord_{p^k} g = r$이라 하자. 그러면 $\varphi(p^k) = (p-1)p^{k-1}$이므로 따름정리 7.1.7에 의하여 $r \mid (p-1)p^{k-1}$이다. 또한, $g^r \equiv 1 \pmod{p^k}$이므로 분명히 $g^r \equiv 1 \pmod{p}$이고 따라서 정리 7.1.5에 의하여 $(p-1) \mid r$이다. 그러므로 r은 다음과 같은 꼴의 정수이다.

$$r = p^t(p-1), \quad 0 \le t \le k-1$$

만약 $r = p^s(p-1), \quad 0 \le s \le k-2$이면

$$g^{p^{k-2}(p-1)} = (g^{p^s(p-1)})^{p^{k-2-s}} \equiv 1 \pmod{p^k}$$

로 되어 보조정리 7.4.9에 모순이다. 따라서 $r = p^{k-1}(p-1) = \varphi(p^k)$가 되어 g는 법 p^k에 관한 원시근이다. ■

보기 7.4.11 보기 7.4.7에서 정수 3은 법 7에 관한 원시근이고 $3^6 \not\equiv 1 \pmod{7^2}$이므로 3은 모든 양의 정수 k에 대하여 법 7^k에 관한 원시근이다.

정리 7.4.12 p가 홀수인 소수일 때, 모든 양의 정수 k에 대하여 법 $2p^k$에 관한 원시근이 존재한다. 실제로 g가 법 p^k에 관한 원시근일 때

g가 홀수이면 g 자신이 법 $2p^k$에 관한 원시근이고

g가 짝수이면 $g + p^k$가 법 $2p^k$에 관한 원시근이 된다.

증명 정리 7.4.10에 의하여 법 p^k에 관한 원시근 g가 존재하고 이때 g를 홀수라고 가정하여도 된다. 실제로 g가 짝수라면 $g+p^k$는 홀수이고 법 p^k에 관한 원시근이기 때문이다. 그러면 $(g,\ 2p^k)=1$이고, $ord_{2p^k}g=r$이라면 $r \mid \varphi(2p^k)$이다. 즉, $\varphi(2p^k)=\varphi(2)\varphi(p^k)=\varphi(p^k)$이므로 $r \mid \varphi(p^k)$이다.

그러나 $g^r \equiv 1 \pmod{2p^k}$이므로 $g^r \equiv 1 \pmod{p^k}$이고 따라서 g가 법 p^k에 관한 원시근이므로 정리 7.1.5에 의하여 $\varphi(p^k) \mid r$이다. 그러므로 $r=\varphi(p^k)$ $=\varphi(2p^k)$가 되어 g는 법 $2p^k$에 관한 원시근이다. ▣

보기 7.4.13 보기 7.4.11에서 모든 양의 정수 k에 대하여 3은 법 7^k에 관한 원시근임을 보았다. 이때 3이 홀수이므로 정리 7.4.12에 의하여 3은 법 $2 \cdot 7^k$ $(k \geq 1)$에 관한 원시근이다. 예를 들어 3은 법 14에 관한 원시근이다. 마찬가지로 2는 법 5^k $(k \geq 1)$에 대하여 원시근이고 2는 짝수이므로 정리 7.4.12에 의하여 $2+5^k$는 법 $2 \cdot 5^k$에 관한 원시근이다. 예를 들어, 27은 법 50에 관한 원시근이다.

이제까지 증명한 정리를 종합하여 다음 정리를 얻는다.

정리 7.4.14 양의 정수 m이 다음과 같은 꼴의 정수일 때 그리고 이때에만 법 m에 관한 원시근이 존재한다.

$$2,\ 4,\ p^k,\ 2p^k \quad (p\text{는 홀수인 소수이고 } k \geq 1)$$

7.4 연습문제

01 다음 정수를 m으로 택할 때 법 m에 관한 원시근이 존재하는 정수를 모두 고르시오.

$$4,\ 8,\ 9,\ 10,\ 12,\ 15,\ 16,\ 26,\ 27,\ 30,\ 31$$

02 2는 법 11에 관한 원시근임을 알고 다음 물음에 답하여라.

(1) 법 11^2에 관한 한 원시근을 구하여라.

(2) 모든 양의 정수 k에 대하여 법 11^k에 관한 원시근을 구하여라.

(3) 법 22에 관한 모든 원시근을 구하여라.

03 (1) 법 17에 관한 한 원시근을 구하여라.

(2) 법 17^2에 관한 한 원시근을 구하여라.

(3) 법 17^k $(k \geq 1)$에 관한 한 원시근을 구하여라.

(4) 법 34에 관한 한 원시근을 구하여라.

04 p가 홀수인 소수일 때 법 p^k $(k \geq 1)$에 관한 원시근의 개수는 법 $2p^k$ $(k \geq 1)$에 관한 원시근의 개수와 같음을 증명하여라.

Hint 정리 7.2.5

05 법 $143 = 11 \cdot 13$에 관한 원시근이 존재하지 않음을 증명하여라.

06 (1) 법 3^2, 3^3에 관한 모든 원시근을 구하여라.

(2) 법 $2 \cdot 3^2$, $2 \cdot 3^3$에 관한 모든 원시근을 구하여라.

7.5 지수

m을 원시근 g를 가진 양의 정수라 하자. 정리 7.2.5의 (4)에 의하여

$$R=\{g,\ g^2,\ \cdots,\ g^{\varphi(m)}\}$$

은 법 m에 관한 기약잉여계가 되어 $(a,\ m)=1$인 정수 a에 대하여

$$g^i \equiv a \pmod{m}$$

인 정수 i $(1 \le i \le \varphi(m))$가 반드시 꼭 하나 존재한다. 따라서 우리는 다음과 같은 정의를 할 수 있다.

정의 7.5.1 g를 법 m에 관한 원시근이라 할 때, $(a,\ m)=1$인 정수 a에 대하여

$$g^i \equiv a \pmod{m},\quad 1 \le i \le \varphi(m)$$

인 정수 i를 **법 $\boldsymbol{m}$에 관한 ($\boldsymbol{g}$를 밑으로 가지는) $\boldsymbol{a}$의 지수**(**index of $\boldsymbol{a}$ to the base $\boldsymbol{g}$ modulo $\boldsymbol{m}$**)라고 하고 이것을 $i=ind_g a$로 나타낸다. 즉,

$$g^i \equiv a \pmod{m} \iff i=ind_g a,\quad 1 \le i \le \varphi(m)$$

우리가 지수 $ind_g a$를 논할 때는 항상 $(a,\ m)=1$인 것으로 생각한다. g를 법 m에 관한 원시근이라 할 때 $g^1 \equiv g \pmod{m}$, $g^{\varphi(m)} \equiv 1 \pmod{m}$이므로 $ind_g g=1$, $ind_g 1=\varphi(m)$이다. 또한 지수의 정의에 의하여

$$g^{ind_g a} \equiv a \pmod{m}$$

이 성립한다.

보기 7.5.2 법 7에 관하여 다음이 성립한다.

$$3^1 \equiv 3 \pmod{7},\quad 3^2 \equiv 2 \pmod{7},\quad 3^3 \equiv 6 \pmod{7}$$
$$3^4 \equiv 4 \pmod{7},\quad 3^5 \equiv 5 \pmod{7},\quad 3^6 \equiv 1 \pmod{7}$$

따라서 3은 법 7에 관한 원시근이고 이로부터 3을 밑으로 가지는 1, 2, 3,

4, 5, 6의 지수를 구하면 다음 표와 같다.

a	1	2	3	4	5	6
$ind_3 a$	6	2	1	4	5	3

법 7에 관한 3을 밑으로 가진 지수표

이제 5를 법 7에 관한 원시근으로 택하면

$$5^1 \equiv 5 \pmod{7},\quad 5^2 \equiv 4 \pmod{7},\quad 5^3 \equiv 6 \pmod{7}$$
$$5^4 \equiv 2 \pmod{7},\quad 5^5 \equiv 3 \pmod{7},\quad 5^6 \equiv 1 \pmod{7}$$

이므로 5를 밑으로 가지는 1, 2, 3, 4, 5, 6의 지수를 구하면 다음 표와 같다.

a	1	2	3	4	5	6
$ind_5 a$	6	4	5	2	1	3

법 7에 관한 5를 밑으로 가진 지수표

따라서 지수 $ind_g a$는 선택하는 원시근 g에 따라서 달라진다.

g가 법 m에 관한 원시근일 때, m과 서로소인 두 정수 a, b에 대하여

$$a \equiv b \pmod{m} \iff ind_g a = ind_g b$$

이다. 따라서 법 m에 관한 지수표를 만들 때에는 법 m에 관한 적당한 기약잉여계를 택하여 이에 속하는 정수의 지수만 생각하면 된다.

이 책의 부록의 표 4에는 법 p^k (p는 홀수인 소수, $3 \le p^k < 50$)에 관한 지수표가 실려 있다. 부록의 표 4는 법 p^k에 관한 최소의 원시근을 밑으로 사용하였고 기약잉여계를 $\mathbb{Z}^*_{p^k}$으로 택하여 만들어진 지수표이다.

또 지수표에서 $ind_g a = i$이면 $g^i \equiv a \pmod{m}$이고 정리 7.2.5의 (5)에 의하여 a는 $(i,\ \varphi(m)) = 1$일 때, 즉 a의 지수가 $\varphi(m)$과 서로소일 때 그리고 이때에만 a는 법 m에 관한 원시근이다.

보기 7.5.3 보기 7.5.2의 법 7에 관한 5를 밑으로 가지는 지수표를 이용하여 다음을 얻는다.

$6 \equiv 13 \pmod 7$ 이므로 $ind_5 6 = ind_5 13 = 3$ 이고

$$ind_5 a = 2 \iff a \equiv 4 \pmod 7$$

이다. 또 $\varphi(7) = 6$ 과 서로소인 지수는 1, 5 뿐이므로 법 7에 관한 원시근은 5, 3 뿐이다. 한편 정리 7.1.9에 의하여

$$5^n \equiv 5^4 \pmod 7 \iff n \equiv 4 \pmod 6$$

이므로

$$b = 5^{4+6k}\ (k \geq 0) \text{ 이면 } ind_5 b = 4$$

이다.

지수의 정의에서 알 수 있듯이 $ind_g a$ 는 다음 정리 7.5.4에서와 같이 로그 법칙과 비슷한 법칙이 성립한다. 이때, $\mathrm{mod}\, m$, $\mathrm{mod}\, \varphi(m)$ 의 변동에 주의해야 한다.

정리 7.5.4 법 m 에 관한 원시근 g 가 존재할 때, $(a, m) = (b, m) = 1$ 인 두 정수 a, b 에 대하여 다음이 성립한다.

(1) $ind_g 1 = \varphi(m) \equiv 0 \pmod{\varphi(m)}$, $ind_g g \equiv 1 \pmod{\varphi(m)}$

(2) $ind_g ab \equiv ind_g a + ind_g b \pmod{\varphi(m)}$

(3) $ind_g a^k \equiv k\, ind_g a \pmod{\varphi(m)}$

• 증명 (1) 오일러 정리에 의해 $g^{\varphi(m)} \equiv 1 \pmod m$ 이고 g 가 법 m 에 관한 원시근이므로 $0 < i < \varphi(m)$ 인 i 에 대해 $g^i \not\equiv 1 \pmod m$ 이다. 따라서

$$ind_g 1 = \varphi(m) \equiv 0 \pmod{\varphi(m)}$$

이다. 또 정의에 의해 $ind_g g = 1$ 이다.

(2) 지수의 정의에 의해

$$g^{ind_g a} \equiv a \pmod m, \quad g^{ind_g b} \equiv b \pmod m$$

이므로

$$g^{ind_g a + ind_g b} \equiv ab \pmod m$$

이다. 한편

$$g^{ind_g ab} \equiv ab \pmod{m}$$

이므로 다음 식이 성립한다.

$$g^{ind_g a + ind_g b} \equiv g^{ind_g ab} \pmod{m}$$

따라서 정리 7.1.9에 의하여 다음이 성립한다.

$$ind_g a + ind_g b \equiv ind_g ab \pmod{\varphi(m)}$$

(3) 지수의 정의에 의하여

$$g^{ind_g a^k} \equiv a^k \pmod{m}$$

이고

$$g^{k \cdot ind_g a} \equiv (g^{ind_g a})^k \equiv a^k \pmod{m}$$

이므로 다음 식이 성립한다.

$$g^{ind_g a^k} \equiv g^{k \cdot ind_g a} \pmod{m}$$

따라서 정리 7.1.9에 의하여

$$ind_g a^k \equiv k \cdot ind_g a \pmod{\varphi(m)}$$ ■

보기 7.5.5 보기 7.5.2의 법 7에 관한 5를 밑으로 가진 지수표로부터

$$ind_5 2 = 4, \quad ind_5 3 = 5$$

이므로

$$\begin{aligned} ind_5 6 &\equiv ind_5 2 \cdot 3 \equiv ind_5 2 + ind_5 3 \\ &\equiv 4 + 5 \equiv 3 \pmod{\varphi(7)} \end{aligned}$$

이것은 표에서 얻은 결과와 일치함을 알 수 있다.

또 $ind_5 3^5 \equiv 5 \cdot ind_5 3 \equiv 5 \cdot 5 \equiv 1 \pmod{\varphi(7)}$ 이고 이것은 직접 계산해서 얻은 결과인 $ind_5 3^5 = ind_5 243 = ind_5 5 = 1$ 과 일치한다.

7.5 연습문제

01 (1) 2를 밑으로 가지는 법 13에 관한 지수표를 만들어라.

(2) (1)에서 만든 지수표를 이용하여 법 13에 관한 모든 원시근을 구하여라.

(3) 각 원시근을 밑으로 가지는 법 13에 관한 지수표를 만들어라.

(4) (1)에서 만든 지수표를 이용하여 다음을 구하여라.

(a) $ind_2 30$ (b) $ind_2 30^{10}$ (c) $ind_2(-5)$ (d) $ind_2 10 \cdot 11$

02 g와 h를 법 $m(>2)$에 관한 원시근이라 하자. 그러면 $(a,\ m)=1$이라 할 때, 다음이 성립함을 증명하여라.

(1) $(ind_g h)(ind_h g) \equiv 1 \pmod{\varphi(m)}$

(2) $ind_g a \equiv (ind_g h)(ind_h a) \pmod{\varphi(m)}$

(3) 문제 1의 (3)에서 얻은 지수표를 이용하여 (1), (2)의 식이 성립함을 확인하여라.

03 부록에 첨부된 지수표를 이용하여 다음에서 주어진 첫 번째 수를 두 번째 수로 나누었을 때 나머지를 구하여라.

(1) 26^{1001}, 11 (2) $5^{11} \cdot 7^{23}$, 13 (3) $23^{101}+101^{23}$, 17

Hint 정리 7.5.4

04 $p(\neq 2)$를 소수, g를 법 p에 관한 원시근이라 할 때

$$ind_g(-1) = ind_g(p-1) = \frac{p-1}{2}$$

임을 증명하여라.

Hint 연습문제 7.2의 10번

05 (1) g와 h를 법 m에 관한 원시근이고 $(a,\ m)=1$, $a \not\equiv 1 \pmod{m}$이라 할 때,

$$gh \equiv 1 \pmod{m} \text{ 이면 } ind_g a + ind_h a = \varphi(m)$$

이 성립함을 증명하여라.

(2) 다음은 법 17에 관한 원시근 3을 밑으로 가지는 지수표이다.

a	1	2	3	4	5	6	7	8	9	10	11	12	13	14	15	16
$ind_3 a$	0	14	1	12	5	15	11	10	2	3	7	13	4	9	6	8

이 지수표를 이용하여 원시근 6을 밑으로 가지는 법 17에 관한 지수표를 만들어라.

06 다음 사실을 증명하여라.

g를 법 $m\ (>2)$에 관한 원시근이라면

$$ind_g(m-1)=\frac{\varphi(m)}{2}$$

이다. 특히 $p(\neq 2)$를 소수, g를 법 p에 관한 원시근이라면

$$ind_g(p-1)=\frac{p-1}{2}$$

이다.

Hint 연습문제 7.2의 10번

07 (1) g가 법 $m\ (>2)$에 관한 원시근이고 $(a,\ m)=1$일 때

$$ind_g(m-a)\equiv ind_g a+\frac{\varphi(m)}{2}\pmod{\varphi(m)}$$

임을 증명하여라. 특히 $p(\neq 2)$를 소수, g를 법 p에 관한 원시근, $(a,\ p)=1$일 때

$$ind_g(p-a)\equiv ind_g a+\frac{p-1}{2}\pmod{p-1}$$

이다.

(2) (1)의 사실을 이용하여 법 13에 관한 아래 지수표를 완성하여라.

a	1	2	3	4	5	6	7	8	9	10	11	12
$ind_2 a$	12	1	4	2	9	5						
$ind_6 a$	12	5	8	10	9	1						
$ind_7 a$							1	9	4	2	5	6
$ind_{11} a$							5	9	8	10	1	6

08 (1) g가 법 m에 관한 원시근이고 $(a,\ m)=1=(b,\ m)$인 두 양의 정수 $a,\ b$에 대하여 다음이 성립함을 증명하여라.

$$ab\equiv 1\pmod{m}\iff ind_g a+ind_g b=\varphi(m)$$

(2) (1)의 결과를 사용하여 $m=13,\ \ g=6,\ \ a=5$일 때 $ind_g a=ind_6 5=9$임을 알고 $ab\equiv 1\pmod{m}$인 b에 대하여 $ind_g b$를 구하여라.

(3) (1)의 결과를 사용하여 다음에서 a가 법 m에 관한 b의 역원이 되는지를 판정하여라.

(a) $m=13,\ \ g=2,\ \ a=3,\ \ b=9$

(b) $m=13,\ \ g=7,\ \ a=5,\ \ b=10$

09 p가 소수이고 $(k,\ p-1)=1$이면

$$1^k,\ 2^k,\ 3^k,\ \cdots,\ (p-1)^k$$

는 법 p에 관하여 기약잉여계임을 증명하여라.

7.6 이항합동식

법 m에 관한 원시근이 존재하는 경우에, 지수의 성질(정리 7.5.4)을 사용하면

$$ax^n \equiv b \pmod{m}, \quad a^x \equiv b \pmod{m}$$

와 같은 꼴의 이항합동식의 해를 구하거나, 해의 존재성을 알 수 있다.

이와 같은 이항합동식의 해를 구할 때는 정리 7.5.4와 지수표를 사용하는데, 이 절에서 지수 $ind_g a$의 밑수 g를 생략하고 간단히 $ind\, a$로 나타낸다.

보기 7.6.1 지수를 이용하여 합동식 $11x \equiv 7 \pmod{18}$의 해를 구해보자.

$$\varphi(18) = 6$$

이고

$$5^1 \equiv 5 \pmod{18} \qquad 5^2 \equiv 7 \pmod{18} \qquad 5^3 \equiv 17 \pmod{18}$$
$$5^4 \equiv 13 \pmod{18} \qquad 5^5 \equiv 11 \pmod{18} \qquad 5^6 \equiv 1 \pmod{18}$$

이므로 5는 법 18에 관한 원시근이고

$$ind_5 5 = 1 \qquad ind_5 7 = 2 \qquad ind_5 17 = 3$$
$$ind_5 13 = 4 \qquad ind_5 11 = 5 \qquad ind_5 1 = 6$$

이다. $11x \equiv 7 \pmod{18}$의 양변에 ind_5를 취하면 정리 7.5.4에 의하여

$$ind_5 11 + ind_5 x \equiv ind_5 7 \pmod{6}, \text{ 즉 } 5 + ind_5 x \equiv 2 \pmod{6}$$

이다. 그러므로 $ind_5 x \equiv 3 \pmod{6}$이고 $x \equiv 5^3 \equiv 17 \pmod{18}$이다.

보기 7.6.2 지수를 사용하여 합동식 $4x^9 \equiv 7 \pmod{13}$의 해를 구해보자.

법 13에 관한 원시근 2를 사용하자.

$$2^1 \equiv 2 \pmod{13} \qquad 2^2 \equiv 4 \pmod{13} \qquad 2^3 \equiv 8 \pmod{13}$$
$$2^4 \equiv 3 \pmod{13} \qquad 2^5 \equiv 6 \pmod{13} \qquad 2^6 \equiv 12 \pmod{13}$$
$$2^7 \equiv 11 \pmod{13} \qquad 2^8 \equiv 9 \pmod{13} \qquad 2^9 \equiv 5 \pmod{13}$$

$$2^{10} \equiv 10 \pmod{13} \quad 2^{11} \equiv 7 \pmod{13} \quad 2^{12} \equiv 1 \pmod{13}$$

따라서 법 13에 관한 2를 밑으로 가진 지수표를 다음과 같이 얻을 수 있다.

a	1	2	3	4	5	6	7	8	9	10	11	12
$ind_2 a$	12	1	4	2	9	5	11	3	8	10	7	6

이제 이 지수표를 이용하여 합동식 $4x^9 \equiv 7 \pmod{13}$을 풀어보자. 정리 7.5.4에 의하여

$$4x^9 \equiv 7 \pmod{13} \iff ind\,4 + 9\,ind\,x \equiv ind\,7 \pmod{12}$$

이다. 지수표에서 $ind\,4 = 2$, $ind\,7 = 11$이므로 주어진 합동식은 다음과 같다.

$$2 + 9\,ind\,x \equiv 11 \pmod{12}$$

즉,

$$9\,ind\,x \equiv 9 \pmod{12}$$

그런데 정리 4.2.2에 의하여 $(9,\ 12) = 3$, $3 \mid 9$이므로 $9\,ind\,x \equiv 9 \pmod{12}$는 3개의 해

$$ind\,x \equiv 1 \pmod{12}, \quad ind\,x \equiv 5 \pmod{12}, \quad ind\,x \equiv 9 \pmod{12}$$

를 가진다. 따라서 지수표를 다시 이용하면 주어진 합동식 $4x^9 \equiv 7 \pmod{13}$의 해는 다음과 같다.

$$x \equiv 2 \pmod{13}, \quad x \equiv 6 \pmod{13}, \quad x \equiv 5 \pmod{13}$$

이제 다른 원시근을 택하여 $4x^9 \equiv 7 \pmod{13}$의 해를 구해보자.
정리 7.2.5에 의하여 $(k,\ \varphi(13)) = (k,\ 12) = 1$인 2^k은 법 13에 관한 원시근이다. 따라서 법 13에 관한 $\varphi(\varphi(13)) = \varphi(12) = 4$개의 원시근은 다음과 같다.

$$2^1 \equiv 2 \pmod{13}, \qquad 2^5 \equiv 6 \pmod{13},$$
$$2^7 \equiv 11 \pmod{13}, \qquad 2^{11} \equiv 7 \pmod{13}$$

이 중 법 13에 관한 원시근 6을 택하여 지수표를 만들면 다음과 같다.

a	1	2	3	4	5	6	7	8	9	10	11	12
$ind_6 a$	12	5	8	10	9	1	7	3	4	2	11	6

앞에서와 마찬가지로 합동식 $4x^9 \equiv 7 \pmod{13}$ 은

$$ind_6 4 + 9\, ind_6 x \equiv ind_6 7 \pmod{12}$$

즉,

$$9\, ind_6 x \equiv 7 - 10 \equiv -3 \equiv 9 \pmod{12}$$

와 같고 이 합동식을 풀면 다음과 같다.

$$ind_6 x \equiv 1 \pmod{12}, \quad ind_6 x \equiv 5 \pmod{12}, \quad ind_6 x \equiv 9 \pmod{12}$$

따라서 앞 지수표로부터 주어진 합동식 $4x^9 \equiv 7 \pmod{13}$ 의 해

$$x \equiv 6 \pmod{13}, \quad x \equiv 2 \pmod{13}, \quad x \equiv 5 \pmod{13}$$

을 얻어 결국 원시근의 선택에 무관함을 알 수 있다.

보기 7.6.3 합동식 $11^{3x} \equiv 5 \pmod{13}$ 의 해를 구해보자.

합동식 양변에 ind_2 를 취하면

$$ind_2 11^{3x} \equiv ind_2 5 \pmod{12}$$

정리 7.5.4에 의하여

$$3x \cdot ind_2 11 \equiv ind_2 5 \pmod{12}$$

이고 보기 7.6.2 또는 부록에 있는 지수표를 이용하여

$$\begin{aligned} 3x \cdot 7 &\equiv 9 \pmod{12} \\ 7x &\equiv 3 \pmod{4} \\ x &\equiv 1 \pmod{4} \end{aligned}$$

따라서 3개의 해 $x \equiv 1,\ 5,\ 9 \pmod{13}$ 를 얻는다.

이제 양의 정수 m 과 $(a,\ m) = 1$ 인 정수 a 에 대한 $x^n \equiv a \pmod{m}$ 형태의 합동식의 해의 존재성에 관하여 알아보자.

정리 7.6.4 법 m 에 관한 원시근이 존재하는 경우에 $(a,\ m) = 1$ 인 정수 a 와 양의 정수 n 에 대하여 합동식 $x^n \equiv a \pmod{m}$ 이 해를 가질 필요충분조건은 다음과 같다.

$$a^{\frac{\varphi(m)}{d}} \equiv 1 \pmod{m}, \text{ 단 } d = (n, \varphi(m))$$

또, 이 합동식이 해를 가지는 경우에 이 합동식은 꼭 d개의 해를 가진다.

증명 g를 법 m에 관한 원시근이라 할 때 정리 7.5.4에 의하여 주어진 합동식 $x^n \equiv a \pmod{m}$은 다음 합동식과 동치이다.

$$n\, ind_g x \equiv ind_g a \pmod{\varphi(m)}$$

정리 4.2.2에 의하여 이 합동식은 $d \mid ind_g a$일 때, 그리고 이때에만 꼭 d개의 해를 가지며, $\varphi(m) = dk$라고 하면

$$\begin{aligned} d \mid ind_g a &\Longleftrightarrow dk \mid k ind_g a \\ &\Longleftrightarrow \varphi(m) \mid k\, ind_g a \\ &\Longleftrightarrow ind_g a^k \equiv k\, ind_g a \equiv 0 \pmod{\varphi(m)} \text{ (정리 7.5.4)} \\ &\Longleftrightarrow ind_g a^k = \varphi(m) \quad (1 \le ind_g a^k \le \varphi(m) \text{ 이므로}) \\ &\Longleftrightarrow a^{\frac{\varphi(m)}{d}} = a^k \equiv g^{\varphi(m)} \equiv 1 \pmod{m} \text{ (정리 5.3.1 (오일러 정리))} \end{aligned}$$

■

따름정리 7.6.5 p를 소수, a를 $(a, p) = 1$인 정수라 할 때, 합동식 $x^n \equiv a \pmod{p}$가 해를 가질 필요충분조건은 $a^{\frac{p-1}{d}} \equiv 1 \pmod{p}$ (단, $d = (n, p-1)$)이다. 또, 이 합동식이 해를 가지는 경우에 꼭 d개의 해를 가진다.

따름정리 7.6.6 법 m에 관한 원시근이 존재하는 경우에 $\varphi(m)$의 양의 약수 d에 대하여 합동식

$$x^d \equiv a \pmod{m}, \quad (a, m) = 1$$

는 $a^{\frac{\varphi(m)}{d}} \equiv 1 \pmod{m}$일 때 그리고 이때에만 해를 가진다. 또 이 합동식이 해를 가지는 경우 꼭 d개의 해를 가진다. 특히 $x^d \equiv 1 \pmod{m}$은 꼭 d개의 해를 가진다.

보기 7.6.7 합동식 $x^6 \equiv 3 \pmod{19}$ 을 생각하자.

$$d = (6,\ \varphi(19)) = (6,\ 18) = 6, \quad \frac{\varphi(19)}{d} = \frac{18}{6} = 3$$

이고 $3^3 \equiv 27 \equiv 8 \not\equiv 1 \pmod{19}$ 이므로 주어진 합동식은 해를 갖지 않는다.

보기 7.6.8 합동식 $x^3 \equiv 5 \pmod{13}$ 을 생각하자.

$$d = (3,\ \varphi(13)) = (3,\ 12) = 3, \quad \frac{\varphi(13)}{d} = \frac{12}{3} = 4$$

이고 $5^4 \equiv 625 \equiv 1 \pmod{13}$ 이므로 정리 7.6.4에 의하여 주어진 합동식은 세 개의 해를 가진다.

$$\begin{aligned}
x^3 \equiv 5 \pmod{13} &\Longleftrightarrow 3\,ind\,x \equiv ind\,5 \pmod{12} \quad (\text{정리 } 7.5.4)\\
&\Longleftrightarrow 3\,ind\,x \equiv 9 \pmod{12} \quad (\text{지수표에서})\\
&\Longleftrightarrow ind\,x \equiv 3 \pmod{4} \quad (\text{정리 } 4.1.19)\\
&\Longleftrightarrow ind\,x \equiv 3,\ 7,\ 11 \pmod{12}\\
&\Longleftrightarrow x \equiv 8,\ 11,\ 7 \pmod{13} \quad (\text{지수표에서})
\end{aligned}$$

따라서 주어진 합동식 $x^3 \equiv 5 \pmod{13}$ 의 3개의 해는 다음과 같다.

$$x \equiv 7 \pmod{13}, \quad x \equiv 8 \pmod{13}, \quad x \equiv 11 \pmod{13}$$

7.6 연습문제

01 지수표를 이용하여 다음 합동식의 해를 구하여라.

(1) $7x \equiv 13 \pmod{18}$ (2) $8x \equiv 6 \pmod{13}$

(3) $4x^9 \equiv 7 \pmod{13}$ (4) $9x^8 \equiv 8 \pmod{17}$

02 지수표를 이용하여 다음 합동식의 해를 구하여라.

(1) $7^x \equiv 6 \pmod{17}$ (2) $7^{5x-1} \equiv 5 \pmod{13}$

(3) $3^x \equiv 2 \pmod{23}$ (4) $13^x \equiv 5 \pmod{23}$

03 (1) 합동식 $ax^4 \equiv 2 \pmod{13}$의 해가 존재하기 위한 모든 $a\,(1 \le a \le 12)$의 값을 구하여라.

(2) 합동식 $x^4 \equiv b \pmod{11}$의 해가 존재하기 위한 모든 $b\,(1 \le b \le 10)$의 값을 구하여라.

04 p가 홀수인 소수일 때 합동식

$$a^x \equiv b \pmod{p}$$

의 해가 존재할 필요충분조건은 $d \mid ind\,b$(단, $d = (ind\,a,\ p-1)$)이고 d개의 해를 가진다.

05 $ind\,18 \equiv 16 \pmod{41}$이라는 사실을 이용하여 다음 합동식이 몇 개의 해를 가지는지 조사하여라.

(1) $x^4 \equiv 18 \pmod{41}$ (2) $x^5 \equiv 18 \pmod{41}$

(3) $x^6 \equiv 18 \pmod{41}$ (4) $x^7 \equiv 18 \pmod{41}$

06 합동식 $9^x \equiv a \pmod{13}$의 해가 존재할 모든 a의 값을 구하여라.

07 p가 홀수인 소수일 때 다음을 증명하여라.

(1) $x^2 \equiv -1 \pmod{p}$가 해를 가진다. $\Longleftrightarrow$ $p \equiv 1 \pmod{4}$

(2) $x^4 \equiv -1 \pmod{p}$가 해를 가진다. $\Longleftrightarrow$ $p \equiv 1 \pmod{8}$

제 8 장

이차잉여

ELEMENTARY
NUMBER THEORY

8.1 이차잉여와 이차비잉여
8.2 르장드르 기호
8.3 이차잉여의 상호법칙
8.4 야코비 기호
8.5 이차합동식

8.1 이차잉여와 이차비잉여

이 절에서는 p가 홀수인 소수일 때 $(a,\ p)=1$인 정수 a에 대하여 이차합동식 $x^2 \equiv a \pmod{p}$가 해를 가지는지를 판정하는 방법에 대하여 생각한다.

앞에서 일차합동식 $ax \equiv b \pmod{m}$의 해를 구하는 방법에 대해서 논하였으므로 이제 이차합동식 $ax^2+bx+c \equiv 0 \pmod{m}$의 해를 구하는 방법을 생각하자. 이를 위해 이 절에서는 법을 홀수인 소수 p인 경우로 우선 제한하자.

이차합동식

$$ax^2+bx+c \equiv 0 \pmod{p},\quad (p,\ a) \neq 1 \tag{1}$$

을 풀기 위하여 $p \nmid 4a$이므로 (1)식 양변을 $4a$로 곱하면

$$4a(ax^2+bx+c) \equiv 0 \pmod{p} \tag{2}$$

이고

$$\begin{aligned} 4a(ax^2+bx+c) &= 4a^2x^2+4abx+4ac \\ &= (2ax+b)^2-(b^2-4ac) \end{aligned}$$

이므로 (2)식은

$$(2ax+b)^2 \equiv b^2-4ac \pmod{p} \tag{3}$$

으로 변형된다. $y=2ax+b,\quad A=b^2-4ac$ 라 하면

$$y^2 \equiv A \pmod{p} \tag{4}$$

이다. 그러므로 (1)식은 결국 (4)식으로 변형하여 $y^2 \equiv A \pmod{p}$의 해를 구할 수 있으면 홀수인 소수를 법으로 하는 이차합동식을 풀 수 있다.

보기 8.1.1 이차합동식 $5x^2-6x+2 \equiv 0 \pmod{13}$의 해를 구해보자.

$4a=4\cdot 5=20$을 양변에 곱하면

$$100x^2-120x+40 \equiv 0 \pmod{13}$$
$$(10x-6)^2 \equiv 9 \pmod{13}$$

이다. $y=10x-6$이라면

$$y^2 \equiv 9 \pmod{13}$$

이므로 $y \equiv 3,\ 10 \pmod{13}$을 얻는다. 따라서

$$10x-6 \equiv 3 \pmod{13} \text{에서 } x \equiv 10 \pmod{13},$$
$$10x-6 \equiv 10 \pmod{13} \text{에서 } x \equiv 12 \pmod{13}$$

이므로 $5x^2-6x+2 \equiv 0 \pmod{13}$의 해는 $x \equiv 10,\ 12 \pmod{13}$이다.

보기 8.1.2 이차합동식 $4x^2+12x+4 \equiv 0 \pmod{13}$의 해를 구하여라.

16을 합동식 양변에 곱하면

$$64x^2+192x+64 \equiv 0 \pmod{13}$$
$$(8x+12)^2 \equiv 2 \pmod{13}$$

이고 $y=8x+12$라면

$$y^2 \equiv 2 \pmod{13}$$

이다. 하지만 모든 a $(1 \le a \le 12)$에 대하여 $a^2 \not\equiv 2 \pmod{13}$이므로 주어진 이차합동식 $4x^2+12x+4 \equiv 0 \pmod{13}$의 해는 존재하지 않는다.

앞의 보기 8.1.1과 보기 8.1.2에서 이차합동식의 해는 존재할 수도, 존재하지 않을 수도 있다는 사실을 보았다.

한편 이차합동식의 해를 구하는 문제는 결국 $x^2 \equiv a \pmod{p}$의 해를 구하는 문제로 귀결된다는 사실을 앞에서 설명하였다. 그렇다면 $x^2 \equiv a \pmod{p}$가 언제 해가 존재하고, 해가 있다면 몇 개의 해를 가지는가 하는 문제를 해결하자.

보조정리 8.1.3 홀수인 소수 p와 $(a,\ p)=1$인 정수 a에 대하여 합동식 $x^2 \equiv a \pmod{p}$은 꼭 2개의 해를 가지거나 또는 해를 갖지 않는다. 특히 r이 $x^2 \equiv a \pmod{p}$의 해이면 다른 하나의 해는 $p-r$이다.

● 증명 $x \equiv r \not\equiv 0 \pmod{p}$을 $x^2 \equiv a \pmod{p}$의 해라면 $(p-r)^2 \equiv (-r)^2 \equiv r^2 \equiv a \pmod{p}$이므로 $p-r$도 $x^2 \equiv a \pmod{p}$의 해이다.

한편 $r \equiv p-r \pmod{p}$, 즉 $2r \equiv 0 \pmod{p}$라 가정하면 $(2,\ p)=1$이므

로 정리 3.3.1에 의하여 $r \equiv 0 \pmod{p}$가 되어 모순이다. 따라서 정리 7.3.6 (라그랑주 정리)에 의하여 합동식 $x^2 \equiv a \pmod{p}$가 해를 가진다면 꼭 두 개의 해를 가진다. ■

$(a,\ p) \neq 1$인 a에 대하여 합동식 $x^2 \equiv a \equiv 0 \pmod{p}$의 해는 항상 자명한 해 $x \equiv 0 \pmod{p}$뿐이므로 이제부터 $(a,\ p)=1$인 정수 a에 대해서만 합동식 $x^2 \equiv a \pmod{p}$을 생각하자.

정의 8.1.4 양의 정수 m과 $(a,\ m)=1$인 정수 a에 대하여, 이차합동식

$$x^2 \equiv a \pmod{m}$$

의 해가 존재할 때 a를 m의 **이차잉여**(quadratic residue of m)라 하고, 이와 반대로 위의 합동식의 해가 존재하지 않을 때 a를 m의 **이차비잉여** (quadratic nonresidue of m)라고 한다.

위의 정의에 따라 a가 m의 이차잉여라는 것은 그 수가 법 m에 관하여 완전제곱수임을 의미한다. 분명히 1은 m의 이차잉여이다.

m의 이차잉여와 이차비잉여를 논할 때에는 $(a,\ m)=1$인 정수 a에 대해서만 생각한다. 그리고 $a \equiv b \pmod{m}$이면 두 합동식

$$x^2 \equiv a \pmod{m}, \quad x^2 \equiv b \pmod{m}$$

은 같은 합동식이므로 a와 b는 동시에 이차잉여이거나 또는 이차비잉여이다. 따라서 m의 이차잉여나 이차비잉여를 논할 때에는 법 m에 관한 적당한 기약잉여계, 예를 들어

$$\mathbb{Z}_m^* = \{r \in \mathbb{Z}_m \mid (r,\ m)=1\}$$

에 속하는 정수에 대해서만 생각해도 된다.

보기 8.1.5

$$1^2 \equiv 1 \pmod{7}, \quad 2^2 \equiv 4 \pmod{7}, \quad 3^2 \equiv 2 \pmod{7}$$
$$4^2 \equiv 2 \pmod{7}, \quad 5^2 \equiv 4 \pmod{7}, \quad 6^2 \equiv 1 \pmod{7}$$

이므로 1, 2, 4는 법 7에 관한 완전제곱수가 되어 1, 2, 4는 7의 이차잉여이다. 반면에 3, 5, 6은 7의 이차비잉여이다.

앞 보기 8.1.5에서 7의 이차잉여와 이차비잉여의 개수가 같다는 사실은 우연이 아님을 다음 정리에서 알 수 있다. 실제로 홀수인 소수 p의 이차잉여와 이차비잉여의 개수는 각각 $\frac{p-1}{2}$ 개씩 존재하는데 이를 증명해보자.

정리 8.1.6 p가 홀수인 소수일 때, 기약잉여계 $\mathbb{Z}_p^* = \{1, 2, \cdots, p-1\}$에는 p의 이차잉여와 이차비잉여의 개수가 각각 $\frac{p-1}{2}$ 개씩 있다.

• 증명 기약잉여계 $\mathbb{Z}_p^* = \{1, 2, \cdots, p-1\}$에 속하는 p의 이차잉여를 찾기 위해서 $\mathbb{Z}_p^*$에 속하는 정수들의 제곱을 생각하자.

$$1^2 \equiv a_1 \pmod{p}, \quad 2^2 \equiv a_2 \pmod{p}, \quad \cdots,$$
$$(p-1)^2 \equiv a_{p-1} \pmod{p} \quad (\text{단, } 1 \le a_i \le p-1)$$

이라면 이러한 $a_1, a_2, \cdots, a_{p-1}$들이 법 p에 관한 이차잉여이다. 그러나 보조정리 8.1.3에 의하여 합동식 $x^2 \equiv c \pmod{p}$는 해가 없거나 꼭 두 개의 해를 가지므로 $a_1, a_2, \cdots, a_{p-1}$ 중에는 꼭 두 개씩 서로 같은 정수이다. 따라서 $\mathbb{Z}_p^*$에는 p의 이차잉여가 $\frac{p-1}{2}$개 있고, 나머지 $(p-1)-\left(\frac{p-1}{2}\right) = \frac{p-1}{2}$ 개의 정수는 법 p의 이차비잉여이다. ▣

보기 8.1.7 보기 8.1.5에서 7의 이차잉여와 이차비잉여는 각각 $\frac{7-1}{2}=3$개씩 있음을 확인할 수 있다. 한편

$$1^2 \equiv 1 \pmod{8}, \ 2^2 \equiv 4 \pmod{8}, \ 3^2 \equiv 1 \pmod{8}, \ 4^2 \equiv 0 \pmod{8}$$
$$5^2 \equiv 1 \pmod{8}, \ 6^2 \equiv 4 \pmod{8}, \ 7^2 \equiv 1 \pmod{8}$$

이므로 $x^2 \equiv 1 \pmod{8}$의 해는 존재하지만

$$x^2 \equiv 3 \pmod{8}, \ x^2 \equiv 5 \pmod{8}, \ x^2 \equiv 7 \pmod{8}$$

의 해는 존재하지 않는다. 그러므로 법 8에 관한 기약잉여계 $\{1, 3, 5, 7\}$ 중에서 1은 8의 이차잉여이지만, 3, 5, 7은 8의 이차비잉여이다.

즉, 8은 한 개의 이차잉여와 세 개의 이차비잉여를 갖는다. 따라서 정리

8.1.6은 $p(\neq 2)$가 소수일 때 성립함에 유의해야 한다.

오일러가 홀수인 소수 p의 이차잉여와 이차비잉여를 결정하는 간단한 방법을 찾았다.

정리 8.1.8 오일러 판정법 (Euler's Criterion)

p를 홀수인 소수, a를 $(a,\ p)=1$인 정수라 할 때, 다음이 성립한다.

(1) a가 p의 이차잉여이다. $\Longleftrightarrow a^{\frac{p-1}{2}} \equiv 1 \pmod{p}$

(2) a가 p의 이차비잉여이다. $\Longleftrightarrow a^{\frac{p-1}{2}} \equiv -1 \pmod{p}$

그리고 a가 p의 이차잉여이면 $\equiv a \pmod{p} x^2$는 꼭 두 개의 해를 가진다.

● **증명** 정리 7.6.4에 의하여 $x^2 \equiv a \pmod{p}$가 해를 가질 필요충분조건은 $a^{\frac{p-1}{2}} \equiv 1 \pmod{p}$이고 이 경우 꼭 두 개의 해를 가진다. 또한, 정리 7.5.5에 의하여 다음 중 하나 그리고 단 하나만 성립한다.

(1) $a^{\frac{p-1}{2}} \equiv 1 \pmod{p}$ (2) $a^{\frac{p-1}{2}} \equiv -1 \pmod{p}$

따라서 이차잉여의 정의에 의하여 정리가 성립한다. ▣

보기 8.1.9 $p=13$일 때

$$2^{\frac{13-1}{2}} = 2^6 \equiv 64 \equiv -1 \pmod{13}$$

이므로 2는 13의 이차비잉여이다. 즉, 합동식 $x^2 \equiv 2 \pmod{13}$의 해는 존재하지 않는다. 한편,

$$3^{\frac{13-1}{2}} \equiv 3^6 \equiv (27)^2 \equiv 1^2 \equiv 1 \pmod{13}$$

이므로 3은 13의 이차잉여이다. 즉, 합동식 $x^2 \equiv 3 \pmod{13}$은 두 개의 해를 가진다. 실제로 그 두 개의 해는 $x \equiv 4 \pmod{13}$와 $x \equiv 9 \pmod{13}$이다.

8.1 연습문제

01 다음 정수들의 이차잉여를 모두 구하여라.

(1) 5　　(2) 7

(3) 13　　(4) 19

02 다음 정수들의 이차잉여를 모두 구하여라.

(1) 8　　(2) 12

(3) 15　　(4) 18

03 다음 이차합동식을 보기 8.1.1에서와 같이 $y^2 \equiv a \pmod{m}$의 꼴로 변형하고 이를 이용하여 주어진 이차합동식의 해를 구하여라.

(1) $2x^2+3x+1 \equiv 0 \pmod{5}$　　(2) $2x^2+3x+1 \equiv 0 \pmod{7}$

(3) $x^2+7x+10 \equiv 0 \pmod{11}$　　(4) $3x^2+2x+5 \equiv 0 \pmod{13}$

04 다음 이차합동식의 해를 구하여라.

(1) $x^2 \equiv 1 \pmod{6}$　　(2) $x^2 \equiv 5 \pmod{6}$

(3) $x^2 \equiv 1 \pmod{15}$

Hint 정리 4.1.26, 정리 4.3.2

05 p가 홀수인 소수, $(a, p)=(b, p)=1$일 때 다음 사실을 증명하여라.

(1) a, b가 p의 이차잉여이면 ab도 p의 이차잉여이다.

(2) a, b가 p의 이차비잉여이면 ab는 p의 이차잉여이다.

(3) a가 p의 이차잉여이고, b가 p의 이차비잉여이면 ab는 p의 이차비잉여이다.

(4) a^2은 p의 이차잉여이다.

Hint 정리 8.1.8

06 $p=2^n+1$가 소수이면 모든 p의 이차비잉여는 법 p에 관한 원시근임을 증명하여라.

Hint 정리 8.1.8

8.2 르장드르 기호

이 절에서는 이차잉여와 이차비잉여의 개념을 간단하게 나타내기 위해 프랑스 수학자 르장드르(Adrien-Marie Legendre, 1752~1833)가 도입한 르장드르 기호를 소개하고 르장드르 기호의 성질을 이용하여 여러 가지 정리를 증명한다.

정의 8.2.1 p가 홀수인 소수일 때, $(a,\ p)=1$인 정수 a에 대하여 기호 $\left(\frac{a}{p}\right)$의 값을 다음과 같이 정의한다.

$$\left(\frac{a}{p}\right)=\begin{cases} 1, & a\text{가 } p\text{의 이차잉여일 때} \\ -1, & a\text{가 } p\text{의 이차비잉여일 때} \end{cases}$$

기호 $\left(\frac{a}{p}\right)$를 **르장드르 기호**(Legendre symbol)라고 한다.

보기 8.2.2 보기 8.1.5의 결과를 르장드르 기호를 써서 다음과 같이 쓸 수 있다.

$$\left(\frac{1}{7}\right)=\left(\frac{2}{7}\right)=\left(\frac{4}{7}\right)=1,\quad \left(\frac{3}{7}\right)=\left(\frac{5}{7}\right)=\left(\frac{6}{7}\right)=-1$$

어떤 문헌에서는 $p\mid a$인 경우 $\left(\frac{a}{p}\right)=0$으로 정의하여 르장드르 기호를 모든 정수 a에 대해서 정의하는 경우도 있으나 여기서는 $p\mid a$인 경우 $\left(\frac{a}{p}\right)$를 정의하지 않기로 한다.

정수 a가 소수 p의 이차잉여인지를 판정하는 데 사용되는 정리 8.1.8 (오일러 판정법)을 르장드르 기호를 써서 다음과 같이 다시 쓸 수 있다.

정리 8.2.3 **오일러 판정법 (Euler's Criterion)**

홀수인 소수 p와 $(p,\ a)=1$인 정수 a에 대하여 다음이 성립한다.

$$\left(\frac{a}{p}\right)\equiv a^{\frac{p-1}{2}} \pmod{p}$$

보기 8.2.4 $p=17,\ a=3$ 일 때

$$a^{\frac{p-1}{2}}=3^{\frac{17-1}{2}}=3^8\equiv -1\ (\bmod 17)$$

이므로 정리 8.2.3에 의하여 $\left(\frac{3}{17}\right)=-1$이다. 따라서 3은 17의 이차비잉여이다.

정리 8.2.5 p가 홀수인 소수일 때, $(a,\ p)=(b,\ p)=1$인 정수 $a,\ b$에 대하여 다음이 성립한다.

(1) $a\equiv b\ (\bmod p)$이면 $\left(\frac{a}{p}\right)=\left(\frac{b}{p}\right)$이다.

(2) $\left(\frac{ab}{p}\right)=\left(\frac{a}{p}\right)\left(\frac{b}{p}\right)$, 특히 $\left(\frac{a^2}{p}\right)=1,\ \left(\frac{a^2b}{p}\right)=\left(\frac{b}{p}\right)$

(3) $\left(\frac{1}{p}\right)=1,\ \left(\frac{-1}{p}\right)=(-1)^{\frac{p-1}{2}}$

● **증명** (1) $a\equiv b\ (\bmod p)$이면 두 개의 합동식 $x^2\equiv a\ (\bmod p),\ x^2\equiv b\ (\bmod p)$은 꼭 같은 해를 가진다. 그러므로 두 합동식은 동시에 해를 가지든지 아니면 동시에 해를 갖지 않는다. 따라서 $a\equiv b\ (\bmod p)$이면 $\left(\frac{a}{p}\right)=\left(\frac{b}{p}\right)$이다.

(2) 정리 8.2.3에 의하여

$$\left(\frac{ab}{p}\right)\equiv (ab)^{\frac{p-1}{2}}\equiv a^{\frac{p-1}{2}}b^{\frac{p-1}{2}}\equiv\left(\frac{a}{p}\right)\left(\frac{b}{p}\right)\ (\bmod p)$$

이 성립한다. 르장드르 기호의 값은 1 또는 -1이므로 $\left(\frac{ab}{p}\right)\neq\left(\frac{a}{p}\right)\left(\frac{b}{p}\right)$이라 가정하면 $1\equiv -1\ (\bmod p)$, 즉 $2\equiv 0\ (\bmod p)$이어야 한다. 이는 $p>2$이므로 모순이 되어 $\left(\frac{ab}{p}\right)=\left(\frac{a}{p}\right)\left(\frac{b}{p}\right)$이다.

(3) 분명히 $x^2\equiv 1\ (\bmod p)$는 해를 가지므로 $\left(\frac{1}{p}\right)=1$이다. 또한 정리 8.2.3에 의하여 다음이 성립한다.

$$\left(\frac{-1}{p}\right)\equiv(-1)^{\frac{p-1}{2}}\ (\bmod p)$$

이때, $\left(\frac{-1}{p}\right)$과 $(-1)^{\frac{p-1}{2}}$은 1 또는 -1이고 $p>2$이므로
$\left(\frac{-1}{p}\right)=(-1)^{\frac{p-1}{2}}$이다. ◼

보기 8.2.6 $\left(\frac{1}{11}\right)=1$, $\left(\frac{4}{11}\right)=\left(\frac{2^2}{11}\right)=1$, $\left(\frac{9}{11}\right)=\left(\frac{3^2}{11}\right)=1$

$$\left(\frac{2}{11}\right)\equiv 2^{\frac{11-1}{2}}\equiv 32\equiv -1 \pmod{11}$$

$$\left(\frac{3}{11}\right)=3^{\frac{11-1}{2}}\equiv 243\equiv 1 \pmod{11}$$

$$\left(\frac{5}{11}\right)=\left(\frac{16}{11}\right)=\left(\frac{4^2}{11}\right)=1$$

$$\left(\frac{6}{11}\right)=\left(\frac{2\cdot 3}{11}\right)=\left(\frac{2}{11}\right)\left(\frac{3}{11}\right)=(-1)(1)=-1$$

$$\left(\frac{7}{11}\right)=\left(\frac{18}{11}\right)=\left(\frac{2\cdot 9}{11}\right)=\left(\frac{2}{11}\right)\left(\frac{3^2}{11}\right)=(-1)(1)=-1$$

$$\left(\frac{8}{11}\right)=\left(\frac{2\cdot 2^2}{11}\right)=\left(\frac{2}{11}\right)\left(\frac{2^2}{11}\right)=(-1)(1)=-1$$

$$\left(\frac{10}{11}\right)=\left(\frac{-1}{11}\right)=(-1)^{\frac{11-1}{2}}=-1$$

따라서 1, 3, 4, 5, 9는 11의 이차잉여이고 2, 6, 7, 8, 10은 11의 이차비잉여이다.

다음 정리는 합동식 $x^2\equiv -1 \pmod{p}$가 해를 가질 필요충분조건은 p가 $4k+1$ 꼴의 소수임을 말해준다.

따름정리 8.2.7 p가 홀수인 소수일 때 다음이 성립한다.

$$\left(\frac{-1}{p}\right)=\begin{cases} 1, & p\equiv 1 \pmod{4}\text{일 때} \\ -1, & p\equiv 3 \pmod{4}\text{일 때}\end{cases}$$

● **증명** $\left(\frac{-1}{p}\right) \equiv (-1)^{\frac{p-1}{2}} \pmod{p}$ (정리 8.2.3)

$$= (-1)^{\frac{p-1}{2}} \quad \left(\because\ (-1)^{\frac{p-1}{2}} = \pm 1,\ p > 2\right)$$

$$= \begin{cases} 1, & p \equiv 1 \pmod{4} \text{일 때} \\ -1, & p \equiv 3 \pmod{4} \text{일 때} \end{cases}$$

■

보기 8.2.8 르장드르 기호 $\left(\frac{-24}{17}\right)$값을 구하여 합동식 $x^2 \equiv -24 \pmod{17}$가 해를 가지는지 알아보자. 정리 8.2.5에 의하여 다음이 성립한다.

$$\left(\frac{-24}{17}\right) = \left(\frac{-1}{17}\right)\left(\frac{2^3}{17}\right)\left(\frac{3}{17}\right) = \left(\frac{-1}{17}\right)\left(\frac{2}{17}\right)\left(\frac{3}{17}\right)$$

한편 정리 8.2.3에 의하여

$$\left(\frac{-1}{17}\right) \equiv (-1)^{\frac{17-1}{2}} \equiv 1 \pmod{17}$$

$$\left(\frac{2}{17}\right) \equiv 2^{\frac{17-1}{2}} \equiv 2^8 \equiv 1 \pmod{17}$$

$$\left(\frac{3}{17}\right) \equiv 3^{\frac{17-1}{2}} \equiv 3^8 \equiv -1 \pmod{17}$$

이므로 $\left(\frac{-24}{17}\right) = (1)(1)(-1) = -1$ 이다. 따라서 -24는 17의 이차비잉여이므로 주어진 합동식 $x^2 \equiv -24 \pmod{17}$의 해는 존재하지 않는다.

이차잉여, 이차비잉여의 개념을 사용하여 특수한 형태의 소수가 무수히 많이 존재함을 증명할 수 있다. 예를 들어, $4n+1$, $8n+3$, $8n+5$, $8n+7$ 꼴의 소수는 무수히 많다(정리 8.2.9, 연습문제 18).

정리 8.2.9 $4n+1$의 꼴인 소수는 무수히 많다.

● **증명** $4n+1$의 꼴인 소수가 유한개 존재한다고 가정하고 이러한 소수들을 p_1, p_2, $\cdots$, p_n이라 하자. 이때

$$N = (2p_1 p_2 \cdots p_n)^2 + 1$$

이라 놓으면 N이 홀수이므로 보조정리 2.2.3에 의하여 N의 홀수인 소인수 q가 존재한다. 따라서 $q \mid N$, 즉

$$(2p_1p_2 \cdots p_n)^2 \equiv -1 \pmod{q}$$

이므로 합동식 $x^2 \equiv -1 \pmod{q}$의 해가 존재한다. 따라서 $\left(\frac{-1}{q}\right) = 1$이므로 따름정리 8.2.7에 의하여 $q \equiv 1 \pmod{4}$이다. 즉 q는 $4n+1$ 꼴의 소수이므로 $p_1, p_2, \cdots, p_n$ 중의 하나이다. 그러면 $q \mid N$, $q \mid (2p_1p_2 \cdots p_n)^2$이므로 정리 2.1.5에 의하여

$$q \mid (N - (2p_1p_2 \cdots p_n)^2) = 1$$

로 되어 모순이 된다. 따라서 $4n+1$ 꼴의 소수는 무수히 많다. ■

르장드르 기호를 사용하여 앞의 정리 8.1.6을 쉽게 증명할 수 있다.

정리 8.2.10 p가 홀수인 소수일 때 다음 등식이 성립한다.

$$\sum_{a=1}^{p-1}\left(\frac{a}{p}\right) = \left(\frac{1}{p}\right) + \left(\frac{2}{p}\right) + \cdots + \left(\frac{p-1}{p}\right) = 0$$

따라서 p의 이차잉여와 이차비잉여는 각각 $\frac{p-1}{2}$개씩 존재한다.

● **증명** g를 법 p에 관한 원시근이라 하면 정리 7.2.5에 의하여 $\{g, g^2, \cdots, g^{p-1}\}$은 법 p에 관한 기약잉여계이다. 따라서 $1 \le a \le p-1$인 정수 a에 대하여 $g^k \equiv a \pmod{p}$인 정수 k $(1 \le k \le p-1)$가 꼭 하나 존재한다.

한편 정리 8.2.3에 의하여 다음이 성립한다.

$$\left(\frac{a}{p}\right) \equiv \left(\frac{g^k}{p}\right) \equiv (g^k)^{\frac{p-1}{2}} \equiv \left(g^{\frac{p-1}{2}}\right)^k \pmod{p}$$

그런데 g가 법 p에 관한 원시근이므로 연습문제 7.2의 10번에 의하여

$$g^{\frac{p-1}{2}} \equiv -1 \pmod{p}$$

이다. 그러므로

$$\left(\frac{a}{p}\right) \equiv (-1)^k \pmod{p}$$

이다. 그러나 $\left(\frac{a}{p}\right)$, $(-1)^k$ 는 1 또는 -1 이고 $p > 2$ 이므로 $\left(\frac{a}{p}\right) = (-1)^k$ 이다. 따라서

$$\sum_{a=1}^{p-1}\left(\frac{a}{p}\right) = \sum_{k=1}^{p-1}(-1)^k = 0$$

이 성립한다. ▣

보조정리 8.2.11 **가우스 보조정리 (Gauss' Lemma)**

홀수인 소수 p 와 $(a,\ p) = 1$ 인 정수 a 에 대하여

$$S = \left\{a,\ 2a,\ 3a,\ \cdots,\ \left(\frac{p-1}{2}\right)a\right\}$$

라고 할 때 S 의 원소 중에서 p 로 나누었을 때의 나머지가 $\frac{p}{2}$ 보다 큰 정수들의 개수를 n 이라 할 때 $\left(\frac{a}{p}\right) = (-1)^n$ 이다.

증명 $(a,\ p) = 1$ 이므로 정리 3.3.1에 의하여 S 의 모든 원소는 p 의 배수가 아니고, 또한 S 의 임의의 두 정수는 법 p 에 관하여 서로 합동이 아니다. S 에 속하는 정수들을 p 로 나누었을 때 $\frac{p}{2}$ 보다 작은 나머지들의 집합을 $A = \{r_1,\ r_2,\ \cdots,\ r_m\}$ 이라 하고 $\frac{p}{2}$ 보다 큰 나머지들의 집합을 $B = \{s_1,\ s_2,\ \cdots,\ s_n\}$ 이라고 하자. 즉 r_i, s_j 는 S 의 원소들을 p 로 나누었을 때 $0 < r_i < \frac{p}{2}$, $\frac{p}{2} < s_j < p$ 인 나머지들이라 하자. 그러면 $m + n = \frac{p-1}{2}$ 이고

$$r_1,\ r_2,\ \cdots,\ r_m,\ p-s_1,\ p-s_2,\ \cdots,\ p-s_n$$

은 모두 $\frac{p}{2}$ 보다 작고 이들 중 어떤 두 수도 법 p 에 관하여 합동이 아니다. 왜냐하면 $r_i \equiv r_j \pmod{p}$ 라면

$$t_i a \equiv t_j a \pmod{p} \quad \left(\text{난},\ 1 \le t_i,\ t_j \le \frac{p-1}{2}\right)$$

이고 $(p,\ a) = 1$ 이므로 $t_i \equiv t_j \pmod{p}$ 가 되어 모순이 되어 $r_i \not\equiv r_j \pmod{p}$ 이다. 마찬가지로 $s_i \not\equiv s_j \pmod{p}$, $p - s_i \not\equiv p - s_j \pmod{p}$ 이다.

한편 $r_i \equiv p - s_j \pmod{p}$라고 하면 정수 $u, v\left(1 \le u, v \le \frac{p-1}{2}\right)$가 존재하여

$$(u+v)a \equiv r_i + s_j \equiv p \equiv 0 \pmod{p}$$

이다. 그러나 $0 < u+v < p$ 즉 $p \nmid (u+v)$이고 $p \nmid a$ 이므로 $p \nmid (u+v)a$이어야 하므로 모순이다. 따라서

$$\{r_1, r_2, \cdots, r_m, p-s_1, p-s_2, \cdots, p-s_n\} = \left\{1, 2, 3, \cdots, \frac{p-1}{2}\right\}$$

이므로 다음이 성립한다.

$$\begin{aligned}\left(\frac{p-1}{2}\right)! &\equiv r_1 r_2 \cdots r_m (p-s_1)(p-s_2)\cdots(p-s_n) \\ &\equiv r_1 r_2 \cdots r_m (-s_1)(-s_2)\cdots(-s_n) \\ &\equiv (-1)^n r_1 r_2 \cdots r_m s_1 s_2 \cdots s_n \pmod{p}\end{aligned}$$

그런데 $r_1, r_2, \cdots, r_m, s_1, s_2, \cdots, s_n$은 $a, 2a, \cdots, \left(\frac{p-1}{2}\right)a$ 중의 한 정수와 법 p에 관하여 합동이므로

$$\begin{aligned}\left(\frac{p-1}{2}\right)! &\equiv (-1)^n a \cdot 2a \cdots \left(\frac{p-1}{2}\right)a \\ &\equiv (-1)^n a^{\frac{p-1}{2}} \left(\frac{p-1}{2}\right)! \pmod{p}\end{aligned}$$

이다. 한편, $p \nmid \left(\frac{p-1}{2}\right)!$ 이므로 따름정리 4.1.18에 의하여 $(-1)^n a^{\frac{p-1}{2}} \equiv 1 \pmod{p}$, 즉 $a^{\frac{p-1}{2}} \equiv (-1)^n \pmod{p}$이다.

정리 8.2.3 (오일러 판정법)에 의하여 $\left(\frac{a}{p}\right) \equiv a^{\frac{p-1}{2}} \pmod{p}$이므로 $\left(\frac{a}{p}\right) \equiv (-1)^n \pmod{p}$이다. 따라서 $\left(\frac{a}{p}\right)$, $(-1)^n$은 1 또는 -1이고 $p > 2$이므로 $\left(\frac{a}{p}\right) = (-1)^n$이다. ■

보기 8.2.12 가우스 보조정리를 사용하여 $\left(\frac{5}{13}\right)$의 값을 구해보자.

$p = 13$, $a = 5$라고 하면 $\frac{p-1}{2} = 6$이다.

$$S = \{5 \cdot 1,\ 5 \cdot 2,\ 5 \cdot 3,\ 5 \cdot 4,\ 5 \cdot 5,\ 5 \cdot 6\}$$
$$= \{5,\ 10,\ 15,\ 20,\ 25,\ 30\}$$

라고 할 때 S에 속하는 각 정수를 13으로 나누었을 때 나머지는 각각 5, 10, 2, 7, 12, 4이다. 따라서 나머지가 $\frac{p}{2} = 6.5$보다 큰 나머지는 세 개이므로 $\left(\frac{5}{13}\right) = (-1)^3 = -1$이다.

위의 보기에서 본 바와 같이 가우스 보조정리를 사용하여 르장드르 기호 $\left(\frac{a}{p}\right)$값을 구하는 것은 다른 방법, 예를 들어 정리 8.2.3 (오일러 판정법)을 이용하여 구하는 것보다 훨씬 복잡하다. 그러나 가우스 보조정리를 사용하여 여러 가지의 흥미로운 사실들을 유도할 수 있다.

다음 정리는 2를 이차잉여로 가지는 소수가 어떤 소수인지를 말해 준다.

정리 8.2.13 p가 홀수인 소수일 때 다음이 성립한다.

$$p \equiv \pm 1 \pmod 8 \iff \left(\frac{2}{p}\right) = 1$$

$$p \equiv \pm 3 \pmod 8 \iff \left(\frac{2}{p}\right) = -1$$

증명 정리 8.2.11 (가우스 보조정리)에 의하여 $\left(\frac{2}{p}\right) = (-1)^n$이다. 여기서 n은 $S = \left\{2,\ 2 \cdot 2,\ 3 \cdot 2, \cdots, \left(\frac{p-1}{2}\right)2\right\}$의 원소 중에서 p로 나누었을 때 나머지가 $\frac{p}{2}$보다 큰 정수의 개수이다. 그런데 S에 속하는 모든 정수는 p보다 작으므로 S의 원소 중에서 $\frac{p}{2}$보다 큰 정수의 개수만 구하면 충분하다.

$1 \le k \le \frac{p-1}{2}$인 k에 대하여

$$2k < \frac{p}{2} \iff k < \frac{p}{4}$$

이므로 S에 속하는 정수 중에서 $\frac{p}{2}$보다 작은 정수의 개수는 $\left[\frac{p}{4}\right]$이다. 여기

서 $[x]$는 x보다 크지 않은 최대 정수를 의미한다. 그러므로 S에 속하는 정수 중에서 $\frac{p}{2}$보다 큰 정수의 개수는 $n=\frac{p-1}{2}-\left[\frac{p}{4}\right]$이다.

홀수인 소수 p는 $8k\pm1$, $8k\pm3$의 형태이므로 다음과 같이 네 경우로 나누어 생각하자.

$p=8k+1$일 때, $n=4k-\left[2k+\frac{1}{4}\right]=4k-2k=2k$.

$p=8k-1$일 때, $n=(4k-1)-\left[2k-\frac{1}{4}\right]=(4k-1)-(2k-1)=2k$.

$p=8k+3$일 때, $n=(4k+1)-\left[2k+\frac{3}{4}\right]=(4k+1)-2k=2k+1$.

$p=8k-3$일 때, $n=(4k-2)-\left[2k-\frac{3}{4}\right]=(4k-2)-(2k-1)$
$=2k-1$.

따라서 p가 $8k\pm1$의 꼴일 때 n은 짝수가 되어 $\left(\frac{2}{p}\right)=1$이고 p가 $8k\pm3$의 꼴일 때 n은 홀수가 되어 $\left(\frac{2}{p}\right)=-1$이다. ■

보기 8.2.14 (1)

$$\begin{aligned}\left(\frac{11}{19}\right)&=\left(\frac{-8}{19}\right)=\left(\frac{4}{19}\right)\left(\frac{2}{19}\right)\left(\frac{-1}{19}\right) && \text{(정리 8.2.5)}\\ &=(1)\left(\frac{2}{19}\right)(-1) && \text{(따름정리 8.2.7)}\\ &=(1)(-1)(-1) && \text{(정리 8.2.13)}\\ &=1\end{aligned}$$

(2)

$$\begin{aligned}\left(\frac{18}{23}\right)&=\left(\frac{9}{23}\right)\left(\frac{2}{23}\right) && \text{(정리 8.2.5)}\\ &=\left(\frac{2}{23}\right) && \text{(정리 8.2.5)}\\ &=1 && \text{(정리 8.2.13)}\end{aligned}$$

정리 8.2.13을 다음과 같이 간단한 식으로 다시 쓸 수 있다.

따름정리 8.2.15 p가 홀수인 소수일 때 다음이 성립한다.

$$\left(\frac{2}{p}\right)=(-1)^{\frac{p^2-1}{8}}$$

● **증명** 홀수인 소수 p는 $8k\pm1$, $8k\pm3$의 형태이므로 먼저 $p=8k\pm1$인 경우

$$\frac{p^2-1}{8}=\frac{(8k\pm1)^2-1}{8}=\frac{64k^2\pm16k}{8}=8k^2\pm2k$$

이므로 $(-1)^{\frac{p^2-1}{8}}=1$이다. 한편 정리 8.2.13에 의하여 $\left(\frac{2}{p}\right)=1$이므로

$$\left(\frac{2}{p}\right)=(-1)^{\frac{p^2-1}{8}}$$

이 성립한다. 다음으로 $p=8k\pm3$인 경우

$$\frac{p^2-1}{8}=\frac{(8k\pm3)^2-1}{8}=\frac{64k^2\pm48k+8}{8}=8k^2\pm6k+1$$

이므로 $(-1)^{\frac{p^2-1}{8}}=-1$이다. 한편 정리 8.2.13에 의하여 $\left(\frac{2}{p}\right)=-1$이므로 $\left(\frac{2}{p}\right)=(-1)^{\frac{p^2-1}{8}}$이 성립한다. 따라서 모든 홀수인 소수 p에 대하여 다음이 성립한다.

$$\left(\frac{2}{p}\right)=(-1)^{\frac{p^2-1}{8}}$$ ▣

정리 7.4.14에서 법 2, 4, p^k, $2p^k$ (p는 홀수인 소수이고 $k>1$)에 관한 원시근이 존재함을 증명하였으나 그 원시근이 어떤 수인지는 알 수 없었다. 이제 정리 8.2.13을 사용하여 p, $2p+1$이 홀수인 소수일 때 법 $2p+1$에 관한 원시근을 찾을 수 있다.

정리 8.2.16 p, $2p+1$이 홀수인 소수일 때, $2\cdot(-1)^{\frac{p-1}{2}}$은 법 $2p+1$에 관한 원시근이다.

● **증명** $q=2p+1,\ \ \alpha=2\cdot(-1)^{\frac{p-1}{2}}$ 라 하면 $(\alpha,\ q)=1,\ \ \varphi(q)=2p$ 이다.

(i) $p\equiv 1 \pmod 4$ 인 경우:

$q\equiv 3 \pmod 8$ 이므로 정리 8.2.13에 의하여 $\left(\dfrac{2}{q}\right)=-1$ 이다.

한편 정리 8.2.3 (오일러 판정법)에 의하여 $\left(\dfrac{2}{q}\right)\equiv 2^{\frac{q-1}{2}} \pmod q$ 이므로

$$2^p=2^{\frac{q-1}{2}}\equiv\left(\frac{2}{q}\right)=-1 \pmod q$$

가 되어

$$\begin{aligned}\alpha^{2p}&=\left[2\cdot(-1)^{\frac{p-1}{2}}\right]^{2p}=2^{2p}\cdot(-1)^{p(p-1)}\\&=2^{2p}\cdot 1=2^{2p}\equiv(-1)^2\equiv 1 \pmod q\end{aligned}$$

이다 그러면 정리 7.1.5에 의하여 $ord_q\alpha \mid 2p$이므로 $ord_q\alpha=1,\ 2,\ p,\ 2p$ 이다. 당연히 $ord_q\alpha\neq 1$이다. $ord_q\alpha=2$ 라고 가정하면 $\alpha^2\equiv 1 \pmod q$ 이다. 하지만 $\alpha^2=4$ 이므로 $4\equiv 1 \pmod q$ 이고 이는 $q=3$, 즉 $p=1$이 되어 모순이다.

다음으로 $ord_q\alpha=p$ 라고 가정하면 $\alpha^p\equiv 1 \pmod q$ 이고 $p\equiv 1 \pmod 4$ 이므로

$$1\equiv\alpha^p=\left[2\cdot(-1)^{\frac{p-1}{2}}\right]^p=(2\cdot 1)^p=2^p \pmod q$$

이다. 이것은 앞에서 주장한 사실 $2^p\equiv -1 \pmod q$ 에 모순이다. 따라서 $ord_q\alpha=2p$ 가 되어 α 는 법 q 에 관한 원시근이다.

(ii) $p\equiv 3 \pmod 4$ 인 경우:

$q\equiv -1 \pmod 8$ 이므로 정리 8.2.13에 의하여 $\left(\dfrac{2}{q}\right)=1$ 이다.

앞의 경우와 같이

$$\begin{aligned}2^p&=2^{\frac{q-1}{2}}\equiv\left(\frac{2}{q}\right)=1 \pmod q\\ \alpha^{2p}&=\left[2\cdot(-1)^{\frac{p-1}{2}}\right]^{2p}=2^{2p}\cdot(-1)^{p(p-1)}\\&\equiv(2^p)^2\equiv 1 \pmod q\end{aligned}$$

이다. 그러므로 $ord_q\alpha \mid 2p$ 가 되어 $ord_q\alpha=1,\ 2,\ p,\ 2p$이다. 앞의 경우 (i)에서와 같이 $ord_q\alpha\neq 1$, $ord_q\alpha\neq 2$ 이다.

$ord_q\alpha = p$라고 가정하면 p, $\dfrac{p-1}{2}$이 홀수이므로

$$1 \equiv \alpha^p = \left[2 \cdot (-1)^{\frac{p-1}{2}}\right]^p = [2 \cdot (-1)]^p = -2^p \pmod{q}$$

즉, $2^p \equiv -1 \pmod{q}$이다. 이는 앞에서 주장한 사실 $2^p \equiv 1 \pmod{q}$에 모순이다. 따라서 $ord_q\alpha = 2p$가 되어 α는 법 q에 관한 원시근이다. ▣

보기 8.2.17 2는 11, 59, 83, 107에 관한 원시근이고 -2는 7, 23, 39, 47에 관한 원시근이다.

8.2 연습문제

01 정리 8.2.3 (오일러 판정법)을 이용하여 다음 르장드르 기호 값을 구하여라.

(1) $\left(\dfrac{5}{7}\right)$ (2) $\left(\dfrac{7}{11}\right)$

(3) $\left(\dfrac{2}{17}\right)$ (4) $\left(\dfrac{5}{23}\right)$

02 보조정리 8.2.11 (가우스 보조정리)을 이용하여 다음 르장드르 기호 값을 구하여라.

(1) $\left(\dfrac{8}{11}\right)$ (2) $\left(\dfrac{2}{13}\right)$

(3) $\left(\dfrac{3}{17}\right)$ (4) $\left(\dfrac{7}{19}\right)$

03 다음 르장드르 기호 값을 구하여라.

(1) $\left(\dfrac{-68}{13}\right)$ (2) $\left(\dfrac{13}{17}\right)$

(3) $\left(\dfrac{-47}{19}\right)$ (4) $\left(\dfrac{98}{23}\right)$

(5) $\left(\dfrac{13}{31}\right)$ (6) $\left(\dfrac{50}{43}\right)$

04 르장드르 기호 $\left(\dfrac{5}{11}\right)$의 값을

(1) 정리 8.2.3 (오일러 판정법)을 사용하여

(2) 보조정리 8.2.11 (가우스 보조정리)을 사용하여 구하여라.

05 $\left(\dfrac{1}{11}\right)$, $\left(\dfrac{2}{11}\right)$, $\left(\dfrac{3}{11}\right)$, $\cdots$, $\left(\dfrac{10}{11}\right)$의 값을 모두 구하여 법 11에 관한 이차잉여와 이차비잉여를 각각 구하여라.

06 다음 이차합동식이 해를 갖는지를 판정하여라.

(1) $x^2 \equiv -38 \pmod{13}$ (2) $x^2 \equiv 2 \pmod{113}$

(3) $x^2 \equiv 6 \pmod{31}$ (4) $x^2 \equiv 5 \pmod{227}$

07 다음 사실을 증명하여라. 단, 2897, 4987은 소수이다.

(1) $2897 \mid (2^{1448} - 1)$ (2) $4987 \mid (2^{2493} + 1)$

Hint 정리 8.2.3, 정리 8.2.13

08 다음 사실을 증명하여라.

(1) p를 $p \equiv 7 \pmod 8$인 소수일 때 $p \mid \left(2^{\frac{p-1}{2}} - 1\right)$임을 증명하여라.

Hint 정리 8.2.3, 정리 8.2.13

(2) (1)의 결과를 이용하여 $n = 11,\ 23,\ 83,\ 131,\ 179$일 때 $2^n - 1$은 합성수임을 증명하여라.

09 $p(\neq 2)$가 소수일 때 $(a,\ p) = 1$인 정수 a에 대하여 다음이 성립함을 증명하여라.

$$\left(\frac{a}{p}\right) + \left(\frac{2a}{p}\right) + \cdots + \left(\frac{(p-1)a}{p}\right) = 0$$

Hint 정리 8.2.10

10 소수 $p(\neq 2)$에 대하여

$$\prod_{i=1}^{p-1}\left(\frac{i}{p}\right) = \left(\frac{1}{p}\right)\left(\frac{2}{p}\right)\left(\frac{3}{p}\right)\cdots\left(\frac{p-1}{p}\right) = \begin{cases} 1, & p \equiv 1 \pmod 4 \text{인 경우} \\ -1, & p \equiv 3 \pmod 4 \text{인 경우} \end{cases}$$

임을 증명하여라.

Hint 정리 5.1.3 (윌슨 정리)

11 $p(\neq 2)$가 소수일 때 다음 사실을 증명하여라.

$$\left(\frac{-2}{p}\right) = \begin{cases} 1, & p \equiv 1 \pmod 8 \text{ 또는 } p \equiv 3 \pmod 8 \text{일 때} \\ -1, & p \equiv -1 \pmod 8 \text{ 또는 } p \equiv -3 \pmod 8 \text{일 때} \end{cases}$$

12 $p(\neq 2)$를 소수라 할 때 다음 사실을 증명하여라.

모든 양의 정수 n에 대하여 합동식 $x^2 \equiv a \pmod{p^n}$의 해가 존재한다.

$\Longleftrightarrow$ a는 p의 이차잉여이다.

13 $p(\neq 2)$를 소수, g를 법 p에 관한 원시근이라 할 때 $(a,\ p)=1$인 정수 a에 대하여

$$\left(\frac{a}{p}\right)=1 \quad \Longleftrightarrow \quad ind_g a \text{는 짝수}$$

임을 증명하여라.

14 $p(\neq 2)$를 소수라 할 때 다음 사실을 증명하여라.

(1) p의 모든 원시근은 p의 이차비잉여이다.

(2) p의 원시근이 아닌 이차비잉여의 개수는 $\frac{p-1}{2}-\varphi(p-1)$이다.

15 p를 $p\equiv 3 \pmod 4$인 소수라 할 때, $\left(\frac{p-1}{2}\right)! \equiv (-1)^t \pmod p$임을 증명하여라.

(단 t는 p의 이차비잉여 중에서 $\frac{p}{2}$보다 작은 정수의 개수이다.)

16 $ab\equiv 1 \pmod p$일 때 다음을 증명하여라.

(1) $\left(\frac{a}{p}\right)=\left(\frac{b}{p}\right)$

(2) $\left(\frac{a(a+1)}{p}\right)=\left(\frac{b+1}{p}\right)$

(3) $\sum_{a=1}^{p-2}\left(\frac{a(a+1)}{p}\right)=-1$

17 $p(\geq 5)$가 소수일 때, p의 이차잉여들의 모든 합은 p로 나누어떨어짐을 증명하여라.

18 다음 형태의 소수가 무수히 많이 존재함을 증명하여라.

(1) $8k+3$ (2) $8k+5$ (3) $8k+7$

8.3 이차잉여의 상호법칙

$p(\neq 2)$를 소수, $a=\prod_{i=1}^{n} p_i^{e_i}$ (단, $(a,\ p)=1$)를 a의 표준소인수분해라 할 때 정리 8.2.5에 의하여

$$\left(\frac{a}{p}\right)=\prod_{i=1}^{n}\left(\frac{p_i^{e_i}}{p}\right)=\prod_{i=1}^{n}\left(\frac{p_i}{p}\right)^{e_i}$$

이다. 그러므로 $\left(\frac{p_i}{p}\right)$를 알면 $\left(\frac{a}{p}\right)$를 구할 수 있다. 따라서 $\left(\frac{a}{p}\right)$를 구하는 문제는 결국 두 홀수인 소수 $p,\ q$에 대하여 $\left(\frac{q}{p}\right)$를 구하는 문제로 귀착된다.

1783년에 오일러가, 1785년에 라그랑주가 $\left(\frac{q}{p}\right)$를 알면 $\left(\frac{p}{q}\right)$를 구할 수 있는지의 문제를 제기한 이후, 라그랑주가 오늘날 이차잉여의 상호법칙(The law of quadratic reciprocity)으로 알려진 정리로 재구성하여 몇 가지 증명을 발표하였으나 모두 완전하지 못하였다. 그러다가 1795년에 가우스에 의해 이 정리가 처음으로 증명된 이후 지금까지 150가지 이상의 방법으로 증명되었다.

이 절에서 이차잉여의 상호법칙을 증명한다.

보조정리 8.3.1 홀수인 소수 p와 $(a,\ p)=1$인 홀수 a에 대하여 다음이 성립한다.

$$\left(\frac{a}{p}\right)=(-1)^{\sum_{k=1}^{\frac{p-1}{2}}\left[\frac{ka}{p}\right]}$$

• 증명 보조정리 8.2.11 (가우스 보조정리)의 결과와 증명과정의 기호를 그대로 사용하자.

$$S=\left\{a,\ 2a,\ 3a,\ \cdots,\ \left(\frac{p-1}{2}\right)a\right\}$$

일 때 S에 속하는 각 정수 $ka\left(1\leq k\leq\frac{p-1}{2}\right)$를 p로 나누어 다음을 얻는다.

$$ka=q_kp+t_k,\quad 1\leq t_k\leq p-1$$

이때

$\frac{ka}{p} = q_k + \frac{t_k}{p}$, $\quad 0 < \frac{t_k}{p} < 1$ 이므로 $\left[\frac{ka}{p}\right] = q_k$가 되어

(i) $$ka = \left[\frac{ka}{p}\right]p + t_k, \quad 1 \le k \le \frac{p-1}{2}$$

이 성립한다. 나머지 t_k가 $t_k < \frac{p}{2}$ 이면 t_k는 $r_1, r_2, \cdots, r_m$ 중의 어떤 수이고, 나머지 t_k가 $t_k > \frac{p}{2}$ 이면 t_k는 $s_1, s_2, \cdots, s_n$ 중의 한 수이다. 그러므로 다음 식이 성립한다.

(ii) $$\sum_{k=1}^{\frac{p-1}{2}} ka = \sum_{k=1}^{\frac{p-1}{2}} \left[\frac{ka}{p}\right]p + \sum_{k=1}^{m} r_k + \sum_{k=1}^{n} s_k$$

한편, 보조정리 8.2.11 (가우스 보조정리)의 증명과정에서

$$\{r_1, r_2, \cdots, r_m, p-s_1, p-s_2, \cdots, p-s_n\} = \left\{1, 2, \cdots, \frac{p-1}{2}\right\}$$

이므로

(iii) $$\sum_{k=1}^{\frac{p-1}{2}} k = \sum_{k=1}^{m} r_k + \sum_{k=1}^{n} (p-s_k) = pn + \sum_{k=1}^{m} r_k - \sum_{k=1}^{n} s_k$$

이다. 식 (ii)에서 식 (iii)을 빼면 다음 식을 얻는다.

(iv) $$(a-1)\sum_{k=1}^{\frac{p-1}{2}} k = p\left(\sum_{k=1}^{\frac{p-1}{2}} \left[\frac{ka}{p}\right] - n\right) + 2\sum_{k=1}^{n} s_k$$

$p \equiv a \equiv 1 \pmod{2}$ 이므로 식 (iv)를 법 2로 바꾸면

$$0 \cdot \sum_{k=1}^{\frac{p-1}{2}} k \equiv 1\left(\sum_{k=1}^{\frac{p-1}{2}} \left[\frac{ka}{p}\right] - n\right) \pmod{2}$$

즉 $n \equiv \sum_{k=1}^{\frac{p-1}{2}} \left[\frac{ka}{p}\right] \pmod{2}$ 가 성립한다.

따라서 보조정리 8.2.11 (가우스 보조정리)로부터 우리가 증명하고자 하는 다음 식을 얻는다.

$$\left(\frac{a}{p}\right) = (-1)^n = (-1)^{\sum_{k=1}^{\frac{p-1}{2}} \left[\frac{ka}{p}\right]}$$ ■

보기 8.3.2 보조정리 8.3.1을 사용하여 $\left(\frac{5}{11}\right)$를 구해보자.

$$\sum_{k=1}^{5}\left[\frac{5k}{11}\right]=\left[\frac{5}{11}\right]+\left[\frac{10}{11}\right]+\left[\frac{15}{11}\right]+\left[\frac{20}{11}\right]+\left[\frac{25}{11}\right]$$
$$=0+0+1+1+2=4$$

따라서 $\left(\frac{5}{11}\right)=(-1)^4=1$이다.

정리 8.3.3 **이차잉여의 상호법칙 (The Law of Quadratic Reciprocity)**

서로 다른 두 홀수인 소수 p, q에 대하여 다음 등식이 성립한다.

$$\left(\frac{q}{p}\right)\left(\frac{p}{q}\right)=(-1)^{\frac{p-1}{2}\frac{q-1}{2}}$$

즉,

$$\left(\frac{q}{p}\right)=(-1)^{\frac{p-1}{2}\frac{q-1}{2}}\left(\frac{p}{q}\right)$$

● **증명** 이제

$$M=\sum_{i=1}^{\frac{p-1}{2}}\left[\frac{iq}{p}\right],\quad N=\sum_{i=1}^{\frac{q-1}{2}}\left[\frac{ip}{q}\right]$$

라고 놓으면 보조정리 8.3.1에 의하여 다음이 성립한다.

$$\left(\frac{q}{p}\right)\left(\frac{p}{q}\right)=(-1)^M(-1)^N=(-1)^{M+N}$$

따라서 이 정리를 증명하기 위해서는

$$(-1)^{M+N}=(-1)^{\frac{p-1}{2}\frac{q-1}{2}}$$

임을 증명하기만 하면 된다. 실제로, $M+N=\frac{p-1}{2}\frac{q-1}{2}$ 임을 증명한다. 직교좌표 평면 위에서, 그 점의 좌표가 모두 정수인 점을 **격자점** (lattice point)이라고 하자. 이제 네 점

$$O(0,\ 0),\ A\left(\frac{p}{2},\ 0\right),\ B\left(\frac{p}{2},\ \frac{q}{2}\right),\ C\left(0,\ \frac{q}{2}\right)$$

을 꼭짓점으로 가지는 직사각형 $OABC$의 내부에 있는 격자점의 개수를 두 가지 방법으로 계산하자.

p와 q가 홀수인 소수이므로 이 직사각형 내부에 있는 격자점의 좌표 (m, n)은 $1 \leq m \leq \frac{p-1}{2}$, $1 \leq n \leq \frac{q-1}{2}$ 이어야 한다. 그러므로 직사각형 내부에 있는 격자점의 개수는 $\frac{p-1}{2}\frac{q-1}{2}$이다. 그런데, 직선 OB의 방정식은 $y=\frac{q}{p}x$이므로, 직선 OB와 직선 $x=i$ $\left(1 \leq i \leq \frac{p-1}{2}\right)$의 교점의 좌표는 $\left(i, \frac{iq}{p}\right)$이다. q, i는 p와 서로소이므로 qi도 p와 서로소가 되어 $\frac{iq}{p}$는 정수가 될 수 없다. 그러므로 직사각형 $OABC$의 대각선 위에는 격자점이 하나도 없다. 따라서 직사각형 내부에 있는 격자점은 삼각형 OAB의 내부에 있거나 삼각형 OBC의 내부에 있다.

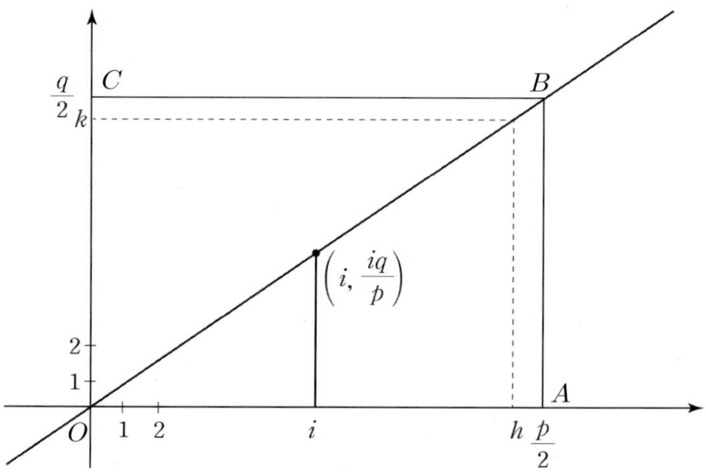

한편, 삼각형 OAB의 내부에 있으면서 직선 $x=i$ 위에 있는 격자점의 개수는 $\left[\frac{iq}{p}\right]$이므로, 삼각형 OAB의 내부에 있는 격자점 개수는 $\sum_{i=1}^{\frac{p-1}{2}}\left[\frac{iq}{p}\right]=M$이다. 마찬가지로, 삼각형 OBC의 내부에 있는 격자점의 개수는 $\sum_{i=1}^{\frac{q-1}{2}}\left[\frac{ip}{q}\right]=N$이다. 그러므로 위의 두 결과에 의하여 $M+N=\frac{p-1}{2}\frac{q-1}{2}$이다. 따라서

$$\left(\frac{q}{p}\right)\left(\frac{p}{q}\right)=(-1)^{M+N}=(-1)^{\frac{p-1}{2}\cdot\frac{q-1}{2}}$$

이고 또 $\left(\frac{p}{q}\right)$의 값은 1 또는 -1이므로 다음이 성립한다.

$$\left(\frac{q}{p}\right)=(-1)^{\frac{p-1}{2}\cdot\frac{q-1}{2}}\left(\frac{p}{q}\right)$$ ■

따름정리 8.3.4 서로 다른 두 홀수인 소수 p, q에 대하여 다음이 성립한다.

$$\left(\frac{q}{p}\right)\left(\frac{p}{q}\right)=\begin{cases}1, & p\equiv 1 \pmod 4 \text{ 또는 } q\equiv 1 \pmod 4\text{일 때}\\ -1, & p\equiv q\equiv 3 \pmod 4\text{일 때}\end{cases}$$

보기 8.3.5 $13\equiv 1 \pmod 4$, $17\equiv 1 \pmod 4$이므로 $\left(\frac{13}{17}\right)=\left(\frac{17}{13}\right)$이고

$23\equiv 3 \pmod 4$, $47\equiv 3 \pmod 4$이므로 $\left(\frac{23}{47}\right)=-\left(\frac{47}{23}\right)$이다.

정리 8.2.3 (오일러 판정법)과 정리 8.2.5를 사용하여 어떤 정수가 이차잉여인지 이차비잉여인지 결정할 수 있지만 p가 작은 소수가 아니라면 이런 방법으로 결정하기는 힘들다. 이런 경우 이차잉여의 상호법칙을 유용하게 이용할 수 있는데 이제 실제로 이차잉여의 상호법칙이 어떻게 이용되는지 알아보자.

보기 8.3.6

$$\begin{aligned}\left(\frac{111}{991}\right)&=\left(\frac{3}{991}\right)\left(\frac{37}{991}\right)=\left(-\left(\frac{991}{3}\right)\right)\left(\frac{991}{37}\right)\\&=\left(-\left(\frac{1}{3}\right)\right)\left(\frac{29}{37}\right)=-\left(\frac{29}{37}\right)\\&=-\left(\frac{37}{29}\right)=-\left(\frac{8}{29}\right)\\&=-\left(\frac{2}{29}\right)\left(\frac{4}{29}\right)=-\left(\frac{2}{29}\right)\\&=-(-1)=1\end{aligned}$$

그러므로 합동식 $x^2\equiv 111 \pmod{991}$은 해를 가진다.

보기 8.3.7 $1!+2!+3!+\cdots+n!\ (n>3)$은 제곱수가 될 수 없음을 증명하여 보자.

$N=1!+2!+3!+\cdots+n!\ (n>3)$, 어떤 정수 x에 대하여 $x^2=N$이라 가정하면 $N>5$이고, $1=\left(\frac{N}{5}\right)=\left(\frac{x^2}{5}\right)=\left(\frac{x}{5}\right)^2$이다.

그러나 $N=1!+2!+3!+4!\equiv 3\pmod 5$이므로

$$\left(\frac{N}{5}\right)=\left(\frac{3}{5}\right)=\left(\frac{5}{3}\right)=\left(\frac{2}{3}\right)=-1$$

이 되어 모순이다. 따라서 N은 제곱수가 아니다.

이차잉여의 상호법칙을 사용하면 소수가 무수히 많이 존재함을 증명할 수 있다.

보조정리 8.3.8 p가 소수일 때

$$\left(\frac{5}{p}\right)=1 \iff p\equiv\pm1 \pmod 5$$

이다.

● **증명** 따름정리 8.3.4에 의하여

$$\left(\frac{5}{p}\right)=\left(\frac{p}{5}\right)=\begin{cases}\left(\frac{1}{5}\right)=1, & p\equiv 1 \pmod 5 \text{ 일 때}\\ \left(\frac{2}{5}\right)=-1, & p\equiv 2 \pmod 5 \text{ 일 때}\\ \left(\frac{3}{5}\right)=-1, & p\equiv 3 \pmod 5 \text{ 일 때}\\ \left(\frac{4}{5}\right)=1, & p\equiv 4 \pmod 5 \text{ 일 때}\end{cases}$$

$$=\begin{cases}1, & p\equiv\pm1 \pmod 5 \text{ 일 때}\\ -1, & p\equiv\pm2 \pmod 5 \text{ 일 때}\end{cases}$$

■

정리 8.3.9 $10k-1$ 꼴의 소수는 무수히 많이 존재한다.

● **증명** $N=5(n!)^2-1$ (단 $n>1$)이라면 N은 분명히 $10k-1$ 형태의 수이다.

p를 N의 소인수라고 하면 p는 홀수이고 $5(n!)^2\equiv 1 \pmod p$이다. 그러므로

$$\left(\frac{5(n!)^2}{p}\right)=\left(\frac{1}{p}\right)=1\ ,\ \text{즉}\ \left(\frac{5}{p}\right)\left(\frac{(n!)^2}{p}\right)=\left(\frac{5}{p}\right)=1$$

이다. 따라서 보조정리 8.3.8에 의하여 $p\equiv\pm1\pmod 5$, 즉 N의 소인수 p는 $5k\pm1$ 형태이다. $5k+1$ 형태의 두 정수의 곱은 다시 $5k+1$ 형태이고 N은 $5k-1$ 형태이므로 N은 $5k-1$ 꼴의 소인수 q를 가져야 한다.

$q=5k-1$, k가 홀수 (즉, $k=2i+1$)이라면 $q=5(2i+1)-1=10i+4$가 되어 q는 소수가 될 수 없어 모순이다. 그러므로 $q=5k-1$, k는 짝수가 되어 q는 $10k-1$ 형태이다. 한편 $q\le n$이라 가정하면 $q\mid n!$이고

$$q\mid[N-5(n!)^2]=-1$$

이 되어 모순이다. 즉 $q>n$이다. 따라서 임의의 정수 $n\ (>1)$에 대하여 n보다 크고 $10k-1$ 형태의 소수 q가 존재한다. 다시 말해서 $10k-1$ 형태의 소수가 무수히 많이 존재한다. ■

1877년에 페핀(T. Pepin)은 페르마 수 F_n이 소수인지를 이차잉여의 상호법칙을 이용하여 판정하는 방법을 찾았다.

정리 8.3.10 **페핀 테스트 (Pepin's Test)**

페르마 수 F_n이 소수이다 $\Longleftrightarrow 3^{\frac{F_n-1}{2}}\equiv-1\pmod{F_n}$ (단, $n\ge1$)

• **증명** $F_n=2^{2^n}+1$이 소수라면 $F_n\equiv1\pmod 4$이므로 따름정리 8.3.4에 의하여

$$\left(\frac{3}{F_n}\right)=\left(\frac{F_n}{3}\right)$$

이다. 하지만 $F_n=2^{2^n}+1\equiv(-1)^{2^n}+1\equiv2\pmod 3$이므로 $\left(\frac{F_n}{3}\right)=\left(\frac{2}{3}\right)=-1$이 되어 $\left(\frac{3}{F_n}\right)=-1$이다.

또한 정리 8.2.3 (오일러 판정법)에 의하여 $\left(\frac{3}{F_n}\right)\equiv3^{\frac{F_n-1}{2}}\pmod{F_n}$이므로

$$3^{\frac{F_n-1}{2}}\equiv-1\pmod{F_n}$$

이다. 역으로 $3^{\frac{F_n-1}{2}} \equiv -1 \pmod{F_n}$이라 가정하면 F_n의 소인수 p에 대하여

$$3^{\frac{F_n-1}{2}} \equiv -1 \pmod{p} \text{ 이므로 } 3^{F_n-1} \equiv 1 \pmod{p}$$

이다. 그러면 정리 7.1.5에 의하여 $ord_p 3 \mid F_n - 1$, 즉 $ord_p 3 \mid 2^{2^n}$이므로 어떤 정수 k에 대하여 $ord_p 3 = 2^k$이다.

만약 $k < 2^n$이라면 $2^n - k - 1 \geq 0$이고 $3^{2^k} \equiv 1 \pmod{p}$이므로

$$\left(3^{2^k}\right)^{2^{2^n-k-1}} \equiv 1 \pmod{p}, \text{ 즉 } 3^{2^{2^n-1}} \equiv 3^{\frac{F_n-1}{2}} \equiv 1 \pmod{p}$$

이다. 이것은 $-1 \equiv 1 \pmod{p}$, $p = 2$가 되어 모순이다. 그러므로 $k = 2^n$이고 $ord_p 3 = F_n - 1$이다. 한편 정리 5.2.2 (페르마 정리)에 의하여 $ord_p 3 \leq p - 1$이다. 따라서 $F_n - 1 = ord_p 3 \leq p - 1$이고 $p \mid F_n$이므로 $p = F_n$이 되어 F_n이 소수이다. ■

보기 8.3.11

$$F_2 = 2^{2^2} + 1 = 17, \quad 3^{\frac{F_2-1}{2}} \equiv 3^8 \equiv -1 \pmod{17}$$

이므로 정리 8.3.10 (페핀 테스트)에 의하여 $F_2 = 17$은 소수이다. 한편 $F_4 = 2^{2^4} + 1 = 65537$이고

$$3^8 \equiv 6561 \pmod{F_4}, \quad 3^{20} \equiv 19390 \pmod{F_4},$$
$$3^{40} \equiv -13669 \pmod{F_4}, \quad 3^{60} \equiv -10282 \pmod{F_4},$$
$$3^{200} \equiv -28783 \pmod{F_4}, \quad 3^{500} \equiv 26868 \pmod{F_4},$$
$$3^{32000} \equiv 27748 \pmod{F_4}$$

이므로

$$\begin{aligned} 3^{\frac{F_4-1}{2}} &= 3^{32768} = 3^{32000} \cdot 3^{500} \cdot 3^{200} \cdot 3^{60} \cdot 3^8 \\ &\equiv (27748)(26868)(-28783)(-10282)(6561) \pmod{F_4} \\ &\equiv -1 \pmod{F_4} \end{aligned}$$

이다. 따라서 정리 8.3.10 (페핀 테스트)에 의하여 $F_4 = 65537$은 소수이다.

8.3 연습문제

01 다음 르장드르 기호 값을 구하여라.

(1) $\left(\frac{7}{19}\right)$ (2) $\left(\frac{195}{43}\right)$ (3) $\left(\frac{15}{101}\right)$

(4) $\left(\frac{417}{241}\right)$ (5) $\left(\frac{1722}{1009}\right)$ (6) $\left(\frac{1234}{4567}\right)$

Hint (5) 1009는 소수, $713 = 23 \cdot 31$ (6) 617, 4567은 소수

02 $p = 7$, $q = 11$ 일 때 정리 8.3.3(이차잉여의 상호법칙)의 증명과정에서 얻은 다음 사실이 성립함을 확인하여라.

$$\sum_{k=1}^{\frac{p-1}{2}} \left[\frac{kq}{p}\right] + \sum_{k=1}^{\frac{q-1}{2}} \left[\frac{kp}{q}\right] = \frac{p-1}{2} \cdot \frac{q-1}{2}$$

03 이차잉여의 상호법칙을 이용하여 다음 사실을 증명하여라.

(1) F_m, F_n 을 페르마 소수라 하면 $\left(\frac{F_n}{F_m}\right) = \left(\frac{F_m}{F_n}\right)$ 이다.

(2) $F_n\,(n > 0)$ 을 페르마 소수, $M_p\,(p > 2)$ 를 메르센 소수라 하면 $\left(\frac{M_p}{F_n}\right) = \left(\frac{F_n}{M_p}\right)$ 이다.

(3) M_p, $M_q\ (> 3)$ 를 서로 다른 두 메르센 소수라 하면 $\left(\frac{M_q}{M_p}\right) = -\left(\frac{M_p}{M_q}\right)$ 이다.

04 (1) p, q 를 $p = 4a + q$ 가 되는 홀수인 소수라 하면 $\left(\frac{p}{q}\right) = \left(\frac{a}{p}\right) = \left(\frac{a}{q}\right)$ 임을 증명하여라.

(2) (1)의 결과를 사용하여 $\left(\frac{10}{43}\right)$, $\left(\frac{60}{247}\right)$ 을 구하여라.

05 $p\,(> 3)$ 가 소수일 때 다음을 증명하여라.

$$\left(\frac{3}{p}\right) = \begin{cases} 1, & p \equiv \pm 1 \pmod{12} \text{일 때} \\ -1, & p \equiv \pm 5 \pmod{12} \text{일 때} \end{cases}$$

06 $p\,(>3)$가 소수일 때 다음을 증명하여라.

$$\left(\frac{-3}{p}\right)=\begin{cases} 1, & p\equiv 1 \pmod{6}\text{일 때} \\ -1, & p\equiv -1 \pmod{6}\text{일 때} \end{cases}$$

07 a가 소수 p (단 $p\equiv 3 \pmod{4}$)의 이차잉여이면

$$x\equiv \pm a^{\frac{p+1}{4}} \pmod{p}$$

는 합동식 $x^2\equiv a \pmod{p}$의 해임을 증명하여라.

8.4 야코비 기호

지금까지 공부한 르장드르 기호의 정의와 성질들을 일반화하기 위하여 1846년 독일 수학자 야코비(Karl G. J. Jacobi, 1804~1851)가 소개한 야코비 기호를 정의하고 그 성질들을 알아보자

정의 8.4.1 $m\,(>2)$을 홀수라 하고, $m=\prod_{i=1}^{k} p_i^{e_i}$을 m의 표준소인수분해, 정수 a를 $(a,\ m)=1$이라 할 때

$$\left(\frac{a}{m}\right)=\left(a \,\Big/ \prod_{i=1}^{k} p_i^{e_i}\right)=\prod_{i=1}^{k}\left(\frac{a}{p_i}\right)^{e_i} \left(\text{여기서 } \left(\frac{a}{p_i}\right)\text{는 르장드르 기호이다}\right)$$

로 정의하고 $\left(\frac{a}{m}\right)$를 **야코비 기호** (Jacobi's symbol)라 한다.

야코비 기호 $\left(\frac{a}{m}\right)=\prod_{i=1}^{k}\left(\frac{a}{p_i}\right)^{e_i}$에서 $i=1,\ 2,\ \cdots,\ k$에 대하여

$$\left(\frac{a}{p_i}\right)=1 \quad \text{또는} \quad \left(\frac{a}{p_i}\right)=-1$$

이므로

$$\left(\frac{a}{m}\right)=1 \quad \text{또는} \quad \left(\frac{a}{m}\right)=-1$$

이다. 또한 $m\,(>2)$이 소수이면 야코비 기호 $\left(\frac{a}{m}\right)$는 르장드르 기호와 일치한다.

보기 8.4.2

$$\begin{aligned}
\left(\frac{58}{231}\right) &= \left(\frac{58}{3}\right)\left(\frac{58}{7}\right)\left(\frac{58}{11}\right) && \text{(야코비 기호 정의)}\\
&= \left(\frac{1}{3}\right)\left(\frac{2}{7}\right)\left(\frac{3}{11}\right) && \text{(정리 8.2.5)}\\
&= (1)(1)(-1)\left(\frac{11}{3}\right) && \text{(정리 8.2.13, 따름정리 8.3.4)}\\
&= (1)(1)(-1)\left(\frac{2}{3}\right) && \text{(정리 8.2.5)}
\end{aligned}$$

$$=(1)(1)(-1)(-1)=1 \quad (\text{정리 } 8.2.13)$$

르장드르 기호 $\left(\frac{a}{p}\right)=1$은 이차합동식 $x^2 \equiv a \pmod{p}$의 해가 존재한다는 의미였다. 그렇다면 당연히 야코비 기호 $\left(\frac{a}{m}\right)=1$은 이차합동식 $x^2 \equiv a \pmod{m}$의 해가 존재한다는 의미인지 알아보자.

$x^2 \equiv a \pmod{m}$가 해를 가진다면 m의 모든 소인수 p_i에 대하여 $x^2 \equiv a \pmod{p_i}$도 해를 가지므로 $\left(\frac{a}{p_i}\right)=1$이다. 따라서

$$\left(\frac{a}{m}\right)=\prod_{i=1}^{k}\left(\frac{a}{p_i}\right)^{e_i}=\prod_{i=1}^{k}1^{e_i}=1$$

가 되어 $x^2 \equiv a \pmod{m}$가 해를 가지면 야코비 기호 $\left(\frac{a}{m}\right)=1$이다. 그러나 역으로 $\left(\frac{a}{m}\right)=1$이라 해서 합동식

$$x^2 \equiv a \pmod{m}$$

가 해를 갖는 것은 아니다. 예를 들어, 정리 8.2.13에 의하여 $\left(\frac{2}{3}\right)=-1$이므로

$$\left(\frac{2}{9}\right)=\left(\frac{2}{3}\right)\left(\frac{2}{3}\right)=1$$

이다. 하지만 $x^2 \equiv 2 \pmod{3}$은 해를 갖지 않기 때문에 합동식 $x^2 \equiv 2 \pmod{9}$는 해를 갖지 않는다.

야코비 기호는 여러 면에서 르장드르 기호와 비슷한 성질을 가지는데 이제 이런 성질에 대하여 알아보자.

정리 8.4.3 $m\,(>2)$을 홀수, $(a,\ m)=(b,\ m)=1$인 정수 $a,\ b$에 대하여 다음이 성립한다.

(1) $a \equiv b \pmod{m}$이면 $\left(\frac{a}{m}\right)=\left(\frac{b}{m}\right)$

(2) $\left(\frac{ab}{m}\right)=\left(\frac{a}{m}\right)\left(\frac{b}{m}\right)$

(3) $\left(\frac{a^2}{m}\right)=1$, $\left(\frac{a^2b}{m}\right)=\left(\frac{b}{m}\right)$

● **증명** $m = \prod_{i=1}^{k} p_i^{e_i}$ 을 m 의 표준소인수분해라 하자.

(1) $a \equiv b \pmod{m}$ 이면 $a \equiv b \pmod{p_i}$ 이고 정리 8.2.5에 의하여 $\left(\frac{a}{p_i}\right) = \left(\frac{b}{p_i}\right)$ 이다. 따라서

$$\left(\frac{a}{m}\right) = \prod_{i=1}^{k}\left(\frac{a}{p_i}\right)^{e_i} = \prod_{i=1}^{k}\left(\frac{b}{p_i}\right)^{e_i} = \left(\frac{b}{m}\right)$$

(2) 정리 8.2.5에 의하여 $\left(\frac{ab}{p_i}\right) = \left(\frac{a}{p_i}\right)\left(\frac{b}{p_i}\right)$ 이므로 $\left(\frac{ab}{p_i}\right)^{e_i} = \left(\frac{a}{p_i}\right)^{e_i}\left(\frac{b}{p_i}\right)^{e_i}$ 이다. 따라서

$$\left(\frac{ab}{m}\right) = \prod_{i=1}^{k}\left(\frac{ab}{p_i}\right)^{e_i} = \prod_{i=1}^{k}\left[\left(\frac{a}{p_i}\right)^{e_i}\left(\frac{b}{p_i}\right)^{e_i}\right]$$

$$= \prod_{i=1}^{k}\left(\frac{a}{p_i}\right)^{e_i} \cdot \prod_{i=1}^{k}\left(\frac{b}{p_i}\right)^{e_i} = \left(\frac{a}{m}\right)\left(\frac{b}{m}\right)$$

이다.

(3) $(a^2,\ m) = 1,\quad (ab,\ m) = 1$ 이고 (2)의 결과에 의하여

$$\left(\frac{a^2}{m}\right) = \left(\frac{a}{m}\right)\left(\frac{a}{m}\right) = \left(\frac{a}{m}\right)^2 = 1$$

$$\left(\frac{a^2 b}{m}\right) = \left(\frac{a^2}{m}\right)\left(\frac{b}{m}\right) = 1 \cdot \left(\frac{b}{m}\right) = \left(\frac{b}{m}\right)$$

이다. ▣

정리 8.2.3과 따름정리 8.2.15를 일반화한 성리의 증명을 간단히 하기 위하여 다음 사실을 보조정리로 나타내자.

보조정리 8.4.4 $m\ (>2)$ 을 홀수, $m = \prod_{i=1}^{k} p_i^{e_i}$ 을 m 의 표준소인수분해라 할 때

(1) $\sum_{i=1}^{k} \frac{e_i(p_i - 1)}{2} \equiv \frac{m-1}{2} \pmod{2}$

(2) $\sum_{i=1}^{k} \frac{e_i(p_i^2 - 1)}{8} \equiv \frac{m^2-1}{8} \pmod{2}$

● **증명** (1) $p_i - 1$은 짝수이므로, 이항정리에 의하여

$$\begin{aligned} p_i^{e_i} &= [1+(p_i-1)]^{e_i} \\ &\equiv 1+e_i(p_i-1) \pmod 4 \end{aligned}$$

이므로

$$m = \prod_{i=1}^{k} p_i^{e_i} \equiv \prod_{i=1}^{k} [1+e_i(p_i-1)] \pmod 4$$

이다. 한편

$$\begin{aligned} &[1+e_i(p_i-1)][1+e_j(p_j-1)] \\ &\equiv 1+e_i(p_i-1)+e_j(p_j-1) \pmod 4 \end{aligned}$$

이므로

$$m = 1+\sum_{i=1}^{k} e_i(p_i-1) \pmod 4$$

이다. 따라서

$$\sum_{i=1}^{k} \frac{e_i(p_i-1)}{2} \equiv \frac{m-1}{2} \pmod 2$$

이다.

(2) $p_i^2 - 1 \equiv 0 \pmod 8$이므로 이항정리에 의하여

$$p_i^{2e_i} = (p_i^2)^{e_i} = [1+(p_i^2-1)]^{e_i} \equiv 1+e_i(p_i^2-1) \pmod{64}$$

이다. 한편

$$\begin{aligned} &[1+e_i(p_i^2-1)][1+e_j(p_j^2-1)] \\ &\equiv 1+e_i(p_i^2-1)+e_j(p_j^2-1) \pmod{64} \end{aligned}$$

이므로

$$\begin{aligned} m^2 = \prod_{i=1}^{k} p_i^{2e_i} &\equiv \prod_{i=1}^{k} [1+e_i(p_i^2-1)] \pmod{64} \\ &\equiv 1+\sum_{i=1}^{k} e_i(p_i^2-1) \pmod{64} \end{aligned}$$

이다. 따라서

$$\sum_{i=1}^{k} \frac{e_i(p_i^2-1)}{8} \equiv \frac{m^2-1}{8} \pmod 2$$

이다. ■

정리 8.4.5 $m\,(>2)$을 홀수라 할 때, 다음이 성립한다.

(1) $\left(\dfrac{1}{m}\right)=1$

(2) $\left(\dfrac{-1}{m}\right)=(-1)^{\frac{m-1}{2}}$

(3) $\left(\dfrac{2}{m}\right)=(-1)^{\frac{m^2-1}{8}}$

● **증명** $m=\prod_{i=1}^{k} p_i^{e_i}$ 을 m의 표준소인수분해라 하자.

(1) $\left(\dfrac{1}{m}\right)=\prod_{i=1}^{k}\left(\dfrac{1}{p_i}\right)^{e_i}=1$

(2) $\left(\dfrac{-1}{m}\right)=\prod_{i=1}^{k}\left(\dfrac{-1}{p_i}\right)^{e_i}=\prod_{i=1}^{k}(-1)^{\frac{e_i(p_i-1)}{2}}$ (정리 8.2.5)

$=(-1)^{\sum_{i=1}^{k}\frac{e_i(p_i-1)}{2}}=(-1)^{\frac{m-1}{2}}$ (보조정리 8.4.4)

(3) $\left(\dfrac{2}{m}\right)=\prod_{i=1}^{k}\left(\dfrac{2}{p_i}\right)^{e_i}=\prod_{i=1}^{k}(-1)^{\frac{e_i(p_i^2-1)}{8}}$ (따름정리 8.2.15)

$=(-1)^{\sum_{i=1}^{k}\frac{e_i(p_i^2-1)}{8}}=(-1)^{\frac{m^2-1}{8}}$ (보조정리 8.4.4) ■

정리 8.4.6 **일반화된 이차잉여의 상호법칙 (The Generalized Law of Quadratic Reciprocity)**

$m\,(>2)$, $n\,(>2)$을 서로소인 홀수라 할 때,

$$\left(\frac{n}{m}\right)\left(\frac{m}{n}\right)=(-1)^{\frac{m-1}{2}\cdot\frac{n-1}{2}}$$

즉, $\left(\dfrac{n}{m}\right)=(-1)^{\frac{m-1}{2}\cdot\frac{n-1}{2}}\left(\dfrac{m}{n}\right)$이다.

● **증명** m과 n의 표준소인수분해를 각각

$$m=\prod_{i=1}^{k}p_i^{e_i},\ n=\prod_{j=1}^{s}q_j^{f_j}$$

라 하면, 정의에 의하여

$$\left(\frac{m}{n}\right)=\prod_{j=1}^{s}\left(\frac{m}{q_j}\right)^{f_j}=\prod_{j=1}^{s}\left[\prod_{i=1}^{k}\left(\frac{p_i}{q_j}\right)^{e_if_j}\right]$$
$$=\prod_{j=1}^{s}\prod_{i=1}^{k}\left(\frac{p_i}{q_j}\right)^{e_if_j}$$

또한

$$\left(\frac{n}{m}\right)=\prod_{i=1}^{k}\left(\frac{n}{p_i}\right)^{e_i}=\prod_{i=1}^{k}\left[\prod_{j=1}^{s}\left(\frac{q_j}{p_i}\right)^{f_je_i}\right]$$
$$=\prod_{i=1}^{k}\prod_{j=1}^{s}\left(\frac{q_j}{p_i}\right)^{f_je_i}$$

따라서

$$\left(\frac{m}{n}\right)\left(\frac{n}{m}\right)=\prod_{i=1}^{k}\prod_{j=1}^{s}\left[\left(\frac{p_i}{q_j}\right)\left(\frac{q_j}{p_i}\right)\right]^{e_if_j}$$
$$=\prod_{i=1}^{k}\prod_{j=1}^{s}\left[(-1)^{\frac{p_i-1}{2}\cdot\frac{q_j-1}{2}}\right]^{e_if_j} \quad \text{(정리 8.3.3)}$$
$$=(-1)^{\sum_{i=1}^{k}\sum_{j=1}^{s}e_if_j\left(\frac{p_i-1}{2}\right)\left(\frac{q_j-1}{2}\right)}$$
$$=(-1)^{\left[\sum_{i=1}^{k}e_i\left(\frac{p_i-1}{2}\right)\right]\left[\sum_{j=1}^{s}f_j\left(\frac{q_j-1}{2}\right)\right]}$$
$$=(-1)^{\frac{m-1}{2}\cdot\frac{n-1}{2}} \quad \text{(보조정리 8.4.4)}$$

■

보기 8.4.7 (1) $\left(\frac{237}{371}\right)=(-1)^{\frac{237-1}{2}\cdot\frac{371-1}{2}}\left(\frac{371}{237}\right)$ (정리 8.4.6)

$$=\left(\frac{134}{237}\right)=\left(\frac{2}{237}\right)\left(\frac{67}{237}\right) \quad \text{(정리 8.4.3)}$$
$$=(-1)^{\frac{237^2-1}{8}}\left(\frac{67}{237}\right) \quad \text{(정리 8.4.5)}$$
$$=(-1)(-1)^{\frac{67-1}{2}\cdot\frac{237-1}{2}}\left(\frac{237}{67}\right) \quad \text{(정리 8.4.6)}$$
$$=(-1)(1)\left(\frac{36}{67}\right)=(-1)(1)(1)=-1 \quad \text{(정리 8.4.3)}$$

(2) $\left(\frac{413}{521}\right)=(-1)^{\frac{413-1}{2}\cdot\frac{521-1}{2}}\left(\frac{521}{413}\right)$ (정리 8.4.6)

$=\left(\frac{521}{413}\right)=\left(\frac{108}{413}\right)=\left(\frac{2^2\cdot 3^2\cdot 3}{413}\right)=\left(\frac{3}{413}\right)$ (정리 8.4.3)

$=(-1)^{\frac{3-1}{2}\cdot\frac{413-1}{2}}\left(\frac{413}{3}\right)$ (정리 8.4.6)

$=\left(\frac{413}{3}\right)=\left(\frac{2}{3}\right)=-1$ (정리 8.2.5, 정리 8.2.13)

8.4 연습문제

01 다음 야코비 기호의 값을 구하여라.

(1) $\left(\dfrac{27}{97}\right)$　　(2) $\left(\dfrac{-22}{37}\right)$

(3) $\left(\dfrac{32}{165}\right)$　　(4) $\left(\dfrac{200}{231}\right)$

(5) $\left(\dfrac{315}{439}\right)$　　(6) $\left(\dfrac{121}{1011}\right)$

(7) $\left(\dfrac{3}{5^2 \cdot 7^3}\right)$　　(8) $\left(\dfrac{3}{5^3 \cdot 7^2 \cdot 11^5}\right)$

02 다음 물음에 답하여라.

(1) 33의 이차잉여를 모두 구하여라.

(2) 야코비 기호 $\left(\dfrac{2}{33}\right)=1$임을 확인하여라.

(3) (1)의 결과를 이용하여 $x^2 \equiv 2 \pmod{33}$은 해를 갖지 않음을 확인하여라.

03 m은 홀수이고, $\left(\dfrac{a}{m}\right)=-1$이면 합동식 $x^2 \equiv a \pmod{m}$의 해는 존재하지 않음을 증명하여라.

04 m이 양의 홀수일 때 다음이 성립함을 증명하여라.

$$\left(\frac{-1}{m}\right)=\begin{cases} 1, & m \equiv 1 \pmod{4}\text{일 때} \\ -1, & m \equiv -1 \pmod{4}\text{일 때} \end{cases}$$

05 m이 양의 홀수일 때 다음이 성립함을 증명하여라.

$$\left(\frac{-2}{m}\right)=\begin{cases} 1, & m \equiv \pm 1 \pmod{8}\text{일 때} \\ -1, & m \equiv \pm 3 \pmod{8}\text{일 때} \end{cases}$$

06 $(n,\ 15)=1$, 야코비 기호 $\left(\dfrac{15}{n}\right)=1$을 만족하는 양의 정수 n을 모두 구하여라.

8.5 이차합동식

지금까지는 홀수인 소수를 법으로 하는 이차합동식에 관해서만 알아보았으나 이제 합성수를 법으로 하는 일반 이차합동식에 관하여 논하기 위해 우선 두 소수 p, q에 대하여 합동식 $x^2 \equiv a \pmod{pq}$에 관하여 알아보자.

정리 8.5.1 서로 다른 두 소수 $p(\neq 2)$, $q(\neq 2)$와 $(a,\ pq)=1$인 정수 a에 대하여, 다음이 성립한다.

이차합동식 $x^2 \equiv a \pmod{pq}$가 해를 가진다. $\Longleftrightarrow \left(\dfrac{a}{p}\right)=\left(\dfrac{a}{q}\right)=1$

또, 이차합동식 $x^2 \equiv a \pmod{pq}$가 해를 가지는 경우 이 합동식은 네 개의 해를 가지며 이들 해는 다음과 같은 꼴이다.

$$x \equiv x_0 \pmod{pq}, \quad x \equiv y_0 \pmod{pq}$$
$$x \equiv -x_0 \pmod{pq}, \quad x \equiv -y_0 \pmod{pq}$$

증명 정리 4.1.26에 의하여 이차합동식 $x^2 \equiv a \pmod{pq}$는 다음 연립합동식과 동치이다.

$$\begin{cases} x^2 \equiv a \pmod{p} \\ x^2 \equiv a \pmod{q} \end{cases}$$

따라서 이차합동식 $x^2 \equiv a \pmod{pq}$가 해를 가질 필요충분조건은 두 합동식

$$x^2 \equiv a \pmod{p}, \quad x^2 \equiv a \pmod{q}$$

가 모두 해를 가질 경우, 즉 $\left(\dfrac{a}{p}\right)=\left(\dfrac{a}{q}\right)=1$인 경우이다.

한편 이차합동식 $x^2 \equiv a \pmod{pq}$가 해를 가지는 경우에, 두 이차합동식

$$x^2 \equiv a \pmod{p}, \quad x^2 \equiv a \pmod{q}$$

의 두 해를 각각

$$x \equiv \pm u \pmod{p}, \quad x \equiv \pm v \pmod{q}$$

라고 하면 이차합동식 $x^2 \equiv a \pmod{pq}$의 해는 다음 네 연립합동식의 해이다.

$$\begin{cases} x \equiv u \pmod{p} \\ x \equiv v \pmod{q} \end{cases} \qquad \begin{cases} x \equiv u \pmod{p} \\ x \equiv -v \pmod{q} \end{cases}$$
$$\begin{cases} x \equiv -u \pmod{p} \\ x \equiv v \pmod{q} \end{cases} \qquad \begin{cases} x \equiv -u \pmod{p} \\ x \equiv -v \pmod{q} \end{cases}$$

정리 4.3.2 (중국인 나머지 정리)를 적용하여

$$qN_1 \equiv 1 \pmod{p}, \quad pN_2 \equiv 1 \pmod{q}$$

인 정수 N_1, N_2을 구하여

$$x_0 = qN_1u + pN_2v, \quad y_0 = qN_1(-u) + pN_2v$$

라고 놓으면 위 네 개의 연립일차합동식의 해는 다음과 같다.

$$x \equiv x_0 \pmod{pq} \qquad x \equiv y_0 \pmod{pq}$$
$$x \equiv -x_0 \pmod{pq} \qquad x \equiv -y_0 \pmod{pq}$$

따라서 정리가 성립한다. ■

보기 8.5.2 이차합동식 $x^2 \equiv 4 \pmod{33}$의 해를 구해보자. 주어진 합동식 $x^2 \equiv 4 \pmod{33}$은 다음 연립합동식과 동치이다.

$$\begin{cases} x^2 \equiv 4 \pmod{3} \\ x^2 \equiv 4 \pmod{11} \end{cases}$$

두 합동식 $x^2 \equiv 4 \equiv 1 \pmod{3}$, $x^2 \equiv 4 \pmod{11}$의 해는 각각 $x \equiv \pm 1 \pmod{3}$, $x \equiv \pm 2 \pmod{11}$이므로 다음 네 개의 연립합동식의 해가 주어진 합동식 $x^2 \equiv 4 \pmod{33}$의 해가 된다.

$$\begin{cases} x \equiv 1 \pmod{3} \\ x \equiv 2 \pmod{11} \end{cases} \qquad \begin{cases} x \equiv 1 \pmod{3} \\ x \equiv -2 \pmod{11} \end{cases}$$
$$\begin{cases} x \equiv -1 \pmod{3} \\ x \equiv 2 \pmod{11} \end{cases} \qquad \begin{cases} x \equiv -1 \pmod{3} \\ x \equiv -2 \pmod{11} \end{cases}$$

이제 정리 4.3.2 (중국인 나머지 정리)에 의하여 위의 네 개의 연립합동식을 풀자. 먼저 첫 번째 합동식

$$\begin{cases} x \equiv 1 \pmod{3} \\ x \equiv 2 \pmod{11} \end{cases}$$

의 해를 구하기 위해 $M = 3 \cdot 11$, $M_1 = \dfrac{M}{3} \equiv 11$, $M_2 = \dfrac{M}{11} = 3$ 이라 놓고

$$M_1N_1 = 11N_1 \equiv 1 \pmod{3}, \quad M_2N_2 = 3N_2 \equiv 1 \pmod{11}$$

의 해를 구하면 $N_1 \equiv 2 \pmod{3}$, $N_2 \equiv 4 \pmod{11}$ 이다.

$$x_0 = 1 \cdot M_1N_1 + 2 \cdot M_2N_2 \equiv 1 \cdot 11 \cdot 2 + 2 \cdot 3 \cdot 4 \equiv 46 \equiv 13 \pmod{33}$$
$$y_0 = (-1)M_1N_1 + 2 \cdot M_2N_2 \equiv (-1) \cdot 11 \cdot 2 + 2 \cdot 3 \cdot 4 \equiv 2 \pmod{13}$$

이므로 정리 8.5.1에 의하여 주어진 이차합동식 $x^2 \equiv 4 \pmod{33}$ 은 다음과 같이 네 개의 해를 가진다.

$$x \equiv \pm 13 \pmod{33}, \quad x \equiv \pm 2 \pmod{33}$$

보기 8.5.3 이차합동식 $x^2 \equiv 2 \pmod{77}$ 을 생각하자. 주어진 이차합동식은

$$\begin{cases} x^2 \equiv 2 \pmod{7} \\ x^2 \equiv 2 \pmod{11} \end{cases}$$

와 동치이고 정리 8.2.13에 의하여 $\left(\dfrac{2}{11}\right) = -1$ 이므로, 즉 2는 11의 이차비잉여이므로 $x^2 \equiv 2 \pmod{11}$ 의 해가 존재하지 않는다. 따라서 주어진 이차합동식 $x^2 \equiv 2 \pmod{77}$ 의 해는 존재하지 않는다.

다음으로 소수 $p\,(\neq 2)$ 에 대하여 이차합동식 $x^2 \equiv a \pmod{p^n}$ 가 언제 해를 갖는가? 해를 가진다면 어떻게 해를 구하는지 알아보자. 이 문제를 해결해 주는 정리를 논하기 전에 정리를 증명하는 과정을 익히기 위해 다음 보기로 시작하자.

보기 8.5.4 합동식 $x^2 \equiv 23 \pmod{7^3}$ 의 한 해를 다음과 같이 단계별로 구해보자.

단계 1) $x^2 \equiv 23 \pmod{7}$ 의 해를 구한다.

$x^2 \equiv 23 \equiv 2 \pmod{7}$, $\left(\dfrac{2}{7}\right) = 1$ 이므로 $x^2 \equiv 2 \pmod{7}$ 은 해를 가지고 그 해는 $x \equiv 3,\ 4 \pmod{7}$ 이다.

단계 2) $x^2 \equiv 23 \pmod{7}$ 의 해를 이용하여 $x^2 \equiv 23 \pmod{7^2}$ 의 해를 구

한다. 3은 $x^2 \equiv 23 \pmod{7}$의 해이므로 $3^2 = 23 + 7i$ 인 i가 존재한다. 실제로 $9 = 23 + 7 \cdot (-2)$이다. $3 + 7j$ 꼴의 해를 찾기 위해

$$\begin{aligned}(3+7j)^2 &= 9 + 42j + 49j^2 \\ &\equiv 9 + 42j \pmod{7^2} \\ &\equiv [23 + 7 \cdot (-2)] + 42j \pmod{7^2} \\ &\equiv 23 + 7(-2 + 6j) \pmod{7^2}\end{aligned}$$

이때 $-2 + 6j \equiv 0 \pmod{7}$의 해 $j = 5$를 대입하면 $38^2 \equiv 23 \pmod{7^2}$이 되어 38은 $x^2 \equiv 23 \pmod{7^2}$의 해이다.

단계 3) $x^2 \equiv 23 \pmod{7^2}$의 해를 이용하여 $x^2 \equiv 23 \pmod{7^3}$의 해를 구한다. 38은 $x^2 \equiv 23 \pmod{7^2}$의 해이므로 $38^2 = 23 + 7^2 k$ 인 k가 존재한다. 실제로 $38^2 = 23 + 7^2 \cdot 29$이다. $38 + 7^2 l$ 꼴의 해를 찾기 위해

$$\begin{aligned}(38+7^2 l)^2 &= 38^2 + 76 \cdot 7^2 l + 7^4 l^2 \\ &\equiv 38^2 + 76 \cdot 7^2 l \pmod{7^3} \\ &\equiv (23 + 7^2 \cdot 29) + 76 \cdot 7^2 l \pmod{7^3} \\ &\equiv 23 + (29 + 76l) \cdot 7^2 \pmod{7^3}\end{aligned}$$

이때 $29 + 76l \equiv 1 + 6l \equiv 0 \pmod{7}$의 해 $l = 1$을 대입하면 $(38 + 7^2)^2 \equiv 23 \pmod{7^3}$이 되어 $38 + 7^2 = 87$은 주어진 합동식 $x^2 \equiv 23 \pmod{7^3}$의 해가 된다.

정리 8.5.5 $p\,(\neq 2)$를 소수, 양의 정수 n, $(a,\ p) = 1$인 정수 a에 대하여

합동식 $x^2 \equiv a \pmod{p^n}$가 해를 가진다. $\Longleftrightarrow$ $\left(\dfrac{a}{p}\right) = 1$

더욱이 $\left(\dfrac{a}{p}\right) = 1$인 경우 합동식 $x^2 \equiv a \pmod{p^n}$ $(n \geq 1)$은 두 개의 해를 갖는다.

- **증명** 합동식 $x^2 \equiv a \pmod{p^n}$ $(n \geq 1)$가 해를 가지면 분명히 $x^2 \equiv a \pmod{p}$도

해를 가지므로 $\left(\frac{a}{p}\right)=1$이다.

역으로 $\left(\frac{a}{p}\right)=1$, 즉 합동식 $x^2 \equiv a \pmod{p}$가 해를 가진다고 가정하고 합동식 $x^2 \equiv a \pmod{p^n}$ $(n \geq 1)$의 해가 존재함을 수학적 귀납법으로 증명하자. $n=1$인 경우 가정에 의하여 $\left(\frac{a}{p}\right)=1$이므로 $x^2 \equiv a \pmod{p}$는 해를 가진다. 이제 $x^2 \equiv a \pmod{p^k}$ $(k \geq 1)$가 해를 가진다고 가정하고 $x^2 \equiv a \pmod{p^{k+1}}$의 해를 찾자. x_0를 $x^2 \equiv a \pmod{p^k}$의 해라 하면 $x_0^2 \equiv a \pmod{p^k}$이므로 $x_0^2 = a + ip^k$가 되는 정수 i가 존재한다.

이제 $x_0 + jp^k$ 형태의 $x^2 \equiv a \pmod{p^{k+1}}$의 해를 찾기 위해서

$$\begin{aligned}
(x_0 + jp^k)^2 &= x_0^2 + 2x_0jp^k + j^2p^{2k} \\
&\equiv x_0^2 + 2x_0jp^k \pmod{p^{k+1}} \quad (\because\ 2k \geq k+1) \\
&\equiv (a + ip^k) + 2x_0jp^k \pmod{p^{k+1}} \\
&\equiv a + (i + 2x_0j)p^k \pmod{p^{k+1}}
\end{aligned}$$

이때 $(2x_0,\ p)=1$이므로 따름정리 4.2.5에 의하여 $i + 2x_0j \equiv 0 \pmod{p}$가 되는 j가 꼭 하나 존재하여

$$(x_0 + jp^k)^2 \equiv a \pmod{p^{k+1}}$$

이다. 즉 $x_0 + jp^k$은 합동식 $x^2 \equiv a \pmod{p^{k+1}}$의 해이다. 따라서 모든 양의 정수 n에 대하여 $x^2 \equiv a \pmod{p^n}$은 해를 가진다. 더욱이 $x^2 \equiv a \pmod{p^n}$는 꼭 두 개의 해를 가진다. ■

보기 8.5.6 정리 8.5.5를 사용하여 보기 8.5.4에서 구한 해 87과 다른 $x^2 \equiv 23 \pmod{7^3}$의 해를 구하여보자.

$x^2 \equiv 23 \pmod{7}$은 두 개의 해 $x \equiv 3,\ 4 \pmod{7}$를 가지고 보기 8.5.4에서 $x_0 \equiv 3 \pmod{7}$을 사용하여 $x^2 \equiv 23 \pmod{7^3}$의 해 $x \equiv 87 \pmod{7^3}$을 얻었다. 이제 $x_0 \equiv 4 \pmod{7}$를 사용하여 $x^2 \equiv 23 \pmod{7^3}$의 다른 해를 정리 8.5.5 증명 과정대로 구하자.

$x_0 = 4,\quad k=1$이라 하면

(1) $x_0 = 4$는 $x^2 \equiv 23 \pmod{7}$의 해이므로 $4^2 = 23 + 7i$가 되는 해 $i=-1$

을 구한다.

(2) $i+2x_0j \equiv 0 \pmod{p}$, 즉 $-1+8j \equiv 0 \pmod{7}$가 되는 해 $j=1$을 구한다.

(3) $x^2 \equiv 23 \pmod{7^2}$의 해 $x_0+jp = 4+1\cdot 7 = 11$을 구한다.

$x_0 = 11$, $k=2$라 하고 앞의 과정을 반복한다.

(1) $x_0 = 11$은 $x^2 \equiv 23 \pmod{7^2}$의 해이므로 $11^2 = 23+7^2 i$가 되는 해 $i=2$를 구한다.

(2) $i+2x_0j \equiv 0 \pmod{p}$, 즉 $2+22j \equiv 0 \pmod{7}$의 해 $j=5$를 구한다.

(3) $x^2 \equiv 23 \pmod{7^3}$의 해 $x_0+jp^2 = 11+5\cdot 7^2 = 256$을 구한다.

결국 $x \equiv 256 \pmod{7^3}$은 $x^2 \equiv 23 \pmod{7^3}$의 해이다.

지금까지 홀수인 소수를 법으로 하는 이차합동식의 해법을 알아 보았으므로 이제 $p=2^n$ $(n \geq 1)$을 법으로 하는 이차합동식의 해법을 논하자.

정리 8.5.7 a가 홀수일 때 다음이 성립한다.

(1) 합동식 $x^2 \equiv a \pmod{2}$는 항상 하나의 해를 가진다.

(2) 합동식 $x^2 \equiv a \pmod{4}$가 해를 갖기 위한 필요충분조건은 $a \equiv 1 \pmod{4}$이다. 더욱이 해를 가진다면 두 개의 해를 가진다.

(3) 합동식 $x^2 \equiv a \pmod{2^n}$ $(n \geq 3)$가 해를 갖기 위한 필요충분조건은 $a \equiv 1 \pmod{8}$이다. 더욱이 해를 가진다면 반드시 네 개의 해 $\pm x_0$, $2^{n-1} \pm x_0$를 가진다.

● **증명** (1) a가 홀수이므로 $x^2 \equiv a \equiv 1 \pmod{2}$은 항상 유일한 해 $x \equiv 1 \pmod{2}$을 가진다.

(2) $a \equiv 1 \pmod{4}$이라면 합동식 $x^2 \equiv a \pmod{4}$는 $x^2 \equiv 1 \pmod{4}$와 동치가 되어 두 개의 해 $x \equiv \pm 1 \pmod{4}$를 갖는다.

역으로 a가 홀수이므로 $a \equiv 1 \pmod{4}$ 또는 $a \equiv 3 \pmod{4}$이다. $a \equiv 3 \pmod{4}$이면 $x^2 \equiv a \equiv 3 \pmod{4}$는 해를 갖지 않으므로 $x^2 \equiv a \pmod{4}$가 해를 가진다면 $a \equiv 1 \pmod{4}$이어야 한다.

(3) 합동식 $x^2 \equiv a \pmod{2^n}$ $(n \geq 3)$이 해 x_0를 가진다면 $x_0^2 = a + 2^n \cdot i$이고 a는 홀수이므로 x_0가 홀수이다. 홀수의 제곱은 법 8에 관하여 1과 합동이므로 $a \equiv x_0^2 \equiv 1 \pmod{8}$이다.

역으로 $a \equiv 1 \pmod{8}$이라 가정하고 수학적 귀납법으로 모든 자연수 $n\,(n \geq 3)$에 대하여 $x^2 \equiv a \pmod{2^n}$가 해를 가진다는 사실을 증명하자. 분명히 합동식 $x^2 \equiv a \equiv 1 \pmod{8}$은 네 개의 해 1, 3, 5, 7을 가진다. 이제 합동식 $x^2 \equiv a \pmod{2^k}$ $(k \geq 3)$가 해 x_0를 갖는다고 가정하면 어떤 정수 i가 존재하여 $x_0^2 = a + i \cdot 2^k$이고 x_0는 홀수이다.

그러면

$$\begin{aligned}\left(x_0 + j\,2^{k-1}\right)^2 &= x_0^2 + x_0 j\,2^k + j^2\,2^{2k-2} \\ &\equiv x_0^2 + x_0 j\,2^k \pmod{2^{k+1}} \quad (\because\ k \geq 3) \\ &\equiv \left(a + i\,2^k\right) + x_0 j\,2^k \pmod{2^{k+1}} \\ &\equiv a + (i + x_0 j)\,2^k \pmod{2^{k+1}}\end{aligned}$$

이다. 여기서 $i + x_0 j \equiv 0 \pmod{2}$를 만족하는 j를 택하면 (x_0가 홀수이므로 정리 4.2.7에 의하여 그런 j가 존재한다.)

$$\left(x_0 + j\,2^{k-1}\right)^2 \equiv a \pmod{2^{k+1}}$$

이다. 즉 $x_0 + j2^{k-1}$은 합동식 $x^2 \equiv a \pmod{2^{k+1}}$의 해가 된다. 따라서 모든 $n\ (n \geq 3)$에 대하여 $x^2 \equiv a \pmod{2^n}$은 해를 가진다.

더욱이 $a \equiv 1 \pmod{8}$일 때 x_0가 $x^2 \equiv a \pmod{2^n}$의 한 해라면 $x^2 \equiv a \pmod{2^n}$은 4개의 해 $\pm x_0$, $2^{n-1} \pm x_0$를 가짐을 보일 수 있다 (연습문제 10). ■

보기 8.5.8 합동식 $x^2 \equiv 17 \pmod{32}$의 해를 구하여보자.

정리 8.5.7에 의하여 $17 \equiv 1 \pmod{8}$이므로 합동식 $x^2 \equiv 17 \pmod{32}$은 해를 가진다. 정리 8.5.7의 증명 과정에 따라 해를 구하자.

$x_0 = 1$, $k = 3$이라 하고

(1) $x_0 = 1$은 $x^2 \equiv 17 \pmod{2^3}$의 해이므로 $1^2 = 17 + 8i$가 되는 $i = -2$를 구한다.

(2) $i + x_0 j \equiv 0 \pmod{2}$ 즉 $-2 + 1 \cdot j \equiv 0 \pmod{2}$가 되는 $j = 0$을 구

한다.

(3) $x^2 \equiv 17 \pmod{2^4}$의 해 $x_0 + j2^{k-1} = 1 + 0 \cdot 4 = 1$을 구한다.

$x_0 = 1$, $k = 4$라 하고 앞의 과정을 반복한다.

(1) $x_0 = 1$은 $x^2 \equiv 17 \pmod{2^4}$의 해이므로 $1^2 = 17 + 2^4 \cdot i$가 되는 $i = -1$을 구한다.

(2) $i + x_0 j \equiv 0 \pmod{2}$, 즉 $-1 + 1 \cdot j \equiv 0 \pmod{2}$가 되는 $j = 1$을 구한다.

(3) $x^2 \equiv 17 \pmod{2^5}$의 해 $x_0 + j2^{k-1} = 1 + 1 \cdot 8 = 9$를 구한다.

여기까지 $x^2 \equiv 17 \pmod{2^5}$의 한 해 9를 구했다.

따라서 $x^2 \equiv 17 \pmod{2^5}$의 모든 해는 정리 8.5.7에 의하여 ± 9, $2^4 \pm 9$, 즉

$$x \equiv 7,\ 9,\ 23,\ 25 \pmod{32}$$

이다.

이제 우리는 일반적인 이차합동식

$$x^2 \equiv a \pmod{n},\ (a,\ n) = 1$$

의 해가 언제 존재하는지를 논할 수 있다.

이를 위해 n의 표준소인수분해가 다음과 같다고 하자.

$$n = 2^{k_0} p_1^{k_1} p_2^{k_2} \cdots p_r^{k_r}$$

여기서 $k_0 \geq 0$, $k_i > 0$이고 p_i는 서로 다른 홀수인 소수이다. 이때 이차합동식 $x^2 \equiv a \pmod{n}$, $(a,\ n) = 1$은 정리 4.1.26에 의하여 연립합동식

$$\begin{cases} x^2 \equiv a \pmod{2^{k_0}} \\ x^2 \equiv a \pmod{p_1^{k_1}} \\ \quad \vdots \\ x^2 \equiv a \pmod{p_r^{k_r}} \end{cases}$$

과 동치이므로 정리 8.5.5와 정리 8.5.7에 의하여 결국 다음 정리를 얻는다.

정리 8.5.9 $n\ (n>1)$의 표준소인수분해가 다음과 같다고 하자.

$$n = 2^{k_0} p_1^{k_1} p_2^{k_2} \cdots p_r^{k_r}$$

여기서 $k_0 \geq 0$, $k_i > 0$이고 $p_1, p_2, \cdots, p_r$은 홀수인 서로 다른 소수이다. 이때 $(a, n) = 1$인 정수 a에 대하여, 합동식 $x^2 \equiv a \pmod{n}$의 해가 존재할 필요충분조건은 다음과 같다.

(1) 모든 $i = 1, 2, \cdots, r$에 대하여 $\left(\dfrac{a}{p_i}\right) = 1$이다.

(2) $4 \mid n$, $8 \nmid n$이면 $a \equiv 1 \pmod{4}$, $8 \mid n$이면 $a \equiv 1 \pmod{8}$이다.

더욱이 조건 (1), (2)를 만족할 때, 합동식 $x^2 \equiv a \pmod{n}$은 $k_0 = 0, 1$이면 2^r개의 해를 갖고, $k_0 = 2$이면 2^{r+1}개의 해를 갖고, $k_0 \geq 3$이면 2^{r+2}개의 해를 갖는다.

8.5 연습문제

01 다음 합동식이 해를 가지는지 조사하고, 해를 갖는 경우 그 해의 개수를 구하여라.

(1) $x^2 \equiv 13 \pmod{64}$　　(2) $x^2 \equiv 17 \pmod{32}$

(3) $x^2 \equiv 14 \pmod{125}$　　(4) $x^2 \equiv 14 \pmod{81}$

(5) $x^2 \equiv 4 \pmod{55}$　　(6) $x^2 \equiv 4 \pmod{105}$

(7) $x^2 \equiv 2 \pmod{105}$　　(8) $x^2 \equiv 1156 \pmod{3^2 \cdot 5 \cdot 7^2 \cdot 11}$

(9) $x^2 \equiv 31 \pmod{2^3 \cdot 3^2 \cdot 5}$

02 다음 합동식의 해를 구하여라.

(1) $x^2 \equiv 4 \pmod{33}$　　(2) $x^2 \equiv 23 \pmod{77}$

(3) $x^2 \equiv 30 \pmod{91}$　　(4) $x^2 \equiv 43 \pmod{221}$

03 다음 합동식의 해를 구하여라.

(1) $x^2 \equiv 3 \pmod{11^2}$　　(2) $x^2 \equiv 3 \pmod{11^3}$

(3) $x^2 \equiv -1 \pmod{13^2}$　　(4) $x^2 \equiv -1 \pmod{13^3}$

(5) $x^2 \equiv 57 \pmod{2^6}$　　(6) $x^2 \equiv 57 \pmod{2^7}$

04 보기 8.5.4의 결과를 사용하여 합동식 $x^2 \equiv 23 \pmod{7^4}$의 해를 구하여라.

05 보기 8.5.8의 결과를 이용하여 다음 합동식의 해를 구하여라.

(1) $x^2 \equiv 17 \pmod{64}$　　(2) $x^2 \equiv 17 \pmod{128}$

06 합동식 $x^2 \equiv a \pmod{m}$가 해를 갖는다고 가정하고 해의 개수를 구하여라. 단 p, q, r은 홀수이고 $(a, pqr) = 1$이다.

(1) $m = pq$　　(2) $m = 2pq$

(3) $m = p^2$　　(4) $m = 4p^2$

(5) $m = p^2qr^3$　　(6) $m = 8pq^3r^5$

07 다음 합동식의 해를 구하여라.

(1) $x^2 \equiv 9 \pmod{2^2 \cdot 5}$　　(2) $x^2 \equiv 4 \pmod{3^2 \cdot 5^2}$

(3) $x^2 \equiv 23 \pmod{2 \cdot 7 \cdot 11}$　　(4) $x^2 \equiv 9 \pmod{2^3 \cdot 3 \cdot 5^2}$

08 다음 합동식의 해를 구하여라.

(1) $2x^2 + 3 \equiv 0 \pmod{11}$　　(2) $3x^2 + 4 \equiv 0 \pmod{19}$

(3) $4x^2 + 4x - 3 \equiv 0 \pmod{5}$　　(4) $4x^2 + 4x - 3 \equiv 0 \pmod{5^2}$

(5) $25x^2 + 70x + 37 \equiv 0 \pmod{13}$　　(6) $25x^2 + 70x + 37 \equiv 0 \pmod{13^2}$

09 (1) $p(\neq 2)$를 $p = 4m+1$ $(m \in \mathbb{Z})$ 꼴의 소수라 할 때, 합동식

$$x^2 \equiv -1 \pmod{p}$$

의 해는 $x \equiv \pm(1 \cdot 2 \cdot 3 \cdot \cdots \cdot 2m) \pmod{p}$ 임을 증명하여라.

Hint 정리 5.1.3 (윌슨 정리)

(2) $p(\neq 2)$를 $p = 4m+3$ $(m \in \mathbb{Z})$ 꼴의 소수라 할 때, 합동식 $x^2 \equiv a \pmod{p}$가 해를 가지면, 그 해는 $x \equiv \pm a^{m+1} \pmod{p}$임을 증명하여라.

(3) 앞 결과를 이용하여 다음 합동식의 해를 구하여라.

① $x^2 \equiv -1 \pmod{13}$　　② $x^2 \equiv -1 \pmod{17}$

③ $x^2 \equiv 2 \pmod{23}$　　④ $x^2 \equiv 5 \pmod{19}$

10 a가 홀수일 때 합동식 $x^2 \equiv a \pmod{2^n}$ $(n \geq 3)$가 해를 가지면 반드시 네 개의 해 $\pm x_0$, $2^{n-1} \pm x_0$ 를 가짐을 증명하여라.

제 9 장

부정방정식

ELEMENTARY NUMBER THEORY

9.1 피타고라스 수
9.2 페르마 마지막 정리
9.3 두 제곱수의 합
9.4 네 제곱수의 합
9.5 펠의 방정식

9.1 피타고라스 수

페르마 마지막 정리를 다음 절에서 논하기 위하여 이 절에서는 피타고라스 정리와 관련된 부정방정식

$$x^2 + y^2 = z^2$$

의 정수해에 대하여 생각하기로 한다. 피타고라스 정리에 의하여 정수 길이를 가지는 직각삼각형을 찾는 문제는 부정방정식

$$x^2 + y^2 = z^2$$

의 양의 정수해를 구하는 문제와 같으므로, 이러한 부정방정식을 만족하는 양의 정수해를 구하는 문제는 피타고라스를 비롯한 고대 그리스 수학자들의 중요한 관심사가 되어 왔다.

정의 9.1.1 양의 정수 $a,\ b,\ c$에 대하여 $x=a,\ y=b,\ z=c$가 부정방정식 $x^2+y^2=z^2$의 양의 정수해일 때, 즉 $a^2+b^2=c^2\ \ (a>0,\ b>0,\ c>0)$일 때, 이들 세 양의 정수 $a,\ b,\ c$를 **피타고라스 수**(Phythagorean triple)라고 한다. 특히 $(a,\ b,\ c)=1$일 때 피타고라스 수 $a,\ b,\ c$를 **원시적인 피타고라스 수**(primitive Phythagorean triple) 또는 "**피타고라스 수** $a,\ b,\ c$**는 원시적이다.**"라고 한다.

보기 9.1.2 세 쌍의 수 3, 4, 5 ; 6, 8, 10 ; 5, 12, 13은 모두 피타고라스 수들이다. 실제로

$$5^2 = 3^2 + 4^2,\quad 10^2 = 6^2 + 8^2,\quad 13^2 = 5^2 + 12^2$$

이다. 특히 3, 4, 5와 5, 12, 13은 원시적인 피타고라스 수이지만 6, 8, 10은 원시적인 피타고라스 수가 아니다.

피타고라스는

$$m^2 + \left[\frac{(m^2-1)}{2}\right]^2 = \left[\frac{(m^2+1)}{2}\right]^2 \quad (\text{단, } m\text{은 홀수})$$

을 사용하여 피타고라스 수를 찾았으며, 그리스 철학자 플라톤(Plato, B.C. 427~347) 역시

$$(2m)^2 + (m^2 - 1)^2 = (m^2 + 1)$$

을 사용하여 피타고라스 수를 찾았다. 이 두 식으로 무수히 많은 피타고라스 수를 찾을 수 있지만 불행하게도 두 식으로 모든 피타고라스 수를 만들 수는 없다. 이제부터 모든 피타고라스 수를 구하는 방법에 대해 알아보자.

세 수 x, y, z를 피타고라스 수이고 $(x, y, z) = d$라고 하자. 그러면 $x = dx_1$, $y = dy_1$, $z = dz_1$인 정수 x_1, y_1, z_1이 존재한다. 이때 $x^2 + y^2 = z^2$이므로

$$\left(\frac{x}{d}\right)^2 + \left(\frac{y}{d}\right)^2 = \left(\frac{z}{d}\right)^2, \text{ 즉 } x_1^2 + y_1^2 = z_1^2$$

가 되어 세 정수 x_1, y_1, z_1은 원시적인 피타고라스 수이다.

따라서 모든 피타고라스 수는 원시적인 피타고라스 수의 정수배이므로 모든 피타고라스 수를 찾는 문제는 결국 원시적인 피타고라스 수를 찾는 문제가 되는데 다음 일련의 보조정리를 통하여 모든 원시적인 피타고라스 수를 찾을 수 있다.

보조정리 9.1.3 세 양의 정수 x, y, z가 원시적인 피타고라스 수일 때, 즉 $x^2 + y^2 = z^2$, $(x, y, z) = 1$일 때 다음이 성립한다.

(1) $(x, y) = (y, z) = (z, x) = 1$

(2) x, y 중에서 하나는 짝수이고 다른 하나는 홀수이다. 즉, $x \not\equiv y \pmod 2$이다.

증명 (1) x, y, z가 피타고라스 수이고 $(x, y) > 1$이라고 가정하자. 보조정리 2.2.3에 의하여 (x, y)의 소인수 p가 존재한다. 그러면 $p \mid x$, $p \mid y$이므로 정리 2.1.5에 의하여 $p \mid (x^2 + y^2) - z^2$이고 이때 정리 3.3.1에 의하여 $p \mid z$이다. 그러므로 p는 x, y, z의 공약수로서 $(x, y, z) > 1$이 되어 모순이다. 따라서 $(x, y) = 1$이고 마찬가지 방법으로 $(y, z) = (z, x) = 1$이다.

(2) 먼저 (1)에 의하여 $(x, y) = 1$이므로 x, y 모두 짝수일 수는 없다. 한편 x, y가 모두 홀수라고 가정하면 $x^2 \equiv y^2 \equiv 1 \pmod 4$이므로 $z^2 \equiv x^2 + y^2 = 2 \pmod 4$이어야 하나 실제로 임의의 정수 z에 대하여 $z^2 \equiv 0 \pmod 4$ 또는 $z^2 \equiv 1 \pmod 4$이다. 따라서 x, y 중에서 하나는 짝수이고 다른 하나는 홀수이어야 한다. ■

보조정리 9.1.4 세 양의 정수 r, s, t에 대하여 $(r,\ s)=1$ $rs=t^2$이 성립하면

$$r=m^2,\ s=n^2$$

인 양의 정수 m, n이 존재한다.

● **증명** 먼저 $r=1$이거나 $s=1$인 경우 정리는 분명히 성립한다. 다음에 $r>1$, $s>1$인 경우 r, s, t의 표준소인수분해를 각각

$$r=p_1^{e_1}p_2^{e_2}\cdots p_k^{e_k},\ s=p_{k+1}^{e_{k+1}}p_{k+2}^{e_{k+2}}\cdots p_l^{e_l},\ t^2=q_1^{f_1}q_2^{f_2}\cdots q_h^{f_h}$$

라고 하자. 그러면$(r,\ s)=1$이므로 $p_1,\ p_2,\ \cdots,\ p_k,\ p_{k+1},\ \cdots,\ p_l$은 모두 서로 다르고 $rs=t^2$이므로 $f_i=2g_i\ (1\le i\le h)$가 되어 다음이 성립한다.

$$p_1^{e_1}p_2^{e_2}\cdots p_k^{e_k}p_{k+1}^{e_{k+1}}\cdots p_l^{e_l}=q_1^{2g_1}q_2^{2g_2}\cdots q_h^{2g_h}$$

이때 정리 3.3.4에 의하여 $p_i^{e_i}$는 $q_j^{2g_j}$와 일치하고 $e_i=2g_j$이다. 그러므로 모든 $i\ (1\le i<l)$에 대하여 $\dfrac{e_i}{2}=g_j$는 양의 정수이므로

$$m=p_1^{\frac{e_1}{2}}p_2^{\frac{e_2}{2}}\cdots p_k^{\frac{e_k}{2}},\ \ n=p_{k+1}^{\frac{e_{k+1}}{2}}p_{k+2}^{\frac{e_{k+2}}{2}}\cdots p_l^{\frac{e_l}{2}}$$

이라고 놓으면 분명히 $r=m^2$, $s=n^2$이다. ■

이제 앞의 보조정리를 사용하여 원시적인 피타고라스 수를 구하는 방법을 알게 하는 정리를 두 개의 보조정리로 나누어 증명하자.

보조정리 9.1.5 원시적인 피타고라스 수 x, y, z는 모두

$$\begin{cases} x=m^2-n^2 \\ y=2mn \\ z=m^2+n^2 \end{cases} \quad \text{또는} \quad \begin{cases} x=2mn \\ y=m^2-n^2 \\ z=m^2+n^2 \end{cases}$$

와 같은 꼴이다.

여기서 m, n은 $(m,\ n)=1$, $m>n\ge 1$인 정수이고 m, n 중에서 하나는 짝수이고 다른 하나는 홀수이다.

증명 세 정수 x, y, z를 원시적인 피타고라스 수라고 하자. 보조정리 9.1.3에 의하여 x, y 중에서 하나는 짝수이고 다른 하나는 홀수이므로 x를 홀수, y를 짝수라고 가정하자. $x^2+y^2=z^2$에서 x, z는 둘 다 모두 홀수이고, 따라서 $z+x$, $z-x$는 모두 짝수이다. 그러므로

$$r=\frac{z+x}{2}, \quad s=\frac{z-x}{2}$$

는 모두 양의 정수이다. 한편 $y^2=z^2-x^2=(z+x)(z-x)$이므로

$$\left(\frac{y}{2}\right)^2=\left(\frac{z+x}{2}\right)\left(\frac{z-x}{2}\right)=rs$$

이다. 또한 $(r, s)=1$이다. 실제로 $(r, s)=d$라면 $d\mid r$, $d\mid s$이므로 $d\mid(r+s)=z$, $d\mid(r-s)=x$이다. 이때 $d\mid(x, z)=1$이어서 $d=1$이다. 따라서 보조정리 9.1.4에 의하여 $r=m^2$, $s=n^2$인 양의 정수 m, n이 존재한다. 그런데 $r>s$이므로 $m>n\geq 1$이다. 그러므로

$$\begin{aligned} x &= r-s = m^2-n^2 \\ y &= \sqrt{4rs} = \sqrt{4m^2n^2} = 2mn \\ z &= r+s = m^2+n^2 \end{aligned}$$

으로 되어 정리의 첫째 식을 얻게 된다.

이제 x를 짝수, y를 홀수라고 가정하면 위의 증명에서 x와 y의 역할을 바꾸어 생각하면 정리의 두 번째 식을 얻게 된다. 더욱이, $(m, n)=1$이다. 실제로 $d=(m, n)$이라고 하면, 위의 식에 의하여 $d\mid x$, $d\mid y$, $d\mid z$이고 $(x, y, z)=1$이므로 $d=1$이다. 또한 $(m, n)=1$이므로 m, n이 모두 짝수일 수는 없고, m, n이 모두 홀수이면 위 식에서 x, y, z는 모두 짝수가 되어 $(x, y, z)=1$에 모순이다. 따라서 m, n 중에서 하나는 짝수이고 다른 하나는 홀수이다. ■

보조정리 9.1.6

$$\begin{cases} x=m^2-n^2 \\ y=2mn \\ z=m^2+n^2 \end{cases} \quad \text{또는} \quad \begin{cases} x=2mn \\ y=m^2-n^2 \\ z=m^2+n^2 \end{cases}$$

(단, $(m, n)=1$, $m>n\geq 1$이고 m, n 중 하나는 짝수, 다른 하나는 홀수)일 때 x, y, z는 원시적인 피타고라스 수이다.

● **증명** m, n이 $(m, n)=1$, $m \not\equiv n \pmod 2$, $m > n \geq 1$인 정수일 때,

$$x = m^2 - n^2, \quad y = 2mn, \quad z = m^2 + n^2$$

이라면

$$\begin{aligned} x^2 + y^2 &= (m^2 - n^2)^2 + (2mn)^2 \\ &= m^4 - 2m^2n^2 + n^4 + 4m^2n^2 \\ &= m^4 + 2m^2n^2 + n^4 \\ &= (m^2 + n^2)^2 \\ &= z^2 \end{aligned}$$

이므로 세 정수 x, y, z는 피타고라스 수이다. 이제 $(x, y, z) = d > 1$이라고 가정하자. 그러면 보조정리 2.2.3에 의하여 d의 소인수 p가 존재하는데 m^2, n^2 중에 하나는 짝수이고 하나는 홀수이므로 $x = m^2 - n^2$가 홀수이다. 따라서 $p \neq 2$이다. 한편 $p \mid x$, $p \mid z$이므로 정리 2.1.5에 의하여 $p \mid (x+z) = 2m^2$이고 $p \mid (z-x) = 2n^2$이다. 이때 $p \neq 2$이므로 정리 3.3.1에 의하여 $p \mid m^2$, $p \mid n^2$, 즉 $p \mid m$, $p \mid n$이어서 $(m, n)=1$에 모순이다. 따라서 세 정수 x, y, z는 원시적인 피타고라스 수이다. ■

보조정리 9.1.5와 보조정리 9.1.6을 함께 묶어 원시적인 피타고라스 수에 관한 정리를 다음과 같이 쓸 수 있다.

정리 9.1.7 x, y, z를 양의 정수, x를 짝수라 할 때 다음이 성립한다.

x, y, z는 원시적인 피타고라스 수이다.

$$\Longleftrightarrow x = 2mn, \quad y = m^2 - n^2, \quad z = m^2 + n^2$$

(단, $(m, n)=1$, $m \not\equiv n \pmod 2$, $m > n$)

따름정리 9.1.8 피타고라스 수 x, y, z는 모두

$$\begin{cases} x = d(m^2 - n^2) \\ y = 2dmn \\ z = d(m^2 + n^2) \end{cases} \quad \text{또는} \quad \begin{cases} x = 2dmn \\ y = d(m^2 - n^2) \\ z = d(m^2 + n^2) \end{cases}$$

와 같은 꼴이고, 또 이들은 모두 피타고라스 수이다.

여기서 d는 양의 정수이며 m, n은 $(m,\ n) = 1$, $m > n \geq 1$인 정수이고 m, n 중 하나는 짝수이고 다른 하나는 홀수이다.

● **증명** 분명히 주어진 세 정수 x, y, z는 피타고라스 수이다. 이제 세 정수 x, y, z를 피타고라스 수라고 하고 $(x,\ y) = d$라고 하자. 그러면 $d \mid x$, $d \mid y$, $x^2 + y^2 = z^2$이므로 $d \mid z$이고

$$\left(\frac{x}{d}\right)^2 + \left(\frac{y}{d}\right)^2 = \left(\frac{z}{d}\right)^2$$

이다. 그런데 $\left(\frac{x}{d},\ \frac{y}{d}\right) = 1$이므로 세 정수 $\frac{x}{d}$, $\frac{y}{d}$, $\frac{z}{d}$는 원시적인 피타고라스 수이다. 따라서 정리 9.1.7에 의하여 정리가 성립한다. ▣

보기 9.1.9 $m = 5$, $n = 4$로 택하면 $(m,\ n) = 1$, $m \not\equiv n \pmod 2$이고 $m > n$이다. 이때

$$\begin{aligned} x &= m^2 - n^2 = 25 - 16 = 9 \\ y &= 2mn = 2 \cdot 5 \cdot 4 = 40 \\ z &= m^2 + n^2 = 25 + 16 = 41 \end{aligned}$$

이므로 세 정수 9, 40, 41은 정리 9.1.7에 의하여 원시적인 피타고라스 수이다.

다음 표는 보기 9.1.9에서와 같이 정리 9.1.7을 사용하여 $m < 10$인 경우의 원시적인 피타고라스 수를 구하여 만든 것이다.

m	n	$x=m^2-n^2$	$y=2mn$	$z=m^2+n^2$
2	1	3	4	5
3	2	5	12	13
4	1	15	8	17
4	3	7	24	25
5	2	21	20	29
5	4	9	40	41
6	1	35	12	37
6	5	11	60	61
7	2	45	28	53
7	4	33	56	65
7	6	13	84	85
8	1	63	16	65
8	3	55	48	73
8	5	39	80	89
8	7	15	112	113
9	2	77	36	85
9	4	65	72	97
9	8	17	144	145

$m<10$ 인 원시적인 피타고라스 수

원시적인 피타고라스 수 x, y, z를 나열한 위 표에서 다음과 같은 흥미로운 사실을 알 수 있다(연습문제 4).

(1) x 또는 y는 3의 배수이다.

(2) x, y, z 중 꼭 하나만이 5의 배수이다.

(3) x, y 중에서 적어도 하나는 4의 배수이다.

(4) xy는 12의 배수이고 xyz는 60의 배수이다.

9.1 연습문제

01 $z \le 40$ 을 만족하는 피타고라스 수 x, y, z 를 구하여라.

02 다음 조건을 만족시키는 원시적인 피타고라스 수 x, y, z 를 구하여라.

(1) $1 \le z \le 40$ (2) $x = 15$ (3) $y = 40$

03 연이은 세 양의 정수가 피타고라스 수인 것은 3, 4, 5 뿐임을 증명하라.

04 세 양의 정수 x, y, z 가 원시적인 피타고라스 수일 때 다음이 성립함을 증명하여라.

(1) x, y 중에서 꼭 하나만 3의 배수이다.

(2) x, y 중에서 꼭 하나만 4의 배수이다.

(3) x, y, z 중에서 꼭 하나만이 5의 배수이다.

(4) xy 는 12의 배수이다.

(5) xyz 는 60의 배수이다.

05 직각삼각형 중에서 세 변의 길이가 모두 정수 값인 직각삼각형을 **피타고라스 삼각형** (Phythagorean triangle)이라 한다.

(1) 피타고라스 삼각형 중에서 그 넓이와 둘레의 길이가 같은 피타고라스 삼각형을 모두 구하라.

(2) 피타고라스 삼각형의 내접원의 반지름은 항상 정수 값을 가진다는 사실을 증명하라.

(3) 피타고라스 삼각형에서 빗변과 다른 한 변의 길이의 차가 1이면, 세 변의 길이는

$$2n+1,\quad 2n^2+2n,\quad 2n^2+2n+1$$

의 꼴임을 증명하여라.

06 피타고라스 수로 구성된 다음 패턴에 대하여

$$3^2+4^2=5^2$$
$$5^2+12^2=13^2$$
$$7^2+24^2=25^2$$
$$9^2+40^2=41^2$$
$$\vdots$$

(1) 다음 두 줄의 식을 첨가하여라.

(2) $n\,(\geq 1)$ 번째 줄의 식을 구하여라.

(3) (2)에서 구한 식이 성립함을 증명하여라.

07 (1) 세 정수 x, y, z가 $y+1=z$를 만족하는 원시적인 피타고라스 수라고 하면

$$x=2n+1, \quad y=2n(n+1), \quad z=2n(n+1)+1, \quad n\in\mathbb{Z}$$

의 형태임을 증명하라.

(2) 세 정수 x, y, z가 $z-x=2$를 만족하는 원시적인 피타고라스 수라고 하면

$$x=m^2-1, \quad y=2m, \quad z=m^2+1$$

의 형태임을 증명하라.

08 모든 양의 정수 $k\,(\geq 3)$는 피타고라스 수 x, y, z 중의 하나가 됨을 증명하여라.

09 $x_1=3$, $y_1=4$, $z_1=5$이고 x_n, y_n, z_n $(n\geq 2)$을 다음과 같이 정의하면 모든 양의 정수 n에 대하여 x_n, y_n, z_n은 피타고라스 수임을 증명하여라.

$$x_{n+1}=3x_n+2z_n+1$$
$$y_{n+1}=3x_n+2z_n+2$$

$$z_{n+1}=4x_n+3z_n+2$$

10 네 피보나치 수 f_n, f_{n+1}, f_{n+2}, f_{n+3}에 대하여

$$x=f_nf_{n+3}, \quad y=2f_{n+1}f_{n+2}, \quad z=f_{n+1}^2+f_{n+2}^2$$

이라 할 때, x, y, z는 피타고라스 수임을 증명하여라.

11 부정방정식 $\dfrac{1}{x^2}+\dfrac{1}{y^2}=\dfrac{1}{z^2}$의 다음 해를 구하여라.

(1) 모든 양의 정수해

(2) 최소 양의 정수해

9.2 페르마 마지막 정리

우리는 앞 절에서 부정방정식 $x^2+y^2=z^2$의 양의 정수해가 무수히 많다는 사실을 알았다. 이제 $n\geq 3$인 정수에 대하여 부정방정식 $x^n+y^n=z^n$의 해는 어떻겠는가?

현대 정수론의 아버지라 불리는 프랑스 수학자 페르마는 바쉐(Claude Bachet)가 라틴어로 번역한 디오판토스의 정수론(Arithematica) 책의 여백에 다음과 같이 적어놓았다.

> "그러나 세제곱수를 두 개의 세제곱수의 합으로, 또 네제곱수를 두 개의 네제곱수의 합으로, 일반적으로 n제곱수를 두 개의 n제곱수의 합으로 쓸 수 없다. 나는 이것을 증명할 수 있는 정말로 기막힌 증명 방법을 알고 있으나 책의 여백이 너무 좁아 증명을 쓸 수가 없다."

여백에 남긴 이 메모가 수학계에서 오랫동안 미해결된 문제로 남아 있었던 그 유명한 페르마 마지막 정리이다.

정리 9.2.1 **페르마 마지막 정리 (Fermat's Last Theorem)**

정수 $n(\geq 3)$에 대하여 부정방정식

$$x^n+y^n=z^n$$

의 양의 정수해는 존재하지 않는다.

페르마는 그의 정수론 책 여백에 $n=4$인 경우만 증명해 놓았는데 이제 페르마가 고안했던 증명 방법대로 $n=4$인 경우 페르마 마지막 정리를 증명하기로 하자.

정리 9.2.2 부정방정식 $x^4+y^4=z^2$의 양의 정수해는 존재하지 않는다. 따라서 부정방정식 $x^4+y^4=z^2$의 정수해 전체는 다음과 같다.

$$x=0,\quad y=t,\quad z=\pm t^2\ \ (t\in\mathbb{Z})$$
$$x=t,\quad y=0,\quad z=\pm t^2\ \ (t\in\mathbb{Z})$$

증명 부정방정식 $x^4+y^4=z^2$의 양의 정수해 $x=x_0,\ y=y_0,\ z=z_0$가 존재한다고 가정하고 모순을 찾자. 여기서 우리는 $(x_0,\ y_0)=1$이라 가정해도 된다. 실제로 $(x_0,\ y_0)=d$라면 $x_0=dx_1,\ \ y_0=dy_1,\ \ (x_1,\ y_1)=1$인 정수 $x_1,\ y_1$가 존재한다. $x_0^4+y_0^4=z_0^2$ 즉, $d^4(x_1^4+y_1^4)=z_0^2$이므로 $d^4 \mid z_0^2$이고 연습문제 3.3의 6에 의하여 $d^2 \mid z_0$이다. 이때 $z_0=d^2z_1\ (z_1\in\mathbb{Z})$이라 하면

$$d^4(x_1^4+y_1^4)=(d^2z_1)^2=d^4z_1^2$$

이므로 $x_1^4+y_1^4=z_1^2$이 된다. 따라서 $(x_1,\ y_1)=1$인 $x^4+y^4=z^2$의 양의 정수해 $x=x_1,\ y=y_1,\ z=z_1$이 존재한다. 그러므로 $x=x_0,\ y=y_0,\ z=z_0$을 $(x_0,\ y_0)=1$인 부정방정식 $x^4+y^4=z^2$의 양의 정수해라고 가정하자. 우선 우리는 $(x_1,\ y_1)=1$이고 $z_1<z_0$인 부정방정식 $x^4+y^4=z^2$의 다른 양의 정수해 $x=x_1,\ y=y_1,\ z=z_1$을 찾고자 한다.

$$x_0^4+y_0^4=z_0^2,\ 즉\ (x_0^2)^2+(y_0^2)^2=z_0^2$$

이므로 $x_0^2,\ y_0^2,\ z_0$은 피타고라스 수이다. 더욱이 따름정리 3.1.12에 의하여 $(x_0^2,\ y_0^2)=1$이므로 $x_0^2,\ y_0^2,\ z_0$은 원시적인 피타고라스 수이고 따라서 보조정리 9.1.5에 의하여 $x_0^2,\ y_0^2,\ z_0$은 다음과 같이 나타낼 수 있다(필요하다면 x_0^2과 y_0^2을 바꾸어서).

$$x_0^2=m^2-n^2,\quad y_0^2=2mn,\quad z_0=m^2+n^2$$

여기서 $m,\ n$은 $(m,\ n)=1,\ m>n\geqq 1,\ m\not\equiv n\ (\mathrm{mod}\,2)$인 정수이다. 이때 $x_0^2+n^2=m^2,\ (m,\ n)=1$이므로 $x_0,\ n,\ m$은 원시적인 피타고라스 수이고 보조정리 9.1.3에 의하여 $x_0,\ n$ 중에서 하나는 짝수이고 하나는 홀수이어서 m은 홀수가 된다. 또 $m\not\equiv n\ (\mathrm{mod}\,2)$이므로 n은 짝수이다. 다시 정리 9.1.5에 의하여 $(r,\ s)=1,\ r>s\geq 1,\ r\not\equiv s\ (\mathrm{mod}\,2)$인 양의 정수 $r,\ s$가 존재하여 다음 식이 성립한다.

$$x_0=r^2-s^2,\quad n=2rs,\quad m=r^2+s^2$$

한편 m은 홀수이고 $(m,\ n)=1$이므로 $(m,\ 2n)=1$이다. 그러므로 $y_0^2=(2n)m$이므로 보조정리 9.1.4에 의하여 $m=z_1^2,\ 2n=w^2$인 정수 $z_1,\ w$가 존재한다. w는 짝수이므로 $w=2v\ (v\in\mathbb{Z})$로 쓸 수 있고 $v^2=\dfrac{n}{2}=rs$이다. $(r,\ s)=1$이므로 다시 보조정리 9.1.4에 의하여 $r=x_1^2,\ \ s=y_1^2$인 양의

정수 x_1, y_1이 존재하고, 이때 다음 등식이 성립한다.

$$x_1^4+y_1^4=r^2+s^2=m=z_1^2$$

한편 따름정리 3.1.12에 의하여 $(r,\ s)=1$이므로 $(x_1,\ y_1)=1$이고 $z_1<z_0$이다. 실제로 $z_1 \le z_1^4=m^2<m^2+n^2=z_0$가 성립한다.

그런데 부정방정식 $x^4+y^4=z^2$의 양의 정수해가 적어도 하나 존재한다면 정수의 정렬성에 의하여 양의 정수해 중에서 z의 값이 가장 작은 z_0를 가진 양의 정수해가 존재해야 한다. 그러나 우리는 z의 값을 최소로 가지는 양의 정수해는 존재하지 않음을 알았으므로 정수의 정렬성에 모순이다. 따라서 부정방정식 $x^4+y^4=z^2$의 양의 정수해는 존재하지 않는다. ▣

이 정리로부터 $n=4$인 경우의 페르마 마지막 정리를 해결할 수 있다.

정리 9.2.3 부정방정식 $x^4+y^4=z^4$의 양의 정수해는 존재하지 않는다. 따라서 부정방정식 $x^4+y^4=z^4$의 정수해 전체는 다음과 같다.

$$x=0,\quad y=t,\quad z=\pm t\ \ (t\in\mathbb{Z})$$
$$x=t,\quad y=0,\quad z=\pm t\ \ (t\in\mathbb{Z})$$

● **증명** 만약 이 방정식의 양의 정수해 $x=x_0$, $y=y_0$, $z=z_0$가 존재한다면

$$x_0^4+y_0^4=z_0^4,\ \text{즉}\ x_0^4+y_0^4=(z_0^2)^2$$

이므로 $x=x_0$, $y=y_0$, $z=z_0^2$은 부정방정식 $x^4+y^4=z^2$의 양의 정수해가 되어 정리 9.2.2에 모순이다. 따라서 부정방정식 $x^4+y^4=z^4$의 양의 정수해는 존재하지 않는다. ▣

이제 정리 9.2.2와 깊은 관련이 있는 방정식 $x^4-y^4=z^2$을 생각하자.

정리 9.2.4 방정식 $x^4-y^4=z^2$의 양의 정수해는 존재하지 않는다.

● **증명** $x^4-y^4=z^2$이 양의 정수해를 갖는다면 양의 정수해 중에서 x 값이 최소가 되

는 해를 x, y, z라 하자. 그러면 $z^2+(y^2)^2=(x^2)^2$이므로 z, y^2, x^2은 원시적인 피타고라스 수이다.

(i) y^2이 홀수인 경우

$$z=2mn,\quad y^2=m^2-n^2,\quad x^2=m^2+n^2$$
$$(\text{단, } (m,\ n)=1,\ m>n\ge 1,\ m\not\equiv n\ (\text{mod}2))$$

을 만족하는 정수 m, n이 존재한다.

$$m^4-n^4=(m^2-n^2)(m^2+n^2)=(yx)^2$$

이므로 m, n, xy는 $x^4-y^4=z^2$의 해가 된다. 그러나 $0<m^2<m^2+n^2=x^2$이므로 x, y, z가 x값이 최소인 해라는 사실에 모순이다.

(ii) y^2이 짝수인 경우

$$y^2=2mn,\quad z=m^2-n^2,\quad x^2=m^2+n^2$$
$$(\text{단, } (m,\ n)=1,\ m>n,\ m\not\equiv n\ (\text{mod}2))$$

을 만족하는 정수 m, n이 존재한다. m이 짝수, n이 홀수인 경우 $(2m,\ n)=1$이고, n이 짝수, m이 홀수이면 $(m,\ 2n)=1$이다. $y^2=2mn$이므로 보조정리 9.1.4에 의하여 $2m=r^2$, $n=s^2$이다. r은 짝수이므로 $m=2t^2$이 되어 $x^2=4t^4+s^4$이다. 그러므로 $2t^2$, s^2, x는 원시적인 피타고라스 수이다. 따라서

$$2t^2=2uv,\quad s^2=u^2-v^2,\quad x=u^2+v^2$$
$$(\text{단, } (u,\ v)=1,\ 1\le v<u,\ u\not\equiv v\ (\text{mod}2))$$

을 만족하는 정수 u, v가 존재한다. $t^2=uv$이므로 보조정리 9.1.4에 의하여 $u=a^2$, $v=b^2$이다. 그러므로 $s^2=a^4-b^4$이 되어 a, b, s는 $x^4-y^4=z^2$의 해이다. 하지만 $0<a=\sqrt{u}<u^2+v^2=x$이므로 x, y, z가 x값이 최소인 해라는 사실에 모순이다. ■

정리 9.2.3은 페르마 마지막 정리를 해결하는데 아주 중요한 역할을 하는데 그 이유를 알아보자.

모든 정수 $n(>2)$은 다음 꼴 중의 하나이다.

$$n=2^k\ (k\ge 2)\ \text{또는}\ n=pk\ (\text{단 } p\text{는 홀수인 소수})$$

먼저 $n=2^k$ $(k\geq 2)$ 인 경우 $n=4u$ $(u\in\mathbb{Z})$ 이므로 페르마 방정식 $x^n+y^n=z^n$ 은 $(x^u)^4+(y^u)^4=(z^u)^4$ 과 동치이다. 그러므로 정리 9.2.3에 의하여 $n=2^k$ 인 정수 n 에 대한 $x^n+y^n=z^n$ 의 양의 정수해는 존재하지 않는다.

다음으로 $n=pk$ (p 는 홀수인 소수)인 경우 페르마 방정식 $x^n+y^n=z^n$ 은 $(x^k)^p+(y^k)^p=(z^k)^p$ 과 동치이므로 결국 페르마 마지막 정리를 증명하기 위해서 홀수인 소수 p 에 대하여 부정방정식 $x^p+y^p=z^p$ 의 양의 정수해가 존재하지 않는다는 것을 증명하면 충분하다.

오일러, 디리클레, 르장드르에 의하여 $p=3,\ 5,\ 7$ 인 경우에 한하여 방정식 $x^p+y^p=z^p$ 의 양의 정수해는 존재하지 않는다는 사실을 부분적으로 해결하였다.

하지만 1637년경에 페르마가 페르마 마지막 정리를 문제 제기한 이후 350년 동안 수많은 수학자들이 증명하려고 노력하였으나 모두 실패하였다. 1993년 6월에 프린스턴 대학 교수인 영국 수학자 앤드류 와일즈(Andrew J. Wiles, 1953~) 가 영국 캠브리지 대학의 아이작 뉴턴 연구소에서 증명을 발표하였으나 5달 후 증명에 오류가 발견되었고, 1994년 10월에 앤드류 와일즈는 다시 증명을 수정하여 전문가들의 철저한 검토를 통하여 드디어 페르마 마지막 정리는 공식적으로 해결되었다.

1994년에 미국 텍사스 주 댈러스 시의 빌 은행의 설립자인 아마추어 수학자 앤드류 빌(Andrew Beal)은 지역 신문에 나온 앤드류 와일즈의 페르마 마지막 정리에 관한 기사를 접했다. 그 후 그는 페르마 마지막 정리를 일반화한 소위 빌의 추측(Beal's Conjecture) 을 제시했다.

빌의 추측 (Beal's Conjecture)

방정식

$$x^m+y^n=z^r \quad (\text{단, } (x,\ y,\ z)=1,\quad m,\ n,\ r\geq 3)$$

은 양의 정수해를 갖지 않는다.

1908년 독일 물리학자 겸 수학자였던 파울 볼프스켈(F. Paul Wolfskehl)이 페르마 마지막 정리 해결을 위해 100,000마르크(DM) 상금을 걸었던 것과 같이 앤드류 빌도 빌의 추측을 해결하고자 미국수학회보(Notice of the American Mathematical Society) 1997년 12월호에서 빌 상(Beal Prize)을 제정하여 빌의 추측을 증명하거나 반례를 찾는 사람에게 \$50000 상금을 수여 하겠다고 발표하였다. 현재 상금은 \$100000으로 많아 졌으며 수상자 심사는 상금을 관리하고 있는 미국수학회(American Mathematical Society)에서 담당하고 있다.

9.2 연습문제

01 피타고라스 수 x, y, z와 정수 n $(n>2)$에 대하여

$$x^n + y^n \neq z^n$$

임을 증명하여라.

02 임의의 양의 정수 k에 대하여

$$x = 3k^2 - 1, \quad y = k(k^2-3), \quad z = k^2+1$$

은 부정방정식 $x^2 + y^2 = z^3$의 정수해임을 확인하여라.

03 p를 소수라 할 때, 다음을 증명하여라.

(1) $x^{p-1} + y^{p-1} = z^{p-1}$이면 $p \mid xyz$이다.

(2) $x^p + y^p = z^p$이면 $p \mid (x+y-z)$이다.

Hint 정리 5.2.2 (페르마 정리)

04 다음을 증명하여라.

(1) 피타고라스 삼각형의 넓이는 제곱수가 아니다.

(2) $x^2 + y^2$, $x^2 - y^2$은 둘 다 동시에 제곱수는 아니다.

Hint 정리 9.2.4

05 방정식 $\dfrac{1}{x^4} + \dfrac{1}{y^4} = \dfrac{1}{z^4}$의 양의 정수해는 존재하지 않음을 증명하여라.

06 방정식 $x^4 + 4y^4 = z^2$의 양의 정수해는 존재하지 않음을 증명하여라.

07 부정방정식 $w^3 + x^3 + y^3 = z^3$에 대하여 다음 물음에 답하여라.

(1) 연속된 네 수로 이루어진 해를 모두 구하여라.

(2) 무수히 많은 해가 존재함을 증명하여라.

(3) Beiler는 그의 저서에서 다음 식을 얻었다.

$$a^3(a^3+b^3)^3 = b^3(a^3+b^3)^3 + a^3(a^3-2b^3)^3 + b^3(2a^3-b^3)^3$$

이 식을 이용하여 9, 12, 15, 18과 28, 53, 75, 84는 해가 됨을 확인하여라.

9.3 두 제곱수의 합

정의 9.3.1 n을 정수라 할 때, n이 어떤 정수 a에 대하여 $n = a^k$으로 표시되면 n을 ***k* 제곱수**라 한다. 특히 어떤 정수 a에 대하여 $n = a^2$으로 표시되면 n을 **제곱수**라 한다.

x, y, z가 피타고라스 수이면 z^2은 두 제곱수의 합 $z^2 = x^2 + y^2$으로 쓸 수 있다. 그렇다면 자연스럽게 다음과 같은 문제를 제기할 수 있다.

(1) 모든 양의 정수는 두 제곱수들의 합으로 쓸 수 있는가?

즉 임의의 양의 정수 n에 대하여 $n = {x_1}^2 + {x_2}^2$이 되는 정수 x_1, x_2가 존재하는가?

(2) 모든 양의 정수는 세 제곱수의 합으로 쓸 수 있겠는가?

즉 임의의 양의 정수 n에 대하여 $n = {x_1}^2 + {x_2}^2 + {x_3}^2$이 되는 정수 x_1, x_2, x_3가 존재하는가?

(3) 모든 양의 정수는 네 제곱수들의 합으로 쓸 수 있겠는가?

즉 임의의 양의 정수 n에 대하여 $n = {x_1}^2 + {x_2}^2 + {x_3}^2 + {x_4}^2$이 되는 정수 x_1, x_2, x_3, x_4가 존재하는가?

디오판토스, 페르마, 오일러, 라그랑주를 포함한 수많은 수학자들이 어떤 수를 제곱수들의 합으로 표시하는 문제에 대해 오랫동안 많은 관심을 가지고 연구해서, 결국 모든 양의 정수는 네 개의 제곱수 합으로 쓸 수 있다는 사실을 증명하였다.

지금부터 이 증명을 위해 두 제곱수의 합으로 표시할 수 있는 수부터 단계적으로 알아보자.

보기 9.3.2 양의 정수 1, 2, 3, ⋯, 20에서 두 제곱수의 합으로 나타낼 수 있는 것은 다음과 같이 12개뿐이다.

$$1 = 0^2 + 1^2, \qquad 2 = 1^2 + 1^2, \qquad 4 = 0^2 + 2^2$$
$$5 = 1^2 + 2^2, \qquad 8 = 2^2 + 2^2, \qquad 9 = 0^2 + 3^2$$

$$10 = 1^2 + 3^2, \quad 13 = 2^2 + 3^2, \quad 16 = 0^2 + 4^2$$
$$17 = 1^2 + 4^2, \quad 18 = 3^2 + 3^2, \quad 20 = 2^2 + 4^2$$

보조정리 9.3.3 두 양의 정수 m, n이 각각 두 제곱수의 합이면 곱 mn도 두 제곱수의 합이다.

● **증명** $m = a^2 + b^2$, $n = c^2 + d^2$ $(a, b, c, d \in \mathbb{Z})$이라면
$mn = (a^2 + b^2)(c^2 + d^2) = (ac + bd)^2 + (ad - bc)^2$이다. ▣

보기 9.3.4 $5 = 2^2 + 1^2$, $13 = 3^2 + 2^2$이므로

$$\begin{aligned} 65 = 5 \cdot 13 &= (2^2 + 1^2)(3^2 + 2^2) \\ &= (2 \cdot 3 + 1 \cdot 2)^2 + (2 \cdot 2 - 1 \cdot 3)^2 = 8^2 + 1^2 \end{aligned}$$

임을 알 수 있다.

정리 9.3.5 $4k + 3$ 꼴의 정수는 두 제곱수의 합으로 나타낼 수 없다.

● **증명** 모든 정수 a에 대하여 $a^2 \equiv 0 \pmod 4$ 또는 $a^2 \equiv 1 \pmod 4$이므로, 임의의 두 정수 a, b에 대하여 $a^2 + b^2 \equiv 0, 1, 2 \pmod 4$이다. 따라서 $n \equiv 3 \pmod 4$인 정수 n은 두 제곱수의 합으로 나타낼 수 없다. ▣

보조정리 9.3.6 p를 소수이고 a를 $(a, p) = 1$인 정수라 하자. 그러면 합동식

$$ax \equiv y \pmod p$$

은 $0 < |x_0| < \sqrt{p}$, $0 < |y_0| < \sqrt{p}$을 만족하는 해 x_0, y_0가 존재한다.

● **증명** $k = [\sqrt{p}] + 1$이라 하고 다음 집합을 생각하자.

$$S = \{ax - y \mid 0 \le x,\ y \le k - 1\}$$

그러면 $k^2 > p$ 이므로 S에 속하는 정수 중 적어도 두 수는 법 p에 관하여 서로 합동이어야 한다. 이때 $ax_1 - y_1 \equiv ax_2 - y_2 \pmod p$ (단, $x_1 \neq x_2$이거나 $y_1 \neq y_2$)이라고 하면 $a(x_1 - x_2) \equiv (y_1 - y_2) \pmod p$가 되어 $x_0 \equiv x_1 - x_2 \pmod p$, $y_0 \equiv y_1 - y_2 \pmod p$는 $ax \equiv y \pmod p$의 해가 된다. 한편 $x_0 \neq 0$, $y_0 \neq 0$이다. 실제로 x_0, y_0 중 어느 하나가 0이라면 $(a, p) = 1$이므로 다른 하나도 0이 되어 가정에 모순이기 때문이다.

따라서 $0 < |x_0| \leq k - 1 < \sqrt{p}$, $0 < |y_0| \leq k - 1 < \sqrt{p}$ 가 성립한다. ■

이제 $4k+1$ 형태의 소수는 두 제곱수의 합으로 나타낼 수 있다는 사실을 증명할 수 있다. 페르마가 이 사실을 1640년에 편지로 메르센에게 알린 이후 1754년에 오일러가 처음으로 증명을 발표하였다.

정리 9.3.7 p를 홀수인 소수라 할 때, 다음이 성립한다.

$$p \equiv 1 \pmod 4 \iff p\text{는 두 제곱수의 합이다.}$$

• 증명 정리 9.3.5에 의하여 홀수인 소수 p가 두 제곱수의 합으로 나타낼 수 있으면 $p \equiv 1 \pmod 4$이어야 한다.

역으로 $p \equiv 1 \pmod 4$이라 하자. 그러면 따름정리 8.2.7에 의하여 -1은 p의 이차잉여이므로 $a^2 \equiv -1 \pmod p$을 만족하는 정수 a $(0 < a < p)$가 존재한다. $(a, p) = 1$이므로 보조정리 9.3.6에 의하여 합동식

$$ax = y \pmod p$$

은 $0 < |x_0| < \sqrt{p}$, $0 < |y_0| < \sqrt{p}$을 만족하는 해 x_0, y_0가 존재한다. 그러므로

$$-x_0^2 \equiv a^2x_0^2 \equiv (ax_0)^2 \equiv y_0^2 \pmod p$$

즉 $x_0^2 + y_0^2 \equiv 0 \pmod p$가 성립하여 $x_0^2 + y_0^2 = kp$ $(k \geq 1)$가 된다. 한편 $0 < |x_0| < \sqrt{p}$, $0 < |y_0| < \sqrt{p}$이므로 $0 < x_0^2 + y_0^2 < 2p$가 되어 결국 $k = 1$이다. 따라서 $x_0^2 + y_0^2 = p$가 되어 p는 두 제곱수의 합으로 쓸 수 있다. ■

보기 9.3.8 앞의 증명 과정을 따라서 소수 $p=13$을 두 제곱수의 합으로 나타내보자.

먼저 $a^2 \equiv -1 \pmod{13}$을 만족하는 정수 $a=5$을 구하고 합동식

$$5x \equiv y \pmod{13}$$

의 해로서 $0<|x_0|<\sqrt{13}$, $0<|y_0|<\sqrt{13}$을 만족하는 해 x_0, y_0를 구한다. 이를 위해 집합

$$S=\{5x-y \mid 0 \le x,\ y \le 3\}$$

을 생각하고 x, y값에 따라 $5x-y$의 값은 다음과 같다.

x \ y	0	1	2	3
0	0	-1	-2	-3
1	5	4	3	2
2	10	9	8	7
3	15	14	13	12

위 표를 법 13으로 바꾸면

x \ y	0	1	2	3
0	0	12	11	10
1	5	4	3	2
2	10	9	8	7
3	2	1	0	12

따라서 이 표로부터 $0<x_0$, $y_0<4$로서 $5x-y \equiv 0 \pmod{13}$의 해는 $x_0=3$, $y_0=2$이고 증명과정에서 $13=x_0^2+y_0^2=3^2+2^2$으로 쓸 수 있다.

정리 9.3.9 양의 정수 n이 다음과 같은 꼴의 정수일 때 그리고 이때에만 n은 두 제곱수의 합으로 나타내어진다.

(1) $n=t^2$ $(t \ge 1)$

(2) $n=t^2m$, 여기서 m은 제곱인수가 없는 정수로서 $4k+3$인 꼴의 소인수를 가지지 않는 정수이다.

증명 물론 $n=t^2$인 경우 $n=t^2+0^2$으로서 n은 두 제곱수의 합으로 나타내어진다. 다음으로 $n=t^2m$이고 m은 제곱인수가 없는 정수로서 $4k+3$인 꼴의 소인수를 가지지 않는 정수라 하자. 그러면 m의 소인수분해는 다음과 같이 쓸 수 있다.

$$m=p_1p_2\cdots p_r$$

여기서 $p_1, p_2, \cdots, p_r$은 2 또는 $4k+1$ 형태의 소수이고 모두 서로 다른 소수이다. $2=1^2+1^2$이고 정리 9.3.7에 의하여 모든 p_i는 두 제곱수의 합으로 나타낼 수 있다. 그러므로 보조정리 9.3.3에 의하여 $m=x^2+y^2$인 정수 x, y가 존재한다. 따라서

$$n=t^2m=t^2(x^2+y^2)=(tx)^2+(ty)^2$$

이므로 n은 두 제곱수의 합으로 나타낼 수 있다.

역으로 $n=a^2+b^2=t^2m$ (단, $t\geq 1$이고 m은 제곱인수를 가지지 않는 정수)이라고 하자. $m>1$이라 가정하고 p를 m의 홀수인 소인수라고 하자. $(a, b)=d$라고 하면 $a=rd$, $b=sd$, $(r, s)=1$인 정수 r, s가 존재하여 $d^2(r^2+s^2)=t^2m$이 된다. m은 제곱인수를 가지지 않으므로 $d^2 \mid t^2$이고

$$r^2+s^2=\left(\frac{t^2}{d^2}\right)m=cp \quad (c\in\mathbb{Z})$$

즉, $r^2+s^2\equiv 0 \pmod{p}$가 성립한다. $(r, s)=1$이므로 r과 s 중 어느 하나는 p와 서로소이고, 이때 $(r, p)=1$이라고 하면 따름정리 4.2.5에 의하여 $rr'\equiv 1 \pmod{p}$인 정수 r'이 존재한다. $r^2+s^2\equiv 0 \pmod{p}$의 양변에 $(r')^2$을 곱하면

$$(sr')^2+1\equiv 0 \pmod{p}$$

가 되어 이로부터 -1은 p의 이차잉여임을 알 수 있다. 다시 말해서 $\left(\frac{-1}{p}\right)=1$이므로 따름정리 8.2.7에 의하여 $p\equiv 1 \pmod{4}$이다. 따라서 m은 $4k+3$ 꼴의 소인수를 갖지 않는다. ■

따름정리 9.3.10 양의 정수 n이 다음과 같은 꼴의 정수일 때 그리고 이때에만 n은 두 제곱수의 합으로 나타내어진다.

$4k+3$ 꼴인 n의 각 소인수 p에 대하여 $n=p^rm$이다(단 $(p, m)=1$이고 r은 짝수).

보기 9.3.11 양의 정수 $1, 2, 3, \cdots, 20$ 중에서 $3, 6, 7, 11, 12, 14, 15, 19$는 모두 두 제곱수의 합으로 나타낼 수 없다. 여기서 $3, 7, 11, 19$는 $4k+3$ 꼴인 소수이고 또 $6 = 2 \cdot 3$, $12 = 2^2 \cdot 3$, $14 = 2 \cdot 7$, $15 = 3 \cdot 5$은 $4k+3$ 꼴의 소인수를 가지기 때문이다.

보기 9.3.12 (1) $459 = 3^3 \cdot 17$은 두 제곱수의 합으로 나타낼 수 없다. 그러나 $153 = 3^2 \cdot 17$은 두 제곱수의 합으로 쓸 수 있다. 실제로, 다음이 성립한다.

$$153 = 3^2 \cdot 17 = 3^2(1^2 + 4^2) = 3^2 + 12^2$$

(2) $n = 5 \cdot 7^2 \cdot 13 \cdot 17$은 두 제곱수의 합으로 쓸 수 있다. 실제로 $n = 5 \cdot 7^2 \cdot 13 \cdot 17 = 7^2 \cdot (2^2 + 1^2)(3^2 + 2^2)(4^2 + 1^2)$이고 보조정리 9.3.3의 증명 과정에서와 같이

$$(3^2 + 2^2)(4^2 + 1^2) = (12 + 2)^2 + (3 - 8)^2 = 14^2 + 5^2$$

이고

$$(2^2 + 1^2)(14^2 + 5^2) = (28 + 5)^2 + (10 - 14)^2 = 33^2 + 4^2$$

이다. 따라서 n을 두 제곱수의 합으로 나타내면 다음과 같다.

$$n = 7^2(33^2 + 4^2) = 231^2 + 28^2$$

그러나 $n = 5^2 \cdot 7^3 \cdot 13 \cdot 17$은 두 제곱수의 합으로 쓸 수 없다.

9.3 연습문제

01 $13 = 3^2 + 2^2$, $17 = 4^2 + 1^2$, $29 = 5^2 + 2^2$ 을 이용하여 다음 수를 두 제곱수의 합으로 나타내어라.

(1) $221 = 13 \cdot 17$

(2) $493 = 17 \cdot 29$

(3) $1508 = 4 \cdot 13 \cdot 29$

(4) $6409 = 13 \cdot 17 \cdot 29$

02 다음 정수 중에서 두 제곱수의 합으로 나타낼 수 있는 정수를 모두 찾아서 두 제곱수의 합으로 나타내어라.

$$15,\ 41,\ 88,\ 113,\ 202,\ 308,\ 605,\ 666,\ 680,\ 999,\ 1924$$

03 복소수 성질을 사용하여 보조정리 9.3.3

$$(a^2 + b^2)(c^2 + d^2) = (ac + bd)^2 + (ad - bc)^2$$

을 증명하여라.

04 소수 p, q, r 이 $p \equiv 1 \pmod 4$, $q \equiv 3 \equiv r \pmod 4$ 을 만족할 때 다음 수 중 두 제곱수의 합으로 표시할 수 있는 수를 찾아라.

(1) $2^3 p^3 q^2 r^3$

(2) $2pq^2 r^4$

(3) pqr^3

05 정리 9.3.5를 사용하지 않고 양의 정수 n 에 대하여 $7 \mid n$, $7^2 \nmid n$ 이면 부정방정식

$$x^2 + y^2 = n$$

의 해는 존재하지 않음을 증명하여라.

06 n 을 양의 정수라 할 때, $n \equiv 3 \pmod 9$ 또는 $n \equiv 6 \pmod 9$ 이면 n 은 두 제곱수의 합으로 표시할 수 없음을 증명하여라.

07 $5 = 1^2 + 2^2$, $13 = 2^2 + 3^2$ 과 같이 양의 정수 n 에 대하여 $p = n^2 + (n+1)^2$ 과 같은 꼴의 소수 p 는 무한히 많을 것으로 추측하고 있다. 이와 같은 꼴의 소수를 다섯 개만 찾아라.

08 다음 사실을 증명하라.

(1) 2^n $(n=1,\ 2,\ 3,\ \cdots)$ 꼴의 정수는 모두 두 제곱수의 합으로 쓸 수 있다.

(2) n가 두 삼각수의 합이면 $4n+1$은 두 제곱수의 합이다.

(3) 모든 페르마 수 $F_n = 2^{2^n}+1$ $(n \geq 1)$은 두 제곱수의 합으로 쓸 수 있다.

9.4 네 제곱수의 합

우리는 앞 절에서 어떤 수는 두 제곱수의 합으로 쓸 수 없다는 것을 알았다. 그렇다면 그런 수는 세 제곱수의 합으로 쓸 수 있겠는가 하는 당연한 문제가 생긴다.

예를 들어, 두 제곱수의 합으로 나타낼 수 없는 많은 수 중 3, 6, 11, 12, 14, …는

$$3 = 1^2 + 1^2 + 1^2,\ \ 6 = 2^2 + 1^2 + 1^2,\ \ 11 = 3^2 + 1^2 + 1^2,$$
$$12 = 2^2 + 2^2 + 2^2,\ \ 14 = 3^2 + 2^2 + 1^2$$

와 같이 세 제곱수의 합으로 나타낼 수 있지만 불행이도 7은 세 개의 제곱수의 합으로 쓸 수 없다. 그렇지만 $7 = 2^2 + 1^2 + 1^2 + 1^2$와 같이 7은 네 제곱수의 합으로 나타낼 수 있다.

이 절에서는 1770년에 라그랑주가 증명한 모든 양의 정수는 네 제곱수의 합으로 나타낼 수 있다는 사실, 즉 모든 양의 정수 n에 대하여

$$n = a^2 + b^2 + c^2 + d^2\ \ (a,\ b,\ c,\ d \in \mathbb{Z})$$

의 꼴로 반드시 나타낼 수 있음을 단계별로 증명한다.

다음 정리 9.4.1에서 7, 15, 23, 31, …와 같이 $4^n(8m+7)$ $(n,\ m \geq 0)$ 꼴의 양의 정수를 제곱수들의 합으로 나타내기 위해서는 적어도 네 개의 제곱수가 필요함을 우선 알 수 있다.

정리 9.4.1 $4^n(8m+7)$ $(n,\ m \geq 0)$ 꼴의 양의 정수는 세 제곱수의 합으로 나타낼 수 없다.

- **증명** 임의의 양의 정수 a에 대하여

$$a^2 \equiv 0,\ 1,\ 4\ \pmod 8$$

이므로

$$a^2 + b^2 + c^2 \equiv 0,\ 1,\ 2,\ 3,\ 4,\ 5,\ 6\ \pmod 8$$

이다. 따라서 $a^2 + b^2 + c^2 \not\equiv 7 \pmod 8$이 되어 $8m+7$ 꼴의 수는 세 제곱수의 합으로 나타낼 수 없다.

다음으로 $4^n(8m+7)$ $(n \geq 1,\ m \geq 0)$을 세 제곱수의 합

$$4^n(8m+7)=a^2+b^2+c^2$$

으로 나타낼 수 있다고 가정하자. 그러면 a, b, c는 모두 짝수이다. 실제로 $n \geq 1$이므로 $4^n(8m+7)=a^2+b^2+c^2 \equiv 0 \pmod{4}$인데 a, b, c 중 적어도 하나가 홀수라면 $a^2+b^2+c^2 \not\equiv 0 \pmod{4}$가 되어 모순이기 때문이다. 그러므로 $a=2a_1$, $b=2b_1$, $c=2c_1$으로 놓으면 다음 식을 얻는다.

$$4^{n-1}(8m+7)=a_1^2+b_1^2+c_1^2$$

이때 $n-1 \geq 1$이라면 마찬가지 과정을 반복해서 결국 $8m+7$이 세 제곱수의 합으로 표시된다. 이것은 증명의 처음 부분에 모순이 되어 결국 $4^n(8m+7)$ $(n,\ m \geq 0)$ 꼴의 모든 정수는 세 제곱수의 합으로 나타낼 수 없다. ■

보기 9.4.2

$$7=4^0\cdot(8\cdot 0+7), \qquad 15=4^0\cdot(8\cdot 1+7)$$
$$28=4^1\cdot(8\cdot 0+7), \qquad 60=4^1\cdot(8\cdot 1+7)$$
$$112=4^2\cdot(8\cdot 0+7), \qquad 240=4^2\cdot(8\cdot 1+7)$$

이므로 7, 15, 28, 60, 112, 240은 세 제곱수의 합으로 쓸 수 없다.

모든 양의 정수 n이 적당한 정수 a, b, c, d에 대하여

$$n=a^2+b^2+c^2+d^2$$

으로 나타낼 수 있음을 증명하기 위해 우선 보조정리 9.3.3을 일반화한 다음 보조정리를 증명하자.

보조정리 9.4.3 두 양의 정수 m, n이 각각 네 제곱수의 합이면, 곱 mn도 네 제곱수의 합이다.

● **증명** $m=a_1^2+a_2^2+a_3^2+a_4^2$, $n=b_1^2+b_2^2+b_3^2+b_4^2$이라 할 때 다음 등식이 성립하기 때문이다.

$$\begin{aligned} mn &= (a_1^2+a_2^2+a_3^2+a_4^2)(b_1^2+b_2^2+b_3^2+b_4^2) \\ &= (a_1b_1-a_2b_2-a_3b_3-a_4b_4)^2 \end{aligned}$$

$$+(a_1b_2+a_2b_1+a_3b_4-a_4b_3)^2$$
$$+(a_1b_3-a_2b_4+a_3b_1+a_4b_2)^2$$
$$+(a_1b_4+a_2b_3-a_3b_2+a_4b_1)^2$$

또는

$$\begin{aligned} mn &= (a_1^2+a_2^2+a_3^2+a_4^2)(b_1^2+b_2^2+b_3^2+b_4^2) \\ &= (a_1b_1+a_2b_2+a_3b_3+a_4b_4)^2 \\ &\quad +(a_1b_2-a_2b_1+a_3b_4-a_4b_3)^2 \\ &\quad +(a_1b_3-a_2b_4-a_3b_1+a_4b_2)^2 \\ &\quad +(a_1b_4+a_2b_3-a_3b_2-a_4b_1)^2 \end{aligned}$$ ▣

그러므로 한 정수를 네 제곱수의 합으로 표시하는 방법은 유일하지 않다.

보기 9.4.4 $7=1^2+1^2+1^2+2^2$, $15=1^2+1^2+2^2+3^2$ 이므로

$$\begin{aligned} 105=7\cdot 15 &= (1^2+1^2+1^2+2^2)(1^2+1^2+2^2+3^2) \\ &= (1\cdot 1-1\cdot 1-1\cdot 2-2\cdot 3)^2 \\ &\quad +(1\cdot 1+1\cdot 1+1\cdot 3-2\cdot 2)^2 \\ &\quad +(1\cdot 2-1\cdot 3+1\cdot 1+2\cdot 1)^2 \\ &\quad +(1\cdot 3+1\cdot 2-1\cdot 1+2\cdot 1)^2 \\ &= 8^2+1^2+2^2+6^2 \end{aligned}$$

마찬가지로 다른 표현 $105=10^2+1^2+0^2+2^2$ 을 얻을 수 있다.

보조정리 9.4.5 $p(\neq 2)$ 가 소수이면, 합동식

$$x^2+y^2+1\equiv 0 \pmod{p}$$

은 $0\leq x_0,\ y_0\leq \dfrac{p-1}{2}$ 을 만족하는 해 $x\equiv x_0 \pmod{p}$, $y\equiv y_0 \pmod{p}$ 을 가진다.

● **증명** 다음 두 집합을 생각하자.

$$S=\left\{1+0^2,\ 1+1^2,\ 1+2^2,\ \cdots,\ 1+\left(\frac{p-1}{2}\right)^2\right\}$$

$$T=\left\{-0^2,\ -1^2,\ -2^2,\ \cdots,\ -\left(\frac{p-1}{2}\right)^2\right\}$$

이때, S에 속하는 어떤 두 정수도 법 p에 관하여 서로 합동이 될 수 없다. 실제로

$$1+x_1^2 \equiv 1+x_2^2 \pmod{p},\quad 0 \le x_1,\ x_2 \le \frac{p-1}{2}$$

이라면 $x_1 \equiv x_2 \pmod{p}$ 이거나 $x_1 \equiv -x_2 \pmod{p}$ 이다. $0 < x_1 + x_2 < p$ 이므로 $x_1 \not\equiv -x_2 \pmod{p}$가 되어 $x_1 \equiv x_2 \pmod{p}$ 이고 따라서 $x_1 = x_2$ 이다. 마찬가지로 T에 속하는 어떤 두 정수도 법 p에 관하여 서로 합동이 아니다. 한편 $S \cap T = \phi$ 이므로

$$|S \cup T| = |S| + |T| = 2\left(1+\frac{p-1}{2}\right) = p+1$$

이고, 따라서 S에 속하는 적어도 한 정수는 T에 속하는 한 정수와 법 p에 관하여 합동이어야 한다. 그러므로 $0 \le x_0,\ y_0 \le \dfrac{p-1}{2}$ 인 정수 x_0, y_0가 존재하여

$$1+x_0^2 \equiv -y_0^2 \pmod{p}$$

가 된다. 즉 $x^2+y^2+1 \equiv 0 \pmod{p}$의 해가 존재한다. ■

따름정리 9.4.6 홀수인 소수 p에 대하여 $kp = x_0^2 + y_0^2 + 1^2 + 0^2$ 으로 나타내어질 수 있는 정수 $k\,(1 \le k < p)$가 존재한다.

• **증명** 보조정리 9.4.5에 의하여

$$0 \le x_0,\ y_0 < \frac{p}{2}$$

인 정수 x_0, y_0가 존재하여

$$x_0^2 + y_0^2 + 1 \equiv 0 \pmod{p}$$

이 성립한다. 따라서 $x_0^2 + y_0^2 + 1^2 + 0^2 = kp$ 가 되는 정수 k가 존재하고, 이때

$$kp = x_0^2 + y_0^2 + 1 < \frac{p^2}{4} + \frac{p^2}{4} + 1 < p^2$$

이므로 $k < p$가 되어 정리가 성립한다. ■

보기 9.4.7 $p = 13$일 때 보조정리 9.4.5의 증명과정을 따라서

$$\begin{aligned} S &= \{1+0^2,\ 1+1^2,\ 1+2^2,\ 1+3^2,\ 1+4^2,\ 1+5^2,\ 1+6^2\} \\ &= \{1,\ 2,\ 5,\ 10,\ 17,\ 26,\ 37\} \\ T &= \{-0^2,\ -1^2,\ -2^2,\ -3^2,\ -4^2,\ -5^2,\ -6^2\} \\ &= \{0,\ -1,\ -4,\ -9,\ -16,\ -25,\ -36\} \end{aligned}$$

을 생각하면 S의 어떤 원소는 반드시 T의 한 원소와 법 13에 관하여 합동이다. 실제로

$$1+3^2 = 10 \in S, \quad -4^2 = -16 \in T \text{ 이고}$$
$$1+3^2 = 10 \equiv -16 = -4^2 \pmod{13}$$

이므로 $1+3^2+4^2 \equiv 0 \pmod{13}$, 즉 $1+3^2+4^2 = 26 = 13 \cdot 2$가 되어 26은

$$26 = 13 \cdot 2 = 0^2 + 1^2 + 3^2 + 4^2$$

와 같이 네 제곱수의 합으로 표시된다.

정리 9.4.8 모든 소수 p는 네 제곱수의 합으로 나타낼 수 있다.

● **증명** $p = 2$인 경우, $2 = 1^2 + 1^2 + 0^2 + 0^2$으로 나타낼 수 있으므로 이제 p를 홀수인 소수라 하자. 따름정리 9.4.6에 의하면, 적당한 정수 $k\,(1 \le k \le p-1)$에 대하여, x, y, z, w에 관한 부정방정식

$$x^2 + y^2 + z^2 + w^2 = kp$$

는 정수해 $x = a$, $x = b$, $z = 1$, $w = 0$을 가진다. 부정방정식

$$x^2 + y^2 + z^2 + w^2 = kp$$

가 정수해를 가지는 $k\,(1 \le k \le p-1)$값 중에서 가장 작은 것을 m이라 하

자. 실제로 앞의 결과와 정수의 정렬성에 의하여 이와 같은 정수 m은 존재하고 $1 \le m \le p-1$이다.

이제 $x=a$, $y=b$, $z=c$, $w=d$를 부정방정식

$$x^2+y^2+z^2+w^2=mp$$

의 정수해라고 하자. 즉, $a^2+b^2+c^2+d^2=mp$라고 하자.

지금부터 $m=1$임을 보임으로써 정리가 성립함을 밝히자. 먼저 m이 짝수라고 가정하자. 이때 a, b, c, d가 모두 짝수이거나 모두 홀수, 또는 a, b, c, d 중에서 두 정수는 짝수이고 나머지 두 정수는 홀수이므로, 필요하다면 a, b, c, d의 순서를 바꾸어

$$a \equiv b \pmod{2}, \quad c \equiv d \pmod{2}$$

라고 가정하여도 된다. 이 경우에

$$\frac{a+b}{2}, \quad \frac{a-b}{2}, \quad \frac{c+d}{2}, \quad \frac{c-d}{2}$$

는 모두 정수이고

$$\left(\frac{a-b}{2}\right)^2+\left(\frac{c-d}{2}\right)^2+\left(\frac{c+d}{2}\right)^2+\left(\frac{a+b}{2}\right)^2=\frac{m}{2}p$$

가 되어 이는 m의 최소성에 모순이 된다.

다음에 m이 $m>1$인 홀수라고 가정하자. 이때, 다음 조건을 만족시키는 정수 a_1, b_1, c_1, d_1이 존재한다.

$$a_1 \equiv a \pmod{m}, \quad |a_1| < \frac{m}{2}$$

$$b_1 \equiv b \pmod{m}, \quad |b_1| < \frac{m}{2}$$

$$c_1 \equiv c \pmod{m}, \quad |c_1| < \frac{m}{2}$$

$$d_1 \equiv d \pmod{m}, \quad |d_1| < \frac{m}{2}$$

실제로, 예컨대 a를 m으로 나누어 나머지를 r이라 할 때 $r<\frac{m}{2}$이면 $a_1=r$, $\frac{m}{2}<r<m$이면 $a_1=r-m$으로 택하면 된다. 이 경우에

$$a_1^2+b_1^2+c_1^2+d_1^2 \equiv a^2+b^2+c^2+d^2 \equiv 0 \pmod{m}$$

이므로 $a_1^2+b_1^2+c_1^2+d_1^2=k_1m$인 정수 k_1이 존재하고, 따라서

$$k_1 m = a_1^2 + b_1^2 + c_1^2 + d_1^2 < 4\left(\frac{m}{2}\right)^2 = m^2$$

이므로 $0 \le k_1 < m$ 이다.

먼저 $k_1 = 0$ 이라고 가정하면 $a_1^2 + b_1^2 + c_1^2 + d_1^2 = 0$ 이므로

$$a \equiv b \equiv c \equiv d \equiv 0 \pmod{m}, \quad a^2 + b^2 + c^2 + d^2 = mp$$

이고 따라서 $m^2 \mid mp$, 즉 $m \mid p$ 이다. 그러나 이것은 $1 < m \le p-1$ 이라는 사실에 모순이 되어 $k_1 \ne 0$ 이다. 그리고

$$\begin{aligned} k_1 m^2 p &= (a_1^2 + b_1^2 + c_1^2 + d_1^2)(a^2 + b^2 + c^2 + d^2) \\ &= (a_1 a + b_1 b + c_1 c + d_1 d)^2 + (a_1 b - b_1 a + c_1 d - d_1 c)^2 \\ &\quad + (a_1 c - b_1 d - c_1 a + d_1 b)^2 + (a_1 d + b_1 c - c_1 b - d_1 a)^2 \end{aligned}$$

이고 다음이 성립한다.

$$\begin{aligned} a_1 a + b_1 b + c_1 c + d_1 d &\equiv a^2 + b^2 + c^2 + d^2 \equiv 0 \pmod{m} \\ a_1 b - b_1 a + c_1 d - d_1 c &\equiv ab - ba + cd - dc \equiv 0 \pmod{m} \\ a_1 c - b_1 d - c_1 a + d_1 b &\equiv ac - bd - ca + db \equiv 0 \pmod{m} \\ a_1 d + b_1 c - c_1 b - d_1 a &\equiv ad + bc - cb - da \equiv 0 \pmod{m} \end{aligned}$$

그러므로

$$a_2 = \frac{a_1 a + b_1 b + c_1 c + d_1 d}{m}, \quad b_2 = \frac{a_1 b - b_1 a + c_1 d - d_1 c}{m}$$

$$c_2 = \frac{a_1 c - b_1 d - c_1 a + d_1 b}{m}, \quad d_2 = \frac{a_1 d + b_1 c - c_1 b - d_1 a}{m}$$

이라고 놓으면, a_2, b_2, c_2, d_2 는 모두 정수이고 다음이 성립한다.

$$a_2^2 + b_2^2 + c_2^2 + d_2^2 = \frac{k_1 m^2 p}{m^2} = k_1 p$$

그러나 이것은 부정방정식 $x^2 + y^2 + z^2 + w^2 = k_1 p$ 가 정수해를 가진다는 뜻이므로 m 의 최소성에 모순이 된다. 따라서 $m = 1$ 이고 부정방정식 $x^2 + y^2 + z^2 + w^2 = p$ 는 정수해를 가진다. ■

드디어 우리가 주장하고자 하는 다음 정리를 쉽게 증명할 수 있다.

정리 9.4.9 모든 양의 정수는 네 제곱수의 합으로 나타낼 수 있다.

● **증명** 먼저 $n=1$이면 $n=0^2+0^2+0^2+1^2$이다. 다음에 $n\ (n\geq 2)$의 소인수분해가 $n=p_1p_2\cdots p_r$ (여기서 p_i가 반드시 다를 필요는 없다.)일 때 정리 9.4.8과 보조정리 9.4.3에 의하여 n은 네 제곱수의 합으로 나타낼 수 있다. ■

보기 9.4.10 $459=3^3\cdot 17$을 네 제곱수의 합으로 나타내 보자.

보조정리 9.4.3에 의하여 다음 식이 성립한다.

$$\begin{aligned}459 &= 3^2\cdot 3\cdot 17=3^2(1^2+1^2+1^2+0^2)(4^2+1^2+0^2+0^2)\\ &= 3^2((4+1+0+0)^2+(1-4+0-0)^2)\\ &\qquad +(0-0-4+0)^2+(0+0-1-0)^2\\ &= 3^2(5^2+3^2+4^2+1^2)\\ &= 15^2+9^2+12^2+3^2\end{aligned}$$

우리는 임의의 양의 정수는 네 제곱수의 합으로 나타낼 수 있다는 사실을 알았다. 1782년에 영국 수학자 웨어링(Edward Waring, 1734~1798)은 이 정리를 일반화하여 소위 웨어링 문제로 잘 알려진 다음과 같은 문제를 제기하였다.

웨어링 문제 (Waring's Problem)

주어진 양의 정수 k에 대하여 모든 양의 정수를 음이 아닌 정수의 k제곱수들의 합으로 나타내기 위하여 최소한 몇 개의 k제곱수가 필요한가?

독일의 유명한 수학자 힐베르트(David Hilbert, 1862~1943)는 웨어링 문제와 관련하여 1906년에 다음 사실을 증명하여 위대한 공헌을 하였다.

임의의 양의 정수 k가 주어졌을 때, 양의 정수 g가 존재하여 모든 양의 정수 n에 대한 부정방정식

$$n=x_1^k+x_2^k+\cdots+x_g^k$$

의 음이 아닌 정수해가 존재한다.

이러한 양의 정수 g 중 최소값을 $g(k)$라 하면 당연히 $g(1)=1$이고 정리 9.4.9에 의하여 $g(2)=4$임을 의미한다. 한편 1909년에 Wieferich가 $g(3)=9$임을, 1986년에 Balasubramanian이 $g(4)=19$임을, 1964년에 Cohen이 $g(5)=37$임을, 1940년에 Pillai가 $g(6)=73$임을 증명하였다. 그리고 $g(7)=143$, $g(8)=279$, $g(9)=548$이라는 사실도 알려져 있다. 또한 Dickson, Rubugunday, Niven, Mahler와 같은 많은 수학자들의 연구를 통해 $7 \le k \le 471600000$인 k에 대해

$$g(k)=\left[\left(\frac{3}{2}\right)^k\right]+2^k-2$$

가 성립함이 증명되었다.

9.4 연습문제

01 보조정리 9.4.3에서 보조정리 9.3.3을 유도하여라.

02 $5^2 = 2^2 + 1^2 + 0^2 + 0^2$, $7^2 = 2^2 + 1^2 + 1^2 + 1^2$, $13^2 = 2^2 + 2^2 + 2^2 + 1^2$을 이용하여 다음 수를 네 제곱수의 합으로 표시하여라.

(1) 35 (2) 91 (3) 260 (4) 455

03 50부터 100까지의 정수 중에서 세 제곱수의 합으로 표시할 수 없는 정수를 모두 구하여라.

04 $n^2 + (n+1)^2 + (n+2)^2 = m^2$을 만족하는 정수 m, n은 존재하지 않음을 증명하여라.

05 다음을 증명하여라.

(1) $a^2 + b^2 + c^2 \equiv 0 \pmod{4}$이면 $a \equiv b \equiv c \equiv 0 \pmod{2}$이다.

(2) $a^2 + b^2 + c^2 + d^2 \equiv 0 \pmod{8}$이면 $a \equiv b \equiv c \equiv d \equiv 0 \pmod{2}$이다.

06 n을 짝수, $(x, y, z) = 1$이라 할 때, 부정방정식

$$x^2 + y^2 + z^2 = n^2$$

을 만족하는 정수해는 존재하지 않음을 증명하여라.

07 다음 사실을 이용하여 169보다 큰 정수 n은 다섯 개의 제곱수 합으로 쓸 수 있음을 증명하여라.

$$169 = 13^2 = 12^2 + 5^2 = 12^2 + 4^2 + 3^2 = 10^2 + 8^2 + 2^2 + 1^2$$

9.5 펠의 방정식

정의 9.5.1 N을 정수라 할 때

$$x^2 - \mathrm{N}y^2 = 1$$

과 같은 꼴의 부정방정식을 **펠의 방정식**(Pell's Equation)이라 한다.

펠의 방정식

$$x^2 - \mathrm{N}y^2 = 1$$

에서

$\mathrm{N}=0$이면 $x=\pm 1$, y는 모든 정수,

$\mathrm{N}\le -2$이면 $x=\pm 1$, $y=0$,

$\mathrm{N}=-1$이면 $x=\pm 1$, $y=0$ 또는 $x=0$, $y=\pm 1$

의 정수해를 가진다.

이런 해들을 **자명한 해**(trivial solution)라고 한다. $\mathrm{N}\le 0$인 경우는 이런 자명한 해만 가지므로 $\mathrm{N}>0$인 경우만 생각하면 된다. 또한 N이 제곱수($\mathrm{N}=m^2$)인 경우 펠의 방정식은

$$1 = x^2 - \mathrm{N}y^2 = (x-my)(x+my)$$

가 되어 $x-my=1=x+my$ 또는 $x-my=-1=x+my$의 해를 구하면 된다. 따라서 앞으로 펠의 방정식 $x^2-\mathrm{N}y^2=1$을 생각할 때 $\mathrm{N}>0$이고 N은 제곱수가 아니라고 가정한다.

펠의 방정식에서

(1) (x, y)가 펠의 방정식의 해이면 $(x, -y)$, $(-x, \pm y)$도 해가 되므로 펠의 방정식의 해를 구하는 것은 양의 정수해를 구하는 문제로 제한하여도 일반성을 잃지 않는다.

(2) 펠의 방정식 $x^2-\mathrm{N}y^2=1$의 해를 찾기 위해 $1+\mathrm{N}y^2$ $(y=1, 2, 3, \cdots)$을 계산하여 제곱수인 것을 찾으면 된다. 사실 이 방법은 간단해 보이지만 사용하기 힘들다.

(3) $x^2-\mathrm{N}y^2=(x+\sqrt{\mathrm{N}}\,y)(x-\sqrt{\mathrm{N}}\,y)$이므로 $x+y\sqrt{\mathrm{N}}$ 형태의 무리수는 펠의 방정식 $x^2-\mathrm{N}y^2=1$과 아주 깊은 관계가 있다. $r^2-\mathrm{N}s^2=1$일 때, 즉 $x=r$, $y=s$가 방정식 $x^2-\mathrm{N}y^2=1$의 해일 때 무리수 **"$\boldsymbol{\alpha=r+s\sqrt{\mathrm{N}}}$ ($\boldsymbol{r, s}$는 정수)는 방정식 $\boldsymbol{x^2-\mathrm{N}y^2=1}$의 해를 생성한다"**고 한다. 예를 들어 $3+2\sqrt{2}$는 $x^2-2y^2=1$의 해

를 생성하고, $8+3\sqrt{7}$ 은 $x^2-7y^2=1$ 의 해를 생성한다.

보조정리 9.5.2 제곱수가 아닌 정수 $\mathrm{N}\,(>0)$에 대하여 $\alpha=r+s\sqrt{\mathrm{N}}$ 가 방정식 $x^2-\mathrm{N}y^2=1$의 해를 생성하면 $\dfrac{1}{\alpha}$도 방정식 $x^2-\mathrm{N}y^2=1$의 해를 생성한다.

● **증명** $\alpha=r+s\sqrt{\mathrm{N}}$ 가 방정식 $x^2-\mathrm{N}y^2=1$의 해를 생성하므로 $r^2-\mathrm{N}s^2=1$이다.

$$\frac{1}{\alpha}=\frac{1}{r+s\sqrt{\mathrm{N}}}=\frac{r-s\sqrt{\mathrm{N}}}{(r+s\sqrt{\mathrm{N}})(r-s\sqrt{\mathrm{N}})}$$
$$=\frac{r-s\sqrt{\mathrm{N}}}{r^2-s^2\sqrt{\mathrm{N}}}=r-s\sqrt{\mathrm{N}}$$

이고 $r^2-\mathrm{N}(-s)^2=1$ 이므로 $\dfrac{1}{\alpha}$은 $x^2-\mathrm{N}y^2=1$의 해를 생성한다. ■

보조정리 9.5.3 제곱수가 아닌 정수 $\mathrm{N}\,(>0)$에 대하여

$$\alpha=a+b\sqrt{\mathrm{N}},\quad \beta=c+d\sqrt{\mathrm{N}}\quad (a,\ b,\ c,\ d\text{는 정수})$$

가 방정식 $x^2-\mathrm{N}y^2=1$의 해를 생성하면 $\alpha\beta$도 $x^2-\mathrm{N}y^2=1$의 해를 생성한다.

● **증명**

$$\alpha\beta=(a+b\sqrt{\mathrm{N}})(c+d\sqrt{\mathrm{N}})=(ac+\mathrm{N}bd)+(ad+bc)\sqrt{\mathrm{N}}$$

이고

$$(ac+\mathrm{N}bd)^2-\mathrm{N}(ad+bc)^2=(a^2-\mathrm{N}b^2)(c^2-\mathrm{N}d^2)=1\cdot 1=1$$

이므로 $\alpha\beta$는 $x^2-\mathrm{N}y^2=1$의 해를 생성한다. ■

정리 9.5.4 제곱수가 아닌 정수 $\mathrm{N}\,(>0)$에 대하여 α가 펠의 방정식 $x^2-\mathrm{N}y^2=1$의 해를 생성하면, 모든 정수 k에 대하여 α^k도 방정식 $x^2-\mathrm{N}y^2=1$의 해를 생성한다.

● **증명** 보조정리 9.5.2와 보조정리 9.5.3에 의해 명백히 성립한다. ■

정리 9.5.4는 펠의 방정식 $x^2 - \mathrm{N}y^2 = 1$의 한 해 $\alpha\,(>1)$을 알면 무수히 많은 해를 찾을 수 있음을 보여준다. 실제로 $\alpha^{k+1} > \alpha^k$이므로 해 α^k $(k=1,\ 2,\ 3,\ \cdots)$은 서로 다른 해이다.

보기 9.5.5 $\alpha = 3 + 2\sqrt{2}$는 방정식 $x^2 - 2y^2 = 1$의 해를 생성하므로

$$\alpha^2 = (3+2\sqrt{2})^2 = 17 + 12\sqrt{2}$$
$$\alpha^3 = (3+2\sqrt{2})^3 = (17+12\sqrt{2})(3+2\sqrt{2}) = 99 + 70\sqrt{2}$$

도 방정식 $x^2 - 2y^2 = 1$의 해를 생성한다. 따라서

$$3^2 - 2 \cdot 2^2 = 1,\quad 17^2 - 2 \cdot 12^2 = 1,\quad 99^2 - 2 \cdot 70^2 = 1$$

이다. 즉, (3, 2), (17, 12), (99, 70)은 모두 $x^2 - 2y^2 = 1$의 해이다.

보조정리 9.5.6 제곱수가 아닌 정수 $\mathrm{N}\,(>0)$에 대하여 $\alpha = a + b\sqrt{\mathrm{N}}$, $\beta = c + d\sqrt{\mathrm{N}}$ $(a,\ b,\ c,\ d > 0)$가 방정식 $x^2 - \mathrm{N}y^2 = 1$의 해를 생성한다고 하자. 그러면

$$\alpha < \beta \iff a < c$$

증명 $r < \beta$라고 가정하자. 만약 $a \ge c$라고 하면 $a^2 \ge c^2$이고, $a^2 = 1 + \mathrm{N}b^2$, $c^2 = 1 + \mathrm{N}d^2$이므로 $b^2 \ge d^2$이 되어 $b \ge d$이다. 그러면 $\alpha = a + b\sqrt{\mathrm{N}} \ge c + d\sqrt{\mathrm{N}} = \beta$가 되어 모순이다. 역으로 $a < c$라고 가정하면 $a^2 < c^2$이고 $1 + \mathrm{N}b^2 < 1 + \mathrm{N}d^2$이다. 즉 $b < d$이다. 따라서 $\alpha = a + b\sqrt{\mathrm{N}} < c + d\sqrt{\mathrm{N}} = \beta$이다. ■

집합 $A = \{\alpha \mid \alpha = a + b\sqrt{\mathrm{N}} > 1$은 $x^2 - \mathrm{N}y^2 = 1$의 해를 생성한다$\}$이라면 보조정리 9.5.6와 정수 정렬성에 의하여 A의 최소원 θ가 존재한다. 최소원 θ를 방정식 $x^2 - \mathrm{N}y^2 = 1$의 **생성원**(generator)이라 한다.

$x^2 - 3y^2 = 1$의 생성원 $\theta = 2 + \sqrt{3}$은 약간의 시행착오를 통하여 쉽게 구할 수 있지만 어떤 경우는 계산을 통하여 생성원을 구하는 것은 거의 불가능하다. 650년경 인도 수학자 Brahmagupta는 $x^2 - 92y^2 = 1$의 정수해를 1년 안에 찾은 사람이 진짜 수학자라고 주장하기도 했다.

실제로 $x^2 - 92y^2 = 1$의 생성원은 $1151 + 120\sqrt{92}$

$x^2-29y^2=1$의 생성원은 $9801+1820\sqrt{29}$

$x^2-61y^2=1$의 생성원은 $1766319049+226153980\sqrt{61}$

이다. 즉 $x^2-61y^2=1$의 최소 양의 정수해는 $x=1766319049$, $y=226153980$이다.

이제 펠의 방정식의 모든 해는 생성원으로 구할 수 있음을 증명하자.

정리 9.5.7 θ를 펠의 방정식 $x^2-\mathrm{N}y^2=1$의 생성원이라면 펠의 방정식 $x^2-\mathrm{N}y^2=1$ $x^2-\mathrm{N}y^2=1$의 모든 양의 정수해 α는

$$\alpha=\theta^k\ (k\in\mathbb{Z})$$

이다.

• **증명** $x=r$, $y=s$ $(r>0,\ s>0)$를 $x^2-\mathrm{N}y^2=1$의 해라 하고 $\alpha=r+s\sqrt{\mathrm{N}}$이라 하자. θ는 가장 작은 양의 정수해이므로 $\theta\le\alpha$이고 $\theta^k\le\alpha<\theta^{k+1}$이 되는 양의 정수 k가 존재한다. 그러면 $1\le\theta^{-k}\alpha<\theta$이고 보조정리 9.5.2와 보조정리 9.5.3에 의하여 $\theta^{-k}\alpha$는 $x^2-\mathrm{N}y^2=1$의 해를 생성한다. 그러나 θ는 $x^2-\mathrm{N}y^2=1$의 자명하지 않은 해를 생성하는 수 중에서 가장 작은 수이므로 $\theta^{-k}\alpha$는 자명한 해를 생성한다. 따라서 $\theta^{-k}\alpha=1$, 즉 $\alpha=\theta^k$이다. ■

9.5 연습문제

01 N을 다음과 같은 값으로 취할 때 펠의 방정식 $x^2 - Ny^2 = 1$의 생성원을 구하라.

(1) 6 (2) 7 (3) 8

(4) 10 (5) 11 (6) 12

02 제곱수가 아닌 정수 N (>0)에 대하여 $x_1 + y_1\sqrt{N} = r + s\sqrt{N}$을 방정식 $x^2 - Ny^2 = 1$의 생성원이라 하면 $x^2 - Ny^2 = 1$의 모든 해는 다음과 같은 식으로 표시됨을 증명하여라.

$$x_n = \frac{\left[(r+s\sqrt{N})^n + (r-s\sqrt{N})^n\right]}{2}$$

$$y_n = \frac{\left[(r+s\sqrt{N})^n - (r-s\sqrt{N})^n\right]}{2\sqrt{N}}$$

03 문제 1에서 얻은 생성원을 사용하여 문제 2에서 주어진 식으로 다음 각 방정식의 다른 두 해를 구하여라.

(1) $x^2 - 6y^2 = 1$ (2) $x^2 - 7y^2 = 1$ (3) $x^2 - 8y^2 = 1$

04 $x_0 + y_0\sqrt{N} = r + s\sqrt{N}$을 방정식 $x^2 - Ny^2 = 1$의 생성원이라 하면 모든 $n \geq 1$에 대하여 점화식으로 주어진

$$x_n = rx_{n-1} + sNy_{n-1}, \quad y_n = sx_{n-1} + ry_{n-1}$$

도 방정식 $x^2 - Ny^2 = 1$의 해임을 증명하여라.

05 문제 4를 사용하여 다음 펠의 방정식의 다른 두 해를 구하여라.

(1) $x^2 - 2y^2 = 1$, $x_0 = 3$, $y_0 = 2$

(2) $x^2 - 12y^2 = 1$, $x_0 = 7$, $y_0 = 2$

06 문제 5의 풀이 결과를 사용하여 다음 방정식의 해 3개씩 구하여라.

(1) $x^2 + 2xy - y^2 = 1$

(2) $x^2 + 4xy - 8y^2 = 1$

07 제곱수가 아닌 정수 N이 $4k+3$ 꼴의 소인수를 가지면 방정식 $x^2-Ny^2=-1$은 정수해를 갖지 않음을 증명하여라.

08 제곱수가 아닌 정수 $N(>1)$에 대하여 $N\equiv 0 \pmod{4}$ 또는 $N\equiv 3 \pmod{4}$이면 방정식 $x^2-Ny^2=-1$은 정수해를 갖지 않음을 증명하여라.

부록

표 1 소수와 쌍둥이 소수의 분포

표 2 $\tau(m)$, $\sigma(m)$, $\mu(m)$, $\varphi(m)$의 값

표 3 1000 이하의 소수 p와 원시근 g

표 4 법 p에 대한 지수표

ELEMENTARY
NUMBER THEORY

표 1 소수와 쌍둥이 소수의 분포

구간	소수의 개수	쌍둥이 소수의 개수
1−100	25	8
101−200	21	7
201−300	16	4
301−400	16	2
401−500	17	3
501−600	14	2
601−700	16	4
701−800	14	0
801−900	15	5
901−1000	14	0
2501−2600	11	2
2601−2700	15	2
2701−2800	14	3
2801−2900	12	1
2901−3000	11	1
10001−10100	11	4
10101−10200	12	1
10201−10300	10	1
10301−10400	12	2
10401−10500	10	2
29501−29600	10	1
29601−29700	8	1
29701−29800	7	1
29801−29900	10	1
29901−30000	7	0
100001−100100	6	0
100101−100200	9	1
100201−100300	8	0
100301−100400	9	2
100401−100500	8	0
299501−299600	7	1
299601−299700	8	1
299701−299800	8	1
299801−299900	6	0
299901−300000	9	0

표 2 $\tau(m)$, $\sigma(m)$, $\mu(m)$, $\varphi(m)$의 값

m	$\tau(m)$	$\sigma(m)$	$\mu(m)$	$\varphi(m)$	m	$\tau(m)$	$\sigma(m)$	$\mu(m)$	$\varphi(m)$
1	1	1	1	1	26	4	42	1	12
2	2	3	−1	1	27	4	40	0	18
3	2	4	−1	2	28	6	56	0	12
4	3	7	0	2	29	2	30	−1	28
5	2	6	−1	4	30	8	72	−1	8
6	4	12	1	2	31	2	32	−1	30
7	2	8	−1	6	32	6	63	0	16
8	4	15	0	4	33	4	48	1	20
9	3	13	0	6	34	4	54	1	16
10	4	18	1	4	35	4	48	1	24
11	2	12	−1	10	36	9	91	0	12
12	6	28	0	4	37	3	38	−1	36
13	2	14	−1	12	38	4	60	1	18
14	4	24	1	6	39	4	56	1	24
15	4	24	1	8	40	8	90	0	16
16	5	31	0	8	41	2	42	−1	40
17	2	18	−1	16	42	8	96	−1	12
18	6	39	0	6	43	2	44	−1	42
19	2	20	−1	18	44	6	84	0	20
20	6	42	0	8	45	6	78	0	24
21	4	32	1	12	46	4	72	1	22
22	4	36	1	10	47	2	48	−1	46
23	2	24	−1	22	48	10	124	0	16
24	8	60	0	8	49	3	57	0	42
25	3	31	0	20	50	6	93	0	20

표 2 (계속) $\tau(m)$, $\sigma(m)$, $\mu(m)$, $\varphi(m)$의 값

m	$\tau(m)$	$\sigma(m)$	$\mu(m)$	$\varphi(m)$	m	$\tau(m)$	$\sigma(m)$	$\mu(m)$	$\varphi(m)$
51	4	72	1	32	76	6	140	0	36
52	6	98	0	24	77	4	96	1	60
53	2	54	−1	52	78	8	168	−1	24
54	8	120	0	18	79	2	80	−1	78
55	4	72	1	40	80	10	186	0	32
56	8	120	0	24	81	5	121	0	54
57	4	80	1	36	82	4	126	1	40
58	4	90	1	28	83	2	84	−1	82
59	2	60	−1	58	84	12	224	0	24
60	12	168	0	16	85	4	108	1	64
61	2	62	−1	60	86	4	132	1	42
62	4	96	1	30	87	4	120	1	56
63	6	104	0	36	88	8	180	0	40
64	7	127	0	32	89	2	90	−1	88
65	4	84	1	48	90	12	234	0	24
66	8	144	−1	20	91	4	112	1	72
67	2	68	−1	66	92	6	168	0	44
68	6	126	0	32	93	4	128	1	60
69	4	96	1	44	94	4	144	1	46
70	8	144	−1	24	95	4	120	1	72
71	2	72	−1	70	96	12	252	0	32
72	12	195	0	24	97	2	98	−1	96
73	2	74	−1	72	98	6	171	0	42
74	4	114	1	36	99	6	156	0	60
75	6	124	0	40	100	9	217	0	40

표 3 1000 이하의 소수 p와 원시근 g

(g는 법 p에 대한 가장 작은 원시근)

p	g	p	g	p	g	p	g	p	g	p	g
2	1	127	3	283	3	467	2	661	2	877	2
3	2	131	2	293	2	479	13	673	5	881	3
5	2	137	3	307	5	487	3	677	2	883	2
7	3	139	2	311	17	491	2	683	5	887	5
11	2	149	2	313	10	499	7	691	3	907	2
13	2	151	6	317	2	503	5	701	2	911	17
17	3	157	5	331	3	509	2	709	2	919	7
19	2	163	2	337	10	521	3	719	11	929	3
23	5	167	5	347	2	523	2	727	5	937	5
29	2	173	2	349	2	541	2	733	6	941	2
31	3	179	2	353	3	547	2	739	3	947	2
37	2	181	2	359	7	557	2	743	5	953	3
41	6	191	19	367	6	563	2	751	3	967	5
43	3	193	5	373	2	569	3	757	2	971	6
47	5	197	2	379	2	571	3	761	6	977	3
53	2	199	3	383	5	577	5	769	11	983	5
59	2	211	2	389	2	587	2	773	2	991	6
61	2	223	3	397	5	593	3	787	2	997	7
67	2	227	2	401	3	599	7	797	2		
71	7	229	6	409	21	601	7	809	3		
73	5	233	3	419	2	607	3	811	3		
79	3	239	7	421	2	613	2	821	2		
83	2	241	7	431	7	617	3	823	3		
89	3	251	6	433	5	619	2	827	2		
97	5	257	3	439	15	631	3	829	2		
101	2	263	5	443	2	641	3	839	11		
103	5	269	2	449	3	643	11	853	2		
107	2	271	6	457	13	647	5	857	3		
109	6	277	5	461	2	653	2	859	2		
113	3	281	3	463	3	659	2	863	5		

표 4 법 p에 대한 지수표

m / a	3	5	7	9	11	13	17	19	23	25	m / a
1	2	4	6	6	10	12	16	18	22	20	1
2	1	1	2	1	1	1	14	1	2	1	2
3		3	1		8	4	1	13	16	7	3
4		2	4	2	2	2	12	2	4	2	4
5			5	5	4	9	5	16	1		5
6			3		9	5	15	14	18	8	6
7				4	7	11	11	6	19	5	7
8				3	3	3	10	3	6	3	8
9					6	8	2	8	10	14	9
10					5	10	3	17	3		10
11						7	7	12	9	16	11
12						6	13	15	20	9	12
13							4	5	14	19	13
14							9	7	21	6	14
15							6	11	17		15
16							8	4	8	4	16
17								10	7	13	17
18								9	12	15	18
19									15	18	19
20									5		20
21									13	12	21
22									11	17	22
23										11	23
24										10	24

표 4 (계속) 법 p에 대한 지수표

m \ a	27	29	31	37	41	43	47	49	m / a
1	18	28	30	36	40	42	46	48	1
2	1	1	24	1	26	27	18	26	2
3		5	1	26	15	1	20	1	3
4	2	2	18	2	12	12	36	10	4
5	5	22	20	23	22	25	1	29	5
6		6	25	27	1	28	38	27	6
7	16	12	28	32	39	35	32		7
8	3	3	12	3	38	39	8	36	8
9		10	2	16	30	2	40	2	9
10	6	23	14	24	8	10	19	13	10
11	13	25	23	30	3	30	7	40	11
12		7	19	28	27	13	10	11	12
13	8	18	11	11	31	32	11	33	13
14	17	13	22	33	25	20	4		14
15		27	21	13	37	26	21	30	15
16	4	4	6	4	24	24	26	20	16
17	15	21	7	7	33	38	16	25	17
18		11	26	17	16	29	12	28	18
19	12	9	4	35	9	19	45	35	19
20	7	24	8	25	34	37	37	39	20
21		17	29	22	14	36	6		21
22	14	26	17	31	29	15	25	24	22
23	11	20	27	15	36	16	5	38	23
24		8	13	29	13	40	28	37	24
25	10	16	10	10	4	8	2	16	25
26	9	19	5	12	17	17	29	17	26
27		15	3	6	5	3	14	3	27
28		14	16	34	11	5	22		28
29			9	21	7	41	35	18	29
30			15	14	23	11	39	14	30
31				9	28	34	3	7	31
32				5	10	9	44	4	32
33				20	18	31	27	41	33
34				8	19	23	34	9	34
35				19	21	18	33		35
36				18	2	14	30	12	36
37					32	7	42	32	37
38					35	4	17	19	38
39					6	33	31	34	39
40					20	22	9	23	40
41						6	15	15	41
42						21	24		42
43							13	6	43
44							43	8	44
45							41	31	45
46							23	22	46
47								55	47
48								21	48

ELEMENTARY
NUMBER THEORY

연습문제 풀이

제1장 기초지식

1.1 시그마 Σ와 파이 Π

01 (1) 1, 0　(2) 0, −1　(3) −2, −2　(4) 0, 0　(5) −3, −4

02 (1) $4=\lceil 1.1+2.1\rceil \neq \lceil 1.1\rceil+\lceil 2.1\rceil=2+3$

(2) $\frac{8}{3}=\frac{\lceil 7.7\rceil}{\lceil 2.2\rceil}\neq\left\lceil\frac{7.7}{2.2}\right\rceil=\lceil 3.5\rceil=4$

(3) $3=\lceil 2.31\rceil=\lceil 1.1\times 2.1\rceil\neq\lceil 1.1\rceil\times\lceil 2.1\rceil=2\times 3$

03 모든 실수 x는 $x=\lfloor x\rfloor+x'$, $0\le x'<1$와 같이 쓸 수 있으므로

$$x+n=\lfloor x\rfloor+x'+n=(\lfloor x\rfloor+n)+x'$$

이다. 이때 $0\le x'<1$이므로 $\lfloor x+n\rfloor=\lfloor x\rfloor+n$이 된다.

04 (1) 0 또는 1　(2) 0 또는 −1

05 (1) $\sum_{k=1}^{10}(2k+3)$　(2) $\sum_{k=2}^{5}k(2k+1)$　(3) $\sum_{k=1}^{10}k(k+2)$

06 (1) 12　(2) 120　(3) $\frac{1}{6}n(n+1)(4n+5)$

(4) $\frac{n}{n+1}$　(5) $\frac{n}{2n+1}$　(6) 32

(7) $\frac{1}{24}n(n+1)(n+2)(3n+1)$　(8) $\frac{1}{24}n(n+1)(n+2)(n+3)$

(9) n이 짝수일 때 $\frac{n^2}{4}$, n이 홀수일 때 $\frac{n^2-1}{4}$

07 (1) 25　(2) 945　(3) 105　(4) 67200

1.2 수학적 귀납법

01 (1) $n=1$일 때 분명히 성립한다.

$\sum_{k=1}^{n}k=\frac{n(n+1)}{2}$가 성립한다면

$$\sum_{k=1}^{n+1} k = \sum_{k=1}^{n} k + (n+1) = \frac{n(n+1)}{2} + (n+1) = \frac{(n+1)(n+2)}{2}$$

이다.

(2) $n=1$ 일 때 분명히 성립한다.

$\sum_{k=1}^{n} k^2 = \frac{n(n+1)(2n+1)}{6}$ 가 성립한다면

$$\begin{aligned}\sum_{k=1}^{n+1} k^2 = \sum_{k=1}^{n} k^2 + (n+1)^2 &= \frac{n(n+1)(2n+1)}{6} + (n+1)^2 \\ &= \frac{(n+1)(n+2)\{2(n+1)+1\}}{6}\end{aligned}$$

이다.

(3) $n=1$ 일 때 성립한다.

$\sum_{k=1}^{n} k^3 = \left(\frac{n(n+1)}{2}\right)^2$ 가 성립한다면

$$\begin{aligned}\sum_{k=1}^{n+1} k^3 = \sum_{k=1}^{n} k^3 + (n+1)^3 &= \left[\frac{n(n+1)}{2}\right]^2 + (n+1)^3 \\ &= \left[\frac{(n+1)(n+2)}{2}\right]^2\end{aligned}$$

이다.

(4) $n=1$ 일 때 성립한다.

$n! \geq 2^{n-1}$ 가 성립한다면

$$(n+1)! = (n+1)n! \geq (n+1)2^{n-1} \geq 2 \cdot 2^{n-1} = 2^n$$

이다.

(5) $n=1$ 일 때 성립한다.

$1(1!)+2(2!)+3(3!)+\cdots+n(n!)=(n+1)!-1$ 가 성립한다면

$$\begin{aligned}&1(1!)+2(2!)+3(3!)+\cdots+n(n!)+(n+1)(n+1)! \\ &= (n+1)!-1+(n+1)(n+1)! = (n+1)!(n+2)-1 = (n+2)!-1\end{aligned}$$

이다.

(6) $n=3$ 일 때 성립한다.

$n^2 > 2n+1$ 가 성립한다면

$$\begin{aligned}(n+1)^2 = n^2+2n+1 &> (2n+1)+2n+1 \\ &= 4n+2 > 2n+3 = 2(n+1)+1\end{aligned}$$

이다.

(7) $n=4$ 일 때 성립한다.

$n^2 \leq 2^n \leq n!$ $(n>4)$ 가 성립한다면

$$(n+1)^2 = n^2+2n+1 \le n^2+n^2 = 2\cdot n^2 \le 2\cdot 2^n = 2^{n+1}$$
$$2^{n+1} = 2\cdot 2^n \le 2\cdot n! < (n+1)n! = (n+1)!$$

이다.

02 (1) $n=2$일 때 당연하다.

모든 $k<n$에 대하여 k가 소수들의 곱으로 쓸 수 있다고 가정하자. n이 소수이면 당연하고 $n=ab$ $(1<a\le b<n)$이라면 a, b가 소수의 곱으로 쓸 수 있으므로 n도 소수의 곱으로 쓸 수 있다.

(2) $14=3+3+8$이다.

모든 $k<n$에 대하여 k가 3과 8의 합으로 쓸 수 있다고 가정하자. 그러면 $n=(n-3)+3$은 3과 8의 합으로 쓸 수 있다.

03 $n=2$일 때, $\frac{1}{3}+\frac{1}{4}=\frac{7}{12}>\frac{13}{24}$

$\frac{1}{k+1}+\frac{1}{k+2}+\cdots+\frac{1}{2k}>\frac{13}{24}$이 성립한다면

$$\frac{1}{k+2}+\frac{1}{k+3}+\cdots+\frac{1}{2k}+\frac{1}{2k+1}+\frac{1}{2k+2}$$
$$=\left(\frac{1}{k+1}+\frac{1}{k+2}+\cdots+\frac{1}{2k}\right)+\frac{1}{2k+1}+\frac{1}{2k+2}-\frac{1}{k+1}$$
$$>\frac{1}{k+1}+\frac{1}{k+2}+\cdots+\frac{1}{2k}\quad\left(\because\ \frac{1}{2k+1}+\frac{1}{2k+2}>\frac{2}{2k+2}=\frac{1}{k+1}\right)$$
$$>\frac{13}{24}$$

04 $n=2$일 때 $(1+x)^2=1+2x+x^2>1+2x$ $(\because\ x\ne 0)$이다.

$(1+x)^k>1+kx$가 성립한다고 가정하면

$$(1+x)^{k+1}>(1+x)(1+kx)=1+(k+1)x+kx^2>1+(k+1)x$$

05 111은 3의 배수이다.

$$A=111\cdots1\,(1\text{이 } 3^n\text{개}),\ B=111\cdots1\,(1\text{이 } 3^{n+1}\text{개})$$

이라 가정하고, 이제 수학적 귀납법에 의하여 A는 3^n의 배수임을 가정하고 B가 3^{n+1}의 배수임을 증명하자. B를 A로 나눈 몫을 Q라 하면 $Q=100\cdots0100\cdots01$가 되어 Q는 3의 배수이다.

그러므로 $B=AQ=A(3q)$
$$=(3^n\cdot k)(3q)\ \text{(수학적 귀납법 가정)}$$
$$=3^{n+1}kq$$

따라서 B는 3^{n+1}의 배수이다.

06 $p(1)$이 참이라 해서 $p(2)$가 참이라 할 수 없다. 즉, $X=\{x_1,\ x_2\}$일 때 $X=A\cup B$, $A\cap B\neq\varnothing$으로 할 수 없다.

07 $\dfrac{n(n^2+1)}{2}$

1.3 재귀함수

01 $S(1)=1$

$S(n)=n+S(n-1)$

02 분명히 $f(1)=1$이고 $n\geq 2$라고 하자.

n개의 정사각형 타일을 붙여 만든 바닥에서 만들 수 있는 사각형의 수 $f(n)$은 $f(n-1)$에 n번째 타일 하나를 더 붙여서 만든 바닥의 사각형 수이다. 타일 $n-1$개로 된 바닥에 한 개의 타일을 추가하여 더 만들 수 있는 사각형은 타일 1개, 2개, 3개, …, n개로 구성된 사각형이 각각 하나씩 모두 n개가 새로 만들어 진다. 즉, $f(n)=f(n-1)+n$이다. 따라서

$$\begin{aligned} f(n) &= f(n-1)+n \\ &= f(n-2)+(n-1)+n \\ &= f(n-3)+(n-2)+(n-1)+n \\ &\cdots \\ &= f(1)+2+3+\cdots+(n-1)+n \\ &= 1+2+3+\cdots+(n-1)+n \\ &= \frac{n(n+1)}{2} \end{aligned}$$

03 $f(1)=1=2^1+(-1)^1$

$f(2)=5=2^2+(-1)^2$

이다. 모든 $k<n$에 대하여 $f(k)=2^k+(-1)^k$가 성립한다고 가정하면

$$\begin{aligned} f(n) &= f(n-1)+2f(n-2) \\ &= \left[2^{n-1}+(-1)^{n-1}\right]+2\left[2^{n-2}+(-1)^{n-2}\right] \\ &= \left(2^{n-1}+2^{n-1}\right)+(-1)^{n-2}(-1+2) \\ &= 2^n+(-1)^n \end{aligned}$$

04 $f(1)=f(2)=1$, $f(n)=f(n-1)+f(n-2)$ $(n \geq 3)$

05 $g(1)=1$, $g(2)=2$, $g(n)=g(n-1)+g(n-2)$ $(n \geq 3)$

06 $f(1)=1$, $f(n)=2f(n-1)+1$ $(n \geq 2)$

07 (1) $t_1=1$, $t_n=t_{n-1}+n$ $(n \geq 2)$

(2) $t_n=\sum_{i=1}^{n} i=\frac{n(n+1)}{2}$

(3)

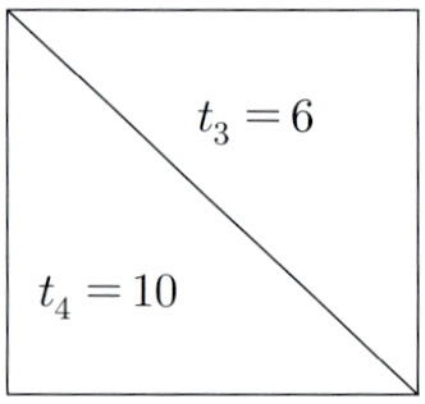

$t_{n-1}+t_n=n^2$ 에서 $n=4$ 인 경우이므로 $t_3+t_4=4^2=16$

(4)

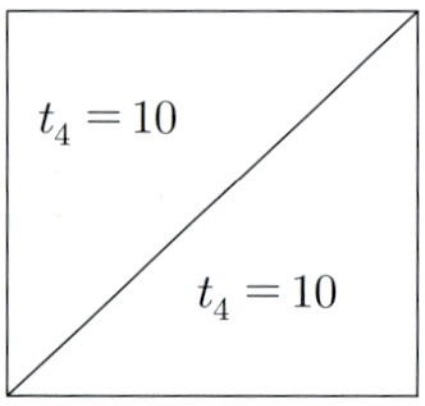

$2t_n=n(n+1)$ 에서 $n=4$ 인 경우이므로 $2t_4=4(4+1)=20$

08 (1) 5, 13, 3, 7

(2)
$$\begin{aligned} A(1,\ n) &= A(0,\ A(1,\ n-1))=1+A(1,\ n-1) \\ &= 1+A(0,\ A(1,\ n-2))=2+A(1,\ n-2) \\ &\cdots \\ &= n+A(1,\ 0)=n+A(0,\ 1)=n+2 \end{aligned}$$

(3) $n=0$ 일 때

$$A(2,\ 0)=A(1,\ 1)=A(0,\ A(1,\ 0))=1+A(1,\ 0)=1+A(0,\ 1)=1+2=3$$

$n=k$ 일 때 $A(2,\ k)=3+2k$ 가 성립한다고 가정하면

$$\begin{aligned} A(2,\ k+1) &= A(1,\ A(2,\ k))=A(1,\ 3+2k) \text{ (수학적 귀납법 가정에 의하여)} \\ &= A(0,\ A(1,\ 2+2k))=1+A(1,\ 2+2k)=1+A(0,\ A(1,\ 1+2k)) \\ &= 2+A(1,\ 1+2k)=2+A(0,\ A(1,\ 2k)) \\ &= 3+A(1,\ 2k)=3+(2k+2) \text{ ((2)에 의하여)} \\ &= 3+2(k+1) \end{aligned}$$

(4) $n=0$일 때

$$A(3,\ 0)=A(2,\ 1)=5\ \ ((3)\text{에 의하여})=2^3-3$$

$n=k$일 때 $A(3,\ k)=2^{k+3}-3$이 성립한다고 가정하면

$$\begin{aligned} A(3,\ k+1)&=A(2,\ A(3,\ k)) \\ &=A(2,\ 2^{k+3}-3)\ \ (\text{수학적 귀납법 가정에 의하여}) \\ &=2(2^{k+3}-3)+3\ \ ((3)\text{에 의하여}) \\ &=2^{k+4}-3 \end{aligned}$$

1.4 이항정리

01 (1) 1 (2) 1 (3) 30 (4) 30 (5) 4060 (6) 4060

02 -960

03 462

04 (1) $64a^6+192a^5+240a^4+160a^3+60a^2+12a+1$

(2) $a^5-5a^4b+10a^3b^2-10a^2b^3+5ab^4-b^5$

(3) $16a^4-96a^3b+216a^2b^2-216ab^3+81b^4$

05 96

06 $2^{n-1},\ \ 2^{n-1}$

07
$$(1+x)^n=\sum_{r=0}^{n}\binom{n}{r}x^r=\binom{n}{0}+\binom{n}{1}x+\binom{n}{2}x^2+\cdots+\binom{n}{r}x^r+\cdots+\binom{n}{n}x^n$$

위의 전개식에서 양변을 x에 관하여 미분하면

$$n(1+x)^{n-1}=\binom{n}{1}+\binom{n}{2}\cdot 2\cdot x+\binom{n}{3}\cdot 3\cdot x^2+\cdots+\binom{n}{n}\cdot n\cdot x^{n-1} \qquad ①$$

(1) ①의 양변에 $x=1$을 대입하면 $1\binom{n}{1}+2\binom{n}{2}+3\binom{n}{3}+\cdots+n\binom{n}{n}=n2^{n-1}$ ②

(2) ①의 양변에 $x=-1$을 대입하면

$$\binom{n}{1}-2\binom{n}{2}+3\binom{n}{3}+\cdots+(-1)^{n-1}\cdot n\binom{n}{n}=0 \qquad ③$$

②+③ 하면 $2\left(1\binom{n}{1}+3\binom{n}{3}+5\binom{n}{5}\ \cdots\ \right)=n2^{n-1}$

②−③ 하면 $2\left(2\binom{n}{2}+4\binom{n}{4}+6\binom{n}{6}\ \cdots\ \right)=n2^{n-1}$

$$\therefore\ 1\binom{n}{1}+3\binom{n}{3}+5\binom{n}{5}+\ \cdots\ =2\binom{n}{2}+4\binom{n}{4}+6\binom{n}{6}+\ \cdots$$

08 $p(n)$: $\sum_{i=2}^{n}\binom{i}{2}=\binom{n+1}{3}$이라면 $n=2$일 때 분명히 $p(2)$는 참이다.

$p(k)$가 참이라 가정하자. 즉 $\sum_{i=2}^{k}\binom{i}{2}=\binom{k+1}{3}$이 성립한다고 가정하면

$$\begin{aligned}\sum_{i=2}^{k+1}\binom{i}{2}&=\sum_{i=2}^{k}\binom{i}{2}+\binom{k+1}{2}\\&=\binom{k+1}{3}+\binom{k+1}{2}\ \text{(수학적 귀납적 가정에 의하여)}\\&=\binom{k+2}{3}\ \text{(정리 1.4.4)}\end{aligned}$$

이 되어 $p(k+1)$이 참이다. 따라서 수학적 귀납법에 의하여 모든 $n\geq 2$에 대하여

$$\sum_{i=2}^{n}\binom{i}{2}=\binom{n+1}{3}$$

이 성립한다.

09 $\sum_{i=k}^{n}\binom{i}{k}=\binom{n+1}{k+1}$

10 정의에 의하여

$$\begin{aligned}\binom{n-i}{r-i}\binom{n}{r+i}\binom{n+i}{r}&=\frac{(n-i)!}{(r-i)!(n-r)!}\cdot\frac{n!}{(r+i)!(n-r-i)!}\cdot\frac{(n+i)!}{r!(n+i-r)!}\\&=\frac{(n-i)!}{r!(n-i-r)!}\cdot\frac{(n+i)!}{(r+i)!(n-r)!}\cdot\frac{n!}{(r-i)!(n-r+i)!}\\&=\binom{n-i}{r}\binom{n+i}{r+i}\binom{n}{r-i}\end{aligned}$$

1.5 비둘기 집 원리

01 n으로 나눈 나머지 $\{0,\ 1,\ 2,\ \cdots,\ n-1\}$을 비둘기 집으로, $n+1$개의 수를 비둘기로 생각하면 적어도 두 비둘기(두 수)는 같은 비둘기 집(나머지)으로 들어가야 한다. 즉 적어도 두 수는 나머지가 같다. 따라서 두 수의 차는 n의 배수이다.

02 $2^1,\ 2^2,\ \cdots,\ 2^{2020}$ 중에는 2019로 나누었을 때 나머지가 같은 두 수 $2^m,\ 2^n\ (1 \le n < m \le 2020)$이 존재한다.

03 짝수를 e, 홀수를 o로 표시할 때, 공간상의 격자점은 다음 8가지 중의 하나이다.

(e. e. e) (e. e. o) (e. o. o) (e. o. e)
(o. o. o) (o. o. e) (o. e. e) (o. e. o)

그러므로 임의로 9개의 격자점을 택할 때 그 좌표가 위의 8가지 형태 중 같은 형태를 갖는 적어도 두 개의 점이 존재한다. 이 두 점의 격자점은 같은 형태이므로 이 두 점을 잇는 선분의 중점은 반드시 격자점이 된다.

04 비둘기 집 원리에 의해 1000으로 나누었을 때 나머지가 같은 두 수 $3^m,\ 3^n\ (m>n)$이 존재한다. 따라서 $3^m-3^n=3^n(3^{m-n}-1)$은 1000으로 나누어진다. 3^n은 1000으로 나누어질 수 없으므로 $3^{m-n}-1$이 1000으로 나누어진다. 따라서 3^{m-n}의 끝 세 자리 수는 001이 된다.

05 31명

06 A의 모든 원소 n은 $n=2^k \cdot m$ (단, $k \ge 0,\ m>1,\ m$은 2와 서로소이다)의 형태로 표시할 수 있다. 이때 m은 $B=\{1,\ 3,\ 5,\ \cdots,\ 49\}$의 원소 중 하나가 된다.
B를 50개의 비둘기 집으로, 임의로 선택한 51개의 수를 비둘기로 생각하면, 비둘기 집 원리에 의하여 적어도 두 수(비둘기) $a,\ b$는 같은 비둘기 집에 들어가야 하므로

$$a=2^r \cdot m,\quad b=2^s \cdot m \quad r \ne s$$

가 되는 $m \in B$이 존재한다. 따라서 $r<s$이면 a가 b를 나누고, $s<r$이면 b가 a를 나눈다.

제2장 정수

2.1 나눗셈 알고리즘

01 (1) $q=0,\ r=7$ (2) $q=5,\ r=5$ (3) $q=-4,\ r=4$ (4) $q=0,\ r=0$

02 (1) F (2) F (3) T (4) F (5) F

03 $n=a^2$ 이라면

$a=2m$ 일 때 $n=4m^2=4k$

$a=2m+1$ 일 때 $n=(2m+1)^2=4(m^2+m)+1=4k+1$

04 n^5-n 이 5의 배수라면

$$
\begin{aligned}
(n+1)^5-(n+1) &= n^5+{}_5C_1n^4+{}_5C_2n^3+{}_5C_3n^2+{}_5C_4n+1-(n+1)\\
&= n^5-n+\sum_{i=1}^{4}{}_5C_i n^{5-i}
\end{aligned}
$$

n^5-n, ${}_5C_i\ (1\le i\le 4)$ 는 모두 5의 배수이므로 $(n+1)^5-(n+1)$ 도 5의 배수이다.

05 모든 홀수는 $4n\pm1$ 형태이므로 $(4n\pm1)^2=8k+1$ 이다.

06 $1111\cdots\cdots111=111\cdots\cdots108+3=4k+3$ 이므로 문제 3에 의하여 제곱수가 될 수 없다.

07 (1) $2\mathbb{Z}$ (2) $4\mathbb{Z}$ (3) $15\mathbb{Z}$ (4) $\{n\in\mathbb{Z}\mid x=3r$ 또는 $x=5s,\ r,\ s\in\mathbb{Z}\}$

08 $x^2-y^2=1$ 이라면 $x=1,\ y=0$ 이 되어 모순이다.

09

$$
\begin{aligned}
n(n+1)(n+2)(n+3) &= \{n(n+3)\}\{(n+1)(n+2)\}\\
&= (n^2+3n)(n^2+3n+2)\\
&= (n^2+3n+1)^2-1
\end{aligned}
$$

따라서 연습문제 8에 의하여 제곱수가 될 수 없다.

2.2 소수와 합성수

01 (1), (4)

02 $n^3+1=(n+1)(n^2-n+1)\ \ (n \neq 1)$

03 n, $n+1$이 연속된 두 소수라면 두 수중 하나는 짝수이므로

$2 \mid n$ 또는 $2 \mid (n+1)$이다.

$2 \mid n$이라면 n가 소수이므로 $n=2$, $n+1=3$이다.

$2 \mid (n+1)$이라면 $n+1$이 소수이므로 $n=1$이 되어 모순이다.

04 p, $p+2$, $p+4$가 모두 소수라 하자.

$p=3k$인 경우 $k=1$이고 3, 5, 7이 된다.

$p=3k+1$인 경우 $p+2=3(k+1)$가 되어 $p+2$가 소수라는 사실에 모순이다.

$p=3k+2$인 경우 $p+4=3(k+2)$가 되어 $p+4$가 소수라는 사실에 모순이다.

05 (1) 10　(2) 24　(3) 25

06 (1) 24 25 26 27 28　(2) 722 723 724 725 726

07 (1) $36=13+23$　(2) $50=13+37=7+43=19+31$

08 $p=5$, $q=2$뿐이다.

09 $\binom{p}{r}=\dfrac{p!}{r!(p-r)!}$은 정수이고 $p \mid p!$, $p \nmid r!(p-r)!$이므로 $\dfrac{(p-1)!}{r!(p-r)!}$은 정수이다. 따라서

$\binom{p}{r}=p \cdot \dfrac{(p-1)!}{r!(p-r)!}$이 되어 $p \mid \binom{p}{r}$이다.

10 $n=2k\ (k \geq 6)$인 경우 $n=(n-6)+6=2(k-3)+6$

$n=2k+1\ (k \geq 6)$인 경우 $n=(n-9)+9=2(k-4)+9$

11 $n=2$인 경우 자명하다. 모든 $n \leq k\ (k \geq 2)$에 대하여 사실이라고 가정하고 $n=k+1$일 때 사실임을 증명하면 된다. $k+1$이 소수라면 $k+1$은 소인수 $k+1$을 가진다. $k+1$이 합성수라면

$k+1$의 약수 $d\ (d \le k)$가 존재한다. 수학적 귀납법 가정에 의하여 d의 소인수 p가 존재한다. 이때 $p \mid d$, $d \mid k+1$이므로 $p \mid (k+1)$이다. 따라서 $k+1$은 소인수 p를 갖는다.

12 베르트랑 추측에 의하여 각 구간 $[2^{n-1}, 2^n]$ $(n=2, 3, 4, \cdots)$에 소수가 존재하므로 구간 $[2, 2^n]$에는 적어도 $n-1$개의 소수가 존재한다. 2는 $n-1$개의 소수에 포함되지 않았으므로 2^n보다 작은 소수는 적어도 n개 존재한다. 따라서 $p_n \le 2^n$ $(n \ge 2)$이 성립한다.

13 (1) 보조정리 2.2.3에 의하여 E_n의 소인수 p가 존재한다.

$p_i \nmid E_n$ $(i=1, 2, \cdots, n)$이므로 $p \ge p_{n+1}$이다. 따라서 $p_{n+1} \le p \le E_n$이다.

(2) $E_6 = 30031 < 83521 = 17^4 = p_7^4$이므로 $n=6$일 때 성립한다. 모든 $n \ge 6$에 대하여 성립한다고 가정하면

$$\begin{aligned} E_{n+1} &= p_{n+1}E_n - (p_{n+1}-1) < p_{n+1}E_n < p_{n+1}(p_{n+1})^{n-2} \\ &= (p_{n+1})^{n-1} < (p_{n+2})^{n-1} \end{aligned}$$

따라서 수학적 귀납법에 의해 성립한다.

2.3 피보나치 수와 뤼까 수

01 $50 = 34+13+3 = f_9+f_7+f_4$

$100 = 89+8+3 = f_{11}+f_6+f_4$

02 (1)

$$\begin{aligned} f_n &= f_{n+1} - f_{n-1} \\ f_{n-1} &= f_n - f_{n-2} \\ &\vdots \\ f_3 &= f_4 - f_2 \\ f_2 &= f_3 - f_1 \end{aligned}$$

위 식의 양변을 더하면

$$\begin{aligned} \sum_{i=2}^{n} f_i &= (f_3+f_4+\cdots+f_{n-1}+f_n+f_{n+1}) - (f_1+f_2+\cdots+f_{n-1}) \\ &= f_n+f_{n+1}-f_1-f_2 \end{aligned}$$

이므로 $\sum_{i=1}^{n} f_i = f_n + f_{n+1} - f_2 = f_{n+2} - 1$

(2) $f_1 = 1 = f_3 - 1$이므로 $n=1$일 때 성립한다.

$n=k\geq 1$일 때 성립한다고 가정하면, $\sum_{i=1}^{k} f_i = f_{k+2}-1$ 이므로

$$\sum_{i=1}^{k+1} f_i = \sum_{i=1}^{k} f_i + f_{k+1} = f_{k+2}+f_{k+1}-1 = f_{k+3}-1 = f_{(k+1)+2}-1$$

그러므로 $n=k+1$인 경우도 성립하므로 모든 양의 정수에 대하여 성립한다.

03 (1) $A=\begin{pmatrix}1&1\\1&0\end{pmatrix}=\begin{pmatrix}f_2&f_1\\f_1&0\end{pmatrix}$이고 $A^k=\begin{pmatrix}1&1\\1&0\end{pmatrix}^k=\begin{pmatrix}f_{k+1}&f_k\\f_k&f_{k-1}\end{pmatrix}$이 성립한다고 가정하면

$$A^{k+1}=A^k\cdot A=\begin{pmatrix}f_{k+1}&f_k\\f_k&f_{k-1}\end{pmatrix}\begin{pmatrix}1&1\\1&0\end{pmatrix}=\begin{pmatrix}f_{k+1}+f_k&f_{k+1}\\f_k+f_{k-1}&f_k\end{pmatrix}=\begin{pmatrix}f_{k+2}&f_{k+1}\\f_{k+1}&f_k\end{pmatrix}$$

이므로 수학적 귀납법에 의하여 성립한다.

(2) $|A^n|=\begin{vmatrix}f_{n+1}&f_n\\f_n&f_{n-1}\end{vmatrix}=f_{n+1}f_{n-1}-{f_n}^2$

$|A^n|=|A|^n=\left(\begin{vmatrix}1&1\\1&0\end{vmatrix}\right)^n=(-1)^n$

따라서 $f_{n+1}f_{n-1}-{f_n}^2=(-1)^n$이다.

(3) $f_{n+2}f_{n-1}-f_nf_{n+1}=(f_{n+1}+f_n)f_{n-1}-f_n(f_n+f_{n-1})$

$\qquad =f_{n+1}f_{n-1}-{f_n}^2=(-1)^n$ ((2)에 의하여)

04 (1) $\left|f_n-\dfrac{\alpha^n}{\sqrt{5}}\right|=\left|\dfrac{\alpha^n-\beta^n}{\sqrt{5}}-\dfrac{\alpha^n}{\sqrt{5}}\right|=\left|\dfrac{\beta^n}{\sqrt{5}}\right|<\dfrac{1}{\sqrt{5}}<\dfrac{1}{2}$

따라서 $f_n=\left\lfloor \dfrac{\alpha^n}{\sqrt{5}}+\dfrac{1}{2}\right\rfloor$

(2) $\alpha=\dfrac{1+\sqrt{5}}{2}$라 할 때 $\alpha^2=\alpha+1$이고 $f_n\leq\alpha^{n-1}$, $f_{n-1}\leq\alpha^{n-2}$이라 가정하면

$$f_{n+1}=f_n+f_{n-1}\leq\alpha^{n-1}+\alpha^{n-2}=\alpha^n$$

따라서 수학적 귀납법에 의해 성립한다.

05 (1) $n=1$인 경우, 좌변$=L_1=4-3=L_3-3=$우변이므로 $p(1)$은 참이다.

$p(n)$이 성립한다고 가정하면

$$\sum_{i=1}^{n+1} L_i=\sum_{i=1}^{n} L_i+L_{n+1}-(L_{n+2}\quad 3)+L_{n+1}=(L_{n+2}+L_{n+1})-3=L_{n+3}-3$$

이므로 $p(n+1)$가 참이 되어 모든 정수 $n\geq 1$에 대하여 $p(n)$가 참이다.

(2) $n=1$인 경우, 좌변$=L_1=1=3-2=L_2-2=$우변이므로 $p(1)$은 참이다.

$p(n)$가 성립한다고 가정하면

$$\sum_{i=1}^{n+1} L_{2i-1} = \sum_{i=1}^{n} L_{2i-1} + L_{2(n+1)-1} = L_{2n} - 2 + L_{2n+1} = L_{2n+2} - 2 = L_{2(n+1)} - 2$$

이므로 $p(n+1)$가 참이 되어 모든 정수 $n \geq 1$에 대하여 $p(n)$가 성립한다.

(3) $n=1$인 경우, 좌변$=L_2 = 3 = 4-1 = L_3 - 1 =$우변이므로 $p(1)$은 참이다.

$p(n)$가 성립한다고 가정하면

$$\sum_{i=1}^{n+1} L_{2i} = \sum_{i=1}^{n} L_{2i} + L_{2(n+1)} = L_{2n+1} - 1 + L_{2n+2} = L_{2n+3} - 1 = L_{2(n+1)+1} - 1$$

이므로 $p(n+1)$가 참이 되어 모든 정수 $n \geq 1$에 대하여 $p(n)$가 성립한다.

06 (1) $f_n L_n = \dfrac{\alpha^n - \beta^n}{\alpha - \beta}(\alpha^n + \beta^n) = \dfrac{\alpha^{2n} - \beta^{2n}}{\alpha - \beta} = f_{2n}$

(2) $$f_{n-1} + f_{n+1} = \frac{\alpha^{n-1} - \beta^{n-1}}{\alpha - \beta} + \frac{\alpha^{n+1} - \beta^{n+1}}{\alpha - \beta} = \frac{\alpha^{n-1}(1+\alpha^2) - \beta^{n-1}(1+\beta^2)}{\alpha - \beta} = \frac{\alpha^{n-1}(\sqrt{5}\alpha) - \beta^{n-1}(-\sqrt{5}\beta)}{\alpha - \beta} = \frac{\sqrt{5}(\alpha^n + \beta^n)}{\alpha - \beta} = \alpha^n + \beta^n = L_n$$

(3) $$L_{n-1} + L_{n+1} = (\alpha^{n-1} + \beta^{n-1}) + (\alpha^{n+1} + \beta^{n+1}) = \alpha^{n-1}(1+\alpha^2) + \beta^{n-1}(1+\beta^2) = \alpha^{n-1}(\sqrt{5}\alpha) + \beta^{n-1}(-\sqrt{5}\beta) = \sqrt{5}(\alpha^n - \beta^n) = 5f_n$$

(4) $$f_{n+2} - f_{n-2} = \frac{\alpha^{n+2} - \beta^{n+2}}{\alpha - \beta} - \frac{\alpha^{n-2} - \beta^{n-2}}{\alpha - \beta} = \frac{\alpha^{n-2}(\alpha^4 - 1) + \beta^{n-2}(1 - \beta^4)}{\alpha - \beta} = \frac{\alpha^n\left(\alpha^2 - \frac{1}{\alpha^2}\right) + \beta^n\left(\frac{1}{\beta^2} - \beta^2\right)}{\alpha - \beta} = \frac{\sqrt{5}\alpha^n + \sqrt{5}\beta^n}{\alpha - \beta} = \alpha^n + \beta^n = L_n$$

07 수학적 귀납법을 사용하여 $n\ (\geq 1)$에 대하여 f_{3n-2}, f_{3n-1}은 홀수이고 f_{3n}은 짝수임을 증명하자.

$n=1$일 때 $f_{3\cdot1-2} = f_1 = 1$, $f_{3\cdot1-1} = f_2 = 1$은 홀수이고 $f_{3\cdot1} = 2$는 짝수이다.

f_{3k-2}, f_{3k-1}은 홀수, f_{3k}는 짝수라고 가정하면

$f_{3(k+1)-2} = f_{3k+1} = f_{3k} + f_{3k-1}$는 홀수,

$f_{3(k+1)-1} = f_{3k+2} = f_{3k+1} + f_{3k}$는 홀수,

$f_{3(k+1)} = f_{3k+3} = f_{3k+2} + f_{3k+1}$은 짝수가 된다.

08 수학적 귀납법으로 증명하자.

먼저 $f_1=1$, $f_2=1$, $f_3=2$, $f_4=3$이다.

모든 $i\ (\le 4k)$에 대하여 $3 \mid f_i \iff i \mid 4$라고 가정하자. 그러면

$f_{4k+1}=f_{4k}+f_{4k-1}$, $3 \mid f_{4k}$, $3 \nmid f_{4k-1}$이므로 $3 \nmid f_{4k+1}$이다.

$f_{4k+2}=f_{4k}+f_{4k+1}$, $3 \mid f_{4k}$, $3 \nmid f_{4k+1}$이므로 $3 \nmid f_{4k+2}$이다.

$f_{4k+3}=2f_{4k+1}+f_{4k}$에서 $3 \mid f_{4k+3}$이라 가정하면 $3 \mid f_{4k}$이므로 $3 \mid f_{4k+1}$이 되어 모순이다.

즉, $3 \nmid f_{4k+3}$이다.

$f_{4k+4}=3f_{4k+1}+2f_{4k}$, $3 \mid f_{4k}$이므로 $3 \mid f_{4k+4}$이다.

2.4 페르마 수

01 명제 $p(n)$을 "페르마 수 F_n의 일의 자릿수는 7이다."라 하면 $F_2=17$이므로 $p(2)$는 참이다. 이제 모든 정수 $n \ge 2$에 대하여 $p(n)$이 참이라 가정하면 정리 2.4.2에 의하여

$$F_{n+1}={F_n}^2-2F_n+2$$

이고 가정에 의하여 F_n의 일의 자릿수는 7이므로 $F_{n+1}={F_n}^2-2F_n+2$의 일의 자릿수는 $9-4+2=7$이다. 즉 $p(n+1)$가 참이 되어 수학적 귀납법에 의해 모든 $n \ge 2$에 대하여 F_n의 일의 자릿수는 7이다

(별해) k가 짝수이면 $4^k \equiv 6 \pmod{10}$이므로 $n \ge 2$에 대하여

$$2^{2^n}=2^{2\cdot 2^{n-1}}=4^{2^{n-1}} \equiv 6 \pmod{10}$$

따라서 $F_n=2^{2^n}+1 \equiv 7 \pmod{10}$

02 모든 완전제곱수의 마지막 자릿수는 7이 아니기 때문이다.

03 $m=ab$, $1<a \le b<m$이라면

$$2^m-1=2^{ab}-1=(2^a-1)(2^{a(b-1)}+2^{a(b-2)}+\cdots+2^a+1)$$
$$1=2^1-1<2^a-1<2^m-1$$

이므로 2^m-1이 합성수가 되어 모순이다.

04 No, $2^{11}-1=2047=23\cdot 89$

05 $5\cdot 2^7+1=5\cdot 128+1=641$

06 모든 삼각수 $t_n = \dfrac{n(n+1)}{2}$ $(n \geq 1)$ 의 일의 자릿수는 0, 1, 3, 5, 6, 8 중의 하나이다. 그러므로 연습문제 1에 의하여 F_n $(n \geq 2)$ 은 삼각수가 될 수 없다.

07 $2^{2^n} + 5 \equiv (-1)^{2^n} + 5 \equiv 6 \equiv 0 \pmod 3$ 이므로 $2^{2^0} + 5 = 7$ 은 $2^{2^n} + 5$ 꼴의 유일한 소수이다.

08 $n = 3$ 일 때, $256 \equiv 2^{2^3} \equiv 2^{2^{3-2}} \equiv 4 \pmod 9$

$2^{2^n} \equiv 2^{2^{n-2}} \pmod 9$ 라고 가정하면 $2^{2^{n+1}} \equiv \left(2^{2^n}\right)^2 \equiv \left(2^{2^{n-2}}\right)^2 \equiv 2^{2^{n-1}} \pmod 9$ 이다.

따라서 수학적 귀납법에 의하여 $2^{2^n} \equiv 2^{2^{n-2}} \pmod 9$ $(n \geq 3)$이다.

n 이 짝수이면 $2^{2^n} \equiv 2^{2^{n-2}} \equiv 2^{2^{n-4}} \equiv \cdots \equiv 2^{2^2} \equiv 16 \equiv 7 \pmod 9$ 이므로

$F_n = 2^{2^n} + 1 \equiv 8 \pmod 9$ 이다.

n 이 홀수이면 $2^{2^n} \equiv 2^{2^{n-2}} \equiv 2^{2^{n-4}} \equiv \cdots \equiv 2^{2^3} \equiv 2^{2^{3-2}} \equiv 4 \pmod 9$ 이므로

$F_n = 2^{2^n} + 1 \equiv 5 \pmod 9$ 이다.

09 (1) Yes (2) No (3) Yes (4) No

제3장 소인수분해

3.1 최대공약수

01 (1) $12 = 0 \times 1 + 12 \times 1$ (2) $6 = -12 \times 2 + 30 \times 1$

(3) $1 = 21 \times 5 + 26 \times (-4)$ (4) $1 = 6 \times (-24) + 10 \times 16 + 15 \times (-1)$

(5) $5 = 10 \times 1 + 15 \times 2 + 35 \times (-1)$ (6) $1 = 15 \times (-1) + 18 \times 2 + 20 \times (-1) + 28 \times 0$

02 (1) 1 (2) a가 짝수일 때 2, a가 홀수일 때 1 (3) a (4) a

03 (1) $(a,\ b) = d$ $(ac,\ bc) = e$라고 하자. 그러면 $d \mid a$, $d \mid b$이므로 $dc \mid ac$, $dc \mid bc$이고 $(ac,\ bc) = e$ 이므로 $dc \mid e$가 되어 $e = dck$이다. $e \mid ac$, $e \mid bc$, 즉 $dck \mid ac$, $dck \mid bc$이므로 $dk \mid a$, $dk \mid b$ 이다. $(a,\ b) = d$이므로 $dk \mid d$이고 따라서 $k = 1$이다. 그러므로 $e = dc$, 즉 $(ac,\ bc) = (a,\ b)c$ 이다.

(2) $(a+c,\ b) = d$, $(a,\ b) = e$ 라고 하자. 그러면 $d \mid b$, $b \mid c$ (가정에 의하여)이므로 $d \mid c$ 이다. 따

라서 $d\,|\,[(a+c)-c]=a$, $d\,|\,b$ 이므로 $d\,|\,e$ 이다. 한편 $e\,|\,b$, $b\,|\,c$ (가정에 의하여)이므로 $e\,|\,c$ 이다. 그러면 $e\,|\,(a+c)$, $e\,|\,b$ 이므로 $e\,|\,d$ 이다. 따라서 $d=e$, 즉 $(a+c,\ b)=(a,\ b)$ 이다.

(3) $d=(a,\ c)$ 라고 하면 $d\,|\,a$, $c\,|\,(a+b)$ (가정에 의하여)이므로 $d\,|\,[(a+b)-a]=b$ 이다. 즉 d 는 a, b 의 공약수이다. 따라서 $(a,\ b)=1$ 이므로 $d=1$ 이다. 마찬가지로 $(c,\ b)=1$ 이다.

04 (1) $(a,\ bc)=d$, $(a,\ c)=e$ 라고 하자. $(a,\ b)=1$ 이므로 $1=as+bt$, $c=acs+bct$ 가 되는 정수 s, t 가 존재한다. $d\,|\,a$, $d\,|\,bc$ 이므로 $d\,|\,c$ 가 되어 $d\,|\,e$ 이다. 한편 $e\,|\,a$, $e\,|\,c$ 이므로 $e\,|\,bc$ 가 되어 $e\,|\,d$ 이다. 따라서 $(a,\ bc)=(a,\ c)$ 이다.

(2) $d=(ab,\ c)$, $d_1=(a,\ c)$, $d_2=(b,\ c)$ 라고 하자.

그러면 $d_1=as+ct$, $d_2=bu+cv$

$$d_1d_2=(as+ct)(bu+cv)=absu+c(asv+btu+ctv)$$

이므로 $d\,|\,d_1d_2$ 이다. 한편 $d_1\,|\,a$, $d_2\,|\,b$ 이고 가정에 의하여 $(a,\ b)=1$ 이므로 $(d_1,\ d_2)=1$ 이다. $d_1\,|\,a$, $d_1\,|\,c$ 이므로 $d_1\,|\,ab$, $d_1\,|\,c$ 이고 $d_1\,|\,d$ 이다. 마찬가지로 $d_2\,|\,b$, $d_2\,|\,c$ 이므로 $d_2\,|\,ab$, $d_2\,|\,c$ 이고 $d_2\,|\,d$ 이다. 따라서 정리 3.1.13에 의하여 $d_1d_2\,|\,d$ 이다.

05 $(p,\ a)=d>1$ 이라면 $d\,|\,p$, $d\,|\,a$ 이다. $d\,|\,p$ 이면 $d=p$ 이어서 $p\,|\,a$ 가 되어 모순이다. 따라서 $(p,\ a)=1$ 이다.

06 p, q, r 을 세 소수라면 $(pq,\ qr,\ pr)$ 는 서로소이고 어떤 두 쌍도 서로소가 아니다.

07 $\{2,\ 3,\ 5,\ 7\}$ 에서 세 수를 택해 곱한 수 30, 42, 70, 105를 택하면

$$(30,\ 42,\ 70,\ 105)=1,\ (30,\ 42,\ 70)=2,\ (30,\ 70,\ 105)=5,$$
$$(42,\ 70,\ 105)=7,\ (30,\ 42,\ 105)=3$$

08 $7(2k+1)-2(7k+3)-1$

09 $a,\ b\in\{-1,\ 1,\ 2,\ 3,\ 5\}$ 일 때 $(6k+a,\ 6k+b)=d$ 라 하면 $d\,|\,(b-a)$ 이다. $a<b$ 라 하면 $b-a\in\{1,\ 2,\ 3,\ 4,\ 6\}$ 이므로 $d\in\{1,\ 2,\ 3,\ 4,\ 6\}$ 이다. $d=1$ 임을 증명하기 위해 $2\nmid d$, $3\nmid d$ 임을 증명하면 충분하다. $2\,|\,d$ 라 하면 $2\,|\,(6k+a)$, $2\,|\,(6k+b)$ 이고 $2\,|\,a$, $2\,|\,b$ 이다. $a,\ b\in\{-1,\ 1,\ 2,\ 3,\ 5\}$ 이므로 이는 모순이 되어 $2\nmid d$ 이다. 마찬가지로 $3\nmid d$ 이다.

10 $n-12k+h$ $(0\le h<12)$ 일 때 n 을 다음과 같이 나타낼 수 있다.

$$n=12k+0=(6k-1)+(6k+1)$$
$$n=12k+1=(6k-1)+(6k+2)$$
$$n=12k+2=(6k-1)+(6k+3)$$

$$n = 12k+3 = (6k+1)+(6k+2)$$
$$n = 12k+4 = (6k+1)+(6k+3)$$
$$n = 12k+5 = (6k+2)+(6k+3)$$
$$n = 12k+6 = (6k+1)+(6k+5)$$
$$n = 12k+7 = (6k+2)+(6k+5)$$
$$n = 12k+8 = (6k+3)+(6k+5)$$
$$n = 12k+9 = (12k+7)+2$$
$$n = 12k+10 = (12k+7)+3$$
$$n = 12k+11 = (12k+9)+2$$

따라서 문제 9에 의하여 $6k-1$, $6k+1$, $6k+2$, $6k+3$, $6k+5$는 쌍마다 서로소이므로 모든 정수 $n\,(>6)$은 서로소인 두 수의 합으로 쓸 수 있다.

11 $(F_m, F_n)=d\ (n>m)$라고 하면 $d \mid F_0F_1 \cdots F_{n-1}$, $d \mid F_n$이므로 정리 2.4.7에 의하여 $d \mid [F_n-(F_0F_1 \cdots F_{n-1})]=2$이다. 즉 $d=1$ 또는 2이다. 그러나 F_m, F_n은 홀수이므로 $(F_m, F_n)=d=1$이다.

12 p를 f_n과 f_{n+1}의 소인수라면 정리 2.3.4에 의하여

$$f_{n+1}f_{n-1}-f_n^2=(-1)^n$$

이므로 $p \mid \pm 1$가 되어 모순이다. 따라서 $(f_n, f_{n+1})=1$이다.

13 p를 F_n의 소인수라면 정리 2.4.5에 의하여

$$p=2^{n+2}\cdot k+1$$

이다. 그러므로 $p>n\ (k=1, 2, 3, \cdots)$이고 $p \nmid n$이다. 따라서 $(n, F_n)=1$이다.

3.2 유클리드 알고리즘

01 (1) 15　(2) 18　(3) 2　(4) 1

02 (1) $15=45\times 2+75\times(-1)$　(2) $18=252\times 4+198\times(-5)$
(3) $2=1414\times 65+666\times(-138)$　(4) $1=2437\times 20599+51329\times(-978)$

03 (1) 3　(2) 23　(3) 1

04 (1) 1 (2) 5 (3) 2 (4) 5

05 $x=80,\ y=-64,\ z=-1$

06 $(2n+13,\ n+7)=(n+7,\ n+6)=(n+6,\ 1)=1$

07 (1) $d=(a+b,\ a-b)$라 하면 $d|2a,\ \ d|2b$

$d|(2a,\ 2b)=2(a,\ b)=2$

$\therefore\ d=1$ 또는 2

(2) $d=(2a+b,\ a+2b)$라 하면 $d\,|\,[2(2a+b)-(a+2b)]=3a,\ d\,|\,[-(2a+b)+2(a+2b)]=3b$이므로 $d\,|\,(3a,\ 3b)=3(a,\ b)=3$

$\therefore\ d=1$ 또는 3

(3) $d=(a+b,\ ab)$라 하면 $d\,|\,[a(a+b)-ab]=a^2,\ \ d\,|\,[b(a+b)-ab]=b^2$이다.

$(a,\ b)=1$이므로 $(a^2,\ b^2)=1$이고, 따라서 $d\,|\,(a^2,\ b^2)=1$, 즉 $d=1$이다.

(4) $(a+b,\ a^2-ab+b^2)=d$라 하면 $(a+b)\,|\,(a^2-ab+b^2)+3ab$, 즉 $d\,|\,[(a^2-ab+b^2)+3ab]$이므로 $d\,|\,3ab$이다. (3)에 의하여 $(a+b,\ ab)=1$이므로 $(d,\ ab)=1$이다. 따라서 $d\,|\,3ab$이면 $d\,|\,3$이 되어야 한다. 즉 $d=1$ 또는 3이다.

08 $a^{2^m}-1=\left(a^{2^{n+1}}\right)^{2^{m-n-1}}-1=(x-1)\left(x^{m-n-2}+x^{m-n-3}+\cdots+x+1\right)$ (단, $x=a^{2^{n+1}}$)이므로 $\left(a^{2^{n+1}}-1\right)\,|\,\left(a^{2^m}-1\right)$이다. 한편 $\left(a^{2^n}+1\right)\,|\,\left(a^{2^{n+1}}-1\right)=\left(a^{2^n}+1\right)\left(a^{2^n}-1\right)$이므로 $a^{2^n}+1\,|\,a^{2^m}-1$이다.

09
$$\begin{aligned} f_m\,|\,f_n &\iff f_m=(f_m,\ f_n) \\ &\iff f_m=f_{(m,\ n)} \quad (\text{정리 } 3.2.9) \\ &\iff m=(m,\ n) \\ &\iff m\,|\,n \end{aligned}$$

3.3 정수론의 기본정리

01 (1) $2^2\times3^2$ (2) $2\times3^3\times5$ (3) $2^2\times3\times5\times7$ (4) $2\times5^2\times7^2$

02 (1) 18 (2) 12 (3) 6 (4) 2

03 $n\ (n \geq 2)$ 가 완전제곱수라면 $n = a^2$ 이고 $a = p_1^{f_1} p_2^{f_2} \cdots p_r^{f_r}$ 을 a 의 표준소인수분해라 하면 $n = a^2 = p_1^{2f_1} p_2^{2f_2} \cdots p_r^{2f_r}$ 이므로 $e_i = 2f_i\ (1 \leq i \leq r)$ 는 짝수이다.

역으로 $e_i = 2f_i\ (1 \leq i \leq r)$ 이라면 $n = a^2$ (단 $a = p_1^{f_1} p_2^{f_2} \cdots p_r^{f_r}$)이다.

04 $n^2 < n(n+1) < (n+1)^2$

05 (1) 모든 정수는 $6n+r$ $(r=0,\ 1,\ 2,\ 3,\ 4,\ 5)$로 쓸 수 있고 이 중 $6n,\ 6n+2,\ 6n+3,\ 6n+4$는 합성수이다. 따라서 3보다 큰 소수는 $6n+1,\ 6n+5$ 꼴이다.

(2) $(6a+1)(6b+1) = 36ab+6a+6b+1 = 6(6ab+a+b)+1$

(3) $6n+5$ 꼴의 소수가 유한개만 존재한다 하고 이들을 $p_1,\ p_2,\ \cdots,\ p_r$ 이라 하자.

$$N = 6p_1p_2 \cdots p_r + 5$$

이라 놓으면 N은 합성수이고 (2)에 의하여 $6n+5$ 꼴의 소인수 p_i를 반드시 갖는다. 그러면 $p_i \mid (N - 6p_1p_2 \cdots p_r) = 5$가 되어 모순이다.

06 $a=1$ 이면 분명히 $a \mid b$ 이다.

$a \geq 2$ 이라 하면 분명히 $b \geq 2$ 이고, 서로 다른 소수 $p_1,\ p_2,\ \cdots,\ p_r$ 에 대하여

$$a = p_1^{e_1} p_2^{e_2} \cdots p_r^{e_r},\quad b = p_1^{f_1} p_2^{f_2} \cdots p_r^{f_r}\quad (e_i \geq 0,\ f_i \geq 0)$$

이라 하자. 그러면

$$a^2 = p_1^{2e_1} p_2^{2e_2} \cdots p_r^{2e_r},\quad b^2 = p_1^{2f_1} p_2^{2f_2} \cdots p_r^{2f_r}$$

이고 $a^2 \mid b^2$ 이므로

$$2e_i \leq 2f_i,\quad \text{즉}\quad e_i \leq f_i\ (1 \leq i \leq r)$$

이다. 따라서 $a \mid b$ 이다.

07 (1) $m = p^a Q,\ \ n = p^b R$ 이고 $Q,\ R$은 p가 아닌 다른 소수들의 곱이다.

$mn = p^{a+b} QR$ 이고 $p \nmid QR$ 이므로 $p^{a+b} \parallel mn$ 이다.

(2) $p^a \parallel m$ 이면 $m = p^a Q,\ \ p \nmid Q$ 이다. 그러면 $m^k = p^{ka} Q^k$ 이고 $p \nmid Q^k$ 이므로 $p^{ka} \parallel m^k$ 이다.

(3) $m = p^a Q,\ \ n = p^b R$ 이고 $Q,\ R$은 p가 아닌 다른 소수들의 곱이다.

$a < b$ 이라면 $m+n = p^a Q + p^b R = p^a(Q + p^{b-a} R)$ 이다. $p \nmid Q,\ \ p \mid p^{b-a} R$ 이므로 $p \nmid (Q + p^{b-a} R)$ 이다. 따라서 $p^{\min(a,\ b)} \parallel (m+n)$ 이다.

08 (1) $200! = 2^a \cdot 5^b \cdot c$ 일 때 $0 < b < a$ 이고 c는 2, 5가 아닌 다른 소수들의 곱이다.

$$200!\text{의 마지막 0의 개수} = 200!\text{의 소인수 분해에서 } 2\cdot 5\text{가 곱해진 회수} = \min(a,\ b) = b$$

정리 3.3.15에 의하여

$$b = \left\lfloor \frac{200}{5} \right\rfloor + \left\lfloor \frac{200}{5^2} \right\rfloor + \left\lfloor \frac{200}{5^3} \right\rfloor = 40+8+1$$

따라서 200!의 마지막에 나타나는 0은 49개이다.

(2) $\left\lfloor \frac{400}{5} \right\rfloor + \left\lfloor \frac{400}{5^2} \right\rfloor + \left\lfloor \frac{400}{5^3} \right\rfloor + \left\lfloor \frac{400}{5^4} \right\rfloor = 80+16+3+0=99$

09 (1) 분명히 n보다 크지 않은 소수는 $n!$의 소인수이다. $p\mid n!$, $p>n$이라면 따름정리 3.3.2에 의하여 모순이다. 따라서 $n!$의 소인수는 n보다 크지 않은 소수들이다.

(2) (1)에 의하여 $20! = 2^a 3^b 5^c 7^d 11^e 13^f 17^g 19^h$이고, 정리 3.3.15에 의하여

$$a = \left\lfloor \frac{20}{2} \right\rfloor + \left\lfloor \frac{20}{4} \right\rfloor + \left\lfloor \frac{20}{8} \right\rfloor + \left\lfloor \frac{20}{16} \right\rfloor = 10+5+2+1=18$$

$$b = \left\lfloor \frac{20}{3} \right\rfloor + \left\lfloor \frac{20}{9} \right\rfloor = 6+2=8$$

$$c = \left\lfloor \frac{20}{5} \right\rfloor = 4,\quad d = \left\lfloor \frac{20}{7} \right\rfloor = 2,\quad g = \left\lfloor \frac{20}{17} \right\rfloor = 1,$$

$$h = \left\lfloor \frac{20}{19} \right\rfloor = 1,\quad e = \left\lfloor \frac{20}{11} \right\rfloor = 1,\quad f = \left\lfloor \frac{20}{13} \right\rfloor = 1$$

이다. 따라서 $20! = 2^{18}\cdot 3^8\cdot 5^4\cdot 7^2\cdot 11\cdot 13\cdot 17\cdot 19$이다.

3.4 최소공배수

01 (1) b　(2) b　(3) $b(b+1)$　(4) ab　(5) 110

02 13

03 15, 630;　30, 315;　45, 210;　80, 105

04 $a=6,\ b=15,\ c=35$

$(a,\ b,\ c)=1,\quad [a,\ b,\ c]=210,\quad abc=2800$

05 $a=p_1^{a_1}p_2^{a_2}\cdots p_r^{a_r}$, $b=p_1^{b_1}p_2^{b_2}\cdots p_r^{b_r}$, $c=p_1^{c_1}p_2^{c_2}\cdots p_r^{c_r}$ (단 $a_i,\ b_i,\ c_i\ge 0$)을 $a,\ b,\ c$의 소인수분해라 하자. 그러면

$$\begin{aligned}&[a,\ b,\ c](ab,\ bc,\ ca)\\&=p_1^{\max(a_1,\ b_1,\ c_1)}\cdots\ p_r^{\max(a_r,\ b_r,\ c_r)}\,p_1^{\min(a_1+b_1,\ b_1+c_1,\ c_1+a_1)}\cdots\ p_r^{\min(a_r+b_r,\ b_r+c_r,\ c_r+a_r)}\\&=p_1^{a_1+b_1+c_1}p_2^{a_2+b_2+c_2}\cdots\ p_r^{a_r+b_r+c_r}\\&=abc\end{aligned}$$

06 정리 3.4.4에 의하여

$$[ka_1,\ ka_2]=\frac{ka_1\cdot ka_2}{(ka_1,\ ka_2)}=\frac{k^2a_1a_2}{k(a_1,\ a_2)}=\frac{ka_1a_2}{(a_1,\ a_2)}=k[a_1,\ a_2]$$

이제 $[ka_1,\ ka_2,\ \cdots,\ ka_{n-1}]=k[a_1,\ a_2,\ \cdots,\ a_{n-1}]$가 성립한다고 가정하면

$$\begin{aligned}[ka_1,\ ka_2,\ \cdots,\ ka_n]&=[[ka_1,\ ka_2,\ \cdots,\ ka_{n-1}],\ ka_n]\quad(\text{정리 3.4.7})\\&=[k[a_1,\ a_2,\ \cdots,\ a_{n-1}],\ ka_n]\quad(\text{수학적 귀납법 가정})\\&=k[[a_1,\ a_2,\ \cdots,\ a_{n-1}],\ a_n]\\&=k[a_1,\ a_2,\ \cdots,\ a_n]\quad(\text{정리 3.4.7})\end{aligned}$$

07 $n=p_1^{e_1}p_2^{e_2}\cdots\ p_r^{e_r}$이라면 n은 제곱수이므로 $2\mid e_i$ $(i=1,\ 2,\ \cdots,\ r)$, n은 세제곱수이므로 $3\mid e_i$ $(i=1,\ 2,\ \cdots,\ r)$, n은 다섯제곱수이므로 $5\mid e_i$ $(i=1,\ 2,\ \cdots,\ r)$이다. 그러므로 모든 i에 대하여 $[2,\ 3,\ 5]\mid e_i$, 즉 $30\mid e_i$이다. 따라서 최소인 양의 정수 $n=2^{30}$이다.

3.5 선형 디오판토스 방정식

01 (1) $\begin{cases}x=-5+8t\\y=10-15t\end{cases}$ $(t\in\mathbb{Z})$ (2) 해 없음 (3) 해 없음 (4) $\begin{cases}x=-3+4t\\y=3-3t\end{cases}$ $(t\in\mathbb{Z})$

02 (1) $x=3,\ y=1$ (2) $x=1,\ y=3;\ x=6,\ y=1$

(3) 양의 정수해는 존재하지 않음 (4) $x=2,\ y=38;\ x=9,\ y=20;\ x=16,\ y=2$

03 (1) 해가없다

(2) $x=1+t,\quad y=t-5+3s,\quad z=5-t-2s$

(3) $x=2+t,\quad y=2t+4s-1,\quad z=-2t-3s+1$

(4) $(2,\ 3)=1$이므로 $2x_1+3x_2=6-4x_3-5x_4$의 해를 구한다.

$1=2\cdot2+3\cdot(-1)$이므로

$2x_1+3x_2=[2\cdot2+3\cdot(-1)](6-4x_3-5x_4)=(12-8x_3-10x_4)\cdot2+(-6+4x_3+5x_4)\cdot3$

에서 $x_1=(12-8x_3-10x_4)+3t,\ x_2=(-6+4x_3+5x_4)-2t$이므로

$x_1 = 12 - 8r - 10s + 3t$

$x_2 = -6 + 4r + 5s - 2t$

$x_3 = r$

$x_4 = s$ (r, s, t는 임의의 정수)

04 $18x + 33y = 549$의 해는 $x = 366 - 11t$, $y = -183 + 6t$이므로 최소의 개수로 묶음을 만들려면 y가 최대일 때 양의 정수해 x, y이다. 따라서 $t = 33$일 때 $x = 3$, $y = 15$

05 수탉 x마리, 암탉 y마리, 병아리 z마리일 때 (x, y, z)는 (0, 25, 75), (4, 18, 78), (8, 11, 81), (12, 4, 84)

제4장 합동식

4.1 합동식의 기본성질

01 (1) T

(2) F : $4 \cdot 2 \equiv 6 \cdot 2 \pmod 4$ 이지만 $4 \not\equiv 6 \pmod 4$

(3) F : $2^2 \equiv 3^2 \pmod 5$ 이지만 $2 \not\equiv 3 \pmod 5$

(4) F : $3 \cdot 4 \equiv 0 \pmod 6$ 이지만 $3 \not\equiv 0 \pmod 6$, $4 \not\equiv 0 \pmod 6$

(5) F : $2 \not\equiv 0 \pmod 6$, $3 \not\equiv 0 \pmod 6$ 이지만 $2 \cdot 3 \equiv 0 \pmod 6$

(6) F : $2 \equiv 6 \pmod 2$, $2 \equiv 6 \pmod 4$ 이지만 $2 \equiv 6 \pmod 8$

(7) T

(8) F : $6 \not\equiv 2 \pmod 5$, $2 \not\equiv 1 \pmod 5$ 이지만 $6 \equiv 1 \pmod 5$

(9) T (10) T (11) T (12) F : $5 \equiv 2 \pmod 3$ 이지만 $5^2 \not\equiv 2^2 \pmod{3^2}$ 이다.

(13) T (14) T (15) T (16) T

(17) F : $1^8 \equiv 2^8 \pmod 5$, $8 \equiv 3 \pmod 5$ 이지만 $1^3 \not\equiv 2^3 \pmod 5$ 이다.

(18) T : $b \equiv d \pmod m$ 이면 $cb \equiv cd \pmod m$ 이므로 $ab \equiv cb \pmod m$ 이다. $(b, m) = 1$ 이므로 $a \equiv c \pmod m$ 이다.

02 (1) 2, 3, 4, 6, 8, 12, 24 (2) 3, 9, 11, 33, 99

(3) 11, 13, 143 (4) p, p^2, p^3, p^4

03 (1) 1　(2) 13　(3) 17　(4) 0　(5) 0　(6) 1

04 (1) 3　(2) 3　(3) 0　(4) 9

05 (1) 6　(2) 7　(3) 6

06 (1) 2　(2) 4

07 (1) 1　(2) 6　(3) 존재하지 않는다.

08 (3)

09 $1,\ 2,\ 2^2 \equiv 4 \pmod{11},\ 2^3 \equiv 8 \pmod{11},\ 2^4 \equiv 5 \pmod{11},\ 2^5 \equiv 10 \pmod{11},$
$2^6 \equiv 9 \pmod{11},\ 2^7 \equiv 7 \pmod{11},\ 2^8 \equiv 3 \pmod{11},\ 2^9 \equiv 6 \pmod{11}$이므로
$\{0,\ 1,\ 2,\ 2^2,\ 2^3,\ \cdots,\ 2^9\}$은 법 11에 관한 완전잉여계이다. 하지만 $1^2 \equiv 10^2 \pmod{11}$이므로
$\{0,\ 1^2,\ 2^2,\ \cdots,\ 10^2\}$은 법 11에 관한 완전잉여계가 아니다.

10 (1) $1976 \equiv 76 \pmod{100}$이고 모든 n에 대하여 $76^n \equiv 76 \pmod{100}$이다. 따라서 1976^{1111}의 마지막 두 자리는 76이다.

(2) $2211 \equiv 11 \pmod{100}$, $11^{10} \equiv 1 \pmod{100}$이므로

$$2211^{1111} \equiv 11^{1111} \equiv (11^{10})^{111} \cdot 11 \equiv 1 \cdot 11 \equiv 11 \pmod{100}$$

따라서 2211^{1111}의 마지막 두 자리는 11이다.

(3) $7^4 \equiv 1 \pmod{100}$이므로

$$7^{1123} \equiv (7^4)^{280} \cdot 7^3 \equiv 1 \cdot 7^3 \equiv 43 \pmod{100}$$

따라서 7^{1123}의 마지막 두 자리는 43이다.

11 (1) F : $m=4$일 때 $\{2,\ 4,\ 6,\ 8\}$은 법 4에 관한 완전잉여계가 아니다.

(2) T : $(2,\ m)=1$이고 $\{1,\ 2,\ 3,\ \cdots,\ m\}$은 법 m에 관한 완전잉여계이므로 정리 4.1.24에 의하여 $\{2,\ 4,\ 6,\ \cdots, 2m\}$은 법 m에 관한 완전잉여계이다.

(3) F : $m=4$일 때 $3^2 \equiv 1^2 \pmod 4$, $4^2 \equiv 2^2 \pmod 4$이므로 $\{1^2,\ 2^2,\ 3^2,\ 4^2\}$은 법 4에 관한 완전잉여계가 아니다.

(4) F : $m=3$일 때 $1^2 \equiv 2^2 \pmod 3$이므로 $\{1^2,\ 2^2,\ 3^2\}$은 법 3에 관한 완전잉여계가 아니다.

(5) F : $m=4$일 때 $\{1,\ 2,\ 3,\ 4\}$은 법 4에 관한 완전잉여계이지만 $1+2+3+4 \equiv 2 \not\equiv 0 \pmod 4$이다.

(6) T : $\{1,\ 2,\ 3,\ \cdots,\ m\}$이 법 m에 관한 완전잉여계이므로 모든 r_i $(1 \le i \le m)$에 대하여

$$r_i \equiv j \pmod{m}$$

을 만족하는 j $(1 \le j \le m)$가 꼭 하나 존재한다.

$$r_1 + r_2 + \cdots + r_m \equiv 1 + 2 + \cdots + m = \frac{m(m+1)}{2}$$

이고 m이 홀수이므로

$$m \mid (r_1 + r_2 + \cdots + r_m)$$

이다.

12 (1) $k \ge 4$일 때 $k! \equiv 0 \pmod{24}$이므로 $\sum_{k=1}^{100} k!$ 후의 시각은

$$17 + \sum_{k=1}^{100} k! \equiv 17 + 1! + 2! + 3! \pmod{24} \equiv 26 \equiv 2 \pmod{24}$$

이다. 따라서 오전 2시가 된다.

(2) 일, 월, 화, 수, 목, 금, 토요일을 각각 0, 1, 2, 3, 4, 5, 6으로 하고, 오늘 날짜를 t라 하면 $t + n^7 \equiv 5 \pmod{7}$이므로

$$\begin{aligned} t + (n+2)^7 &\equiv t + n^7 + {}_nC_1 n^7 \cdot 2 + \cdots + 2^7 \pmod{7} \\ &\equiv t + n^7 + 2^7 \pmod{7} \equiv 5 + 2 \equiv 0 \pmod{7} \end{aligned}$$

이므로 $(n+2)^7$째 되는 날은 일요일이다.

13 분명히 $k \ge 5$이면 $k! \equiv 0 \pmod{10}$이므로

$$\begin{aligned} \sum_{k=1}^{n} k! &\equiv \sum_{k=1}^{n} k!\text{의 일의 자리} \pmod{10} \\ &\equiv (1! + 2! + 3! + 4!) \pmod{10} \\ &= (1 + 2 + 6 + 24) \pmod{10} \\ &\equiv 3 \pmod{10} \end{aligned}$$

즉 $n \ge 5$이면 $\sum_{k=1}^{n} k!$의 일의 자리는 3이다. 하지만 모든 제곱수의 일의 자리는 0, 1, 4, 5, 6, 9이므로 $n \ge 5$일 때 $\sum_{k=1}^{n} k!$은 제곱수가 아니다.

$$\sum_{k=1}^{1} k! = 1,\quad \sum_{k=1}^{2} k! = 3,\quad \sum_{k=1}^{3} k! = 9,\quad \sum_{k=1}^{4} k! = 33$$

이므로 $\sum_{k=1}^{n} k!$가 제곱수가 되기 위해서는 $n = 1,\ n = 3$뿐이다.

4.2 일차합동식

01 (1) $\begin{cases} x=-12+5t \\ y=8-3t \end{cases}$ $x \equiv 3,\ 8,\ 13 \pmod{15}$

(2) $\begin{cases} x=-21-10t \\ y=-7-3t \end{cases}$ $x \equiv 9,\ 19,\ 29 \pmod{30}$

02 (1) $x=1+3t,\quad y=1-2t$ (2) $x=1+21t,\quad y=1-12t$

(3) $x=4t,\quad y=25-7t,\quad z=75+3t$

03 (1) $x \equiv 14 \pmod{25}$ (2) $x \equiv 17 \pmod{25}$ (3) $x \equiv 2,\ 5,\ 8 \pmod{9}$

(4) $x \equiv 4,\ 9,\ 14 \pmod{15}$ (5) $x \equiv 2,\ 6,\ 10,\ 14,\ 18,\ 22 \pmod{24}$

(6) $x \equiv 16,\ 59,\ 102,\ 145,\ 188,\ 231,\ 274 \pmod{301}$

04 (1) $5^{-1} \equiv 5 \pmod{6}$ 이므로 $x \equiv 3 \cdot 5 \equiv 3 \pmod{6}$

(2) $6^{-1} \equiv 6 \pmod{7}$ 이므로 $x \equiv 2 \cdot 6 \equiv 5 \pmod{7}$

(3) $5^{-1} \equiv 8 \pmod{13}$ 이므로 $x \equiv 7 \cdot 8 \equiv 4 \pmod{13}$

(4) $8^{-1} \equiv 2 \pmod{15}$ 이므로 $x \equiv 10 \cdot 2 \equiv 5 \pmod{15}$

05 (1) 6 (2) 3

4.3 일변수 연립일차합동식

01 (1) $x \equiv 23 \pmod{35}$ (2) $x \equiv 86 \pmod{143}$

(3) $x \equiv 21 \pmod{45}$ (4) $x \equiv 53 \pmod{77}$

02 (1) $x \equiv 23 \pmod{105}$ (2) $x \equiv 613 \pmod{630}$ (3) $x \equiv 73 \pmod{210}$

03 (1) $x \equiv 10 \pmod{12}$ (2) $x \equiv 17 \pmod{30}$ (3) $x \equiv 21 \pmod{30}$

(4) $x \equiv 53 \pmod{60}$ (5) $x \equiv 47 \pmod{60}$ (6) $x \equiv 53 \pmod{90}$

04 $x \equiv 99 \pmod{210}$

05 574(개)

06 $n \equiv 0 \pmod 3$, $n \equiv -1 \pmod 4$, $n \equiv -2 \pmod 5$, $n \equiv -3 \pmod 6$ 의 해는 $n \equiv 3 \pmod{60}$ 이므로 최소의 양의 정수 n은 63이다.

4.4 다변수 연립일차합동식

01 (1) 해가없다.　　(2) $x \equiv 2 \pmod 8$, $y \equiv 5 \pmod 8$

(3) $x \equiv 0 \pmod 5$, $y \equiv 4 \pmod 5$; $x \equiv 1 \pmod 5$, $y \equiv 2 \pmod 5$
$x \equiv 2 \pmod 5$, $y \equiv 0 \pmod 5$; $x \equiv 3 \pmod 5$, $y \equiv 3 \pmod 5$
$x \equiv 4 \pmod 5$, $y \equiv 1 \pmod 5$

02 (1) $x \equiv 2 \pmod 5$, $y \equiv 3 \pmod 5$　　(2) $x \equiv 3 \pmod 8$, $y \equiv 7 \pmod 8$

(3) $x \equiv 2 \pmod{11}$, $y \equiv 10 \pmod{11}$　　(4) $x \equiv 10 \pmod{15}$, $y \equiv 4 \pmod{15}$

03 $\begin{pmatrix} 4 & 5 \\ 4 & 6 \end{pmatrix}$

04 0, 1, p, p^2

05 (1) $\begin{pmatrix} 3 & 4 \\ 1 & 2 \end{pmatrix}$　(2) $\begin{pmatrix} 3 & 3 \\ 1 & 6 \end{pmatrix}$　(3) $\begin{pmatrix} 6 & 5 & 2 \\ 2 & 3 & 2 \\ 4 & 1 & 5 \end{pmatrix}$　(4) $\begin{pmatrix} 5 & 1 & 4 \\ 10 & 5 & 6 \\ 3 & 2 & 1 \end{pmatrix}$　(5) $\begin{pmatrix} 5 & 5 & 5 & 4 \\ 5 & 5 & 4 & 5 \\ 5 & 4 & 5 & 5 \\ 4 & 5 & 5 & 5 \end{pmatrix}$

06 (1) $x \equiv 2 \pmod 5$, $y \equiv 3 \pmod 5$

(2) $x \equiv 4 \pmod 8$, $y \equiv 3 \pmod 8$

(3) $x \equiv 2 \pmod 7$, $y \equiv 6 \pmod 7$, $z \equiv 3 \pmod 7$

(4) $x \equiv 1 \pmod{11}$, $y \equiv 0 \pmod{11}$, $z \equiv 2 \pmod{11}$

(5) $x \equiv 5 \pmod 7$, $y \equiv 5 \pmod 7$, $z \equiv 5 \pmod 7$, $w \equiv 5 \pmod 7$

4.5 합동식의 응용

01 (1) 6　(2) 3　(3) 2　(4) 4

02 (1) 3　(2) 4　(3) 1　(4) 3

03 3의 배수 : (1), (2), (4)

9의 배수 : (4)

04 (2), (3)

05

회전 \ 팀	1	2	3	4	5	6	7
1	7	6	5	×	3	2	1
2	×	7	6	5	4	3	2
3	2	1	7	6	×	4	3
4	3	×	1	7	6	5	4
5	4	3	2	1	7	×	5
6	5	4	×	2	1	7	6
7	6	5	4	3	2	1	×

06

회전 \ 팀	1	2	3	4	5	6	7	8
1	7	6	5	8	3	2	1	4
2	8	7	6	5	4	3	2	1
3	2	1	7	6	8	4	3	5
4	3	8	1	7	6	5	4	2
5	4	3	2	1	7	8	5	6
6	5	4	8	2	1	7	6	3
7	6	5	4	3	2	1	8	7

07 (1) 1 (2) 1 (3) 1 (4) 0

08 (1) 오류가 있다. (2) 오류가 있는지 알 수 없다. (3) 오류가 있는지 알 수 없다.

09 (1), (4)

10 (1)

11 (1) 8 (2) 3

12 (1) 9788979146691 (2) 9780201578898

13 (1) $381452+402715+610437$

$$\equiv (3+8+1+4+5+2)+(4+0+2+7+1+5)+(6+1+0+4+3+7) \pmod 9$$

$$\equiv 5+1+3 \equiv 0 \pmod 9$$

하지만

$$1494604 \equiv 1+4+9+4+6+0+4 \equiv 1 \pmod{9}$$

이므로 틀린 계산이다.

(2) $1759 \equiv 1+7+5+9 \equiv 4 \pmod{9}$

$3421 \equiv 3+4+2+1 \equiv 1 \pmod{9}$

$1759 \times 3451 \equiv 4 \times 1 \equiv 4 \pmod{9}$

이다. 한편 $6017593 \equiv 6+0+1+7+5+9+3 \equiv 4 \pmod{9}$ 이지만 계산이 맞는다고 단정할 수는 없다. 이것은 실제 맞는 답 6017539 의 자릿수만 바뀐 것으로 틀린 계산이다.

14 $100 \equiv 1 \pmod{99}$ 이므로

$$\begin{aligned} N = 683642ab &\equiv ab + 100(42) + 100^2(36) + 100^3(68) \\ &\equiv ab + 42 + 36 + 68 \equiv ab + 47 \equiv 0 \pmod{99} \end{aligned}$$

이다. 따라서 $ab = 52$, 즉 $a = 5$, $b = 2$ 이다.

15 (1) 3 (2) 2

16 $1000 \equiv -1 \pmod{1001}$ 이므로

$$\begin{aligned} N &= (a_k a_{k-1} \cdots a_1 a_0)_{10} \\ &= a_k 10^k + a_{k-1} 10^{k-1} + \cdots + a_1 10 + a_0 \\ &= (a_0 + 10a_1 + 100a_2) + 1000(a_3 + 10a_4 + 100a_5) + (1000)^2(a_6 + 10a_7 + 100a_8) + \cdots \\ &\equiv (100a_2 + 10a_1 + a_0) - (100a_5 + 10a_4 + a_3) + (100a_8 + 10a_7 + a_6) - \cdots \pmod{1001} \\ &\equiv (a_2 a_1 a_0)_{10} - (a_5 a_4 a_3)_{10} + (a_8 a_7 a_6)_{10} - \cdots \pmod{1001} \end{aligned}$$

(1) $329472 \equiv 472 - 329 \equiv 143 \not\equiv 0 \pmod{1001}$

(2) $32488456 \equiv 456 - 488 + 32 \equiv 0 \pmod{1001}$

(3) $2096649 \equiv 649 - 96 + 2 \equiv 555 \not\equiv 0 \pmod{1001}$

(4) $abcabc \equiv abc - abc \equiv 0 \pmod{1001}$

따라서 7, 11, 13으로 모두 나누어지는 수는 (2), (4)

17 (1) $1000 \equiv 1 \pmod{37}$ 이므로

$$\begin{aligned} N &= (a_k a_{k-1} \cdots a_1 a_0)_{10} \\ &= a_k 10^k + a_{k-1} 10^{k-1} + \cdots + a_1 10 + a_0 \\ &= (a_0 + 10a_1 + 100a_2) + 1000(a_3 + 10a_4 + 100a_5) + (1000)^2(a_6 + 10a_7 + 100a_8) + \cdots \\ &\equiv (a_2 a_1 a_0)_{10} + (a_5 a_4 a_3) + (a_8 a_7 a_6) + \cdots \pmod{37} \end{aligned}$$

(2) ① $381024650 \equiv 650+24+381 \equiv 19 \not\equiv 0 \pmod{37}$

② $24081413 \equiv 413+81+24 \equiv 0 \pmod{37}$

제5장 특수한 합동식

5.1 윌슨 정리

02 6

03 $x^2 \equiv 1 \pmod{6}$은 두 개의 해 $x \equiv 1,\ 5 \pmod{6}$를 가진다.

04 윌슨 정리에 의하여

$-1 \equiv (p-1)! \equiv (p-1)(p-2)(p-3)! \equiv (-1)(-2)(p-3)! \equiv 2(p-3)! \pmod{p}$

05 n가 소수이면 $(n-1)! \equiv -1 \pmod{n}$ 이므로

$$-1 \equiv (n-1)! \equiv (n-1)(n-2)! \equiv (-1)(n-2)! \pmod{n}$$

이고 따라서 $(n-2)! \equiv 1 \pmod{n}$ 이다. 역으로 $(n-2)! \equiv 1 \pmod{n}$ 이라면

$$(n-1)! \equiv (n-1)(n-2)! \equiv (-1) \cdot 1 \equiv -1 \pmod{n}$$

이다. 정리 5.1.5에 의하여 n은 소수이다.

06
$$\begin{aligned}(p-k)!(k-1)! &\equiv (-k)(-(k+1))(-(k+2)) \cdots (-(p-1))(k-1)! \\ &\equiv (-1)^{p-k}(p-1)! \\ &\equiv (-1)^{p-k}(-1) \pmod{p} \text{ (윌슨 정리)} \\ &\equiv (-1)^{p+1-k} \equiv (-1)^k \pmod{p}\end{aligned}$$

07 (1) $1^2 \cdot 3^2 \cdot \cdots \cdot (p-4)^2 \cdot (p-2)^2$

$$\begin{aligned}&\equiv (-1)^{\frac{p-1}{2}} 1 \cdot (-1) \cdot 3 \cdot (-3) \cdot \cdots \cdot (p-4) \cdot (4-p) \cdot (p-2) \cdot (2-p) \pmod{p} \\ &\equiv (-1)^{\frac{p-1}{2}} 1 \cdot (p-1) \cdot 3 \cdot (p-3) \cdot \cdots \cdot (p-4) \cdot 4 \cdot (p-2) \cdot 2 \pmod{p} \\ &\equiv (-1)^{\frac{p-1}{2}} (-1) \pmod{p} \text{ (윌슨 정리)} \\ &\equiv (-1)^{\frac{p+1}{2}} \pmod{p}\end{aligned}$$

(2) $(p-1)! \equiv -1 \pmod{p}$이므로 $[(p-1)!]^2 \equiv 1 \pmod{p}$이다. 그러므로

$$[1^2 \cdot 3^2 \cdot \cdots \cdot (p-2)^2] \cdot [2^2 \cdot 4^2 \cdot \cdots \cdot (p-1)^2] \equiv 1 \pmod{p}$$

이고 (1)에 의하여

$$(-1)^{\frac{p+1}{2}}(2^2 \cdot 4^2 \cdot \cdots \cdot (p-1)^2) \equiv 1 \pmod{p}$$

이다. 따라서

$$2^2 \cdot 4^2 \cdot \cdots \cdot (p-1)^2 \equiv (-1)^{\frac{p+1}{2}} \pmod{p}$$

이다.

5.2 페르마 정리

01 (1) 4 (2) 10 (3) 12 (4) 18

02 (1) $x \equiv 8 \pmod{11}$ (2) $x \equiv 6 \pmod{11}$
(3) $x \equiv 10 \pmod{13}$ (4) $x \equiv 17 \pmod{19}$

03 (1) $5^{31} \equiv 5 \pmod{11}$, $5^{31} \equiv 5 \pmod{7}$ 이므로 $5^{31} \equiv 5 \pmod{77}$이다.

(2) $17^{12}+13^{16} \equiv 0+1 \equiv 1 \pmod{17}$, $17^{12}+13^{16} \equiv 1+0 \equiv 1 \pmod{13}$ 이므로 $17^{12}+13^{16} \equiv 1 \pmod{221}$이다.

04 (1) $a^p \equiv a \pmod{q}$ 이므로 $a^{pq} \equiv (a^p)^q \equiv a^q \equiv a \pmod{q}$ 이고 마찬가지로 $a^{pq} \equiv a \pmod{p}$ 이다. 따라서 $a^{pq} \equiv a \pmod{pq}$ 이다.

(2) 따름정리 5.2.3에 의하여 $a^p - b^p = a - b = (a-b)^p \pmod{p}$ 이므로 $a^p \equiv b^p \pmod{p}$ 이면 $(a-b)^p \equiv 0 \pmod{p}$ 이다. 따라서 $p \mid (a-b)$ 이다.

(3) (2)에 의하여 $a \equiv b \pmod{p}$, 즉 $b = a + kp$ 이다. 따라서

$$\begin{aligned} b^p &\equiv (a+kp)^p \equiv a^p + \binom{p}{1}a^{p-1} \cdot kp + \binom{p}{2}a^{p-2} \cdot (kp)^2 + \cdots + (kp)^p \\ &\equiv a^p \pmod{p^2} \end{aligned}$$

(4) 페르마 정리에 의하여 $p^{q-1} \equiv 1 \pmod{q}$ 이므로 $p^{q-1} + q^{p-1} \equiv 1 \pmod{q}$ 이고 마찬가지로 $q^{p-1} \equiv 1 \pmod{p}$ 이므로 $p^{q-1} + q^{p-1} \equiv 1 \pmod{p}$ 이다.
따라서 정리 4.1.26에 의하여 $p^{q-1} + q^{p-1} \equiv 1 \pmod{pq}$ 이다.

(5) 따름정리 5.2.3에 의하여 $(a+b)^p \equiv a+b \equiv a^p + b^p \pmod{p}$이다.

05 (1) 모든 $r\,(1 \le r \le p-1)$에 대하여 $r^{p-1} \equiv 1 \pmod{p}$ 이므로

$$1^{p-1}+2^{p-1}+\cdots+(p-1)^{p-1} \equiv p-1 \equiv -1 \pmod{p}$$

(2) $1^p+2^p+\cdots+(p-1)^p \equiv 1+2+\cdots+(p-1)$

$$=\frac{(p-1)p}{2} \equiv 0 \pmod{p}$$

(3) $(a+r)^p \equiv a+r \pmod{p}$ 이므로

$$준식=\sum_{i=1}^{p-1}(a+i)^p \equiv \sum_{i=1}^{p-1}(a+i) \equiv (p-1)a+\frac{(p-1)p}{2} \equiv -a \pmod{p}$$

06 $15=3\cdot 5$이고 정리 5.2.3에 의하여

$$a^3 \equiv a \pmod{3},\ a^5 \equiv a \pmod{5}$$

이다. 그러므로

$$a^{21} \equiv (a^3)^7 \equiv a^7 \equiv (a^3)^2\cdot a \equiv a\cdot a^2 \equiv a^3 \equiv a \pmod{3}$$

$$a^{21} \equiv (a^5)^4\cdot a \equiv a^4\cdot a \equiv a^5 \equiv a \pmod{5}$$

이다. 따라서 정리 4.1.26에 의하여

$$a^{21} \equiv a \pmod{15}$$

5.3 오일러 정리

01 (1) (2) (4) (6)

02 (1) $-31 \equiv 5,\ -16 \equiv 2,\ -8 \equiv 1,\ 13 \equiv 4,\ 25 \equiv 7,\ 80 \equiv 8 \pmod{9}$

(2) $3,\ 3^2 \equiv 9,\ 3^3 \equiv 13,\ 3^4 \equiv 11,\ 3^5 \equiv 5,\ 3^6 \equiv 1 \pmod{14}$

03 모든 홀수는 2^m과 서로소이므로 $\{1,\ 3,\ 5,\ \cdots,\ 2^m-1\}$

04 (1) $19^{\varphi(10)} \equiv 19^4 \equiv 1 \pmod{10}$ 이므로 $19^{3157} \equiv (19^4)^{789}\cdot 19 \equiv 1\cdot 19 \equiv 9 \pmod{10}$

(2) $23^{\varphi(18)} \equiv 23^6 \equiv 1 \pmod{18}$ 이므로 $23^{5142} \equiv (23^6)^{857} \equiv 1 \pmod{18}$

(3) $10^{\varphi(7)} \equiv 10^6 \equiv 1 \pmod{7}$ 이므로 $7\mid(10^6-1)=999999$

05 (1) $x \equiv 7 \pmod{12}$ (2) $x \equiv 6 \pmod{14}$ (3) $x \equiv 13 \pmod{20}$ (4) $x \equiv 11 \pmod{25}$

06 $(r_i,\ m)=1$이면 $(-r_i,\ m)=1$이므로 $-r_i \equiv r_j \pmod{m}$가 되는 $j\ (1 \le j \le \varphi(m))$가 존재한다. 이때 $r_i \equiv -r_i \pmod{m}$이라면 $2r_i \equiv 0 \pmod{m}$, $(m,\ r_i)=1$이므로 $2 \equiv 0 \pmod{m}$이 되어 모순이다. 즉 $-r_i \equiv r_j \pmod{m}$, $(i \neq j)$이다. 따라서 $r_1 + r_2 + \cdots + r_{\varphi(m)} \equiv 0 \pmod{m}$이다.

07 (1) $S=1+4+4^2+\cdots+4^{23}=\dfrac{4^{24}-1}{4-1}$, $\varphi(35)=24$이므로 오일러 정리에 의하여

$3S \equiv 4^{24}-1 \equiv 0 \pmod{35}$가 되어 $(3,\ 35)=1$이므로 $S \equiv 0 \pmod{35}$이다.

(2) $S=1+13+13^2+\cdots+13^{59}=\dfrac{13^{60}-1}{13-1}$, $\varphi(77)=60$이므로 오일러 정리에 의하여

$12S \equiv 13^{60}-1 \equiv 0 \pmod{77}$이고 따라서 $(12,\ 77)=1$이므로 $S \equiv 0 \pmod{77}$이다.

08 $S=1+a+a^2+\cdots+a^{\varphi(m)-1}=\dfrac{a^{\varphi(m)}-1}{a-1}$이므로 오일러 정리에 의하여

$(a-1)S \equiv a^{\varphi(m)}-1 \equiv 0 \pmod{m}$이고 $(a-1,\ m)=1$이므로 $S \equiv 0 \pmod{m}$이다.

09 오일러 정리에 의하여 $m^{\varphi(n)} \equiv 1 \pmod{n}$이므로 $m^{\varphi(n)}+n^{\varphi(m)} \equiv 1+0 \equiv 1 \pmod{n}$이다.
마찬가지로 $n^{\varphi(m)} \equiv 1 \pmod{m}$이므로 $m^{\varphi(n)}+n^{\varphi(m)} \equiv 0+1 \equiv 1 \pmod{m}$이다.
따라서 정리 4.1.26에 의하여 $m^{\varphi(n)}+n^{\varphi(m)} \equiv 1 \pmod{mn}$이다.

제6장 정수론적 함수

6.1 오일러 φ-함수

01 (1) (3)

02 (1) 4 (2) 22 (3) 60 (4) 1210 (5) 240 (6) 2880

03 $n=2^k p_1^{a_1} p_2^{a_2} \cdots p_r^{a_r}$일 때, $\varphi(n)=2^{k-1}\left(p_1^{a_1}-p_1^{a_1-1}\right)\left(p_2^{a_2}-p_2^{a_2-1}\right)\cdots\left(p_r^{a_r}-p_r^{a_r-1}\right)$이므로

(1) $k=0$일 때 $p_1^{a_1}-p_1^{a_1-1}=2$, $p_1^{a_1}=3$이고 이때 $n=3$

$k=1$일 때 $p_1^{a_1}-p_1^{a_1-1}=2$, $p_1^{a_1}=3$이고 이때 $n=6$

$k=2$일 때 $n=4$

따라서 $\varphi(n)=2$가 되는 $n=3,\ 4,\ 6$

(2) $k=0$ 일 때 $p_1^{a_1}-p_1^{a_1-1}=4$, $p_1^{a_1}=5$이고 이때 $n=5$

$k=1$ 일 때 $p_1^{a_1}-p_1^{a_1-1}=4$, $p_1^{a_1}=5$이고 이때 $n=10$

$k=2$ 일 때 $p_1^{a_1}-p_1^{a_1-1}=2$, $p_1^{a_1}=3$이고 이때 $n=12$

$k=3$ 일 때 $n=8$

따라서 $\varphi(n)=4$가 되는 $n=5,\ 8,\ 10,\ 12$

(3) $k=0$ 일 때 $p_1^{a_1}-p_1^{a_1-1}=6$, $p_1^{a_1}=7$ 이거나 $p_1^{a_1}=9$ 이때 $n=7$ 또는 $n=9$

$k=1$ 일 때 $p_1^{a_1}-p_1^{a_1-1}=6$, $p_1^{a_1}=7$ 이거나 $p_1^{a_1}=9$ 이때 $n=14$ 또는 $n=18$

$k=2$ 일 때 $p_1^{a_1}-p_1^{a_1-1}=3$ 이어야 하는데 불가능

따라서 $\varphi(n)=6$ 이 되는 $n=7,\ 9,\ 14,\ 18$

(4) $k=0$ 일 때 $p_1^{a_1}-p_1^{a_1-1}=12$ 이때 $n=13$ 이거나

$p_1^{a_1}-p_1^{a_1-1}=2$, $p_2^{a_2}-p_2^{a_2-1}=6$, 이때 $n=21$

$k=1$ 일 때 $p_1^{a_1}-p_1^{a_1-1}=12$ 이때 $n=26$ 이거나

$p_1^{a_1}-p_1^{a_1-1}=2$, $p_2^{a_2}-p_2^{a_2-1}=6$, 이때 $n=42$

$k=2$ 일 때 $p_1^{a_1}-p_1^{a_1-1}=6$, $p_1^{a_1}=7$이고 이때 $n=28$

따라서 $\varphi(n)=12$ 이 되는 $n=13,\ 21,\ 26,\ 28,\ 42$

04 (1) 11, 13 (2) 17, 19 (3) 21, 23

05 (1) $7^{\varphi(100)}\equiv 7^{40}\equiv 1 \pmod{100}$이므로 $7^{1123}\equiv (7^{40})^{28}\cdot 7^3\equiv 7^3\equiv 43 \pmod{100}$

(2) $19^{\varphi(100)}\equiv 19^{40}\equiv 1 \pmod{100}$이므로 $19^{1204}\equiv (19^{40})^{30}\cdot 19^4\equiv 21 \pmod{100}$

06 (1) n이 홀수일 때 $(n,\ 2)=1$ 이므로 $\varphi(2n)=\varphi(2)\varphi(n)=1\cdot\varphi(n)=\varphi(n)$

n이 짝수일 때 $n=2^a\cdot b$ (b는 홀수)로 쓰면

$\varphi(2n)=\varphi(2^{a+1}\cdot b)=\varphi(2^{a+1})\varphi(b)=2^a\cdot\varphi(b)=2[2^{a-1}\cdot\varphi(b)]$

$=2(\varphi(2^a)\cdot\varphi(b))=2\varphi(2^a\cdot b)=2\varphi(n)$

(2) $3\mid n$일 때 $n=3^a\cdot b$ (단 $(b,\ 3)=1$)로 쓰면

$\varphi(3n)=\varphi(3^{a+1}\cdot b)=\varphi(3^{a+1})\cdot\varphi(b)=2\cdot 3^a\cdot\varphi(b)$

$=3(2\cdot 3^{a-1}\cdot\varphi(b))=3(\varphi(3^a)\cdot\varphi(b))=3\varphi(3^a\cdot b)=3\varphi(n)$

$3\nmid n$일 때 $(3,\ n)=1$ 이므로 $\varphi(3n)=\varphi(3)\varphi(n)=2\varphi(n)$

07 (1) $n=2^j$이면 $\varphi(n)=2^{j-1}$이므로 $2\varphi(n)=2^j=n$이다.

역으로 $n=2^j\cdot m$ (단 $(2, m)=1$)이라 놓으면

$\varphi(n)=\varphi(2^j\cdot m)=\varphi(2^j)\cdot\varphi(m)=2^{j-1}\cdot\varphi(m)$ 이므로

$n=2\varphi(n)$ 에서 $2^j\cdot m=2^j\cdot\varphi(m)$ 이 되어 $m=\varphi(m)$, 즉 $m=1$ 이다.

따라서 어떤 정수 j 에 대하여 $n=2^j$ 이다.

(2) $n=2^j\cdot 3^k$ 이면 $\varphi(n)=\varphi(2^j\cdot 3^k)=\varphi(2^j)\varphi(3^k)=2^{j-1}\cdot 2\cdot 3^{k-1}$

$$=\frac{1}{3}2^j\cdot 3^k=\frac{n}{3}$$

역으로 $n=3\varphi(n)$ 이라 가정하자. $n=2^j\cdot 3^k\cdot m$ (단 $(m, 2)=(m, 3)=1$)이라 놓으면

$\varphi(n)=\frac{1}{3}2^j\cdot 3^k\varphi(m)$ 이다. $n=3\varphi(n)$ 이므로 $2^j\cdot 3^k\cdot m=2^j\cdot 3^k\varphi(m)$ 이고 $m=\varphi(m)$,

즉 $m=1$ 이 되어 $n=2^j\cdot 3^k$ 이다.

08 $\varphi(\varphi(p^e))=\varphi(p^{e-1}(p-1))=\varphi(p^{e-1})\varphi(p-1)=p^{e-2}(p-1)\varphi(p-1)$

$$=p^{e-2}\varphi(p)\varphi(p-1)=p^{e-2}\varphi(p(p-1))$$

09 $n=\prod_{i=1}^{r}p_i^{a_i}$ 라고 하면 $\varphi(n)=\prod_{i=1}^{r}\varphi\left(p_i^{a_i}\right)$ 이다.

$$n^k=\prod_{i=1}^{r}p_i^{ka_i},\ \varphi(n^k)=\prod_{i=1}^{r}\varphi\left(p_i^{ka_i}\right),$$

$$\varphi\left(p_i^{ka_i}\right)=p_i^{ka_i-1}(p_i-1)=p_i^{(k-1)a_i}\cdot p_i^{a_i-1}(p_i-1)=p_i^{(k-1)a_i}\cdot\varphi\left(p_i^{a_i}\right)$$

이므로

$$\varphi(n^k)=\prod_{i=1}^{r}\varphi\left(p_i^{ka_i}\right)=\prod_{i=1}^{r}p_i^{(k-1)a_i}\cdot\varphi\left(p_i^{a_i}\right)=\prod_{i=1}^{r}p_i^{(k-1)a_i}\prod_{i=1}^{r}\varphi\left(p_i^{a_i}\right)=n^{k-1}\varphi(n)$$

10 (1) $m=da$, $n=db$, $(a, b)=1$ 이라 놓고 $d=\prod p_i^{e_i}$라 하면 $mn=\prod p_i^{2e_i}\cdot ab$ 이므로

$\varphi(mn)=\prod\varphi\left(p_i^{2e_i}\right)\cdot\varphi(ab)=\prod\left[p_i^{2e_i-1}(p_i-1)\right]\cdot\varphi(a)\cdot\varphi(b)$

$\varphi(m)\varphi(n)=\prod\left[p_i^{e_i-1}(p_i-1)\right]\cdot\varphi(a)\cdot\prod\left[p_i^{e_i-1}(p_i-1)\right]\cdot\varphi(b)$

$$=\left[\prod p_i^{2e_i-1}(p_i-1)\cdot\varphi(a)\cdot\varphi(b)\cdot\frac{(p_i-1)}{p_i}\right]$$

$$=\varphi(mn)\prod\frac{(p_i-1)\cdot p_i^{e_i-1}}{p_i\cdot p_i^{e_i-1}}=\varphi(mn)\frac{\varphi(d)}{d}$$

(2) $(m, n)=1$ 일 때 $\varphi(mn)=\varphi(m)\varphi(n)$ 이 성립한다.

11 $m \mid n$ 이라 하자. $m=1$ 이면 $\varphi(m)=1$ 이므로 $\varphi(m) \mid \varphi(n)$ 이다.

$n=1$ 이면 $m=1$ 이고 $\varphi(m)=\varphi(n)=1$ 이므로 $\varphi(m) \mid \varphi(n)$ 이다.

이제 $1<m \leq n$ 이고 m 과 n 의 표준소인수분해를

$$m=p_1^{e_1} p_2^{e_2} \cdots p_s^{e_s}, \quad n=q_1^{f_1} q_2^{f_2} \cdots q_t^{f_t}$$

이라 하자. 그러면 $m \mid n$ 이므로

$$m=q_1^{d_1} q_2^{d_2} \cdots q_t^{d_t}, \ 0 \leq d_i \leq f_i \ (1 \leq i \leq t)$$

이고 표준소인수분해의 유일성에 의하여 $s \leq t$ 이고 모든 $e_j\ (1 \leq j \leq s)$는 $d_i \neq 0$ 인 $i\ (1 \leq i \leq t)$ 에 대하여 $e_j=d_i$, $p_j=q_i$이다. 따라서

$$p_j^{e_j}-p_j^{e_j-1}=p_j^{e_j-1}(p_j-1)=q_i^{d_i-1}(q_i-1)$$

이고

$$q_i^{d_i-1}(q_i-1) \mid q_i^{f_i-1}(q_i-1), \text{ 즉 } \left(p_j^{e_j}-p_j^{e_j-1}\right) \mid \left(q_i^{f_i}-q_i^{f_i-1}\right)$$

이므로 정리 6.1.3과 정리 6.1.9에 의하여

$$\varphi(m)=\left(p_1^{e_1}-p_1^{e_1-1}\right)\left(p_2^{e_2}-p_2^{e_2-1}\right) \cdots \left(p_s^{e_s}-p_s^{e_s-1}\right)$$

은 $\varphi(n)=\left(q_1^{f_1}-q_1^{f_1-1}\right)\left(q_2^{f_2}-q_2^{f_2-1}\right) \cdots \left(q_t^{f_t}-q_t^{f_t-1}\right)$의 약수이다.

6.2 함수 σ와 함수 τ

01 (1) 2, 48 (2) 12, 195 (3) 16, 2304

(4) 120, 2169504 (5) 270, 5935776 (6) 101, $2^{101}-1$

02 (1) 2 (2) 4 (3) 6 (4) 12

03 $n=p_1^{a_1} p_2^{a_2} \cdots p_r^{a_r}$이면 $\sigma(n)=\prod_{i=1}^{r}\left(1+p_i+p_i^2+\cdots+p_i^r\right)$

(1) $\left(1+p_i+p_i^2+\cdots+p_i^r\right)$가 $\sigma(n)=12$의 약수가 될 수 있는 것은 $(1+2)=3$, $(1+3)=4$, $(1+5)=6$, $(1+11)=12$이다. $\sigma(n)=12=(1+2)(1+3)$ 또는 $\sigma(n)=12=1 \cdot (1+11)$뿐이므로 $n=2 \cdot 3=6$, $n=11$ 이다.

(2) $\left(1+p_i+p_i^2+\cdots+p_i\right)$가 $\sigma(n)=18$의 약수가 될 수 있는 것은 $(1+2)=3$, $(1+5)=6$, $(1+17)=18$이다. $\sigma(n)=18=(1+2)(1+5)$ 또는 $\sigma(n)=(1+17)$뿐이므로 $n=2 \cdot 5=10$, $n=17$ 이다.

(3) $\left(1+p_i+p_i^2+\cdots+p_i^r\right)$가 $\sigma(n)=24$의 약수가 될 수 있는 것은 $(1+2)=3$, $(1+3)=4$, $(1+5)=6$, $(1+7)=8$, $(1+11)=12$, $(1+23)=24$이다. $\sigma(n)=24=(1+2)(1+7)$, $\sigma(n)=24=(1+3)(1+5)$, $\sigma(n)=24=(1+23)$뿐이므로 $n=2\cdot7=14$, $n=3\cdot5=15$, $n=23$ 이다.

(4) $(1+3)=4$, $(1+3+9)=13$뿐인데 두 항 모두 소수가 같으므로 모순이다. $\sigma(n)=52$인 n은 존재하지 않는다.

04 (1) p (p는 소수) (2) p^2 (p는 소수) (3) p^3 또는 pq (p, q는 소수)

05 (1) $1,\ p,\ p^2,\ \cdots,\ p^i,\ q,\ pq,\ p^2q,\ \cdots,\ p^iq,\ \cdots,\ q^j,\ pq^j,\ p^2q^j,\ \cdots,\ p^iq^j$

(2) $\dfrac{p^{i+1}-1}{p^i-1}\cdot\dfrac{q^{j+1}-1}{q^j-1}$

06 $n^{\tau(n)}=\prod_{d\mid n}n=\prod_{d\mid n}d\cdot\dfrac{n}{d}=\prod_{d\mid n}d\cdot\prod_{d\mid n}\dfrac{n}{d}=\left(\prod_{d\mid n}d\right)^2\quad\therefore\ \prod_{d\mid n}d=n^{\frac{\tau(n)}{2}}$

07 임의의 소수 p에 대하여 $\tau(p^{k-1})=k$이고 소수는 무수히 많이 존재하므로 $\tau(n)=k$가 되는 n은 무수히 많다.

08 $n=p_1^{e_1}p_2^{e_2}\cdots p_r^{e_r}$일 때

(1) $\tau(n)=(e_1+1)(e_2+1)\cdots(e_r+1)$이 홀수

$\Longleftrightarrow$ 모든 e_i+1은 홀수

$\Longleftrightarrow$ 모든 e_i는 짝수

$\longleftrightarrow$ n은 완전제곱수

(2) $\sigma(n)=\left(1+p_1+p_1^2+\cdots+p_1^{e_1}\right)\left(1+p_2+p_2^2+\cdots+p_2^{e_2}\right)\cdots\left(1+p_r+p_r^2+\cdots+p_r^{e_r}\right)$

$\sigma(n)$은 홀수이다 $\Longleftrightarrow$ 모든 i에 대하여 $1+p_i+p_i^2+\cdots+p_i^{e_i}$은 홀수이다

$\Longleftrightarrow$ 모든 i에 대하여 p_i가 홀수이면 e_i는 짝수이다.

$\Longleftrightarrow$ 모든 i에 대하여 p_i가 홀수이면 $p_i^{e_i}$은 완전제곱수이다.

어떤 j에 대하여 $p_j=2^k$라고 하면, k가 짝수일 때 p_j는 완전제곱수이고, k가 홀수일 때 p_j는 완전제곱수의 두 배이다. 따라서 n이 인수 2^k (k는 홀수)을 가질 때 n은 완전제곱수의 두 배이고 다른 경우는 n은 완전제곱수이다.

09 (1) (a) 210 (b) 585 (c) $1+p^k$ (d) $1+p^k+p^{2k}+\cdots+p^{ek}=\sum_{i=0}^{e}(p^k)^i=\dfrac{p^{k(e+1)}-1}{p^k-1}$

(2) $f(n)=n^k$ 은 곱셈함수이므로 정리 6.2.4에 의하여

$$F(n)=\sum_{d\mid n}f(d)=\sum_{d\mid n}d^k=\sigma_k(n)$$

도 곱셈함수이다.

(3) $\sigma_k(p^aq^b)=\sigma_k(p^a)\sigma_k(q^b)=\dfrac{p^{k(a+1)}-1}{p^k-1}\cdot\dfrac{q^{k(b+1)}-1}{q^k-1}$

(4) $\sigma_k(n)=\prod\sigma_k\left(p_i^{e_i}\right)=\prod\left[\dfrac{p_i^{k(e_i+1)}-1}{p_i-1}\right]$

6.3 뫼비우스함수 μ와 루이빌함수 λ

01 (1) $\mu(n)=-1,\quad\lambda(n)=-1$ (2) $\mu(n)=0,\quad\lambda(n)=-1$

(3) $\mu(n)=1,\quad\lambda(n)=1$ (4) $\mu(n)=0,\quad\lambda(n)=-1$

03 $n=4k$ 일 때 $\mu(n)=0$

$n=4k+1$ 일 때 $\mu(n+3)=\mu(4(k+1))=0$

$n=4k+2$ 일 때 $\mu(n+2)=\mu(4(k+1))=0$

$n=4k+3$ 일 때 $\mu(n+1)=\mu(4(k+1))=0$

04 $k\geq 4$ 일 때 $\mu(k!)=0$ 이므로

$$\begin{aligned}\sum_{k=1}^{n}\mu(k!)&=\mu(1)+\mu(1!)+\mu(3!)\\&=\mu(1)+\mu(2)+\mu(2)\mu(3)\\&=1+(-1)+(-1)^2=1\end{aligned}$$

05 함수 F를 오일러 $\varphi-$함수의 뫼비우스 변환이라 하면 정리 6.1.8과 정리 6.2.4에 의하여 F는 곱셈함수이다. 그러므로 임의의 소수 p에 대하여

$$\begin{aligned}F(p^e)&=\sum_{d\mid p^e}\varphi(d)=1+\varphi(p)+\varphi(p^2)+\cdots+\varphi(p^e)\\&=1+(p-1)+(p^2-p)+\cdots+(p^e-p^{e-1})\\&=p^e\end{aligned}$$

이므로 $n=p_1^{e_1}p_2^{e_2}\cdots p_r^{e_r}$ 일 때

$$\sum_{d\mid n}\varphi(d)=F(n)=F\left(p_1^{e_1}\right)F\left(p_2^{e_2}\right)\ \cdots\ F\left(p_r^{e_r}\right)=p_1^{e_1}p_2^{e_2}\ \cdots\ p_r^{e_r}=n$$

이다.

06 (1) 함수 $f:\mathbb{N}\to\mathbb{Z}$ 를 $f(a)=\dfrac{1}{a}$ 로 정의하면 f는 곱셈함수이므로 정리 6.3.3에 의하여

$$\begin{aligned}\sum_{d\mid n}\frac{\mu(d)}{d}&=\mu(d)f(d)=(1-f(p_1))(1-f(p_2))\ \cdots\ (1-f(p_r))\\&=\left(1-\frac{1}{p_1}\right)\left(1-\frac{1}{p_2}\right)\ \cdots\ \left(1-\frac{1}{p_r}\right)\end{aligned}$$

(2) 정리 6.3.3에 의하여

$$\begin{aligned}\sum_{d\mid n}\mu(d)\tau(d)&=(1-\tau(p_1))(1-\tau(p_2))\ \cdots\ (1-\tau(p_r))\\&=(1-2)(1-2)\ \cdots\ (1-2)=(-1)^r\end{aligned}$$

(3) 정리 6.3.3에 의하여

$$\begin{aligned}\sum_{d\mid n}\mu(d)\sigma(d)&=(1-\sigma(p_1))(1-\sigma(p_2))\ \cdots\ (1-\sigma(p_r))\\&=(1-(1+p_1))(1-(1+p_2))\ \cdots\ (1-(1+p_r))\\&=(-1)^r p_1p_2\ \cdots\ p_r\end{aligned}$$

(4) 정리 6.3.3에 의하여

$$\begin{aligned}\sum_{d\mid n}\mu(d)\varphi(d)&=(1-\varphi(p_1))(1-\varphi(p_2))\ \cdots\ (1-\varphi(p_r))\\&=(2-p_1)(2-p_2)\ \cdots\ (2-p_r)\end{aligned}$$

n이 짝수이면 2는 n의 소인수이므로 어떤 $p_i=2$ 이어서

$$\sum_{d\mid n}\mu(d)\varphi(d)=0$$

이다.

(5) $i:\mathbb{N}\to\mathbb{Z}$를 항등함수라면 i는 곱셈함수이므로 정리 6.3.3에 의하여

$$\begin{aligned}\sum_{d\mid n}d\mu(d)&=\sum_{d\mid n}\mu(d)i(d)\\&=(1-i(p_1))(1-i(p_2))\ \cdots\ (1-i(p_r))\\&=(1-p_1)(1-p_2)\ \cdots\ (1-p_r)\end{aligned}$$

07 $(m,\ n)=1$ 이라면 mn의 모든 약수 d는 $d=d_1d_2$ (단 $d_1\mid m,\ \ d_2\mid n,\ \ (d_1,\ d_2)=1$)이다. 그러면 정리 3.6.3(뫼비우스 반전공식)에 의하여

$$f(mn)=\sum_{d\mid mn}\mu(d)F\left(\frac{mn}{d}\right)=\sum_{d_1\mid m,\ d_2\mid n}\mu(d_1d_2)F\left(\frac{mn}{d_1d_2}\right)$$

$$= \sum_{d_1|m,\, d_2|n} \mu(d_1)\mu(d_2)F\left(\frac{m}{d_1}\right)F\left(\frac{n}{d_2}\right)$$
$$= \sum_{d_1|m} \mu(d_1)F\left(\frac{m}{d_1}\right) \cdot \sum_{d_2|n} \mu(d_2)F\left(\frac{n}{d_2}\right)$$
$$= f(m) \cdot f(n)$$

6.4 완전수

01 $\sigma(2p) = 4p,\quad \sigma(2p) = 1+2+p+2p$ 이므로 $p=3$

02 $\sigma(pq) = 1+p+q+pq$ 이고 pq 가 완전수이면, 즉 $\sigma(pq) = 2pq$ 이면 $pq = 1+p+q$, 즉 $(p-1)(q-1) = 2$ 이므로 $p-1=2,\ q-1=1$, 즉 $p=3,\ q=2$ 인 경우이다.

03 (1) $n = 2^{p-1}(2^p-1)$ 이 짝수인 완전수이므로 2^p-1 은 소수이다. 따라서

$$\varphi(n) = \varphi(2^{p-1})\varphi(2^p-1)$$
$$= 2^{p-2}\cdot(2^p-2) = \frac{1}{2}2^{p-1}\cdot(2^p-2) = 2^{p-1}(2^{p-1}-1)$$

(2) $\varphi(n) = \varphi(2^{p-1})\varphi(2^p-1)$
$$= 2^{p-2}\cdot(2^p-2) = 2^{2p-2}-2^{p-1} = 2^{2p-2}+n-2^{2p-1} = n-2^{2p-2}$$

04 (1) $n = \sum_{i=1}^{2^k-1} i = \frac{2^k\cdot(2^k-1)}{2} = 2^{k-1}(2^k-1)$ 이다. 따라서 2^k-1 이 소수이므로 정리 6.4.3에 의하여 n 은 완전수이다.

(2) $n = 2^{k-1}(1+2+2^2+\cdots+2^{k-1})$
$= 2^{k-1}(2^k-1)$ 이므로 정리 6.4.3에 의하여 n 은 완전수이다.

(3) 첫 s 개 홀수의 세제곱의 합은

$$1^3+3^3+5^3+\cdots+(2s-1)^3 = s^2(2s^2-1)$$

이므로 $2^{\frac{p-1}{2}}$ 개의 홀수의 세제곱의 합은

$$n = 1^3+3^3+5^3+\cdots+\left(2\cdot 2^{\frac{p-1}{2}}-1\right)^3 = \left(2^{\frac{p-1}{2}}\right)^2\cdot\left(2\left(2^{\frac{p-1}{2}}\right)^2-1\right)$$
$$= 2^{p-1}\cdot(2^p-1)$$

따라서 n 은 완전수이다.

(4) $28 = 1+2+3+4+5+6+(2^3-1)$ $\qquad$ $496 = 1+2+3+\cdots+(2^5-1)$

$28 = 2^2 + 2^3 + 2^4$　　　$496 = 2^4 + 2^5 + 2^6 + 2^7 + 2^8$

$28 = 1^3 + 3^3$　　　$496 = 1^3 + 3^3 + 5^3 + 7^3$

05 $28 = 2^2(2^3 - 1)$, $496 = 2^4(2^5 - 1)$은 법 9에 관하여 1과 합동이다. $p \geq 5$인 모든 소수 p는 $p = 6k+1$ 또는 $p = 6k+5$이고 $2^6 \equiv 1 \pmod 9$이므로 어떤 경우이든 $n = 2^{p-1}(2^p - 1) \equiv 1 \pmod 9$이다.

06 (1) $\sigma(p^e) = 2p^e$라면 $1 + p + \cdots + p^{e-1} = p^e$이고 $\dfrac{p^e - 1}{p - 1} = p^e$, $p^{e+1} = 2p^e - 1$이다.

그러나 $2p^e - 1 < 2p^e < p \cdot p^e = p^{e+1}$이므로 $\sigma(p^e) \neq 2p^e$이다.

(2) $2 < (p-1)(q-1) = pq - p - q + 1$, 즉 $pq > p + q + 1$이므로 $\sigma(pq) = 1 + p + q + pq < 2pq$

07 (1) $n - 1 + 2 + 3 + \cdots + (2^k - 1)$

(2) $\varphi(n) = \varphi(2^{k-1})\varphi(2^k - 1)$

$= 2^{k-2} \cdot (2^k - 2)$ ($2^k - 1$은 소수이므로)

$= 2^{k-1}(2^{k-1} - 1)$

08 (1) $\sigma(n) = \sum_{d|n} d = \sum_{d|n} \dfrac{n}{d} = n \sum_{d|n} \dfrac{1}{d}$, $\sigma(n) = 2n$이므로 $\sum_{d|n} \dfrac{1}{d} = 2$이다.

(2) $b | d$라 하면 $b | n$이고, $d < n$이므로 n은 d의 약수가 아니다. 더욱이 n이 완전수이므로 (1)에 의하여 $\sum_{a|n} \dfrac{1}{a} = 2$이므로

$$\sum_{b|d} \frac{1}{b} \leq \sum_{a|n} \frac{1}{a} - \frac{1}{n} = 2 - \frac{1}{n}$$

이다. 즉 $\sum_{b|d} \dfrac{1}{b} \neq 2$이므로 (1)에 의하여 d는 완전수가 아니다.

09 (1) 자명하다.

(2) $2n - \sigma(n) = 2p^k - \sigma(p^k)$

$= 2p^k - (1 + p + p^2 + \cdots + p^{k-1} + p^k)$

$= p^k - (1 + p + p^2 + \cdots + p^{k-1})$

$= p^k - \dfrac{p^k - 1}{p - 1} > p^k - (p^k - 1) = 1 > 0$

(3) n이 짝수인 완전수이므로 정리 6.4.3에 의하여 $p = 2^k - 1$은 소수이고 $k > 1$이므로 $p > 2$이다. $n = 2^{k-1}p$의 약수 d $(1 < d < n)$는

$$d=2^m\ (1 \le m \le k-1) \quad \text{또는} \quad d=2^m p\ (0 \le m \le k-2)$$

의 꼴로 표시된다.

$d=2^m\ (1 \le m \le k-1)$ 인 경우:

$$\sigma(d)=\sigma(2^m)=\frac{2^{m+1}-1}{2-1}<2^{m+1}=2\cdot 2^m=2d$$

$d=2^m p\ (0 \le m \le k-2)$ 인 경우:

$(2^m,\ p)=1$ 이고 σ 는 곱셈함수이므로

$$\begin{aligned}\sigma(d)=\sigma(2^m p)=\sigma(2^m)\sigma(p)&=\frac{2^{m+1}-1}{2-1}\cdot(p+1)\\ &=2^{m+1}p+2^{m+1}-p-1\\ &=2^{m+1}p+2^{m+1}-(2^k-1)-1\\ &=2^{m+1}p+(2^{m+1}-2^k)\\ &<2^{m+1}p \quad (m+1<k \text{ 이므로 } 2^{m+1}<2^k)\\ &=2\cdot 2^m p=2d\end{aligned}$$

10 (1) 자명하다.

(2) $\sigma(n)=\sigma(3)\sigma(2^k)=(1+3)(2^{k+1}-1)$

$$\begin{aligned}&=3(2^{k+1}-1)+(2^{k+1}-1)\\ &=3\cdot 2^{k+1}+(2^{k+1}-4)>3\cdot 2^{k+1}=2\cdot 3\cdot 2^k=2n\end{aligned}$$

(3) 2^k-1 이 합성수이므로 $\sigma(2^k-1)>1+(2^k-1)=2^k$ 이고 2^k-1 은 홀수이므로 $(2,\ 2^k-1)=1,\ (2^{k-1},\ 2^k-1)=1$ 이다. 따라서

$$\begin{aligned}\sigma(n)=\sigma(2^{k-1}(2^k-1))&=\sigma(2^{k-1})\sigma(2^k-1)\\ &=\frac{2^k-1}{2-1}\cdot\sigma(2^k-1)>(2^k-1)\cdot 2^k=2\cdot 2^{k-1}(2^k-1)=2n\end{aligned}$$

(4) $m=nk(k \ge 1)$ 라면 n 의 모든 약수 d 와 dk 는 m 의 약수이므로

$$\sigma(m) \ge \sum_{d\mid n}(k+1)d=(k+1)\sum_{d\mid n}d=(k+1)\sigma(n) \ge (k+1)2n \ge 2kn=2m$$

11 (1) 당연하다.

(2) 두 정수 $r,\ s$ 에 대하여 $\sigma(rs) \ge rs+r+s+1$ 이다. $n=2^q t$ ($t>1$는 홀수)라 하면

$$\begin{aligned}2n=2^{q+1}t=\sigma(\sigma(2^q t))&=\sigma((2^{q+1}-1)\sigma(t))\\ &\ge (2^{q+1}-1)\sigma(t)+(2^{q+1}-1)+\sigma(t)+1>2^{q+1}\sigma(t)\\ &\ge 2^{q+1}(1+t)\end{aligned}$$

이다. $t>(1+t)$ 가 되어 모순이다.

(3) $\sigma(\sigma(n))=\sigma(\sigma(2^q))=\sigma(2^{q+1}-1)=(2^{q+1}-1)+1=2^{q+1}=2\cdot 2^q=2n$

(4) $\sigma(\sigma(p^2))=2p^2$ 이라면 $\sigma(1+p+p^2)=2p^2$ 이다.

$1+p+p^2=q^a r^b s^c$ 을 $1+p+p^2$ 의 소인수분해라면 $\sigma(1+p+p^2)=\sigma(q^a)\sigma(r^b)\sigma(s^c)=2p^2$ 이고 $\sigma(q^a)=2$ 가 되어 모순이다. 즉 $1+p+p^2$ 의 소인수는 두 개가 되어 $1+p+p^2=q^a r^b$ (q, r은 소수)로 쓸 수 있고 $\sigma(q^a r^b)=2p^2$ 이다. 그러면 $1+q+q^2+\cdots+q^a=p$, $1+r+r^2+\cdots+r^b=2p$이므로 $p\equiv 1 \pmod{q}$, $3\equiv p^2+p+1=q^a r^b\equiv 0 \pmod{q}$가 되어 $q=3$ 이다. $p\equiv 1 \pmod{3}$ 이므로 $p^2+p+1\equiv 3 \pmod{9}$ 이다. 따라서 $a=1$ 이고 $\sigma(q^a)=\sigma(3)=4$ 가 되어 이것은 $\sigma(q^a r^b)=2p^2$(p는 홀수인 소수)라는 사실에 모순이다.

12 (1) $\sigma(220)=\sigma(2^2)\sigma(5)\sigma(11)=7\cdot 6\cdot 12=504$

$\sigma(284)=\sigma(2^2)\sigma(71)=7\cdot 72=504$

따라서 $\sigma(220)=\sigma(284)=504=220+284$

(2) $\sigma(p)=p+1\neq\sigma(1)=1$ 이므로 p, 1은 친화쌍이 아니다. p 와 $n(>1)$ 을 친화쌍이라면

$$1+p=\sigma(p)=p+n$$

즉 $n=1$ 이 되어 모순이다. 따라서 소수 p는 어떤 양의 정수 n과 친화쌍이 될 수 없다.

(3) $\sigma(2^n(3\cdot 2^{n-1}-1)(3\cdot 2^n-1))=(2^{n+1}-1)3\cdot 2^{n-1}\cdot 3\cdot 2^n=(2^{n+1}-1)3^2\cdot 2^{2n-1}$

$\sigma(2^n(3^2\cdot 2^{2n-1}-1))=(2^{n+1}-1)\cdot 3^2\cdot 2^{2n-1}$

$2^n(3\cdot 2^{n-1}-1)(3\cdot 2^n-1)+2^n(3^2\cdot 2^{2n-1}-1)$

$=2^n(3^2\cdot 2^{2n-1}-3\cdot 2^{n-1}-3\cdot 2^n+1+3^2\cdot 2^{2n-1}-1)$

$=2^n(3^2\cdot 2^{2n-1}-3\cdot 2^{n-1}(1+2)+3^2\cdot 2^{2n-1})$

$=2^n\cdot 3^2(2^{2n}-2^{n-1})=2^{2n-1}\cdot 3^2\cdot(2^{n+1}-1)$

(4) (220, 284)

6.5 메르센 소수

01 (1) $7\,|\,91$ 이므로 $127=2^7-1\,|\,2^{91}-1$

(2) $3\,|\,111$ 이므로 $7=2^3-1\,|\,2^{111}-1$

(3) $7\,|\,1001$ 이므로 $127-2^7-1\,|\,2^{1001}-1$

(4) $17\,|\,289$ 이므로 $131071=2^{17}-1\,|\,2^{289}-1$

02 (1) (2) (3)

03 $101 \equiv 1 \pmod{4}$ 이므로 $3^{101}-1 \equiv 3^1-1 \equiv 2 \pmod{3^4-1}$

04 (1) (3) (4)

05 3이 아닌 모든 메르센 소수는 홀수인 소수 p에 대하여 $M_p=2^p-1$이다.

홀수인 소수 p는 $p=4k+1$ 또는 $p=4k+3$이다.

$p=4k+1$인 경우: $2^p \equiv 2^{4k+1} \equiv (2^4)^k \cdot 2 \equiv 6^k \cdot 2 \equiv 6 \cdot 2 \equiv 2 \pmod{10}$

$p=4k+3$인 경우: $2^p \equiv 2^{4k+3} \equiv (2^4)^k \cdot 2^3 \equiv 6^k \cdot 8 \equiv 6 \cdot 8 \equiv 8 \pmod{10}$

따라서 $M_p=2^p-1 \equiv 1 \pmod{10}$ 또는 $M_p=2^p-1 \equiv 7 \pmod{10}$

06 연습문제 5에 의하여 M_p의 끝자리 수는 1 또는 7이므로 $M_p=2^p-1$의 자릿수와 2^p의 자릿수는 같아서 2^p의 자릿수를 구하면 된다. 2^p의 자릿수$=\lceil \log 2^p \rceil = \lceil p\log 2 \rceil$ 이므로

$$
\begin{aligned}
M_{2281}\text{의 자릿수} &= 2^{2281}\text{의 자릿수} \\
&= \lceil 2281 \times 0.30102995664 \rceil \\
&= 33265
\end{aligned}
$$

07 (1) $2^{121} \equiv (2^{10})^{12} \cdot 2 \equiv (24)^{12} \cdot 2 \equiv 76 \cdot 2 \equiv 52 \pmod{100}$

따라서 $M_{121}=2^{121}-1$의 끝 두 자리 수는 51이다.

(2) $2^{1132} \equiv (2^{10})^{113} \cdot 2^2 \equiv (24)^{113} \cdot 2^2 \equiv (24)^{112} \cdot 24 \cdot 2^2 \equiv 76 \cdot 24 \cdot 4 \equiv 96 \pmod{100}$

따라서 $M_{1132}=2^{1132}-1$의 끝 두 자리 수는 95이다.

08 (1) $M_n(M_n+2)=(2^n-1)(2^n+1)=2^{2n}-1$이다.

$2n+1$이 소수이면 $\varphi(2n+1)=2n$이므로 오일러 정리에 의하여 $2^{2n} \equiv 1 \pmod{2n+1}$이다. 따라서 $(2n+1) \mid 2^{2n}-1=M_n(M_n+2)$ 이므로 $(2n+1) \mid M_n$ 또는 $(2n+1) \mid (M_n+2)$

(2) $23 \nmid (M_{11}+2)=2049$ 이므로 $23 \mid M_{11}=2047$

$47 \nmid (M_{23}+2)=8388609$ 이므로 $47 \mid M_{23}=8388607$

제7장 원시근과 지수

7.1 위수

01 $2^r \equiv 1 \pmod{4}$ 의 양의 정수해는 존재하지 않는다.

02

a	1	3	7	9
$ord_{10}a$	1	4	4	2

03 (1) 10

(2)

a	1	2	3	4	5	6	7	8	9	10
$ord_{11}a$	1	10	5	5	5	10	10	10	5	2

04 (1) $ord_{31}3 = 30$

(2) $ord_{31}3^k = \dfrac{30}{(k,\ 30)} = 6$ 이므로 $k=5,\ 25$ 이다.

따라서 $3^5 \equiv 26 \pmod{31}$, $3^{25} \equiv 6 \pmod{31}$ 이므로 $ord_{31}6 = ord_{31}26 = 6$ 이다.

05 $22 = ord_m 5 \le \varphi(m) \le m-1$, $m \ge 23$ 이고 $5^{22} \equiv 1 \pmod{23}$ 이므로 $ord_m 5 = 22$ 가 되는 최소인 양의 정수 m 은 $m=23$ 이다.

06 (1) $a^r \not\equiv 1 \pmod{13}$ $(1 \le r < 6)$, $4^6 \equiv 1 \pmod{13}$

(2) (3)의 특수한 경우이다.

(3) $a^{r-1}+a^{r-2}+\cdots+a+1 = \dfrac{a^r-1}{a-1} \equiv \dfrac{(a-1)^{-1}(a^r-1)}{(a-1)^{-1}(a-1)}$

$$\equiv (a-1)^{-1}\cdot 0 \equiv 0 \pmod{p}$$

07 $ord_m a = m-1$ 인 정수 a 가 존재한다면 따름정리 7.1.7에 의하여 $(m-1)\,|\,\varphi(m)$ 이다. $\varphi(m) \le m-1$ 이므로 $\varphi(m) = m-1$ 이고 따라서 정리 5.3.3에 의하여 m 은 소수이다.

08 $ord_m a = r$, $ord_m b = s$ 라 하면 $1 \equiv 1^s \equiv (ab)^s \equiv a^s b^s \equiv a^s \pmod{m}$ 이므로 정리 7.1.5에 의하여 $r\,|\,s$ 이다. 마찬가지로 $1 \equiv 1^r \equiv (ab)^r \equiv a^r b^r \equiv b^r \pmod{m}$ 이므로 정리 7.1.5에 의하여 $s\,|\,r$ 이다. 따라서 $r=s$ 이다.

09 (1) $p=7$, $a=5$로 택하면 $ord_7 5=6\neq 3=ord_7 2$

(2) $m=8$, $(a,\ 8)=1$이라면 a는 홀수이고 $a^2\equiv 1\ (\bmod 8)$이다. 즉 $(a,\ 8)=1$일 때 $ord_8 a\leq 2$이다. 따라서 $4\mid\varphi(m)=4$이지만 $ord_8 a=4$가 되는 a는 존재하지 않는다.

10 분명히 법 2^n-1에 관한 2의 위수는 n이다. 그러므로 정리 7.1.5에 의하여 $n\mid\varphi(2^n-1)$이다.

11 정리 7.1.11에 의하여 $ord_m a^s=\dfrac{rs}{(rs,\ s)}=\dfrac{rs}{s}=r$

12 $r=ord_5 3=4$, $s=ord_7 3=6$이고 따라서 정리 7.1.16에 의하여 $t=ord_{35}3=[4,\ 6]=12$이다. 따라서 $rst=4\times 6\times 12=288$이다.

13 (1) $2^{2^n}\equiv -1\ (\bmod p)$이므로 $\left(2^{2^n}\right)^2\equiv 2^{2^{n+1}}\equiv 1\ (\bmod p)$이다. 그러므로 $ord_p 2=r$이라면 $r\mid 2^{n+1}$이다. 만약 $r=2^k$, $k<n+1$이라면 $2^r\equiv 2^{2^k}\equiv 1\ (\bmod p)$이고 $2^{2^n}\equiv 1\ (\bmod p)$가 되어 모순이다. 따라서 $r=2^{n+1}$이다.

(2) $2^{n+1}=ord_p 2\mid\varphi(p)=(p-1)$

14 (1) $p\mid a^2+1$이라면 $a^2\equiv -1\not\equiv 1\ (\bmod p)$, $a^4\equiv 1\ (\bmod p)$이므로 $ord_p a=4$이다. 따라서 따름정리 7.1.7에 의하여 $4\mid\varphi(p)=p-1$, 즉 $p=4k+1$이다.

(2) $4k+1$의 꼴인 소수가 유한개 $p_1,\ p_2,\ \cdots,\ p_n$ 존재한다고 가정하자. $N=(2p_1p_2\cdots p_n)^2+1$을 생각하면 N의 홀수인 소수 p가 존재하고 (1)에 의하여 p는 $4k+1$의 꼴이다. 그러므로 가정에 의하여 p는 $p_1,\ p_2,\ \cdots,\ p_n$ 중의 하나이어야 한다. 그러면 $p\mid(2p_1p_2\cdots p_n)^2$, $p\mid N$이므로 $p\mid\left[N-(2p_1p_2\cdots p_n)^2\right]=1$이 되어 모순이다.

15 (1) $ord_q a=n$이라면 $a^p\equiv 1\ (\bmod q)$이므로 $n\mid p$, 즉 $n=1$ 또는 $n=p$이다.
$n=1$이면 $a^1\equiv 1\ (\bmod q)$ 즉 $q\mid(a-1)$이다.
$n=p$이면 따름정리 7.1.7에 의하여 $p\mid\varphi(q)=q-1$, $q-1=ph\ (h\in\mathbb{Z})$이다.
p, q는 홀수이므로 h는 짝수이어야 하므로 $q=2pk+1\ (k\in\mathbb{Z})$이다.

(2) $q\mid M_p=2^p-1$이라면 (1)에 의하여 $q=2kp+1\ (k\in\mathbb{Z})$이다.

(3) q를 $M_{11}=2^{11}-1$의 가장 작은 소인수라면 $q\leq 45<\sqrt{2047}$이고 (2)에 의하여 $q=22k+1$ $(k\in\mathbb{Z})$의 형태이므로 $q=23$이다. 따라서 $M_{11}=2047=23\cdot 89$이다.

16 분명히 $x=1$, $y=2$는 $3^x=2^y-1$의 해이다. $x=a\,(\geq 2)$, $y=b\,(\geq 1)$를 $3^x=2^y-1$의 해라

고 가정하면 $3^a=2^b-1$, $3^2 \mid 3^a$ 이므로 $2^b \equiv 1 \pmod 9$ 이다. 그런데 $2^1 \equiv 2$, $2^2 \equiv 4$, $2^3 \equiv 8$, $2^4 \equiv 7$, $2^5 \equiv 5$, $2^6 \equiv 1 \pmod 9$ 이므로 $ord_9 2=6$ 이다. 따라서 정리 7.1.5에 의하여 $6 \mid b$ 이므로 $b=6k$ 이고 $2^3 \equiv 1 \pmod 7$ 이므로

$$2^b \equiv 2^{6k} \equiv (2^3)^{2k} \equiv 1^{2k} \equiv 1 \pmod 7$$

이다. 즉, $3^a=2^b-1 \equiv 0 \pmod 7$, $7 \mid 3^a$ 가 되어 모순이다. 그러므로 $3^x=2^y-1$ 의 양의 정수해는 $x=1$, $y=2$ 뿐이다.

7.2 원시근

01 5

02 2, 6, 7, 11

03 $ord_{12}5=ord_{12}7=ord_{12}11=2 \neq \varphi(12)=4$

04 (1), (3), (4)

05 12개

06 (ㄱ), (ㄷ)

07 (1) $ord_m a^{-1}=h$ 라 하면 $h \mid \varphi(m)$ 이다. 한편 $1 \equiv aa^{-1} \equiv (aa^{-1})^h \equiv a^h \pmod m$ 이므로 $ord_m a=\varphi(m) \mid h$ 이다. 따라서 $ord_m a^{-1}=h=\varphi(m)$ 이다.

(2) $a^{\varphi(m)} \equiv 1 \pmod m$, $aa^{-1} \equiv 1 \pmod m$ 이므로 $aa^{-1} \equiv a^{\varphi(m)}=aa^{\varphi(m)-1} \pmod m$ 이다. 따라서 $(a, m)=1$ 이므로 $a^{-1} \equiv a^{\varphi(m)-1} \pmod m$ 이다.

08 (1) 정리 7.2.5(4)에 의하여 $S=\{a, a^2, \cdots, a^{p-1}\}$ 는 법 p 에 관한 기약잉여계이고 $(b, p)=1$ 이므로 $b=a^k$ $(1 \le k \le p-1)$ 이다. 그러므로 정리 7.2.5(3)에 의하여

$$p-1=ord_p b=ord_p a^k=\frac{p-1}{(p-1, k)}$$

가 되어 $(p-1, k)=1$, 즉 k 는 홀수이다.

(2) (1)에 의하여 $b=a^k$ (k 는 홀수)이므로 $k+1=2n$ 으로 표시되고

$$(ab)^{\frac{p-1}{2}} = \left(a^{k+1}\right)^{\frac{p-1}{2}} = \left(a^n\right)^{p-1} \equiv 1 \pmod{p} \quad \text{(오일러 정리)}$$

따라서 정리 7.1.5에 의하여 $ord_p ab$는 $\dfrac{p-1}{2}$의 약수이므로 $ord_p(ab) \neq p-1$이다.

09 정리 7.2.5에 의하여 법 p에 관한 원시근은 $\varphi(\varphi(p)) = \varphi(p-1)$개 존재한다. 정리 6.1.11에 의하여 $\varphi(p-1)$은 짝수이다.

10 (1) $\left(a^{\frac{p-1}{2}}\right)^2 = a^{p-1} = a^{\varphi(p)} \equiv 1 \pmod{p}$이므로

$p \mid \left(a^{\frac{p-1}{2}}+1\right)\left(a^{\frac{p-1}{2}}-1\right)$, 즉 $p \mid \left(a^{\frac{p-1}{2}}+1\right)$ 또는 $p \mid \left(a^{\frac{p-1}{2}}-1\right)$이다.

a가 법 p에 관한 원시근이므로 $a^{\frac{p-1}{2}} \not\equiv 1 \pmod{p}$이다. 따라서 $a^{\frac{p-1}{2}} \equiv -1 \pmod{p}$이다.

(2) a가 법 m에 관한 원시근이므로 $\{1,\ a,\ a^2,\ \cdots,\ a^{\varphi(m)-1}\}$은 법 m에 관한 기약잉여계이고 $(-1,\ m)=1$이므로

$$a^t \equiv -1 \pmod{m}, \quad 0 < t \leq \varphi(m)-1$$

을 만족하는 정수 t가 존재한다. 그러므로

$$\begin{aligned} a^{2t} \equiv 1 \pmod{m} \quad &\Rightarrow \quad ord_m a = \varphi(m) \mid 2t \\ &\Rightarrow \quad \frac{\varphi(m)}{2} \mid t \quad (\text{정리 6.1.11에 의하여 } 2 \mid \varphi(m)) \\ &\Rightarrow \quad t = \frac{\varphi(m)}{2} \cdot k \quad (k \in \mathbb{Z}) \\ &\Rightarrow \quad k = 1 \quad (\because\ k \geq 2 \text{ 이면 } t \geq \varphi(m)) \end{aligned}$$

이다. 따라서 $t = \dfrac{\varphi(m)}{2}$, 즉 $a^{\frac{\varphi(m)}{2}} \equiv -1 \pmod{m}$이다.

(3) $p=7,\ a=6$일 때 $(p,\ a)=1$이고 $a^{\frac{p-1}{2}} \equiv -1 \pmod{p}$를 만족시키지만 $a=6$은 법 p에 관한 원시근이 아니다.

11 법 11에 관한 원시근은 2, 6, 7, 8이다.

(1) $2 \times 6 \equiv 1 \pmod{11}$은 원시근이 아니다.

(2) $2+7 \equiv 9 \pmod{11}$는 원시근이 아니다.

12 (1) 정리 7.2.5 (4)에 의하여 $\{g,\ g^2,\ \cdots,\ g^{\varphi(m)}\}$은 법 m에 관한 기약잉여계이므로 문제 5.3의 6번에 의하여 $g + g^2 + \cdots + g^{\varphi(m)} \equiv 0 \pmod{m}$이다.

(2) 정리 6.1.11에 의하여 $\varphi(m)$은 짝수이고 오일러 정리에 의하여

$$(a^2)^{\frac{\varphi(m)}{2}} = a^{\varphi(m)} \equiv 1 \pmod{m}$$

이므로

$$ord_m a^2 \le \frac{\varphi(m)}{2} < \varphi(m)$$

이다. 따라서 a^2은 법 m에 관한 원시근이 아니다.

13 g를 법 n에 관한 원시근이라 하면 $g^{\frac{\varphi(n)}{2}} \equiv -1 \pmod{n}$이다(연습문제 7.2의 10번). 정리 7.2.5 (4)에 의하여 $\{g, g^2, \cdots, g^{\varphi(n)}\}$은 법 n에 관한 기약잉여계이다. 따라서

$$\begin{aligned}\prod_{a \in \mathbb{Z}_n^*} a \equiv g \cdot g^2 \cdot \cdots \cdot g^{\varphi(n)} &= g^{\sum_{i=1}^{\varphi(n)} i} = g^{\frac{\varphi(n)(\varphi(n)+1)}{2}} \\ &\equiv (-1)^{\varphi(n)+1} \pmod{n} \\ &\equiv -1 \pmod{n} \quad (\because \text{ 정리 6.1.11에 의하여 } \varphi(n) \text{ 은 짝수})\end{aligned}$$

7.3 소수의 원시근

01 (1) 2, 5 (2) 없음 (3) 2, 4

02 $x-1 \equiv 0 \pmod{7}$의 해는 1

$x^2-1 \equiv 0 \pmod{7}$의 해는 1, 6

$x^3-1 \equiv 0 \pmod{7}$의 해는 1, 2, 4

$x^6-1 \equiv 0 \pmod{7}$의 해는 1, 2, 3, 4, 5, 6

03 정리 7.3.13에 의하여 $\varphi(8) = 4$개

04 (1), (2) $\Psi(1) = 1 = \varphi(1)$, $\Psi(2) = 1 = \varphi(2)$, $\Psi(3) = 2 = \varphi(3)$

$\Psi(4) = 2 = \varphi(4)$, $\Psi(6) = 2 = \varphi(6)$, $\Psi(12) = 4 = \varphi(12)$

(3) $\sum_{d \mid 12} \Psi(d) = 12$

05 $f(x) = (x-1)(x-2)(x-3)(x-4)(x-5)(x-6) - (x^6-1)$

$= a_5x^5 + a_4x^4 + a_3x^3 + a_2x^2 + a_1x + a_0$

라 하면 페르마 정리에 의하여 1, 2, 3, 4, 5, 6 은 $f(x) \equiv 0 \pmod{7}$의 해이다.

라그랑주 정리에 의하여 $a_5 \equiv a_4 \equiv a_3 \equiv a_2 \equiv a_1 \equiv a_0 \equiv 0 \pmod{7}$이다.

06 (1) 정리 7.2.5 (4)에 의하여 $\{1,\ 3,\ 3^2,\ 3^3,\ 3^4,\ 3^5\}$은 법 7에 관한 기약잉여계이므로

$$1+3+3^2+3^3+3^4+3^5 \equiv 1+2+3+4+5+6 \equiv 0 \pmod 7$$

(2) $(\alpha-1)(\alpha^{p-2}+\alpha^{p-3}+\ \cdots\ +\alpha+1)=\alpha^{p-1}-1 \equiv 0 \pmod p$

$\alpha \not\equiv 1 \pmod p$ 이므로 $\alpha^{p-2}+\alpha^{p-3}+\ \cdots\ +\alpha+1 \equiv 0 \pmod p$

07 $4 \mid p-1$ 이므로 정리 7.3.13에 의하여 법 p에 관한 위수가 4인 정수 a가 존재하여

$$a^4 \equiv 1 \pmod p,\ \text{즉}\ (a^2-1)(a^2+1) \equiv 0 \pmod p$$

이다. p가 소수이므로 정리 3.3.1에 의하여 다음이 성립한다.

$$a^2-1 \equiv 0 \pmod p\ \ \text{또는}\ \ a^2+1 \equiv 0 \pmod p$$

만약 $a^2-1 \equiv 0 \pmod p$ 이라면 $ord_p a=4$에 모순이다. 따라서 $a^2 \equiv -1 \pmod p$가 되어 $x \equiv a \pmod p$는 $x^2 \equiv -1 \pmod p$의 해이다.

08 a가 법 p에 관한 원시근이므로

$$a^{p-1}-1=\left(a^{\frac{p-1}{2}}+1\right)\left(a^{\frac{p-1}{2}}-1\right) \equiv 0 \pmod p$$

이고 $a^{\frac{p-1}{2}}-1 \not\equiv 0 \pmod p$ 이므로 $a^{\frac{p-1}{2}}+1 \equiv 0 \pmod p$ 이다. 그러면

$$a^{2k+1}=a^{\frac{p-1}{2}} \equiv -1 \pmod p,\ (-a)^{\frac{p-1}{2}}=(-a)^{2k+1} \equiv 1 \pmod p$$

이다. 그러므로 $ord_p(-a) \mid (2k+1)$이다. 한편 $ord_p(-a)=r\ (r<2k+1)$이라면 $(-a)^r \equiv 1 \pmod p$, $a^r \equiv -1 \pmod p$이고 $a^{2r} \equiv 1 \pmod p$가 되어 $(p-1) \mid 2r$, 즉 $\frac{p-1}{2} \mid r$이다. 하지만 $r<2k+1=\frac{p-1}{2}$ 이므로 모순이다. 따라서 $ord_p(-a)=r=2k+1=\frac{p-1}{2}$ 이다.

09 $p \equiv 1 \pmod 8$ 이라 하면 $\frac{p-1}{8}$은 양의 정수이다. a를 법 p에 관한 원시근이라면 연습문제 7.2의 10번에 의하여 $a^{\frac{p-1}{2}} \equiv -1 \pmod p$ 이다. 그러면

$$\left(a^{\frac{p-1}{8}}\right)^4 \equiv a^{\frac{p-1}{2}} \equiv -1 \pmod p$$

이므로 $x=a^{\frac{p-1}{8}}$는 합동식 $x^4 \equiv -1 \pmod p$의 해이다.

역으로 합동식 $x^4 \equiv -1 \pmod p$가 정수해 a를 가진다고 가정하자. 그러면 $x^4 \equiv -1 \pmod p$ 이므로 정리 4.1.27에 의하여 $(a^4,\ p)=(-1,\ p)=1$이고 따름정리 3.1.12에 의하여 $(a,\ p)=1$이다. 따라서

$$a^8 \equiv (a^4)^2 \equiv (-1)^2 \equiv 1 \pmod{p}$$

이므로 $ord_p a \mid 8$ 이다. 그런데 $a^4 \not\equiv 1 \pmod{p}$ 이므로 $a \not\equiv 1 \pmod{p}$, $a^2 \not\equiv 1 \pmod{p}$ 이다. 즉 $ord_p a = 8$ 이다. 그러므로 따름정리 7.1.7에 의하여 $8 \mid \varphi(p) = p-1$, 즉 $p \equiv 1 \pmod{8}$ 이다.

10 정리 7.2.5에 의하여 $n = \varphi(p-1)$ 이고 g 를 법 p 에 관한 원시근이라 할 때 g^k 이 법 p 에 관한 원시근이 되기 위한 필요충분조건은 $(k,\ p-1) = 1$ 이다. 그러므로 $R = \{r_1,\ r_2,\ \cdots,\ r_n\}$ 을 법 $p-1$ 에 관한 기약잉여계라 할 때

$$\begin{aligned} a_1 a_2 \cdots a_n &\equiv g^{r_1} g^{r_2} \cdots g^{r_n} \\ &\equiv g^{r_1 + r_2 + \cdots + r_n} \\ &\equiv g^{k(p-1)} && \text{(연습문제 5.3의 6)} \\ &\equiv (g^{p-1})^k \equiv 1^k \equiv 1 \pmod{p} && \text{(페르마 정리)} \end{aligned}$$

7.4 원시근을 가진 합성수

01 4, 9, 10, 26, 27, 31

02 (1) 정리 7.4.6의 증명과정에 의하여 $ord_{11^2} 2 = 10$ 또는 $ord_{11^2} 2 = 11 \cdot 10$ 이다. $2^{11-1} = 2^{10} = 1024 \equiv 56 \not\equiv 1 \pmod{11^2}$ 이므로 $ord_{11^2} 2 = 11 \cdot 10$ 이다. 즉 2는 법 11^2 에 관한 원시근이다.

(2) 정리 7.4.10에 의하여 모든 양의 정수 k 에 대하여 2는 법 11^k 에 관한 원시근이다.

(3) 2는 법 11에 관한 원시근이고 2는 짝수이므로 정리 7.4.12에 의하여 $2 + 11 = 13$ 은 법 22에 관한 원시근이다. 따라서 법 22에 관한 모든 원시근은 정리 7.2.5에 의하여 $\varphi(\varphi(22)) = \varphi(10) = 4$ 개이고 그것들은 13^k $(1 \le k < \varphi(22) = 10,\ (k,\ \varphi(22)) = (k,\ 10))$ 이다. 즉 $13^1 \equiv 13 \pmod{22}$, $13^3 \equiv 19 \pmod{22}$, $13^7 \equiv 7 \pmod{22}$, $13^9 \equiv 17 \pmod{22}$ 이다.

03 (1) 3

(2) $3^{17-1} \not\equiv 1 \pmod{17^2}$ 이므로 정리 7.4.6의 증명과정에 의하여 $ord_{17^2} 3 = 17 \cdot 16$ 이 되어 3은 법 17^2 에 관한 원시근이다.

(3) 정리 7.4.10에 의하여 3은 법 17^k $(k \ge 1)$ 에 관한 원시근이다.

(4) 정리 7.4.12에 의하여 3은 법 34에 관한 원시근이다.

04 법 $2p^k$ 에 관한 원시근의 개수 $= \varphi(\varphi(2p^k))$

$$\begin{aligned} &= \varphi(\varphi(2)\varphi(p^k)) \\ &= \varphi(\varphi(p^k)) = \text{법 } p^k \text{에 관한 원시근의 개수} \end{aligned}$$

05 g를 법 $11 \cdot 13$에 관한 원시근이라면 $(g,\ 11 \cdot 13) = 1$이므로

$$(g,\ 11) = (g,\ 13) = 1$$

이고, 오일러 정리에 의하여

$$g^{10} \equiv 1 \pmod{11},\quad g^{12} \equiv 1 \pmod{13}$$

이다. 그러므로

$$g^{60} \equiv (g^{10})^6 \equiv 1 \pmod{11},\quad g^{60} \equiv (g^{12})^5 \equiv 1 \pmod{13}$$

이므로 $g^{60} \equiv 1 \pmod{11 \cdot 13}$이다. 이것은 $ord_{11 \cdot 13}\, g = \varphi(11 \cdot 13) = \varphi(11)\varphi(13) = 120$이므로 g가 법 $11 \cdot 13$에 관한 원시근이라는 사실에 모순이다.

06 (1) 3^2의 원시근: 2, 5

3^3의 원시근: 2, 5, 11, 14, 20, 23

(2) $2 \cdot 3^2$의 원시근: $2+3^2$, 5

$2 \cdot 3^3$의 원시근: $2+3^3$, 5, 11, $14+3^3$, $20+3^3$, 23

7.5 지수

01 (1)

a	1	2	3	4	5	6	7	8	9	10	11	12
$ind_2 a$	12	1	4	2	9	5	11	3	8	10	7	6

(2) 2, 6, 7, 11

(3)

a	1	2	3	4	5	6	7	8	9	10	11	12
$ind_2 a$	12	1	4	2	9	5	11	3	8	10	7	6
$ind_6 a$	12	5	8	10	9	1	7	3	4	2	11	6
$ind_7 a$	12	11	8	10	3	7	1	9	4	2	5	6
$ind_{11} a$	12	7	4	2	3	11	5	9	8	10	1	6

(4) (a) 2 (b) 4 (c) 3 (d) 5

02 (1) $ind_g h = i$, $ind_h g = j$라고 하면 $g^i \equiv h \pmod{m}$, $h^j \equiv g \pmod{m}$이므로

$g \equiv h^j \equiv g^{ij} \pmod{m}$이다. 따라서 정리 7.1.9에 의하여 $ij \equiv 1 \pmod{\varphi(m)}$

(2) $ind_g h = i$, $ind_h a = j$, $ind_g a = k$라고 하면

$g^i \equiv h \pmod{m}$, $h^j \equiv a \pmod{m}$, $g^k \equiv a \pmod{m}$이므로

$g^k \equiv h^j \equiv g^{ij} \pmod{m}$이다. 따라서 정리 7.1.9에 의하여 $k \equiv ij \pmod{\varphi(m)}$이다.

03 (1) $x = 26^{1001} \equiv 4^{1001} \pmod{11}$ 이라면

$$ind\,x = 1001\,ind\,4 \equiv 1001 \cdot 2 \equiv 2002 \equiv 2 \pmod{10}$$

따라서 $x \equiv 4 \pmod{11}$

(2) $x \equiv 5^{11} \cdot 7^{23} \pmod{13}$ 이라면

$$ind\,x = 11\,ind\,5 + 23\,ind\,7 = 11 \cdot 9 + 23 \cdot 11 \equiv 4 \pmod{12}$$

따라서 $x \equiv 3 \pmod{13}$

(3) $x \equiv 23^{101} \equiv 6^{101} \pmod{17}$

$ind\,x \equiv 101\,ind\,6 \equiv 101 \cdot 15 \equiv 5 \cdot 15 \equiv 11 \pmod{16}$ $\quad \therefore\ x \equiv 7 \pmod{17}$

$y \equiv 101^{23} \equiv 16^{23} \pmod{17}$

$ind\,y \equiv 23\,ind\,16 \equiv 23 \cdot 8 \equiv 8 \pmod{16}$ $\quad \therefore\ y \equiv 16 \pmod{17}$

따라서 $2^{101} + 101^{23} \equiv 7 + 16 \equiv 6 \pmod{17}$

04 $(p-1,\ p) = (-1,\ p) = 1$ 이고 $p-1 \equiv -1 \pmod{p}$ 이므로

$$ind_g(p-1) = ind_g(-1)$$

연습문제 7.2의 10번에 의하여

$$g^{\frac{p-1}{2}} \equiv -1 \pmod{p},\quad 0 < \frac{p-1}{2} < p-1 = \varphi(p)$$

이므로 $ind_g(-1) = \dfrac{p-1}{2}$ 이다.

05 (1) 오일러 정리에 의하여 $g^{\varphi(m)} \equiv 1 \pmod{m}$이고, 가정에 의하여 $gh \equiv 1 \pmod{m}$ 이므로

$$gh \equiv g^{\varphi(m)} \equiv g \cdot g^{\varphi(m)-1} \pmod{m}$$

이다. 한편 $(g,\ m) = 1$ 이므로 $h \equiv g^{\varphi(m)-1} \pmod{m}$ 이 되어 $ind_g h = \varphi(m) - 1$, 즉

$$ind_g h \equiv -1 \pmod{\varphi(m)}$$

이다. 문제 2(2)에 의하여

$$ind_g a \equiv ind_g h \cdot ind_h a \equiv -ind_h a \pmod{\varphi(m)},$$

$$\text{즉 } ind_g a + ind_h a \equiv 0 \pmod{\varphi(m)}$$

이다. 가정에 의하여 $a \not\equiv 1 \pmod{m}$ 이므로

$$ind_g a \neq ind_g 1 = 0,\quad ind_h a \neq ind_h 1 = 0$$

이다. 따라서 $0 < ind_g a < \varphi(m)$, $0 < ind_h a < \varphi(m)$ 이므로

$$0 < ind_g a + ind_h a < 2\varphi(m)$$

이다. 즉, $ind_g a + ind_h a = \varphi(m)$ 이다.

(2) 3과 6은 $3 \cdot 6 \equiv 1 \pmod{17}$ 을 만족하는 법 17에 관한 원시근이다.
그러므로 (1)의 결과에 의하여 $ind_6 a = 16 - ind_3 a$ 이므로 다음 결과를 얻는다.

a	1	2	3	4	5	6	7	8	9	10	11	12	13	14	15	16
$ind_6 a$	0	2	15	4	11	1	5	6	14	13	9	3	12	7	10	8

06 연습문제 7.2의 10번에 의하여

$$g^{\frac{\varphi(m)}{2}} \equiv -1 \pmod{m}$$

이고 $m-1 \equiv -1 \pmod{m}$ 이므로

$$ind_g(m-1) = ind_g(-1) = \frac{\varphi(m)}{2}$$

이다.

07 (1) 연습문제 7.2의 10번에 의하여

$$g^{\frac{\varphi(m)}{2}} \equiv -1 \pmod{m}$$

이므로

$$m - a \equiv -a \equiv a \cdot g^{\frac{\varphi(m)}{2}} \pmod{m}$$

이다. 따라서

$$\begin{aligned} ind_g(m-a) &= ind_g a \cdot g^{\frac{\varphi(m)}{2}} \\ &\equiv ind_g a + ind_g g^{\frac{\varphi(m)}{2}} \pmod{\varphi(m)} \quad \text{(정리 7.5.4(2))} \\ &\equiv ind_g a + \frac{\varphi(m)}{2} \pmod{\varphi(m)} \quad \text{(정리 7.5.4(3))} \end{aligned}$$

(2)

a	1	2	3	4	5	6	7	8	9	10	11	12
$ind_2 a$	12	1	4	2	9	5	11	3	8	10	7	6
$ind_6 a$	12	5	8	10	9	1	7	3	4	2	11	6
$ind_7 a$	12	11	8	10	3	7	1	9	4	2	5	6
$ind_{11} a$	12	7	4	2	3	11	5	9	8	10	1	6

08 (1) $ab \equiv 1 \pmod{m}$ 이라 하자. $(a, m) = 1$ 이므로 오일러 정리에 의하여

$$a^{\varphi(m)} \equiv 1 \pmod{m}$$

이다. 그러므로 $ab \equiv a \cdot a^{\varphi(m)-1} \pmod{m}$ 이고 $b \equiv a^{\varphi(m)-1} \pmod{m}$ 이다. 따라서 정리 7.5.4에 의하여

$$ind_g b \equiv ind_g a^{\varphi(m)-1} \pmod{m} \equiv (\varphi(m)-1) ind_g a \equiv -ind_g a \pmod{\varphi(m)},$$

즉 $ind_g a + ind_g b = \varphi(m)$ 이다.

역으로 $ind_g a + ind_g b = \varphi(m)$ 이라면

$$ind_g ab \equiv ind_g a + ind_g b = \varphi(m) \pmod{\varphi(m)},$$

즉 $ab \equiv 1 \pmod{m}$ 이다.

(2) $5 \cdot 8 \equiv 1 \pmod{13}$, 즉 $b=8$ 이므로 (1)에 의하여

$$ind_g b = \varphi(m) - ind_g a = 12 - 9 = 3$$

(3) (a) $ind_2 3 + ind_2 9 = 4 + 8 = 12$ 이므로 3은 법 13에 관한 9의 역원이다.

(b) $ind_7 5 + ind_7 10 = 3 + 2 \neq 12$ 이므로 5는 법 13에 관한 10의 역원이 아니다.

09 모든 i $(1 \leq i \leq p-1)$ 에 대하여 $(i, p)=1$ 이므로 $(i^k, p)=1$ 이다.

$i^k \equiv j^k \pmod{p}$ $(1 \leq i < j \leq p-1)$ 이라면

$$k\, ind\, i \equiv k\, ind\, j \pmod{p-1}$$

$(k, p-1)=1$ 이므로 따름정리 4.1.18에 의하여 $ind\, i \equiv ind\, j \pmod{p-1}$ 가 되어 모순이다.

즉 $i^k \not\equiv j^k \pmod{p}$ $(1 \leq i < j \leq p-1)$ 이다.

7.6 이항합동식

01 (1) $x \equiv 7 \pmod{18}$ (2) $x \equiv 4 \pmod{13}$

(3) $x \equiv 2, 5, 6 \pmod{13}$ (4) $x \equiv 3, 5, 6, 7, 10, 11, 12, 14 \pmod{17}$

02 (1) $x \equiv 13 \pmod{16}$ (2) $x \equiv 8 \pmod{12}$

(3) $x \equiv 7, 18 \pmod{22}$ (4) 해가 존재하지 않음

03 (1) 2, 5, 6 (2) 1, 3, 4, 5, 9

04 정리 4.2.2에 의해 자명하다.

05 $x^n \equiv 18 \pmod{41} \iff n\, ind\, x \equiv ind\, 18 \equiv 16 \pmod{40}$

$d=(n, 40)$ 일 때 $d \mid 16$ 일 때 d 개의 해를 가진다. 따라서

(1) 4개 (2) 없다 (3) 2개 (4) 1개

06 $a \equiv 1,\ 3,\ 9 \pmod{13}$

07 (1) $x^2 \equiv -1 \pmod{p}$가 해를 가진다. $\Longleftrightarrow$ $(-1)^{\frac{p-1}{2}} \equiv 1 \pmod{p}$ (따름정리 7.6.5)

$\Longleftrightarrow 2 \mid \frac{p-1}{2}$

$\Longleftrightarrow 4 \mid (p-1) \Longleftrightarrow p \equiv 1 \pmod{4}$

(2) $x^4 \equiv -1 \pmod{p} \Longleftrightarrow 4\, ind x = ind(-1) = \frac{p-1}{2}$ (연습문제 7.5의 4번)

$\Longleftrightarrow 4 \mid \frac{p-1}{2}$

$\Longleftrightarrow p \equiv 1 \pmod{8}$

제8장 이차잉여

8.1 이차잉여와 이차비잉여

01 (1) 1, 4 (2) 1, 2, 4

(3) 1, 3, 4, 9, 10, 12 (4) 1, 4, 5, 6, 7, 9, 11, 16, 17

02 (1) 1 (2) 1

(3) 1, 4 (4) 1, 7, 13

03 (1) $x \equiv 2,\ 4 \pmod{5}$ (2) $x \equiv 3,\ 6 \pmod{7}$

(3) $x \equiv 6,\ 9 \pmod{11}$ (4) $x \equiv 10,\ 11 \pmod{13}$

04 (1) $x \equiv 1,\ 5 \pmod{6}$ (2) 존재하지 않는다.

(3) $x \equiv 1,\ 4,\ 11,\ 14 \pmod{15}$

05 (1) $(ab)^{\frac{p-1}{2}} \equiv a^{\frac{p-1}{2}} b^{\frac{p-1}{2}} \equiv 1 \cdot 1 \equiv 1 \pmod{p}$

(2) $(ab)^{\frac{p-1}{2}} \equiv a^{\frac{p-1}{2}} b^{\frac{p-1}{2}} \equiv (-1) \cdot (-1) \equiv 1 \pmod{p}$

(3) $(ab)^{\frac{p-1}{2}} \equiv a^{\frac{p-1}{2}} b^{\frac{p-1}{2}} \equiv 1 \cdot (-1) \equiv -1 \pmod{p}$

(4) $(a^2)^{\frac{p-1}{2}} \equiv \left(a^{\frac{p-1}{2}}\right)^2 \equiv (\pm 1)^2 \equiv 1 \pmod{p}$

06 a를 $p=2^n+1$ 의 이차비잉여라면 정리 8.1.8에 의하여

$$a^{\frac{p-1}{2}} = a^{2^{n-1}} \equiv -1 \pmod{p}$$

이다. 그러면

$$a^{2^n} = \left(a^{2^{n-1}}\right)^2 \equiv (-1)^2 \equiv 1 \pmod{p}$$

이므로 정리 7.1.5에 의하여 $ord_p a \mid 2^n$ 이다. 만약 $ord_p a = 2^k$ (단, $1 \le k \le n-1$)이라면

$$a^{2^{n-1}} = \left(a^{2^k}\right)^{2^{n-1-k}} \equiv (-1)^{2^{n-1-k}} \equiv 1 \pmod{p}$$

가 되어 모순이다. 그러므로 $ord_p a = 2^n = \varphi(p)$ 이다.

8.2 르장드르 기호

01 (1) -1　(2) -1　(3) 1　(4) -1

02 (1) -1　(2) -1　(3) -1　(4) 1

03 (1) 1　(2) 1　(3) -1　(4) 1　(5) -1　(6) -1

04 1

05 이차잉여 $\{1,\ 3,\ 4,\ 5,\ 9\}$　　이차비잉여 $\{2,\ 6,\ 7,\ 8,\ 10\}$

06 (1), (2)는 해를 갖지만 (3), (4)는 갖지 않는다.

07 (1) $2^{1448} \equiv \left(\frac{2}{2897}\right) \pmod{2897}$　(정리 8.2.3)

$\equiv 1 \pmod{2897}$　(정리 8.2.13)

(2) $2^{2493} \equiv \left(\frac{2}{4987}\right) \pmod{4987}$　(정리 8.2.3)

$\equiv -1 \pmod{4987}$　(정리 8.2.13)

08 (1) $1 = \left(\frac{2}{p}\right) \equiv 2^{\frac{p-1}{2}} \pmod{p}$ (2) 자명함

09
$$\left(\frac{a}{p}\right)+\left(\frac{2a}{p}\right)+\cdots+\left(\frac{(p-1)a}{p}\right)=\left(\frac{a}{p}\right)\left[\left(\frac{1}{p}\right)+\left(\frac{2}{p}\right)+\cdots+\left(\frac{p-1}{p}\right)\right] \quad \text{(정리 8.2.5)}$$
$$=\left(\frac{a}{p}\right)\cdot 0 \quad \text{(정리 8.2.10)}$$
$$=0$$

10
$$\prod_{i=1}^{p-1}\left(\frac{i}{p}\right)=\left(\frac{(p-1)!}{p}\right) \quad \text{(정리 8.2.5)}$$
$$=\left(\frac{-1}{p}\right) \quad \text{(윌슨 정리)}$$
$$=\begin{cases} 1, & p\equiv 1 \pmod 4 \text{일 때} \\ -1, & p\equiv 3 \pmod 4 \text{일 때}\end{cases} \quad \text{(따름정리 8.2.7)}$$

11
$$\left(\frac{-2}{p}\right)=\left(\frac{-1}{p}\right)\left(\frac{2}{p}\right)=(-1)^{\frac{p-1}{2}}\left(\frac{2}{p}\right)$$
$$=\begin{cases}(-1)^{4k}\cdot 1=1 & (p\equiv 1 \pmod 8 \text{ 일 때}) \\ (-1)^{4k+1}\cdot(-1)=1 & (p\equiv 3 \pmod 8 \text{ 일 때}) \\ (-1)^{4k+2}\cdot(-1)=-1 & (p\equiv 5 \pmod 8 \text{ 일 때}) \\ (-1)^{4k+3}\cdot 1=-1 & (p\equiv 7 \pmod 8 \text{ 일 때})\end{cases}$$

12 $x_0^2 \equiv a \pmod{p^2}$이면 $x_0^2 \equiv a \pmod{p}$이므로 $\left(\frac{a}{p}\right)=1$이다.

역으로 $\left(\frac{a}{p}\right)=1$이라면 $x^2 \equiv a \pmod{p}$는 해를 가진다.

합동식 $x^2 \equiv a \pmod{p^n}$가 해 x_0를 가진다고 가정하자. 그러면 $x_0^2 = a+bp^n$인 정수 b가 존재한다. 이제 y_0를 $2x_0 y \equiv -b \pmod{p}$의 해라 하면, 즉 $2x_0 y_0 = -b+kp$라 하면

$$(x_0+y_0p^n)^2 \equiv x_0^2+2x_0y_0p^n+y_0^2p^{2n} \equiv a+bp^n+(-b+kp)p^n+y_0^2p^{2n}$$
$$\equiv a \pmod{p^{n+1}}$$

이다. 즉 $x_0+y_0p^n$은 $x^2 \equiv a \pmod{p^{n+1}}$의 해이다. 따라서 수학적 귀납법에 의하여 모든 양의 정수 n에 대하여 $x^2 \equiv a \pmod{p^n}$은 해를 가진다.

13 $ind_g a = 2k$라 하면 $(g^k)^2 \equiv g^{2k} \equiv a \pmod{p}$ 이므로 $\left(\frac{a}{p}\right)=1$ 이다.

역으로 x_0를 $x^2 \equiv a \pmod{p}$의 해라 하고 $i = ind_g x_0$라 하면, $1 \le i \le p-1$, $g^i \equiv x_0 \pmod{p}$이고 $g^{2i} \equiv x_0^{\,2} \equiv a \pmod{p}$이다. 그러므로 $ind_g a = 2i$ 또는 $ind_g a = 2i-(p-1)$은 짝수이다.

14 (1) p의 원시근 g가 p의 이차잉여라면

$$x_0^{\,2} \equiv g \pmod{p}$$

가 성립하는 정수 x_0가 존재한다. 그러면 페르마 정리에 의하여

$$g^{\frac{p-1}{2}} \equiv x_0^{\,p-1} \equiv 1 \pmod{p}$$

이다. 이는 $ord_p g = p-1$이라는 사실에 모순이다.

(2) (1)에 의하여 p의 모든 원시근은 이차비잉여이고 p의 이차비잉여의 개수는 $\frac{p-1}{2}$, p의 원시근의 개수는 $\varphi(p-1)$이므로 원시근이 아닌 이차비잉여의 개수는 $\frac{p-1}{2}-\varphi(p-1)$이다.

15 $p-1 \equiv -1,\ p-2 \equiv -2,\ \cdots,\ \frac{p+1}{2} \equiv -\frac{p-1}{2} \pmod{p}$이므로

$$(-1)^{\frac{p-1}{2}}\left[\left(\frac{p-1}{2}\right)!\right]^2 \equiv (p-1)! \equiv -1 \pmod{p} \quad \text{(윌슨 정리)}$$

$p \equiv 3 \pmod{4}$이므로

$$\left[\left(\frac{p-1}{2}\right)!\right]^2 \equiv -(p-1)! \equiv 1 \pmod{p}$$

이다.

$$\left[\left(\frac{p-1}{2}\right)!\right]^{\frac{p-1}{2}} \equiv \left(\frac{1}{p}\right)\left(\frac{2}{p}\right)\cdots\left(\frac{\frac{p-1}{2}}{p}\right) \pmod{p} \qquad \text{(정리 8.2.3)}$$

$$\equiv (-1)^t \pmod{p} \qquad \text{(르장드르 기호 정의)}$$

$\left(\frac{p-1}{2}\right)! \equiv \pm 1 \pmod{p}$이고 $\frac{p-1}{2}$은 홀수이므로

$$\left(\frac{p-1}{2}\right)! \equiv (-1)^t \pmod{p}$$

16 (1) $\left(\frac{a}{p}\right)\left(\frac{b}{p}\right)=\left(\frac{ab}{p}\right)=\left(\frac{1}{p}\right)=1$ 이므로 $\left(\frac{a}{p}\right)=\left(\frac{b}{p}\right)$

(2) $\left(\frac{a(a+1)}{p}\right)=\left(\frac{b}{p}\right)^2\left(\frac{a(a+1)}{p}\right)=\left(\frac{ab}{p}\right)\left(\frac{b(a+1)}{p}\right)=\left(\frac{1}{p}\right)\left(\frac{1+b}{p}\right)=\left(\frac{1+b}{p}\right)$

(3) a가 1부터 $p-2$까지 변할 때 a의 역원 b도 마찬가지로 1과 $p-2$ 사이의 수이므로

$$\begin{aligned}\sum_{a=1}^{p-2}\left(\frac{a(a+1)}{p}\right)&=\sum_{b=1}^{p-2}\left(\frac{1+b}{p}\right) \qquad \text{((2)에 의하여)}\\ &=\sum_{i=2}^{p-1}\left(\frac{i}{p}\right)=\sum_{i=1}^{p-1}\left(\frac{i}{p}\right)-\left(\frac{1}{p}\right)\\ &=0-1 \quad \text{(정리 8.2.10)}\\ &=-1\end{aligned}$$

17 $\frac{p-1}{2}$ 개의 p 의 이차잉여는 각각

$$1^2,\ 2^2,\ 3^2,\ \cdots,\ \left(\frac{p-1}{2}\right)^2$$

중의 꼭 하나와 법 p 에 관하여 합동이다. 따라서 p 의 모든 이차잉여들의 합을 S 라 하면

$$6S \equiv 6\sum_{i=1}^{\frac{p-1}{2}} i^2 \equiv p\left(\frac{p-1}{2}\right)\left(\frac{p+1}{2}\right) \equiv 0 \pmod{p}$$

이다. 따라서 $p \nmid 6$ 이므로 $p \mid S$ 이다.

18 주어진 형태의 소수가 유한개 $p_1,\ p_2,\cdots,\ p_n$ 개 존재한다고 가정하자.

(1) $N=(p_1p_2\ \cdots\ p_n)^2+2$ 라고 하면 $N\equiv 3 \pmod{8}$ 이다.
$8k+1$ 형태의 정수의 곱은 같은 형태 $8k+1$ 이므로 N은 $8k+1$ 형태가 아닌 홀수인 소인수 q를 가진다. 그러면 $-2\equiv(p_1p_2\cdots p_n)^2 \pmod{q}$ 이므로 $\left(\frac{-2}{q}\right)=1$ 이다.
연습문제 11에 의하여 $q\equiv 3 \pmod{8}$ $(\because q\not\equiv 1 \pmod{8})$ 이므로 $q=p_j$ 이고
$q\mid N-(p_1p_2\ \cdots\ p_n)^2=2$ 가 되어 모순이다.

(2) $N=(p_1p_2\ \cdots\ p_n)^2+4$ 라고 하면 $N\equiv 5 \pmod{8}$ 이다. (1)에서와 같이 N은 $8k+1$ 꼴이 아닌 홀수인 소인수 q를 가진다. 그러면 $-4\equiv(p_1p_2\cdots p_n)^2 \pmod{q}$ 이므로
$1=\left(\frac{-4}{q}\right)=\left(\frac{-1}{q}\right)$ 이다. 따름정리 8.2.7에 의하여 $q\equiv 1 \pmod{4}$ 이다. 하지만
$q\not\equiv 1 \pmod{8}$ 이므로 $q\equiv 5 \pmod{8}$ 이 되어 $q=p_j$ 이고 $q\mid N-(p_1p_2\ \cdots\ p_n)^2=4$ 가 되어 모순이다.

(3) $N=(4p_1p_2\ \cdots\ p_n)^2-2$ 의 홀수인 소인수가 모두 $8k+1$ 꼴이 될 수 없어 N은 $8k+1$ 꼴이 아닌 홀수인 소인수 q를 가진다.
그러면 $2\equiv(4p_1p_2\cdots p_n)^2 \pmod{q}$ 이므로 $\left(\frac{2}{q}\right)=1$ 이 되어 정리 8.2.13에 의하여
$q\equiv\pm 1 \pmod{8}$ 이다. $q\not\equiv 1 \pmod{8}$ 이므로 $q\equiv -1\equiv 7 \pmod{8}$ 이 되고 $q=p_j$ 이다.
$q\mid N-(p_1p_2\ \cdots\ p_n)^2=-2$ 가 되어 모순이다.

8.3 이차잉여의 상호법칙

01 (1) 1 (2) 1 (3) -1 (4) -1 (5) 1 (6) 1

02 $\displaystyle\sum_{k=1}^{\frac{p-1}{2}}\left[\frac{kq}{p}\right]=\sum_{k=1}^{3}\left[\frac{11k}{7}\right]=1+3+4=8$

$\displaystyle\sum_{k=1}^{\frac{q-1}{2}}\left[\frac{kp}{q}\right]=\sum_{k=1}^{5}\left[\frac{7k}{11}\right]=0+1+1+2+3=7$

03 (1) n번째 페르마 수 $F_n\ (n\geq 1)$은 $F_n\equiv 1\pmod 4$이므로 따름정리 8.3.4에 의하여 $\left(\frac{F_n}{F_m}\right)=\left(\frac{F_m}{F_n}\right)$이다.

(2) $F_n\equiv 1\pmod 4$, $M_p=2^p-1\equiv 3\pmod 4$이므로 $\left(\frac{M_p}{F_n}\right)=\left(\frac{F_n}{M_p}\right)$이다.

(3) $M_t=2^t-1>3,\quad t>2$이다.

$$t\equiv 1\pmod 4\text{일 때}\quad M_t=2^{4k+1}-1\equiv -1\equiv 3\pmod 4$$

$$t\equiv 3\pmod 4\text{일 때}\quad M_t=2^{4k+3}-1\equiv -1\equiv 3\pmod 4$$

이다. 즉 모든 홀수인 소수 t에 대하여 $M_t\equiv 3\pmod 4$이다.

따라서 $\left(\frac{M_q}{M_p}\right)=-\left(\frac{M_p}{M_q}\right)$이다.

04 (1) $p\equiv q\equiv 1\pmod 4$ 또는 $p\equiv q\equiv 3\pmod 4$이다.

$p\equiv q\equiv 1\pmod 4$인 경우

$$\left(\frac{a}{p}\right)=\left(\frac{4a}{p}\right)=\left(\frac{p-q}{p}\right)=\left(\frac{-q}{p}\right)=\left(\frac{-1}{p}\right)\left(\frac{q}{p}\right)=\left(\frac{q}{p}\right)=\left(\frac{p}{q}\right)$$

$$\left(\frac{a}{q}\right)=\left(\frac{4a}{q}\right)=\left(\frac{p-q}{q}\right)=\left(\frac{p}{q}\right)\qquad\therefore\left(\frac{a}{p}\right)=\left(\frac{a}{q}\right)=\left(\frac{p}{q}\right)$$

$p\equiv q\equiv 3\pmod 4$인 경우

$$\left(\frac{a}{p}\right)=\left(\frac{4a}{p}\right)=\left(\frac{p-q}{p}\right)=\left(\frac{-q}{p}\right)=\left(\frac{-1}{p}\right)\left(\frac{q}{p}\right)=(-1)(-1)\left(\frac{p}{q}\right)=\left(\frac{p}{q}\right)$$

$$\left(\frac{a}{q}\right)=\left(\frac{4a}{q}\right)=\left(\frac{p-q}{q}\right)=\left(\frac{p}{q}\right)\qquad\therefore\left(\frac{a}{p}\right)=\left(\frac{a}{q}\right)=\left(\frac{p}{q}\right)$$

(2) $43=10\times 4+3$이므로 $\left(\frac{10}{43}\right)=\left(\frac{10}{3}\right)=\left(\frac{1}{3}\right)=1$

$247 = 60 \times 4 + 7$ 이므로 $\left(\frac{60}{247}\right) = \left(\frac{60}{7}\right) = \left(\frac{4}{7}\right) = 1$

05 $p \equiv 1 \pmod{4}$ 인 경우

$$\left(\frac{3}{p}\right) = \left(\frac{p}{3}\right) = \begin{cases} \left(\frac{1}{3}\right) = 1, & p \equiv 1 \pmod{3}, \text{ 즉 } p \equiv 1 \pmod{12} \text{일 때} \\ \left(\frac{2}{3}\right) = -1, & p \equiv 2 \pmod{3}, \text{ 즉 } p \equiv 5 \pmod{12} \text{일 때} \end{cases}$$

$p \equiv 3 \pmod{4}$ 인 경우

$$\left(\frac{3}{p}\right) = -\left(\frac{p}{3}\right) = \begin{cases} -\left(\frac{1}{3}\right) = -1, & p \equiv 1 \pmod{3}, \text{ 즉 } p \equiv 7 \pmod{12} \text{일 때} \\ -\left(\frac{2}{3}\right) = 1, & p \equiv 2 \pmod{3}, \text{ 즉 } p \equiv 11 \pmod{12} \text{일 때} \end{cases}$$

06 $p \equiv 1 \pmod{6}$ 인 경우

$$\left(\frac{-3}{p}\right) = \left(\frac{-1}{p}\right)\left(\frac{3}{p}\right) = \begin{cases} 1 \cdot \left(\frac{3}{p}\right) = \left(\frac{p}{3}\right) = \left(\frac{1}{3}\right) = 1, & p \equiv 1 \pmod{4} \text{일 때} \\ (-1)\left(\frac{3}{p}\right) = (-1)(-1)\left(\frac{p}{3}\right) = \left(\frac{1}{3}\right) = 1, & p \equiv 3 \pmod{4} \text{일 때} \end{cases}$$

$p \equiv -1 \pmod{6}$ 인 경우

$$\left(\frac{-3}{p}\right) = \left(\frac{-1}{p}\right)\left(\frac{3}{p}\right) = \begin{cases} 1 \cdot \left(\frac{3}{p}\right) = \left(\frac{p}{3}\right) = \left(\frac{-1}{3}\right) = -1, & p \equiv 1 \pmod{4} \text{일 때} \\ (-1)\left(\frac{3}{p}\right) = (-1)(-1)\left(\frac{p}{3}\right) = \left(\frac{-1}{3}\right) = -1, & p \equiv 3 \pmod{4} \text{일 때} \end{cases}$$

07 $\left(\pm a^{\frac{p+1}{4}}\right)^2 = a^{\frac{p+1}{2}} = a^{\frac{p-1}{2}} \cdot a \equiv 1 \cdot a \equiv a \pmod{p}$ (정리 8.2.3)

8.4 야코비 기호

01 (1) -1 (2) -1 (3) -1 (4) 1 (5) 1 (6) 1 (7) -1 (8) -1

02 (1) 1, 3, 4, 9, 12, 15, 16, 22, 25, 27, 31

03 $m = \prod_{i=1}^{k} p_i^{e_i}$ 을 m 의 소인수분해라 하고 $x^2 \equiv a \pmod{m}$ 의 해가 존재한다면

$x^2 \equiv a \pmod{p_i}$ $(i=1, 2, \cdots, k)$ 의 해도 존재하므로

$$\left(\frac{a}{m}\right)=\prod_{i=1}^{k}\left(\frac{a}{p_i}\right)^{e_i}=\prod_{i=1}^{k}(1)^{e_i}=1$$

가 되어 모순이다.

04 정리 8.4.5에 의하여 $\left(\frac{-1}{m}\right)=(-1)^{\frac{m-1}{2}}=\begin{cases} 1, & m=4k+1\text{일 때} \\ -1, & m=4k+3\text{일 때} \end{cases}$

05 정리 8.4.5에 의하여 $\left(\frac{-2}{m}\right)=(-1)^{\frac{m^2-1}{8}}=\begin{cases} 1, & m=8k\pm1\text{일 때} \\ -1, & m=8k\pm3\text{일 때} \end{cases}$

06 $n \equiv 1 \pmod 4$ 이면 $\left(\frac{15}{n}\right)=\left(\frac{n}{15}\right)$, $n \equiv 3 \pmod 4$ 이면 $\left(\frac{15}{n}\right)=-\left(\frac{n}{15}\right)$ 이다. 한편

$$\left(\frac{n}{3}\right)=1 \iff n \equiv 1 \pmod 3$$
$$\left(\frac{n}{3}\right)=-1 \iff n \equiv 2 \pmod 3$$
$$\left(\frac{n}{5}\right)=1 \iff n \equiv 1,\ 4 \pmod 5$$
$$\left(\frac{n}{5}\right)=-1 \iff n \equiv 2,\ 3 \pmod 5$$

이므로

$$\left(\frac{n}{15}\right)=\left(\frac{n}{3}\right)\left(\frac{n}{5}\right)=1 \iff \left(\frac{n}{3}\right)=1,\ \left(\frac{n}{5}\right)=1 \text{ 또는 } \left(\frac{n}{3}\right)=-1,\ \left(\frac{n}{5}\right)=-1$$
$$\iff n \equiv 1 \pmod 3,\ n \equiv 1 \pmod 5 \text{ 또는 } n \equiv 1 \pmod 3,\ n \equiv 4 \pmod 5$$
$$\text{또는 } n \equiv 2 \pmod 3,\ n \equiv 2 \pmod 5 \text{ 또는 } n \equiv 2 \pmod 3,\ n \equiv 3 \pmod 5$$
$$\iff n \equiv 1,\ 4,\ 2,\ 8 \pmod{15}$$

$$\left(\frac{n}{15}\right)=\left(\frac{n}{3}\right)\left(\frac{n}{5}\right)=-1 \iff \left(\frac{n}{3}\right)=1,\ \left(\frac{n}{5}\right)=-1 \text{ 또는 } \left(\frac{n}{3}\right)=-1,\ \left(\frac{n}{5}\right)=1$$
$$\iff n \equiv 1 \pmod 3,\ n \equiv 2 \pmod 5 \text{ 또는 } n \equiv 1 \pmod 3,\ n \equiv 3 \pmod 5$$
$$\text{또는 } n \equiv 2 \pmod 3,\ n \equiv 1 \pmod 5 \text{ 또는 } n \equiv 2 \pmod 3,\ n \equiv 4 \pmod 5$$
$$\iff n \equiv 7,\ 13,\ 11,\ 14 \pmod{15}$$

따라서

$$\left(\frac{15}{n}\right)=1 \iff n \equiv 1 \pmod 4,\ \left(\frac{n}{15}\right)=1 \text{ 또는 } n \equiv 3 \pmod 4,\ \left(\frac{n}{15}\right)=-1$$
$$\iff n \equiv 1,\ 17,\ 49,\ 53,\ 7,\ 11,\ 43,\ 59 \pmod{60}$$

8.5 이차합동식

01 (1) $13 \not\equiv 1 \pmod 8$이므로 정리 8.5.7에 의하여 해가 존재하지 않는다.

(2) $17 \equiv 1 \pmod 8$이므로 정리 8.5.7에 의하여 4개

(3) $\left(\frac{14}{5}\right)=\left(\frac{-1}{5}\right)=1$ 이므로 정리 8.5.5에 의하여 2개

(4) $\left(\frac{14}{3}\right)=\left(\frac{2}{3}\right)=-1$ 이므로 정리 8.5.5에 의하여 해가 존재하지 않는다.

(5) $\left(\frac{4}{11}\right)=\left(\frac{4}{5}\right)=1$ 이므로 정리 8.5.1에 의하여 4개

(6) $\left(\frac{4}{3}\right)=\left(\frac{4}{5}\right)=\left(\frac{4}{7}\right)=1$ 이므로 정리 8.5.9에 의하여 8개

(7) $\left(\frac{2}{3}\right)=-1$ 이므로 해가 존재하지 않는다.

(8) $\left(\frac{1156}{3}\right)=\left(\frac{1156}{5}\right)=\left(\frac{1156}{7}\right)=\left(\frac{1156}{11}\right)=1$ 이므로 정리 8.5.9에 의하여 16개

(9) $\left(\frac{31}{2}\right)=\left(\frac{31}{3}\right)=\left(\frac{31}{5}\right)=1$ 이므로 정리 8.5.9에 의하여 16개

02 (1) $x \equiv 2,\ 13,\ 20,\ 31 \pmod{33}$ (2) $x \equiv 10,\ 32,\ 45,\ 67 \pmod{77}$

(3) $x \equiv 11,\ 24,\ 67,\ 80 \pmod{91}$ (4) $x \equiv 37,\ 54,\ 167,\ 184 \pmod{221}$

03 (1) $x \equiv \pm 27 \pmod{11^2}$ (2) $x \equiv \pm 753 \pmod{11^3}$

(3) $x \equiv \pm 70 \pmod{13^2}$ (4) $x \equiv \pm 239 \pmod{13^3}$

(5) $x \equiv \pm 11,\ \pm 21 \pmod{2^6}$ (6) $x \equiv \pm 21,\ \pm 43 \pmod{2^7}$

04 $x \equiv \pm 430 \pmod{7^4}$

05 (1) $x \equiv 9,\ 23,\ 41,\ 55 \pmod{64}$ (2) $x \equiv 23,\ 41,\ 87,\ 105 \pmod{128}$

06 (1) 4 (2) 4 (3) 2 (4) 4 (5) 8 (6) 32

07 (1) $x \equiv \pm 3,\ \pm 7 \pmod{20}$ (2) $x \equiv \pm 2,\ \pm 52 \pmod{225}$

(3) $x \equiv \pm 45,\ \pm 67 \pmod{154}$ (4) $x \equiv 3,\ 147,\ 153,\ 297 \pmod{600}$

08 (1) $x \equiv 2,\ 9 \pmod{11}$ (2) $x \equiv 9,\ 10 \pmod{19}$

(3) $x \equiv 1,\ 3 \pmod{5}$ (4) $x \equiv 15,\ 17 \pmod{5^2}$

(5) $x \equiv 8,\ 10 \pmod{13}$ (6) $x \equiv 8,\ 23 \pmod{13^2}$

09 (1) 따름정리 8.2.7에 대하여 $x^2 \equiv -1 \pmod{p}$은 해를 갖는다.

$$-1 \equiv 1 \cdot 2 \cdot 3 \cdots (2m-1)(2m)(2m+1)(2m+2) \cdots (p-2)(p-1) \pmod{p} \text{ (정리 5.1.3)}$$
$$\equiv 1 \cdot 2 \cdot 3 \cdots (2m-1)(2m)(p-2m)(p-(2m-1)) \cdots (p-2)(p-1) \pmod{p}$$
$$\equiv 1 \cdot 2 \cdot 3 \cdots (2m-1)(2m)(-2m)(-(2m-1)) \cdots (-2)(-1) \pmod{p}$$
$$\equiv (-1)^{2m}[1 \cdot 2 \cdot 3 \cdots (2m-1)(2m)]^2 \pmod{p}$$
$$\equiv (1 \cdot 2 \cdot 3 \cdot \cdots \cdot 2m)^2 \pmod{p}$$

(2) $x^2 \equiv a \pmod{p}$가 해를 가지면 정리 8.2.3 (오일러 판정법)에 의하여

$$a^{\frac{p-1}{2}} \equiv a^{2m+1} \equiv 1 \pmod{p}$$

이다. 따라서 $(\pm a^{m+1})^2 \equiv a^{2m+2} \equiv a^{2m+1} \cdot a \equiv 1 \cdot a \equiv a \pmod{p}$이므로 $x^2 \equiv a \pmod{p}$의 해는 $x \equiv \pm a^{m+1} \pmod{p}$이다.

(3) ① $x \equiv \pm 5 \pmod{13}$ ② $x \equiv \pm 13 \pmod{17}$

③ $x \equiv \pm 5 \pmod{23}$ ④ $x \equiv \pm 9 \pmod{19}$

10 x_0가 $x^2 \equiv a \pmod{2^n}$ $(n \geq 3)$의 해라면

$$(\pm x_0)^2 \equiv a \pmod{2^n},\ (2^{n-1} \pm x_0)^2 \equiv a \pmod{2^n}$$

이므로 $\pm x_0,\ 2^{n-1} \pm x_0$는 $x^2 \equiv a \pmod{2^n}$의 해이다.

$x_0 \equiv -x_0 \pmod{2^n}$이라면 $2^n \mid 2x_0$가 되어 x_0는 홀수이므로 모순이다.

$x_0 \equiv 2^{n-1} + x_0 \pmod{2^n}$이라면 $2^n \mid 2^{n-1}$가 되어 모순이다.

$x_0 \equiv 2^{n-1} - x_0 \pmod{2^n}$이라면 $2^n \mid (2^{n-1} - 2x_0)$가 되어 x_0는 홀수이므로 모순이다.

그러므로 $\pm x_0,\ 2^{n-1} \pm x_0$는 서로 다른 4개의 해이다.

x_1을 $x^2 \equiv a \pmod{p^n}$의 또 다른 해라면

$$x_0^2 - x_1^2 \equiv 0 \pmod{2^n},\ \text{즉 } 2^n \mid (x_0^2 - x_1^2) = (x_0 + x_1)(x_0 - x_1)$$

만약 $4 \mid (x_0 + x_1)$, $4 \mid (x_0 - x_1)$이라면 $4 \mid (x_0 + x_1) + (x_0 - x_1) = 2x_0$, x_0가 홀수이므로 모순이다. 따라서 $(x_0 + x_1,\ x_0 - x_1) = 1$ 또는 2이다.

그러므로 $2^n \mid (x_0 - x_1)$ 또는 $2^n \mid (x_0 + x_1)$ 또는 $2^{n-1} \mid (x_0 - x_1)$ 또는 $2^{n-1} \mid (x_0 + x_1)$

즉 $x_1 \equiv x_0 \pmod{2^n}$ 또는 $x_1 \equiv -x_0 \pmod{2^n}$ 또는 $x_1 \equiv 2^{n-1} + x_0 \pmod{2^n}$ 또는 $x_1 \equiv 2^{n-1} - x_0 \pmod{2^n}$이다.

제9장 부정방정식

9.1 피타고라스 수

01 (3, 4, 5), (5, 12, 13), (15, 8, 17), (7, 24, 25), (21, 20, 29), (35, 12, 37), (6, 8, 10), (9, 12, 15), (12, 16, 20), (15, 20, 25), (18, 24, 30), (21, 28, 35), (24, 32, 40), (10, 24, 26), (15, 36, 39), (30, 16, 34)

02 (1) (3, 4, 5), (5, 12, 13), (15, 8, 17), (7, 24, 25), (21, 20, 29), (35, 12, 37)

(2) (15, 8, 17), (15, 112, 113)

(3) (9, 40, 41), (399, 40, 401)

03 $(x-1)^2+x^2=(x+1)^2$

$x=4$

04 $x=m^2-n^2$, $y=2mn$, $(m, n)=1$, $m>n\geq 1$, $m\not\equiv n \pmod 2$일 때

(1) $3\mid m$ 또는 $3\mid n$이면 $3\mid y$이다. 한편 $3\nmid m$, $3\nmid n$이면 페르마 정리에 의하여 $m^2\equiv 1\equiv n^2 \pmod 3$이므로 $3\mid(m^2-n^2)=x$이다.

(2) $2\mid m$이라면 $4\mid 2mn=y$이고 $2\nmid m$이라면 m은 홀수이고 n은 짝수이므로 $4\mid 2mn=y$이다.

(3) 보조정리 9.1.3에 의하여 $(x, y)=(y, z)=(z, x)=1$이므로 x, y, z 중에서 많아야 하나만이 5의 배수이다. 이제 x, y가 모두 5의 배수가 아니라고 하자. 그러면

$$x^2\equiv\pm1 \pmod 5,\quad y^2\equiv\pm1 \pmod 5$$

이므로 다음이 성립한다.

$$z^2=x^2+y^2\equiv 0,\ 2,\ -2 \pmod 5$$

한편

$$\left(\frac{2}{5}\right)=-1,\quad \left(\frac{-2}{5}\right)=\left(\frac{-1}{5}\right)\left(\frac{2}{5}\right)=-1$$

이므로 $z^2\equiv 0 \pmod 5$이고 따라서 z는 5의 배수이다.

마찬가지로 x, z가 모두 5의 배수가 아니면 y가 5의 배수이고

y, z가 모두 5의 배수가 아니면 x가 5의 배수이다.

따라서 x, y, z 중에서 꼭 하나만이 5의 배수이다.

(4) (1), (2)에 의하여 x, y 중에서 하나는 3의 배수, 다른 하나는 4의 배수, $(3, 4)=1$이므로 $12\mid xy$이다.

(5) (4)에 의하여 $12\mid xyz$이고 (3)에 의하여 $5\mid xyz$이므로 $60\mid xyz$이다.

05 (1) 피타고라스 삼각형의 세 변의 길이를 x, y, z라고 하면

$$x^2+y^2=z^2$$
$$x+y+z=\frac{1}{2}xy$$

에서 $(x-4)(y-4)=8$이다. 따라서 (x, y, z)는 $(5, 12, 13)$ $(12, 5, 13)$ $(6, 8, 10)$ $(8, 6, 10)$

(2) 피타고라스 삼각형의 세 변의 길이가

$$x=k(m^2-n^2),\quad y=2kmn,\quad z=k(m^2+n^2)$$

이고 내접원의 반지름의 길이를 r이라 하면

$$\frac{1}{2}xy=\frac{1}{2}rx+\frac{1}{2}ry+\frac{1}{2}rz$$

즉 $xy=r(x+y+z)$이다. 따라서

$$r=\frac{xy}{x+y+z}=\frac{2k^2(m^2-n^2)mn}{2km(m+n)}=kn(m-n)$$

(3) 피타고라스 삼각형의 세 변의 길이를 a, b, c라 하면 따름정리 9.1.8에 의하여

$$\begin{cases} a=d(m^2-n^2) \\ b=2dmn \\ c=d(m^2+n^2) \end{cases} \quad \text{또는} \quad \begin{cases} a=2dmn \\ b=d(m^2-n^2) \\ c=d(m^2+n^2) \end{cases}$$

(단 $(m, n)=1$, $m>n\geq 1$, $m\not\equiv n \pmod 2$)
이다. 또 빗변과 다른 한 변의 길이의 차가 1이므로

$$d(m^2+n^2)-d(m^2-n^2)=2dn^2=1$$

또는

$$d(m^2+n^2)-2dmn=d(m-n)^2=1$$

이다. $2dn^2=1$이 될 수 없으므로 $d(m-n)^2=1$, 즉 $d=1$, $m-n=1$이어야 한다. 따라서 세 변의 길이는

$$d(m^2-n^2)=m^2-n^2=(n+1)^2-n^2=2n+1$$
$$2dmn=2(n+1)\cdot n=2n^2+2n$$
$$d(m^2+n^2)=m^2+n^2=(n+1)^2+n^2=2n^2+2n+1$$

06 (1) $11^2+60^2=61^2$

$13^2+84^2=85^2$

(2) $(2n+1)^2+[2n(n+1)]^2=[2n(n+1)+1]^2$

(3) $[2n(n+1)+1]^2=[2n(n+1)]^2+2[2n(n+1)]+1$

$$=[2n(n+1)]^2+4n^2+4n+1$$

$$=[2n(n+1)]^2+(2n+1)^2$$

07 (1) $1=z-y=m^2+n^2-2mn=(m-n)^2$, 즉 $m-n=1$ 이므로

$x=m^2-n^2=2n+1$

$y=2mn=2n(n+1)$

$z=m^2+n^2=2n(n+1)+1$

(2) $2=z-x=m^2+n^2-(m^2-n^2)=2n^2$, $n=1$ 이므로

$x=m^2-n^2=m^2-1$

$y=2mn=2m$

$z=m^2+n^2=m^2+1$

08 (1) k가 홀수인 경우

$k=2n+1$, $m=n+1$ 이라면 $(m, n)=1$, $m\not\equiv n \pmod 2$, $m>n$이고 $k=m^2-n^2$ 이다.

(2) k가 짝수인 경우

k가 홀수인 인수 d를 포함하면 (1)에 의하여 d는 피타고라스 수 x, y, z 중의 한 수이므로 $k=\frac{k}{d}(d)$ 도 피타고라스 수 $\frac{k}{d}x$, $\frac{k}{d}y$, $\frac{k}{d}z$ 중의 한 수이다.

k가 홀수인 인수를 포함하지 않으면

$$k=2^j,\quad m=2^{j-1},\quad n=1$$

이라면 $(m, n)=1$, $m\not\equiv n \pmod 2$, $m>n$ 이고 $k=2mn$ 이다.

09 x_n, y_n, z_n 이 피타고라스 수라 가정하면

$$\begin{aligned}{x_{n+1}}^2+{y_{n+1}}^2&=(3x_n+2z_n+1)^2+(3x_n+2z_n+2)^2\\&=18{x_n}^2+8{z_n}^2+24x_nz_n+18x_n+12z_n+5\\&=\left(16{x_n}^2+9{z_n}^2+24x_nz_n+16x_n+12z_n+4\right)+\left(2{x_n}^2-{z_n}^2+2x_n+1\right)\\&=(4x_n+3z_n+2)^2+\left({x_n}^2+2x_n+1\right)+\left({x_n}^2-{z_n}^2\right)\\&={z_{n+1}}^2+(x_n+1)^2-{y_n}^2\\&={z_{n+1}}^2+{y_n}^2-{y_n}^2={z_{n+1}}^2\end{aligned}$$

10 $f_n=f_{n+2}-f_{n+1}$, $f_{n+3}=f_{n+2}+f_{n+1}$ 이므로

$$x^2+y^2=\left({f_{n+2}}^2-{f_{n+1}}^2\right)^2+(2f_{n+1}f_{n+2})^2={f_{n+2}}^4+2{f_{n+1}}^2{f_{n+2}}^2+{f_{n+1}}^4=\left({f_{n+1}}^2+{f_{n+2}}^2\right)^2=z^2$$

11 (1) $x^2+y^2=\left(\frac{xy}{z}\right)^2$ 과 동치이므로 정리 9.1.7에 의하여

$$x=m^2-n^2,\quad y=2mn,\quad \frac{xy}{z}=m^2+n^2 \quad \text{단, } (m,\ n)=1,\quad m>n\geq 1$$

에서 $z=\frac{2mn(m^2-n^2)}{m^2+n^2}$ 이다. z가 정수이어야 하므로 m^2+n^2을 곱하면

$$x=m^4-n^4,\quad y=2mn(m^2+n^2),\quad z=2mn(m^2-n^2)$$

(2) $x=15,\ \ y=20,\ \ z=12$

9.2 페르마 마지막 정리

01 $x<y$라 가정하면

$x^n+y^n=x^2\cdot x^{n-2}+y^2\cdot y^{n-2}<(x^2+y^2)y^{n-2}=z^2y^{n-2}<z^2\cdot z^{n-2}=z^n$

02 $x^2+y^2=(3k^2-1)^2+(k(k^2-3))^2=k^6+3k^4+3k^2+1=(k^2+1)^3=z^3$

03 (1) $p\mid x$ 또는 $p\mid y$ 또는 $p\mid z$ 이면 당연히 $p\mid xyz$ 이다.

$p\nmid x,\ p\nmid y,\ p\nmid z$ 이면 정리 5.2.2에 의하여

$$x^{p-1}\equiv y^{p-1}\equiv z^{p-1}\equiv 1 \pmod{p}$$

이므로 $1+1\equiv 1 \pmod{p}$ 가 되어 모순이다.

(2) $x^p+y^p=z^p$ 이면 $x^p+y^p\equiv z^p \pmod{p}$ 이고 모든 정수 a에 대하여 정리 5.2.3에 의하여 $a^p\equiv a \pmod{p}$ 이므로 $x+y\equiv z \pmod{p}$이다. 따라서 $p\mid(x+y-z)$ 이다.

04 (1) 피타고라스 삼각형의 세 변의 길이가 $a,\ b,\ c$ 이고 $a^2+b^2=c^2$ 이라면 삼각형의 넓이는 $\frac{ab}{2}$ 이다. 만약 $\frac{ab}{2}=k^2$ 이라면

$$(a+b)^2=c^2+4k^2$$
$$(a-b)^2=c^2-4k^2$$

이므로

$$(a+b)^2(a-b)^2=(c^2+4k^2)(c^2-4k^2)$$
$$(a^2-b^2)^2=c^4-(2k)^4$$

가 되어 $x=c,\ \ y=2k,\ \ z=a^2-b^2$ 은 $x^4-y^4=z^2$ 의 해가 되어 정리 9.2.4에 모순이다.

(2) $x^2+y^2=r^2,\ \ x^2-y^2=s^2$ 이라면

$$(x^2+y^2)(x^2-y^2)=r^2s^2$$
$$x^4-y^4=(rs)^2$$

즉 $x^4-y^4=z^2$의 해가 존재하여 정리 9.2.4에 모순이다.

05 만약 해를 가진다면 x^4y^4을 양변에 곱하여

$$x^4+y^4=\left(\frac{xy}{z}\right)^4$$

이다. 이것은 정리 9.2.3에 모순이다.

06 $(x^2)^2+(2y^2)^2=z^2$이므로 보조정리 9.1.5에 의하여 $x^2=m^2-n^2$, $2y^2=2mn$, $(m, n)=1$이다. 보조정리 9.1.4에 의하여 $m=r^s$, $n=s^2$이다. 따라서 $x^2=r^4-s^4$이 되어 정리 9.2.4에 모순이다.

07 (1) $(x-1)^3+x^3+(x+1)^3=(x+2)^3$에서 $x=4$를 얻으므로 연속된 네 수로 된 해는 3, 4, 5, 6 뿐이다.

(2) 3, 4, 5, 6이 해이므로 임의의 자연수 n에 대하여 $3n$, $4n$, $5n$, $6n$도 해가 된다. 또는 $w=9zk^4$, $x=z(1-9k^3)$, $y=3zk(1-3k^3)$ (z, k는 임의의 정수)는 주어진 방정식의 해이다.

(3) $a=2$, $b=1$을 식에 대입하면 $9^3+12^3+15^3=18^3$

$a=3$, $b=1$을 식에 대입하면 $28^3+53^3+75^3=84^3$

9.3 두 제곱수의 합

01 (1) $221=14^2+5^2$ (2) $493=22^2+3^2$

(3) $1508=38^2+8^2$ (4) $6409=80^2+3^2$

02 $41=5^2+4^2$, $113=8^2+7^2$, $202=11^2+9^2$, $605=11^2+22^2$,
$666=15^2+21^2$, $680=2^2+26^2$, $1924=30^2+32^2$

03 $z_1=a+bi$, $z_2=c+di$라 하면

$$\begin{aligned}(a^2+b^2)(c^2+d^2)&=|\overline{z_1}|^2|z_2|^2=|\overline{z_1}z_2|^2\\&=|(a-bi)(c+di)|\\&=|(ac+bd)+(ad-bc)i|\\&=(ac+bd)^2+(ad-bc)^2\end{aligned}$$

04 (2)

05 $7\mid n$, $7^2\nmid n$이면

$$n=7p_1p_2\cdots p_r\cdot\ t^2\quad(\text{단 } p_1,\ p_2,\ \cdots,\ p_r\text{은 7이 아닌 소수})$$

과 같이 쓸 수 있어 $7\equiv 3\pmod 4$이므로 정리 9.3.9에 의하여 n은 두 제곱수의 합으로 쓸 수 없다.

06 임의의 정수 a에 대하여 $a^2 \equiv 0,\ 1,\ 4,\ 7 \pmod{9}$이므로

$$a^2+b^2 \equiv 0,\ 1,\ 2,\ 4,\ 5,\ 7,\ 8 \pmod{9}$$

가 되어 $n \equiv 3 \pmod{9}$ 또는 $n \equiv 6 \pmod{9}$이면 $x^2+y^2=n$의 해는 존재하지 않는다.

07 41, 61, 113, 181, 313

08 (1) $n=2k$일 때 $2^n=(2^k)^2+0^2$

$n=2k+1$일 때 $2^n=2^{2k+1}=2\cdot 2^{2k}=(2^k)^2+(2^k)^2$

(2) $n=\dfrac{x(x+1)}{2}+\dfrac{y(y+1)}{2}$이라면 $4n+1=(x+y+z)^2+(x-y)^2$

9.4 네 제곱수의 합

01 보조정리 9.4.3에서 $a_3=a_4=b_3=b_4=0$으로 하면 보조정리 9.3.3을 얻는다.

02 (1) $35=5^2+0^2+1^2+3^2$ (2) $91=9^2+1^2+3^2+0^2$

(3) $260=12^2+4^2+6^2+8^2$ (4) $455=19^2+7^2+6^2+3^2$

03 55, 60, 63, 71, 79, 87, 92, 95

04 모든 정수 m, n에 대하여 $n^2+(n+1)^2+(n+2)^2=3n^2+6n+5 \equiv 2 \pmod{3}$, $m^2 \equiv 0,\ 1 \pmod{3}$이므로 $n^2+(n+1)^2+(n+2)^2=m^2$을 만족하는 정수 m, n은 존재하지 않는다.

05 (1) $a^2+b^2+c^2 \equiv 0 \pmod{4}$일 때

a, b, c가 모두 홀수이면 $a^2+b^2+c^2 \equiv 1+1+1 \not\equiv 0 \pmod{4}$

a, b, c 중 두 수가 홀수이면 $a^2+b^2+c^2 \equiv 1+1+0 \not\equiv 0 \pmod{4}$

a, b, c 중 한 수가 홀수이면 $a^2+b^2+c^2 \equiv 1+0+0 \not\equiv 0 \pmod{4}$

따라서 a, b, c는 모두 짝수이어야 한다.

(2) m이 짝수이면 $m^2 \equiv 0 \pmod{4}$, m이 홀수이면 $m^2 \equiv 1 \pmod{4}$이다.

$a^2+b^2+c^2+d^2 \equiv 0 \pmod{8}$이면 $a^2+b^2+c^2+d^2 \equiv 0 \pmod{4}$이므로 a, b, c, d는 모두 짝수이거나 모두 홀수이다.

n이 홀수이면 $n^2 \equiv 1 \pmod{8}$이므로 a, b, c, d가 모두 홀수라면 $a^2+b^2+c^2+d^2 \equiv 4 \pmod{8}$가 되어 모순이다. 따라서 a, b, c, d는 모두 짝수이다.

06 m 이 짝수이면 $m^2 \equiv 0 \pmod{4}$, m 이 홀수이면 $m^2 \equiv 1 \pmod{4}$ 이다.
만약 a, b, c를 $(a, b, c)=1$인 $x^2+y^2+z^2=n^2$의 정수해라면 $a^2+b^2+c^2=n^2 \equiv 0 \pmod{4}$이다. $(a, b, c)=1$ 이므로 a, b, c 모두는 짝수가 아니다. 그러므로

$$a, b, c\text{가 모두 홀수이면 } n^2=a^2+b^2+c^2 \equiv 3 \pmod{4},$$
$$a, b, c \text{ 중 2개가 홀수이면 } n^2=a^2+b^2+c^2 \equiv 2 \pmod{4},$$
$$a, b, c \text{ 중 1개가 홀수이면 } n^2=a^2+b^2+c^2 \equiv 1 \pmod{4}$$

가 되어 모순이다.

07 $m=n-169>0$ 이라면 정리 9.4.9에 의하여

$$m=x^2+y^2+z^2+w^2$$

이 되는 음이 아닌 정수 x, y, z, w가 존재한다.
만약 x, y, z, w 중 세 수 x, y, z가 0이라면

$$n=w^2+169=w^2+10^2+8^2+2^2+1^2$$

x, y, z, w 중 두 수 x, y가 0이라면

$$n=w^2+z^2+169=z^2+w^2+12^2+4^2+3^2$$

x, y, z, w 중 한 수 x가 0이라면

$$n=y^2+w^2+z^2+169=y^2+z^2+w^2+12^2+5^2$$

x, y, z, w 중 모두가 0이 아니라면

$$n=x^2+y^2+w^2+z^2+169=x^2+y^2+z^2+w^2+13^2$$

이다. 따라서 n은 다섯 개의 음이 아닌 정수의 제곱수 합이다.

9.5 펠의 방정식

01 (1) $5+2\sqrt{6}$ (2) $8+3\sqrt{7}$ (3) $3+\sqrt{8}$
(4) $19+6\sqrt{10}$ (5) $10+3\sqrt{11}$ (6) $7+2\sqrt{12}$

02 $r^2-\text{N}s^2=1$ 이므로 모든 정수 n에 대하여 $(r^2-\text{N}s^2)^n=1$ 이다. 그러면

$$x^2-\text{N}y^2=(r^2-\text{N}s^2)^n$$
$$(x+y\sqrt{\text{N}})(x-y\sqrt{\text{N}})=(r+s\sqrt{\text{N}})^n(r-s\sqrt{\text{N}})^n$$

그러므로

$$x+y\sqrt{\text{N}}=(r+s\sqrt{\text{N}})^n, \quad x-y\sqrt{\text{N}}=(r-s\sqrt{\text{N}})^n$$

이다. 따라서

$$x_n = \frac{\left[(r+s\sqrt{N})^n + (r-s\sqrt{N})^n\right]}{2}$$

$$y_n = \frac{\left[(r+s\sqrt{N})^n - (r-s\sqrt{N})^n\right]}{2\sqrt{N}}$$

03 (1) $49+20\sqrt{6}$, $485+198\sqrt{6}$ (2) $127+48\sqrt{7}$, $2024+765\sqrt{7}$

(3) $17+6\sqrt{8}$, $99+35\sqrt{8}$

04 $x_n^2 - Ny_n^2 = (rx_{n-1} + sNy_{n-1})^2 - N(sx_{n-1} + ry_{n-1})^2$

$$\begin{aligned}
&= \left(r^2x_{n-1}^2 + s^2N^2y_{n-1}^2 + 2rsNx_{n-1}y_{n-1}\right) - N\left(s^2x_{n-1}^2 + r^2y_{n-1}^2 + 2rsx_{n-1}y_{n-1}\right) \\
&= r^2\left(x_{n-1}^2 - Ny_{n-1}^2\right) - Ns^2\left(x_{n-1}^2 - Ny_{n-1}^2\right) \\
&= r^2 \cdot 1 - Ns^2 \cdot 1 \\
&= r^2 - Ns^2 = 1
\end{aligned}$$

05 (1) $x_1 = 17$, $y_1 = 12$; $x_2 = 99$, $y_2 = 70$

(2) $x_1 = 97$, $y_1 = 28$; $x_2 = 1351$, $y_2 = 390$

06 (1) $(1,\ 2)$, $(5,\ 12)$, $(29,\ 70)$ (2) $(3,\ 2)$, $(41,\ 28)$, $(571,\ 390)$

07 p를 $p \equiv 3 \pmod{4}$인 N의 소인수라면

$$x^2 = Ny^2 - 1 \equiv -1 \pmod{p}$$

이고 따름정리 8.2.7에 의하여 -1은 p의 이차비잉여이다.

08 임의의 정수 a에 대하여 $a^2 \equiv 0 \pmod{4}$ 또는 $a^2 \equiv 1 \pmod{4}$이다. $N \equiv 0 \pmod{4}$이고 $x^2 - Ny^2 = -1$의 해 $x = a$, $y = b$가 존재한다면

$$a^2 = Nb^2 - 1 \equiv -1 \pmod{4}$$

가 되어 모순이다. 마찬가지로 $N \equiv 3 \pmod{4}$이고 $x^2 - Ny^2 = -1$의 해 $x = a$, $y = b$가 존재한다면

$$a^2 - Nb^2 = -1, \quad N \equiv 3 \pmod{4}$$

이므로

$$a^2 - 3b^2 \equiv a^2 + b^2 \equiv -1 \pmod{4}$$

이다. 하지만 $a^2 + b^2 \equiv 0,\ 1,\ 2 \pmod{4}$이어야 하므로 이는 모순이다.

참고 문헌

1. 김응태, 박승안, 2017: **정수론**, 제8판, 경문사.
2. 임근빈, 임동만, 강동승, 2018: **알기쉬운 정수론**, 경문사.
3. 천장호, 2013: **정수론**, 경문사.
4. David M. Burton, 1980: *Elementary Number Theory*, Allyn and Bacon, Boston.
5. Dmitri Fomin and Sergey Genkin and Ilia Itenberg, 1996: *Mathematical Circles*, American Mathematical Society.
6. Kenneth H. Rosen, 1993: *Elementary Number Thory and its Applications*, 3rd edition, Addison-Wesley Publishing Company.
7. Thomas Koshy, 2002: *Elementary Number Theory with Application*s, A Harcourt Science and Technology Company.
8. Underwood Dudley, 1969: *Elementary Number Theory*, W.H. Freeman and Company, San Francisco.
9. William W. Adams and Larry Joel Goldstein, 1976: *Introduction to Number Theory*, Prentice-Hall, Inc.

찾아보기

ㄱ

가우스 보조정리 281
가우스함수 2
검사 숫자 150
격자점 33, 293
골드바흐 추측 50
곱셈함수 180
공배수 93
공약수 68, 72
국제도서번호 152
기약잉여계 170

ㄴ

나눗셈 알고리즘 36
나머지 37

ㄷ

디리클레의 정리 87
디오판토스 방정식 98

ㄹ

라그랑주 정리 238
루이빌함수 198
뤼까 수 58
르장드르 기호 276

ㅁ

마방진 상수 16
메르센 소수 213
메르센 수 213
몫 37
뫼비우스 반전공식 199
뫼비우스 변환 191
뫼비우스함수 196

ㅂ

바닥 2
바닥함수 2
배수 37
법 m에 관한 기약잉여류 169
법 m에 관한 a의 역원 122
법 m에 관한 A의 역행렬 139
법 m에 관한 a의 위수 222
법 m에 관한 n의 최소 양의 잉여 113
법 m에 관한 완전잉여계 113
법 m에 관한 원시근 231
법 m에 관한 잉여류 112
법 m에 관한 (g를 밑으로 가지는) a의 지수 255
법 m에 관한 최소완전잉여계 113
베르트랑 추측 50
부정방정식 98
부족수 211
비네 공식 59

b는 a를 나눈다 37
비트열 150
빌의 추측 335

ㅅ

산술적 함수 180
삼각수 t_n 21
생성원 357
서로소 70, 73
선형 디오판토스 방정식 98
소수 44
소수부분 2
소수정리 47
소인수 44
소인수분해 85
수학적 귀납법의 원리 10
숫자열 150
c는 법 m에 관한 $f(x)$의 해이다 237
쌍둥이 소수 49
쌍마다 서로소 73

ㅇ

$\alpha = r + s\sqrt{N}$(r, s는 정수)는 방정식 $x^2 - My^2 = 1$의 해를 생성한다 355
애커만 함수 21
야코비 기호 301
약수 37
양의 정수해 101
에라토스테네스의 체 46
a는 법 m에 관하여 b와 합동이다 106
A는 법 m에 관하여 B와 합동이다 138
a는 법 m에 관하여 b와 합동이 아니다 106
a는 b로 나누어진다 37
$f(x)$는 법 m에 관하여 해 c를 가진다 237
n차 마방진 16
n차합동식 119
여인수 140
여인수 행렬 141
연립일차합동식 126
연립합동식의 해 126
오일러의 φ-함수 168
오일러 정리 172
오일러 판정법 274, 276
완전곱셈함수 180
완전수 205
완전잉여계 113
완전제곱수 42
원시적인 피타고라스 수 322
웨어링 문제 352
윌슨 정리 161, 241
유럽물품번호 153
유클리드 알고리즘 77
음의 정수해 101
이차비잉여 272
이차잉여 272
이차잉여의 상호법칙 293
이항계수 23
이항정리 25
일반화된 이차잉여의 상호법칙 305
일차결합 69
일차부정방정식 98

ㅈ

자명한 해 355
재귀적으로 정의된 17
재귀함수 17
정수론의 기본정리 84
정수론적 함수 180
정수부분 2
정수해 98
제곱수 337
제2 수학적 귀납법 13
제1 수학적 귀납법 11
중국인 나머지 정리 127

ㅊ

천정 2
천정함수 2
체크 숫자 151
초과수 211
초완전수 211
최대공약수 68, 72
최소공배수 93
친화쌍 212

ㅋ

카시니 공식 56
Cunningham Chain 50
k제곱수 337

ㅍ

파스칼 삼각형 24
$\pi(n)$을 n보다 작거나 같은 소수들의 개수로 정의한다. 46
패리티체크비트 150
팩토리얼 함수 17
페르마 마지막 정리 331
페르마 소수 62
페르마 정리 164, 173
페핀 테스트 297
펠의 방정식 355
표준소인수분해 85
피보나치 수 54
피보나치 수열 54
피타고라스 삼각형 329
피타고라스 수 322
피타고라스 수 a, b, c는 원시적이다 322

ㅎ

함수 17
합동식 106
합성수 44
해 119
황금분할 58
황금비 58
회문소수 49
회문수 49, 148
횟수 17

* 이 저서는 2018학년도 동신대학교 연구비 지원에 의하여 수행된 것임

예제로 배우는
기초 정수론

지은이 김대식
펴낸이 조경희
펴낸곳 경문사
펴낸날 2020년 9월 1일 1판 1쇄
등 록 1979년 11월 9일 제1979-000023호
주 소 04057, 서울특별시 마포구 와우산로 174
전 화 (02)332-2004 팩스 (02)336-5193
이메일 kyungmoon@kyungmoon.com
facebook facebook.com/kyungmoonsa

값 28,000원

ISBN 979-11-6073-383-9